中学入試

★★★ 三つ星の授業 あります。

算数

図形

東大卒プロ算数講師
小杉 拓也
［動画授業］
栗原 慎
（市進学院）

授業動画の一覧はこちらから
http://gakken-ep.jp/extra/kami_figure/00.html

Gakken

―第1志望校合格のための決定版！―

中学受験生とその親御さんなら，次のような算数の悩みのいずれかに，心あたりがあるのではないでしょうか？

・家では解けた問題が，テストに出されるとなぜか解けない。
・お父さん，お母さんが教えようとしても，うまく教えられない。
・塾の授業は進度が速くて，板書で精一杯になり，ついていけない。
・わからないところを質問したいが，塾の先生になかなか聞けない。
・算数の成績を上げたいが，思うように上がらない。

これらすべての悩みを解決し，読者の算数の成績を上げ，さらには，第1志望校合格のために最も役立つ参考書をつくりたい。

その一心で，入試算数の全範囲を網羅する参考書（全2冊）をつくりました。「計算，文章題編」と，この「図形編」で，算数のシリーズは完結となります。

中学受験生の算数の成績を伸ばすために，この本では，「どの参考書にもないほど徹底的にかみくだいた解説」になるようこだわりました。先に述べたような悩みが，次のような喜びに変わるよう，執筆段階から考えぬきました。

・**本質的に理解できたため，家で解いた問題がテストでも確実に解けるようになった！**
・お父さん，お母さんが，子どもたちが納得するまで教えられる！
・この本で予習しておくことで，塾の授業のスピードにもついていける！
・塾でわからなかったところも，この本で調べ，復習して解決できる！
・入試算数について，わかることが増えていき，算数が得意になり，好きになった！

「この本のおかげで合格できた！」そんな嬉しいお知らせが，たくさん届くことを心待ちにしています。

東大卒プロ算数講師　　小杉　拓也

『中学入試　三つ星の授業あります。』の7つの強み

　中学入試合格にいちばん役に立つ本にするために，この本には，次の「7つの強み」をもたせました。

① 徹底的にかみくだいて「なぜ?」「どうして?」に答える!

　この本では，すべての問題を徹底的にかみくだいて，解説をていねいにわかりやすくすることに，とことんこだわっています。私自身の20年以上の指導経験と，多数の参考書の執筆経験から，「どのように教えればいちばんわかりやすいか」を考えぬいてつくりました。

　また，平面図形や立体図形，グラフなどの図を従来の参考書にはないくらい豊富に使用しています。それによって，さらに「わかりやすさ」を追求しました。

　そして，子どもの「なぜ?」「どうして?」に答えることも徹底しました。例えば，ひし形の面積が「対角線×対角線÷2」という公式で求められることを知っている子は多いです。しかし，「ひし形の面積が，なぜその公式で求められるの?」と聞くと，答えられる子は少なくなります。

　解き方や公式を覚えれば，簡単な問題は解けることもあります。でも，応用問題を解くとなると，そうはいきません。「なぜ，その公式を使って解けるのか」といった本質的な理解が必要になるからです。

　この本では，解き方や公式を丸暗記するのではなく，応用問題にも対応できるよう本質まで深く理解してもらえる解説を心がけました。

② 厳選した問題を通して，基礎力から応用力まで無理なく伸ばせる!

　本書に収録した例題や練習問題は，「入試でよく出題される基礎的な問題」「点差がつきやすい応用問題」「合否を分ける発展問題」をそれぞれ厳選しました。

　この本は，中学受験を目指す4年生〜6年生を対象にしています。

　基礎から応用まで少しずつステップアップする構成にしたため，基礎力から，応用力まで無理なく伸ばすことができます。

　また，各項目末には，Check問題（例題の類題）を掲載しています。

本文の解説を読んだあとに，Check問題を解くことによって，実力の確認や反復学習による学力の定着をはかることができます。

③ すべての例題に塾の先生の動画授業つき！

すべての例題の解説に，塾の先生の動画授業がついているので，あなただけの個別指導の授業を受ける感覚で見ることができます（動画授業を担当しているのは市進学院で中学入試対策をしている経験豊富な実力派の先生です）。

この本の動画マーク（🖥）がついた部分は，YouTubeでパソコンやスマートフォンから動画授業が視聴できます。自分なりに例題を解いてから動画授業を見て解説を聞いたり，動画授業を見たあとに本で確認して反復学習したり，というように，さまざまな使い方ができます。

ページにあるQRコードをスマートフォンやタブレットで読み取れば，直接YouTubeにアクセスできます。パソコンで動画を見たいときは，YouTubeの検索窓で「三つ星の授業 図形」と「動画番号」を入力して検索してください。

例　| 三つ星の授業 図形　動画1 |　検索

④ 子どもなら「自学自習」ができる！　親なら「教え方」が学べる！

この本では，先生と生徒が会話しながら進んでいくので，わかりやすい授業を受ける感覚で，子どもが楽しく自学自習できます。

また，お父さん，お母さんが読めば，「どのように教えればいちばんわかりやすいか」が具体的にわかります。そして，「子どもがどんなところで疑問をもつか？」や「子どもがどんなところでまちがえやすいか？」「どうすれば，そのまちがいを防げるか？」もスムーズに把握することができます。

さらに，各章には，親子どちらの視点からでも楽しめるコラムも掲載しました。

⑤ 読むのは「わからないところだけ」でも「初めから」でもOK！

この本は，さまざまな使い方ができます。

塾や自習でわからなかったところを，調べて読むのも，おすすめの方法です。もくじ

や，巻末のさくいんを見て，学びたいところのページを調べて読めば，わからなかったところが，わかるようになるでしょう。

「塾の先生は，忙しそうで質問しづらい」と感じたことはありませんか？　そんなときに，この本が「質問に答えてくれる先生」の代わりをしてくれます。

また，イチから学習したい人は，この本を初めから読んで学ぶのもいいでしょう。本書は「初めから順に最後まで読めば，すべて理解できる」構成にしました。ですから，初めから通して読めば，全2冊で中学入試の算数を一通り学ぶことができます。

❻ 別冊には「問題集」と「くわしい解答」つき！

別冊の問題集（Check 問題の再掲）は，入試算数の総まとめの問題集としてとして使うことができます。今まで習ったところの総復習や，苦手な単元を見つけて克服するために活用することをおすすめします。別冊の問題集でまちがえた問題は，解答や，本冊の対応する例題の解説を見て理解し，解けるようになるまで反復学習しましょう。

また，別冊の解答も，説明や途中式をはぶかず，「くわしく，わかりやすい解説」になるように心がけました。

❼ 算数の成績を上げる「ポイント」と「コツ」がぎっしり！

入試算数の各単元には「ここだけはおさえなければならない」「これだけ理解できれば問題が解ける」というポイントがたくさんあります。それらを「ポイント」や「コツ」として，各所に掲載しました。

また，子どもは算数の「ウラ技」が好きなものです。算数を楽しみながら得意になるために塾でも教えてくれないようなウラ技も，多数収録しています。

もくじ

登場キャラクター紹介

・ユウト
ハルカの双子の兄。元気で声が大きく、野球が得意な小学生男子。ちょっとおっちょこちょいな面もある。

・お父さん
ユウトとハルカのお父さん。理系で数学は得意だが、中学入試を経験したことがないため、独特な解き方に戸惑っている。コラムで登場する。

・お母さん
ユウトとハルカのお母さん。文系で自身は算数や数学に苦手意識があるが、子どもたちには中学入試で成功してほしいと思っている。コラムで登場する。

・ハルカ
ユウトの双子の妹。元気で、てきぱきしている小学生女子。バレーボールが得意。

・先生（小杉　拓也）
塾の先生や家庭教師として、15年以上の指導経験があるプロ算数講師。今回、ユウトくんとハルカさんを教えることになった。「いちばんわかりやすい教え方」を、日々研究している。

平面図形(1)

角度と図形の性質

第1章から第4章の4章分で，平面図形について解説していくよ。

 「平面図形って，三角形，四角形，……などですか？」

そうだね。平面のさまざまな形について見ていこう。中学入試にも，よく出題されるからね。

 「私は図形があまり得意じゃないんだけど……，大丈夫かなぁ。」

じっくり自分のペースで学んでいけば，得意になるよ。この章では，角度と図形の性質について見ていこう。

対頂角，同位角，錯角

たいちょうかく，どういかく，さっかく

角度にも，いろいろな角度がある。それぞれの性質をおさえていこう。

 説明の動画は
こちらで見られます

では，まず，角についての基本的な話をしておくよ。あたりまえのことだと思うかもしれないけど，ちゃんと聞いてね。

「はい，わかりました。」

1つの点から出る2つの直線がつくる形を角というんだ。

「これはカンタンですね！」

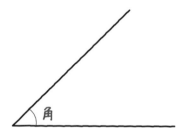

次に，**角の表し方**について見てみよう。
次の 図1 のような角があったとする。

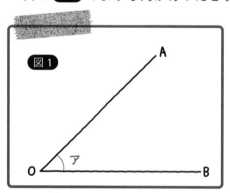

図の印がついた角は，「**角ア**」や「**角 O**」と表すよ。さらには，「**角 AOB**」という表し方もできる。「**角 AOB**」という表し方のいいところは，辺 OA と辺 OB にはさまれた角であることが，はっきりすることだ。

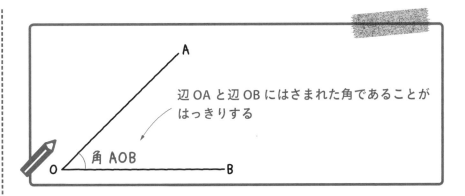

辺 OA と辺 OB にはさまれた角であることが
はっきりする

角 AOB

「でも，『角 AOB』と表すより，『角 O』と表すほうがラクに感じます。」

たしかに，図1 のような場合は，「角 O」と表しても，それが赤い角を指すことが明らかにわかるからいいよね。でも，次の 図2 のような場合はどうかな。

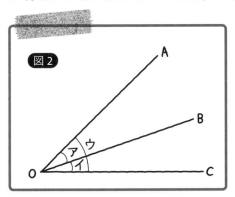

図2

図2 で，角アをどうやって表すか，考えてみよう。「角 O」というと，それが角ア，角イ，角ウのどれを指すのか，わからなくなってしまうね。

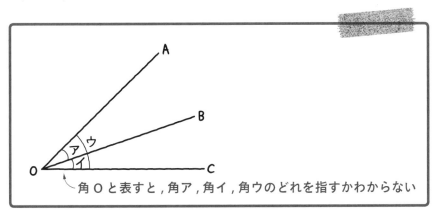

角 O と表すと，角ア，角イ，角ウのどれを指すかわからない

「たしかに。『角 O』と表すと，どの角を指しているのかわかりませんね。」

うん。でも，ここで「**角 AOB**」と表すと，「**辺 OA と辺 OB にはさまれた角**」を表すことになり，角アを正確に表すことができるんだ。

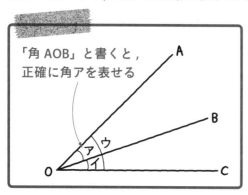

「角 AOB」と書くと，正確に角アを表せる

「本当ね。『角 AOB』と表すと，角アを指していることがはっきりするわ。」

うん。**図1**のように，「角 O」と表しても，それが指す角が明らかな場合は，その表し方でいい。でも，**図2**のように，**1 つの頂点にいくつかの角が集まっている場合**は，「**角 AOB**」のように正確に表す必要があるんだ。

 002　説明の動画はこちらで見られます

では，次に**角の大きさ**について見ていこう。角の大きさのことを，**角度**というよ。角度を表すには，「**度(°)**」という単位を使うんだ。それで，まず，直線が 1 回転したときの角度を 360 度と決めているんだ。

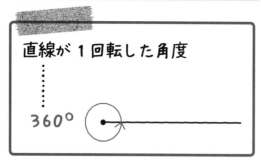

直線が 1 回転した角度

360°

そして，**360 度を 360 等分した 1 つ分を 1 度とする**んだ。では，直線が，1 周の半分だけ回転したときの角度は，何度になるかな？

「1 周が 360 度だから，1 周の半分だけ回転したときの角度は，360÷2＝180 で，180 度ね。」

そうだね。**直線が1周の半分だけ回転したときの角度は，180度になる**んだ。

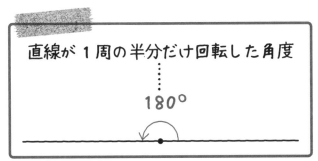

2つの辺が一直線になったときの角度は180度であるとか，**一直線がつくる角度は180度である**，などということもできるね。では，直線が，1周の$\frac{1}{4}$だけ回転したときの角度は，何度になるかな？

「1周が360度だから，1周の$\frac{1}{4}$だけ回転したときの角度は，360÷4＝90で，90度ですね！」

そうだね。**直線が1周の$\frac{1}{4}$だけ回転したときの角度は，90度になる**んだ。

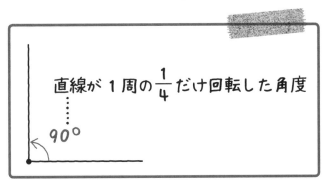

そして，この90度の大きさの角を，**直角**というよ。直角は，次のような記号で表すんだ。

説明の動画は
こちらで見られます

次に**対頂角(たいちょうかく)**について解説(かいせつ)するよ。

「たいちょうかく？」

うん。**2つの直線が交わるとき，向かい合わせになっ
ている角を，**対頂角というんだ。右の図の2つの角は
向かい合っているから，対頂角だよ。

そして，「対頂角は等しい」という大事な性質(せいしつ)があ
るからおさえておこう。

対頂角

> **Point　対頂角の性質**
>
> **対頂角は等しい。**
> 　右の図の角アと角ウは対頂角だから，
> 大きさは等しい。
> 　右の図の角イと角エは対頂角だから，
> 大きさは等しい。

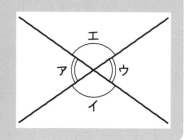

この対頂角の性質を使って，次の例題(れいだい)を解(と)いてみよう。

[例題]1-1　つまずき度 😖😖😖😖😖

下の図で，角アの大きさはそれぞれ何度ですか。

(1)　　　　　　　(2)　　　　　　　(3)

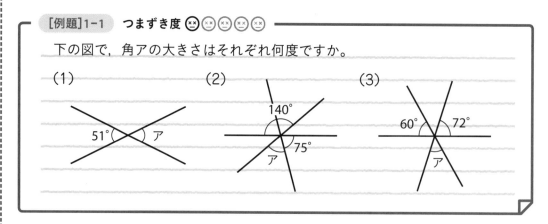

では，(1)からいこう。

「(1)はカンタンです！　対頂角は等しいから，角アも51度ね。」

そうだね。角アは 51 度だ。

51 度 … 答え [例題]1-1 （1）

（2）にいくよ。（2）の角アの大きさは何度かな？

 「えーっと……，ココとココが対頂角で，それから，……。」

ユウトくん，140 度の角の対頂角に注目してみよう。対頂角は等しいから，右の図で，色で印をつけた角も 140 度になる。

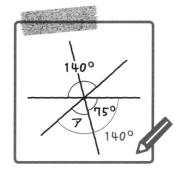

 「あっ！　ということは，140 度から 75 度をひけば，角アの大きさが求められるんですね！」

そうだね。140−75＝65 で，角アの大きさは 65 度だ。

65 度 … 答え [例題]1-1 （2）

では，次。（3）にいこう。（3）でも，対頂角は等しいという性質を使うよ。対頂角は等しいから，右の図で，色で印をつけた角も，角アと同じ大きさになる。

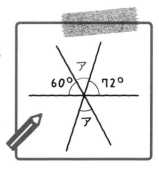

ところで，辺が一直線になったときの角度は何度だったかな？

 「辺が一直線になったときの角度は 180 度です。」

そうだね。だから，右の図で，色で印をつけた角は 180 度になる。

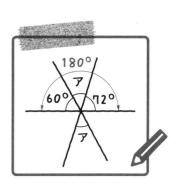

 「ということは，60 度と 72 度をたしたものを 180 度からひけば，角アの大きさが求められるのね。」

そういうことだね。180−（60＋72）＝48 で，角アは 48 度と求められるわけだ。

48 度 … 答え [例題]1-1 （3）

説明の動画は
こちらで見られます

では，ここで，新しい用語について学んでいこう。まず，**垂直**と**平行**についてだ。

　下の **図1** のように，**2 つの直線が交わってできる角が，直角(90 度)のとき**，「この 2 つの直線は**垂直**である」というよ。

　また，下の **図2** のように，**1 つの直線に垂直な 2 つの直線を**，平行であるというんだ。**平行な 2 つの直線は，どこまでのばしても交わらない**んだ。

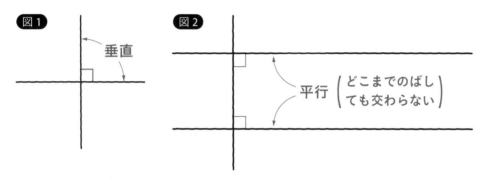

　平行であることを示すために，右の図のように，平行な線に「>」の印をつけて表すこともあるから，おさえておこう。

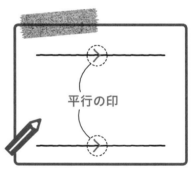

平行の印

　次に，2 つの直線と，それに交わる 1 本の直線をかいてみるよ。

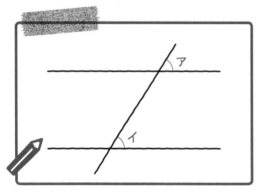

　このとき，角アと角イのように，同じ位置にある角を**同位角**というよ。そして，「**2 つの直線が平行ならば，同位角は等しい**」という大切な性質があるので，おさえておこう。

次に，ちょっと難しい字を書くけど，**錯角**について解説しよう。2 つの直線と，それに交わる 1 本の直線をかいてみるよ。

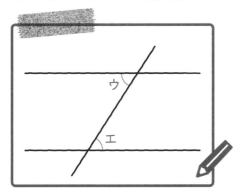

このとき，角ウと角エのような 2 つの角を錯角というんだ。そして，「**2 つの直線が平行ならば，錯角は等しい**」という大切な性質をおさえておこう。

Point **平行線の同位角，錯角の性質**

● **2 つの直線が平行ならば，同位角は等しい。**

● **2 つの直線が平行ならば，錯角は等しい。**

例 右の図で，直線 A と B が平行で，角アの大きさが 60 度のとき，

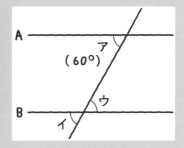

・**角アと角イは同位角だから等しい。**

　➡ **角イも 60 度**

・**角アと角ウは錯角だから等しい。**

　➡ **角ウも 60 度**

※角イと角ウは対頂角だから等しい。

「どの角とどの角が錯角か，よくわからないです。」

そうかもしれないね。説明しておくよ。錯角はおもに，次の 4 つのタイプがあるんだ。これはボク独自の分け方だけどね。

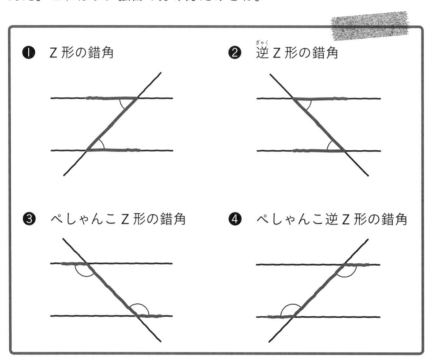

❶ Z 形の錯角 ❷ 逆 Z 形の錯角

❸ ぺしゃんこ Z 形の錯角 ❹ ぺしゃんこ逆 Z 形の錯角

 「❸と❹の，ぺしゃんこな錯角はよび方がおもしろいですね！」

うん。❶の Z 形の錯角を左右に引きのばして，ぺしゃんこにしたような形をしているから，❸を「ぺしゃんこ Z 形の錯角」と名づけたんだ。そして，❷の逆 Z 形の錯角をぺしゃんこにしたような形をしているから，❹を「ぺしゃんこ逆 Z 形の錯角」と名づけたんだよ。

 「なるほど！」

❶の Z 形の錯角と，❷の逆 Z 形の錯角は，理解できている人が多いんだけど，**❸のぺしゃんこ Z 形と，❹のぺしゃんこ逆 Z 形が錯角であることを理解できていない人がけっこういる**ようだから，注意しよう。

005 説明の動画は
こちらで見られます

では，同位角と錯角について，きちんと理解しているか，次の例題で確認するよ。

[例題]1-2　つまずき度 😖😖😖😖😖

右の図について，次の問いに答えなさい。

（1）同位角の関係にある角の組を，すべて
答えなさい。

（2）錯角の関係にある角の組を，すべて答
えなさい。

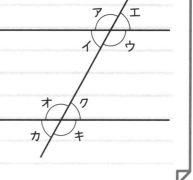

（1）からいこう。右の図のように，直線が
交わった点に対して，左上，右上，左下，
右下の4つの部分に分かれるね。

例えば，角アと角オは，同じ左上どうし
にある（同じ位置にある）ので，同位角なん
だ。このように見ていくと，他にも同位角
が見つかるよね。

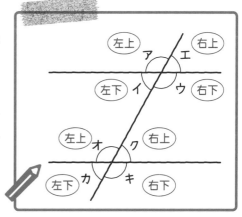

「はい。角イと角カは，同じ左下どうしだから同位角ね。角ウと角キは，同
じ右下どうしだから同位角よ。角エと角クは，同じ右上どうしだから同位角
だわ。これで全部ね。」

そうだね。角アと角オ，角イと角カ，角ウと角キ，角エと角クの4組は，それぞ
れ同じ位置にあるから同位角だね。

角アと角オ，角イと角カ，角ウと角キ，角エと角ク

… 答え [例題]1-2 （1）

では，(2)にいこう。錯角の関係にある角の組を，すべて答える問題だね。

「わかります！ 角イと角クは，Z形の錯角です！」

そうだね。角イと角クは錯角だ。
それ以外にも，錯角があるんだけどわかるかな？

「えっ，それ以外にも？ うーん……，どこだろう？」

この例題を解く前の錯角の説明で，「**ぺしゃんこZ形とぺしゃんこ逆Z形も錯角になる**から，注意しよう」と言ったよね。

「あっ，そうか！ 角ウと角オは，ぺしゃんこ逆Z形の錯角になるんですね！」

そうだね。角ウと角オは，ぺしゃんこ逆Z形の錯角になる。
　だから，角イと角ク，角ウと角オがそれぞれ錯角になるということだね。ぺしゃんこ形の錯角を見落とさないように気をつけよう。

角イと角ク，角ウと角オ

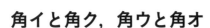
… 答え ［例題］1−2 （2）

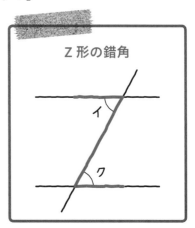

Z形の錯角

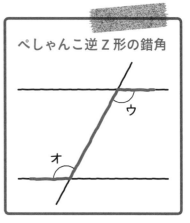

ぺしゃんこ逆Z形の錯角

「質問なんですが，2つの直線が平行のとき，角アと角キ，角エと角カも同じ大きさになりますよね。これは錯角ではないんですか？」

　いい質問だね。ハルカさんの言った通りで，2つの直線が平行のとき，角アと角キ，角エと角カも同じ大きさになる。右の図のように，角アと角オが同位角で等しく，角オと角キが対頂角で等しいからね。角エと角カも同じように考えればいいね。
　でも，錯角とよぶのは，2つの直線の内側にある角だけなんだよ。

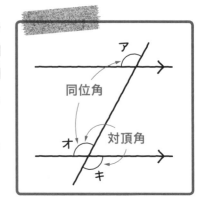

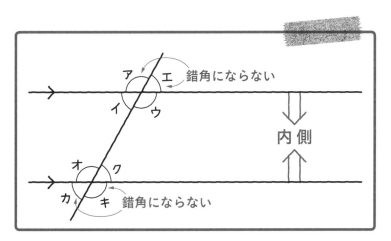

角ア，角エ，角カ，角キは，2つの直線の外側だから，錯角にはならないんだ。

「そういうルールなんですね。わかりました。」

 説明の動画は
こちらで見られます

では，次の問題にいこう。

[例題]1-3　つまずき度 😵😵😵😵😵

下の図で，直線 A と B が平行のとき，角アの大きさはそれぞれ何度ですか。

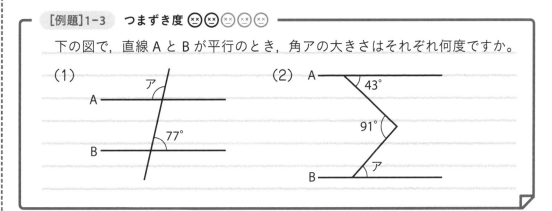

では，(1)からいこう。**直線 A と B は平行だから，同位角は等しい**ね。同位角は等しいから，右の図の色をつけた角も 77 度になる。

一直線の角度は 180 度だから，180−77＝103 で，角アが 103 度と求められるよ。

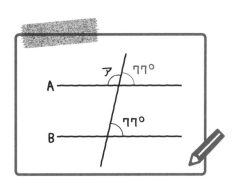

103 度 … 答え [例題]1-3 (1)

別解 [例題]1−3 (1)

直線AとBは平行だから，錯角は等しいね。つまり，右の図の色をつけた角も77度になる。
　一直線の角度は180度だから，180−77＝103で，角アが103度と求められるよ。

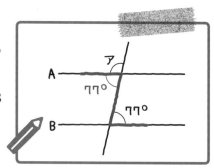

103度 … 答え [例題]1−3 (1)

(2)にいこう。

　「(2)は，同位角も錯角もなさそうだけど……，どうやって解くんですか？」

そうだね。一見，同位角も錯角もない。(2)は，補助線を引いて考えよう。

　「補助線？」

うん。補助線とは，**「もとの図形にはないが，問題を解くために自分で新しくかき加える線」**のことを言うよ。**図形の問題では，補助線を引くことで，問題が解きやすくなることがけっこうある**から，補助線の引き方も練習していくようにしよう。

　「この問題では，どこに補助線を引けばいいんですか？」

(2)では，**折れ曲がっている部分を通って，直線AとBに平行な補助線**を，次のように引こう。

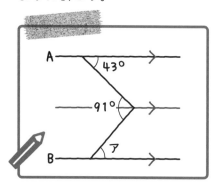

このように補助線を引くと，問題を解くヒントが見つかるんだ。2つの直線が平行ならば，錯角は等しいから，次の図の色をつけた角度は43度になる。

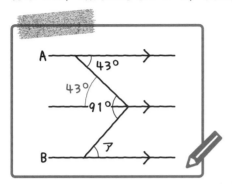

そして，平行線の錯角は等しい性質により，次の図の色をつけた角度は，角アと同じ大きさになる。

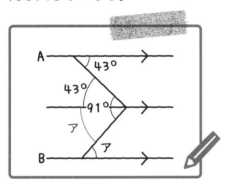

 「あっ！　ということは，91度から43度をひけば，角アの大きさが求められるんですね。91−43＝48で，角アの大きさは48度ですか？」

その通り。角アの大きさは48度だよ。

48度 … 答え　[例題]1-3 （2）

このように，平行線の錯角の性質を使う問題では，**「折れ曲がっている部分に平行な補助線を引く」**のが，よくあるパターンなんだよ。
図形のすべての問題で，補助線が必要というわけではないけど，**正確な補助線が引けるかどうかで，解けるかどうかが決まってくる場合もある**から，補助線の大切さを知っておこう。

Check 1　つまずき度 😖😖😖😖😖　　➡解答は別冊 p.48 へ

下の図で，角アの大きさはそれぞれ何度ですか。

(1)　　　　　　　　　(2)　　　　　　　　　(3)

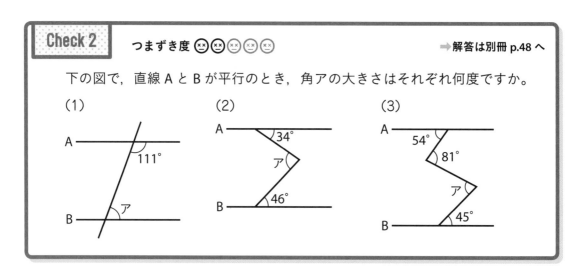

Check 2　つまずき度 😖😖😖😖😖　　➡解答は別冊 p.48 へ

下の図で，直線 A と B が平行のとき，角アの大きさはそれぞれ何度ですか。

(1)　　　　　　　　　(2)　　　　　　　　　(3)

三角形の内角と外角

三角形の角には，内角と外角がある。そのちがいって何だろう？

007 説明の動画は
こちらで見られます

次の図のように，3つの直線で囲まれた形を，**三角形**というよ。

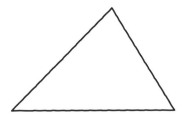

　次の図のように，囲まれていなかったり，直線ではないものは，三角形とはいわないから注意しよう！

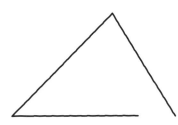 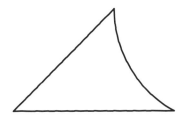

三角形で，内側の角を，**内角**というよ。

内角

また，1 つの辺を一方にのばしたときにできる，次の図のような角を，**外角**というんだ。

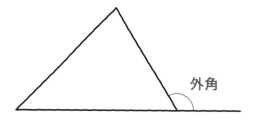

三角形には，次の大事な性質があるから，おさえておこう。

三角形の 3 つの内角の和は 180 度である。

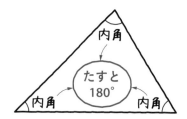

 「どんな三角形でも，3 つの内角の和は必ず 180 度になるんですか？」

うん，どんな三角形でも内角の和は 180 度になるよ。

 「へぇー。三角形の内角の和は，なぜ 180 度になるんですか？」

三角形の内角の和が，なぜ 180 度になるか説明するね。いっしょに，ノートに図をかいて考えていこう。

まず，三角形 ABC をかいて，辺 BC を C の方向にのばすよ。

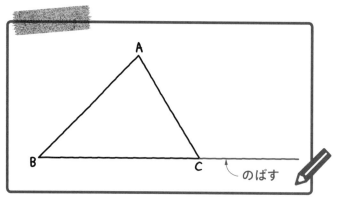

次に，頂点 C を通り，辺 BA に平行な直線を引いてみよう。それから，次の図のように，角アから角オまでを記入しよう。

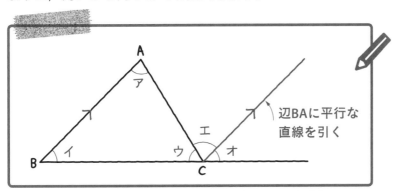

辺 BA と赤い直線は平行だね。角アと角エは錯角だから，角アと角エの大きさは等しいことがわかる。また，角イと角オは同位角だから，角イと角オの大きさも等しいね。

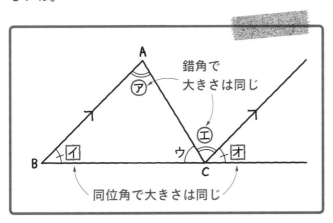

つまり，**三角形 ABC の角ア，角イ，角ウの 3 つの内角の和は，角ウ，角エ，角オの一直線上の角の和に等しい**ことがわかるんだ。一直線の角度は 180 度だから，角ア，角イ，角ウの 3 つの内角の和も 180 度だよ。これで，**三角形の内角の和は 180 度である**ことがわかるんだ。

「ちょっと難しかったけど，三角形の内角の和がなぜ 180 度になるのか，なんとなくわかったわ。」

うん。そして，この図から，もう 1 つ大事なことがわかるんだ。角アと角エの大きさが同じで，角イと角オの大きさも同じだったね。ということは，角アと角イの和が，角エと角オの和に等しくなるんだ。

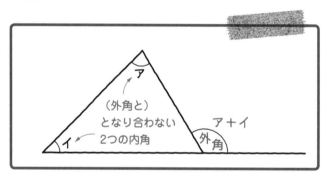

　角エと角オを合わせると，１つの外角になるね。つまり，**内角アと内角イの和が，１つの外角（エ＋オ）の大きさと等しくなる**ということだよ。だから，三角形の１つの外角は，それととなり合わない２つの内角の和に等しいという性質もわかるんだ。

三角形の角について，ポイントをまとめておくよ。とっても大事なことだから，しっかりおさえておこう。

Point **三角形の内角と外角の性質**

（1）　三角形の3つの内角の和は180度である。

（2）　三角形の1つの外角は，それととなり合わない2つの内角の和に等しい。

008　説明の動画は
こちらで見られます

では，この性質を使って，例題を解いていこう。

[例題]1-4　つまずき度 😣😣😣😣😣

下の図で，角アの大きさはそれぞれ何度ですか。

（1）　　　　　　　　　　　　　　　　（2）

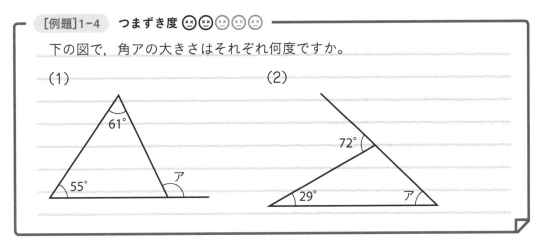

（1）から解いていこう。（1）の角アは外角だね。だから，外角の性質**「三角形の1つの外角は，それととなり合わない2つの内角の和に等しい」** が使えるよ。

 「ということは，61度と55度の2つの内角をたせば，角アの大きさが求められるんですね。」

そうだね。角アととなり合わない 2 つの内角は，61 度と 55 度の角だから，
61＋55＝116 で，角アは 116 度と求められる。

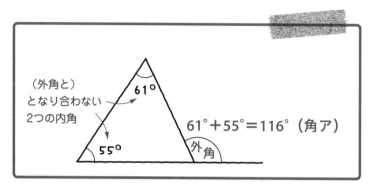

116 度 … 答え [例題]1-4 (1)

外角の性質を知らない人は，次のように解くんじゃないかな？
まず，「三角形の 3 つの内角の和は 180 度である」ことを利用して，角アのとな
りの内角を，180−(61＋55)＝64(度)と求める。次に，一直線の角度である 180 度
から 64 度をひいて，180−64＝116(度)と答えを出す。
この解き方もまちがいではないけど，これだと計算がめんどうだから，外角の性
質を使って解くほうがおすすめだよ。

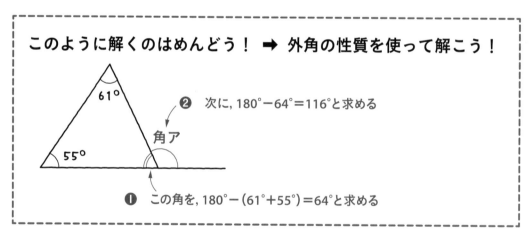

では，(2)にいこう。(2)も，外角の性質
**「三角形の 1 つの外角は，それととなり合
わない 2 つの内角の和に等しい」**が使える。
72 度の角は外角だね。外角の 72 度は，
それととなり合わない 2 つの内角(29 度
の角と角ア)の和に等しい，ということだ。

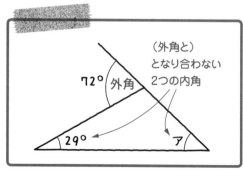

29＋ア＝72 となるから，72－29＝43 で，角アは 43 度と求められるね。

43 度 … 答え [例題]1-4 （2）

（2）も，「三角形の 3 つの内角の和は 180 度である」ことを利用して，43 度と求めることができるけど，外角の性質を使って解いたほうが，計算がラクだよ。

 009 説明の動画は こちらで見られます

[例題]1-5 　つまずき度 😵😵😵😑😑

下の図で，角アの大きさはそれぞれ何度ですか。

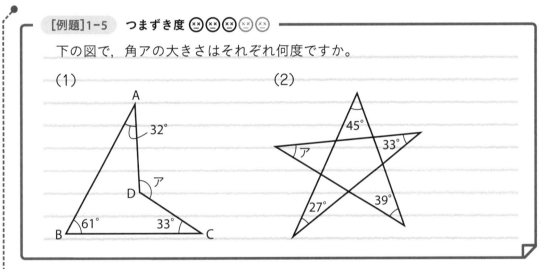

（1）

（2）

（1）を解説するよ。この問題は，補助線を引いて考えよう。

 「えーっと……，どこに補助線を引けばいいんだろう？」

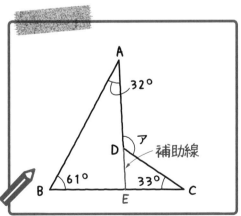

辺 AD を D のほうにのばす補助線を引くんだ。そして，この補助線が辺 BC と交わる点を E としよう。

ここで，三角形 ABE に注目しよう。三角形 ABE は，2 つの内角の大きさがわかっている。角 A が 32 度で，角 B が 61 度だね。ここで，外角の性質「**三角形の 1 つの外角は，それととなり合わない 2 つの内角の和に等しい**」を使おう。この性質によって，外角である角 DEC の大きさが，32＋61＝93（度）と求められる。

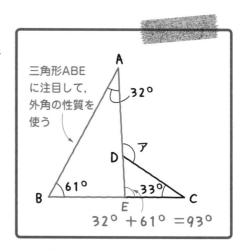

三角形ABE に注目して，外角の性質を使う

$$32° + 61° = 93°$$

次に，三角形 DEC に注目！ 三角形 DEC も，2 つの内角の大きさがわかっているね。角 DEC が 93 度で，角 C が 33 度だね。

 「あっ，また外角の性質を使えばいいんですね！」

その通り。外角の性質により，角 DEC（93 度）と角 C（33 度）をたした角度が，外角の角アの大きさになるんだ。93＋33＝126 で，角 ア が 126 度と求められるね。

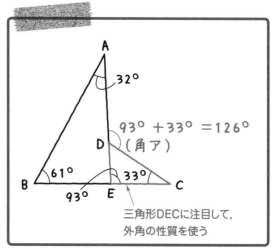

$$93° + 33° = 126°$$
（角ア）

三角形DECに注目して，外角の性質を使う

126 度 … 答え ［例題］1-5 （1）

結局，この問題では，はじめから大きさがわかっていた，角 A（32 度）と角 B（61 度）と角 C（33 度）の和が，角アの大きさになったということだよ。

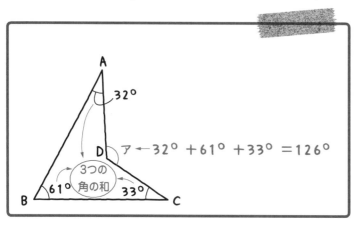

$$ア ← 32° + 61° + 33° = 126°$$

3つの角の和

ところで, (1)の図形は, ブーメランに形が似ていると思わない？

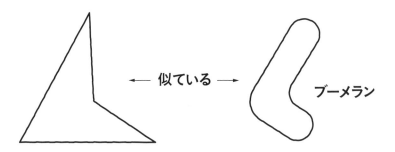

← 似ている → ブーメラン

(1)のように, ブーメランに似た形では, 次の(**コツ**)のような性質があるから, おさえておこう。たまに出題されるから, 覚えておくといいよ。

ブーメラン形の図形の角度のコツ

ブーメラン形の図形の角度には, 右のような関係がある。

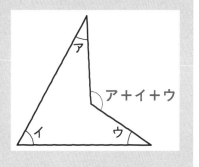

ア＋イ＋ウ

 説明の動画は
こちらで見られます

では, (2)にいこう。

「星の形をした図形ですね。角アはどうやって求めるんだろう？」

この問題でも, 三角形の外角の性質を使うんだ。まず, 右の図で, 色で囲んだ三角形に注目しよう。

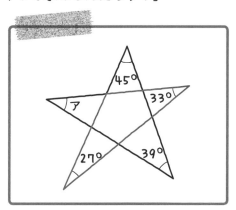

33

この三角形で，外角の性質「三角形の1
つの外角は，それととなり合わない2つの内
角の和に等しい」を使うんだ。この性質に
より，27＋33＝60で，右の図の色をつけた
外角が，60度になる。

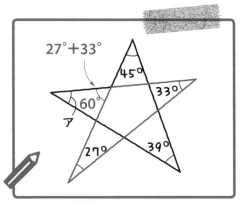

今度は，別の三角形，右の図で，色で囲
んだ三角形に注目しよう。

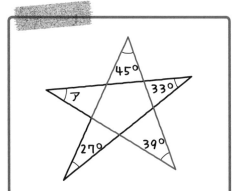

この三角形で，同じように，外角の性質
により，45＋39＝84で，図の色をつけた外
角が84度になる。

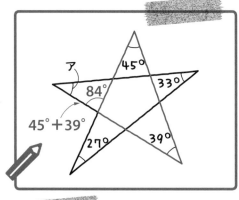

今度は，さらに別の三角形，右の図で，
色で囲んだ三角形に注目しよう。

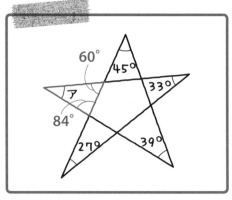

この三角形の3つの内角のうち，2つの内角がそれぞれ60度と84度と求められ
たね。そうすると，角アの大きさを求められるんじゃないかな？

「あっ，本当だわ。ここまでくれば，もう簡単ね。三角形の内角の和は180度だから，180−(60＋84)＝36で，角アが36度と求められたわ。」

その通り。角アの大きさは36度だね。

36度 … 答え [例題]1-5 (2)

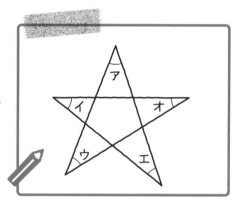

ところで，星の形を適当にかいて，右のように，角ア〜角オを記入してみよう。

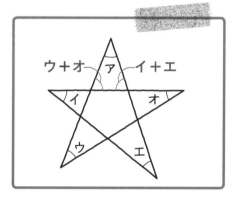

そうすると，外角の性質により，右のように，角ア〜角オが1つの三角形の内角に集まるんだ。

三角形の内角の和は180度だから，**星の形の角ア〜角オの大きさの和は，いつも180度になる**ということだね。

「これを覚えていれば，テストに出たときにラクそうですね！」

そうだね。コツとしてまとめておくよ。

星形の図形の角度のコツ

右のような星形の図形で，角ア〜角オの5つの角の大きさの和は，いつも180度になる。

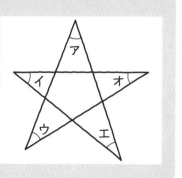

Check 3　つまずき度 😖😖😣😣😣　　　➡ 解答は別冊 p.49 へ

下の図で，角アの大きさはそれぞれ何度ですか。

(1)

(2)

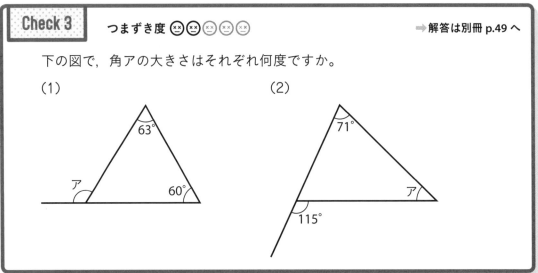

Check 4　つまずき度 😖😖😖😖😣　　　➡ 解答は別冊 p.49 へ

　右の図で，角ア～角オの 5 つの角の大きさの
和は何度ですか。

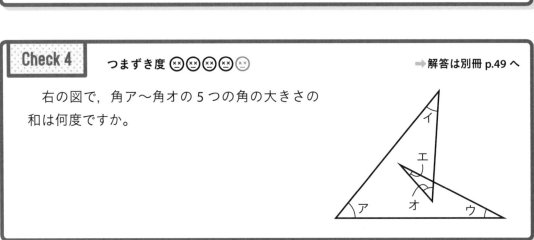

1 03 三角形の種類

三角形にも，いろいろな種類がある。三角形の種類をいくつ言えるかな？

011 説明の動画は
こちらで見られます

3つの直線で囲まれた形を**三角形**ということは教えたね。

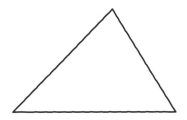

■二等辺三角形

三角形にもいろいろな種類があるから，見ていこう。まず，次のように，**「2つの辺の長さが等しい三角形」**を，**二等辺三角形**というんだ。真ん中の三角形や右側の三角形も，2つの辺の長さが等しいから，二等辺三角形だよ。

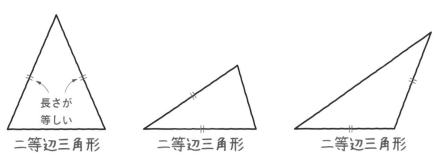

長さが
等しい

二等辺三角形　　二等辺三角形　　二等辺三角形

二等辺三角形で，**長さが等しい2つの辺の間の角を頂角**というよ。そして，**頂角の向かい側の辺を底辺**，**底辺の両はしの角を底角**というんだ。

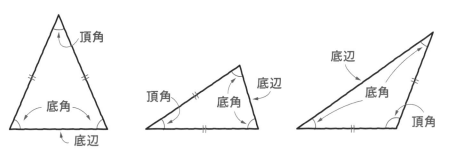

頂角
底角
底辺

頂角
底辺
底角

底辺
底角
頂角

二等辺三角形には大事な性質があるから，おさえておこう。

「どんな性質ですか？」

二等辺三角形の底角は等しいという性質だよ。

 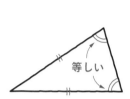 

この性質は，どんな二等辺三角形でも成り立つんだ。二等辺三角形のこの性質を使って，次の例題を解いてみよう。

[例題]1-6　つまずき度 😣😣😣😣😣

下の図で，AB＝AC のとき，角アの大きさはそれぞれ何度ですか。

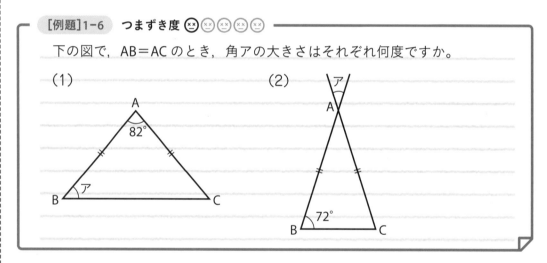

(1)

(2)

では，(1)から解いていこう。まず，三角形 ABC は，辺 AB と辺 AC の長さが等しいから，二等辺三角形だね。そして，**二等辺三角形の底角は等しい**という大事な性質があった。

「ということは，角アと角 C の大きさが等しいのね。」

その通り。二等辺三角形の底角は等しいから，角アと角 C の大きさが等しい。

ところで，三角形の 3 つの内角の和は，何度だったかな？

「三角形の 3 つの内角の和は 180 度です！」

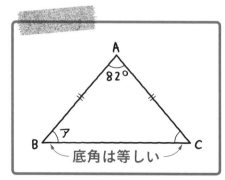

そうだね。三角形の内角の和は 180 度だから，180 度から，角 A の 82 度をひいて，180−82＝98（度）だ。この 98 度は，大きさが等しい角アと角 C の和だから，98÷2＝49 で，角アが 49 度と求められる。ちなみに，角 C も 49 度だね。

49 度 … 答え [例題]1-6 (1)

(2)にいこう。(2)の三角形 ABC も，辺 AB と辺 AC の長さが等しいから，二等辺三角形だ。そして，**二等辺三角形の底角は等しい**という性質により，角 B と角 C の大きさが等しいことがわかる。

 「角 C も 72 度ってことね。」

そうだね。角 B と角 C が，どちらも 72 度とわかる。

三角形の内角の和は 180 度だから，180 度から，角 B と角 C の和をひけば，角 BAC の大きさが求められるね。

ユウトくん，求めてくれるかな？

 「はい！ 180−72×2＝36 だから，角 BAC は 36 度ですね！」

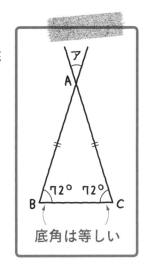

その通り。角 BAC は 36 度と求められた。ここで，角 BAC と角アはどんな関係かな？

 「えーっと……，角 BAC と角アは向かい合ってるから……，対頂角ね。」

そうだね。角 BAC と角アは，対頂角だ。そして，**対頂角は等しい**という性質があったね。だから，角アも 36 度だ。

36 度 … 答え [例題]1-6 (2)

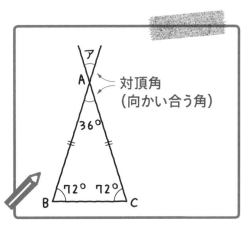

説明の動画は
こちらで見られます

では，次の例題にいこう。少し難しくなるよ。

[例題]1-7　つまずき度 😣😣😣😣😣

　右の図の三角形 ABC は，AB＝AC の二等辺三角形で，
AD＝DC＝CB です。
　このとき，角アの大きさは何度ですか。

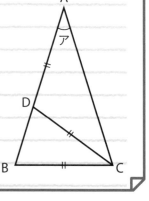

「えっ。この例題では，角の大きさが１つもわかっていないわね。角の大きさが１つもわかっていないのに，角アが何度かなんてわかるのかしら？」

　たしかに，この例題では，角の大きさが１つもわかっていない。でも，角アの大きさを求めることができるんだ。ところで，この例題の図には，いくつの二等辺三角形があるかな？

「えーっと……，まず，１つ目。AB＝AC だから，三角形 ABC は二等辺三角形ですよね。それから……，えーっと……？」

　１つ目として，三角形 ABC は二等辺三角形だよね。それから，AD＝DC だから，三角形 DCA が２つ目の二等辺三角形だ。そして，CD＝CB だから，三角形 CDB も二等辺三角形だ。つまり，この図の中には，３つの二等辺三角形があるんだ。

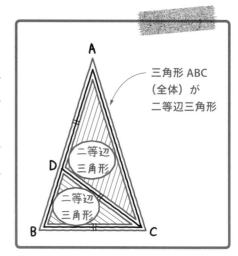

三角形 ABC
（全体）が
二等辺三角形

まず，二等辺三角形 DCA に注目しよう。
二等辺三角形の底角は等しいから，角アと
角 DCA の大きさは等しい。角アと角 DCA
の大きさを●（黒丸）で１つずつ表すと，右
の図のようになる。

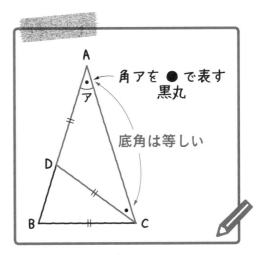

次に，三角形の外角の性質を思い出そう。

 「『三角形の１つの外角は，それととなり合わない２つの内角の和に等
しい』という性質ね。」

うん，そうだね。この外角の性質に
より，角アと角 DCA をたした角度が，
外角である角 CDB の大きさと等しくな
るんだ。角 CDB の大きさが，黒丸２つ
分（●●）になるということだから，右
の図のように表すよ。

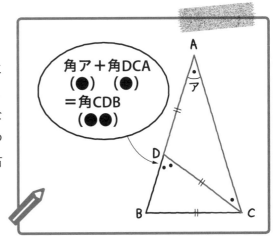

角 CDB の大きさが，黒丸２つ分（●●）
になることがわかったね。次に，二等
辺三角形 CDB に注目しよう。**二等辺三
角形の底角は等しい**から，角 CDB と角
CBD の大きさは等しい。角 CDB の大き
さが，黒丸２つ分（●●）だから，角
CBD の大きさも，黒丸２つ分（●●）に
なるね。

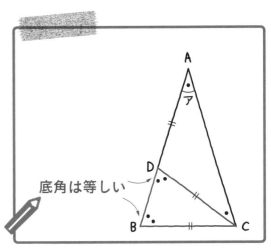

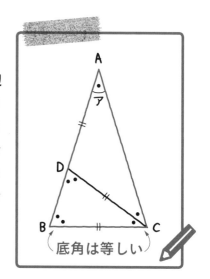

最後に，二等辺三角形 ABC に注目しよう。**二等辺三角形の底角は等しい**から，角 ABC と角 ACB の大きさは等しい。角 ABC の大きさが，黒丸 2 つ分（●●）だから，角 ACB の大きさも，黒丸 2 つ分（●●）になるね。角 ACD の大きさが黒丸 1 つ分（●）だから，角 DCB の大きさは，2−1＝1 で，黒丸 1 つ分（●）になるということだ。

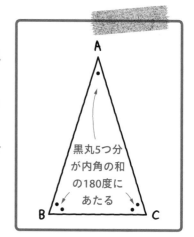

ここで，二等辺三角形 ABC のそれぞれの内角を見てみよう。角ア（角 A）の大きさが黒丸 1 つ分（●），そして，2 つの底角（角 B と角 C）の大きさがどちらも黒丸 2 つ分（●●）だ。ということは，
黒丸 1 つ分＋黒丸 2 つ分＋黒丸 2 つ分＝**黒丸 5 つ分**
が，**二等辺三角形 ABC の内角の和 180 度にあたる**，ということだよ。

「黒丸で表すと，●＋●●＋●●＝●●●●●ということですね。そして，●●●●●が 180 度にあたる，ということですね。」

そういうことだね。黒丸 5 つ分が 180 度ということは，黒丸 1 つ分（●）は，180÷5＝36（度）と求められる。だから，角アは 36 度というわけだね。

36 度 … 答え ［例題］1-7

少し難しかったかな？　まず，3 つの二等辺三角形があることをつかんで，角アと角 DCA の大きさを黒丸（●）とおいて，内角と外角の関係から 1 つずつ考えていけばいいんだ。

013 説明の動画は
こちらで見られます

■正三角形

右の図のように，**「3つの辺の長さが等しい三角形」**を，正三角形というんだ。

正三角形には，「3つの角が等しい」という性質があるよ。

正三角形の3つの角が等しいということは，正三角形の1つの角は何度かな？

正三角形

 「えーっと……，正三角形の1つの角は，んんっ……？」

三角形の3つの内角の和は180度だったよね。

 「あっ，そうか！　三角形の3つの内角の和は180度で，正三角形の3つの角は等しいから，正三角形の1つの角は，180÷3＝60(度)なんですね。」

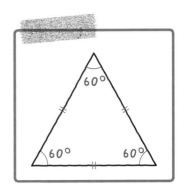

そうだね。**正三角形の1つの角は60度**だから，しっかりおさえておこう。

■直角三角形

ここまで，二等辺三角形と正三角形を習ったね。次に習うのは，直角三角形だ。

直角三角形とは，**「1つの角が直角である三角形」**で，右のような図形だよ。

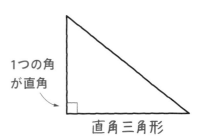

1つの角が直角

直角三角形

ところで，三角定規は持っているかな？

 「はい。持っています。」

2種類の三角定規はどちらも直角三角形だ。それぞれ次のような形をしているね。

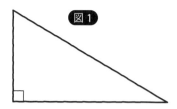

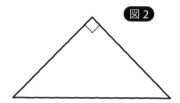

まず，図1の三角定規を見てみよう。この三角定規は，内角が 30 度，60 度，90 度と決まっているから，おさえておこう。

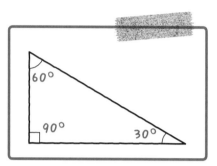

次に，図2の三角定規を見てみよう。この三角定規は，**直角三角形であるのに加えて，2 つの辺の長さが等しく，二等辺三角形にもなっている。**

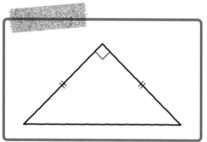

このように，**「直角三角形でもあり，二等辺三角形でもある三角形」**を，直角二等辺三角形というんだ。言いかえると，**「2 つの辺の長さが等しく，この 2 つの辺の間の角が直角の三角形」**を，直角二等辺三角形ということもできる。

あと，直角二等辺三角形のことを，二等辺直角三角形とはいわないから注意しようね。

ところで，直角二等辺三角形の，直角以外の角の大きさは何度だと思う？

 「えーっと……，直角二等辺三角形の直角以外の角の大きさは，……？」

何度？

三角形の 3 つの内角の和は 180 度だね。180 度から，直角の 90 度をひいて，180－90＝90（度）

二等辺三角形の底角は等しいから，90÷2＝45（度）と求められるんだ。

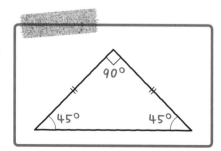

直角二等辺三角形の**3 つの角度は，90 度，45 度，45 度である**ことは，よく使うから覚えておこう。では，この 1 組の三角定規について，例題を解いていくよ。

014 説明の動画は
こちらで見られます

[例題]1-8 **つまずき度** 😖😖😑😑😖

下の図は，それぞれ 1 組の三角定規を組み合わせたものです。角アの大きさはそれぞれ何度ですか。

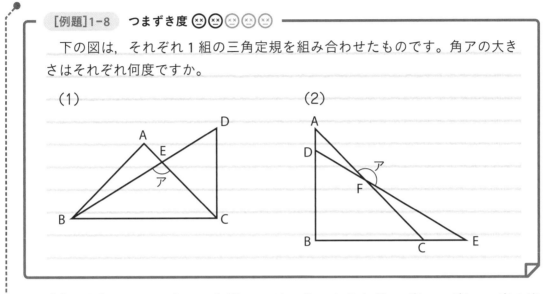

(1) から解いていこう。三角形 ABC は，角の大きさが 90 度，45 度，45 度の直角二等辺三角形だね。そして，三角形 DBC は，角の大きさが 60 度，30 度，90 度の直角三角形だ。これをもとに解いていけばいいんだ。

「三角形 EBC に注目すればいいのかしら。」

ハルカさん，その通りだよ。いろいろな解き方があるけど，三角形 EBC に注目して解くのがいちばんラクそうだね。角 EBC は 30 度，角 ECB は 45 度だ。

三角形 EBC の内角の和は 180 度だから，180－(30＋45)＝105 で，角アは 105 度と求められる。

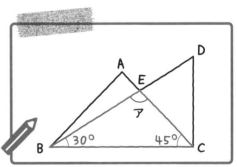

105 度 … 答え [例題]1-8 (1)

では，(2)にいこう。三角形 ABC は，角の大きさが 45 度，90 度，45 度の直角二等辺三角形だね。そして，三角形 DBE は，角の大きさが 60 度，90 度，30 度の直角三角形だ。ここでは，三角形 FCE に注目して解いてみよう。角 FEC は 30 度で，角 FCE は，180－45＝135（度）だ。

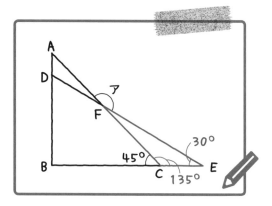

ここで，外角の性質「三角形の 1 つの外角は，それととなり合わない 2 つの内角の和に等しい」を使おう。この性質により，30 度（角 FEC）と 135 度（角 FCE）の和が，外角である角アの大きさになるから，角アは，30＋135＝165（度）と求められるんだ。

165 度 … 答え [例題]1-8 (2)

 「先生！ (2)は，三角形 ADF に注目しても解けるんじゃないんですか？」

うん，よく気づいたね。角 FAD が 45 度，角 ADF が，180－60＝120（度）だから，外角の性質により，それらをたして，角アは，165 度と求めることもできるよ。

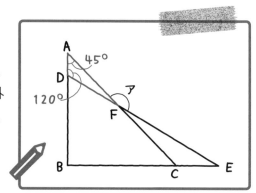

Check 5　つまずき度 😣😣😣😣😣　　⇒解答は別冊 p.49 へ

下の図で，AB＝AC のとき，角アの大きさはそれぞれ何度ですか。

(1)

A 77°
B　　ア C

(2)

A ア
B 68°　　C

Check 6 つまずき度 😖😖😖😖😖 ➡解答は別冊 p.49 へ

下の図で，OA＝AB＝BC＝CD のとき，角アの大きさは何度ですか。

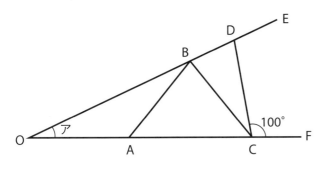

Check 7 つまずき度 😖😖😖😖😖 ➡解答は別冊 p.50 へ

右の図は，1 組の三角定規を組み合わせた
ものです。角アの大きさは何度ですか。

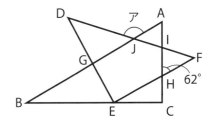

1 04 四角形の種類

いろいろな四角形とその性質について，おさえていこう。

  説明の動画は
こちらで見られます

次の図のように，4つの直線で囲まれた形を，四角形というよ。

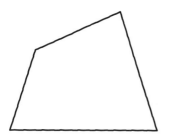

四角形には，辺が4つ，頂点が4つ，角が4つある。

ここで，四角形の向かい合った頂点を
直線で結んでみよう。この直線，つまり，
となり合っていない2つの頂点を結ぶ直線
を，**対角線**というんだ。辺で結ばれてい
ない2つの頂点を結ぶ直線が，対角線と
いうこともできる。四角形には向かい合っ
た頂点が2組あるから，**どんな四角形でも，**
対角線は2本引けるんだ。

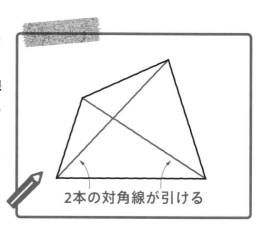

2本の対角線が引ける

次は角の大きさの和についてだよ。**四角形の4つの内角の和は360度である**こと
もおさえておこう。なぜ，四角形の内角の和が360度か説明できるかな？

 「四角形の内角の和が360度の理由？　えーっと，……。」

右の図のように，四角形に対角線を1本引いてみよう。そうすると，四角形は2つの三角形に分けられるね。

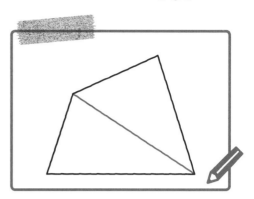

「わかった！　三角形の内角の和が180度で，2つの三角形があるから，180×2＝360で，四角形の内角の和が360度と求められるんですね！」

ユウトくん，その通り。四角形に対角線を1本引くと，2つの三角形に分かれるから，180×2＝360で，四角形の内角の和が360度とわかるんだ。

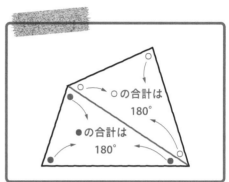

○の合計は180°
●の合計は180°

016 説明の動画はこちらで見られます

ここからは，いろいろな四角形について見ていこう。

■台　形

下の図のように，**「1組の向かい合った辺が平行な四角形」**を，台形というよ。

台形

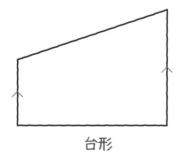

台形

そして，「台形の中で，平行でないほうの辺の長さが等しいもの」を，等脚台形というんだ。右の図のような形だね。

等脚台形

■平行四辺形

　右の図のように，**「2 組の向かい合う辺が，それぞれ平行である四角形」**を，平行四辺形というよ。

　平行四辺形には，次の性質があるから，しっかりおさえておこう。

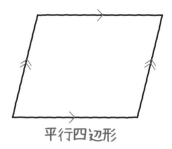

平行四辺形

> ### Point　平行四辺形の性質
>
> （1）　2 組の向かい合う辺の長さが，それぞれ等しい。
>
>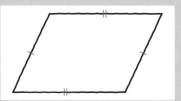
>
> （2）　2 組の向かい合う角の大きさが，それぞれ等しい。
>
>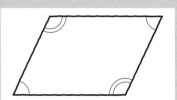
>
> （3）　対角線がそれぞれの真ん中の点で交わる。
>
>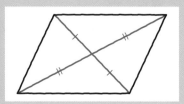

017 説明の動画は
こちらで見られます

■ひし形

右の図のように，**「4つの辺がすべて等しい四角形」**を，ひし形というよ。

ひし形は，前ページの であげた平行四辺形の3つの性質をすべて持っていて，さらに，4つの辺がすべて等しいので，特別な平行四辺形といわれているんだ。

ひし形

また，ひし形は，平行四辺形の性質に加えて，**「対角線が垂直に交わる」**という性質も持っているよ。

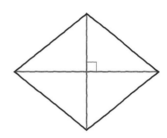

■長方形

「4つの角がすべて等しい四角形」を，長方形というよ。4つの角がすべて等しいということは，長方形の1つの角は何度かな？

「四角形の4つの内角の和は360度だから，360÷4＝90で，長方形の1つの角は90度ね。」

そう，その通り。**長方形の1つの角は90度，つまり直角である**，ということだ。

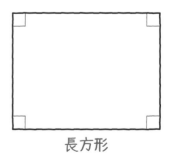

長方形

長方形も，平行四辺形の3つの性質をすべて持っている。さらに，4つの角がすべて等しいので，ひし形と同じように，特別な平行四辺形ということができる。

また，長方形は，平行四辺形の性質に加えて，**「対角線の長さが等しい」**という性質も持っているよ。

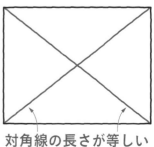

対角線の長さが等しい

■正方形

「4つの辺がすべて等しく，4つの角もすべて等しい四角形」を，正方形というよ。つまり，「4つの辺が同じ長さで，4つの角が直角である四角形」ということだね。

「4つの辺がすべて等しい四角形」がひし形で，「4つの角がすべて等しい四角形」が長方形だから，**正方形は，ひし形と長方形の性質を合わせ持つ**，ということもできるんだ。

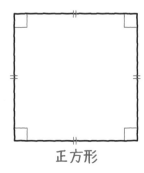

正方形

「えーっと……，ってことは，ひし形の『対角線は垂直に交わる』という性質を，正方形は持っているということですか？」

その通り。**ひし形の「対角線は垂直に交わる」という性質を，正方形は持っている。**それだけでなく，**長方形の「対角線の長さは等しい」という性質も，正方形は持っている**んだ。

「じゃあ，正方形も，平行四辺形のすべての性質を持っている，ともいえるんですか？」

そうだね。**正方形は，平行四辺形のすべての性質を持っている**，ともいえるよ。まとめると，**ひし形，長方形，正方形はどれも，特別な平行四辺形で，すべて平行四辺形の性質を持っている**んだ。

> **Point** **特別な平行四辺形**
>
> **ひし形，長方形，正方形はどれも，平行四辺形の性質を持っている。**
>
>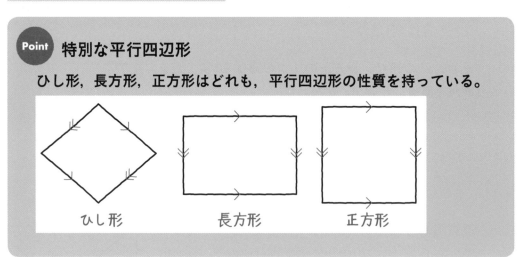
>
> ひし形　　　　　長方形　　　　　正方形

「なんだか，こんがらがってきそうだなぁ。」

うん。ここはたしかに，ちょっとややこしいところなんだ。だから，例題を解きながら，頭の中を整理しよう。

説明の動画は
こちらで見られます

[例題]1-9　つまずき度 😣😣😣😣😣

　次の (1)〜(3) のそれぞれにあてはまる四角形を，下のア〜オからすべて選び，記号で答えなさい。

(1)　2 組の向かい合った辺が，それぞれ平行な四角形
(2)　4 つの辺がすべて等しい四角形
(3)　4 つの角がすべて等しい四角形

ア　台形　　　イ　平行四辺形　　ウ　ひし形
エ　長方形　　オ　正方形

　(1) から見ていこう。「2 組の向かい合った辺が，それぞれ平行な四角形」を，ア〜オの四角形からすべて選ぶ問題だ。まず，アの台形はあてはまるかな？

「台形はあてはまらないと思うわ。だって，台形って『1 組の向かい合った辺が平行な四角形』だから…。」

　そうだね。台形は，向かい合った「1 組の辺だけ」が平行な四角形だから，あてはまらない。

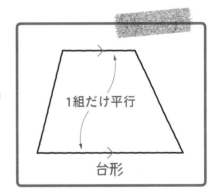

1組だけ平行

台形

　では，イの平行四辺形は，どうかな？

「平行四辺形は，あてはまりそうです。」

　そうだね。平行四辺形は，「2 組の向かい合った辺がそれぞれ平行な四角形」だから，あてはまる。

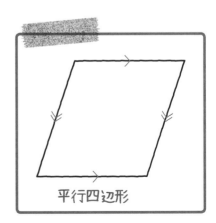

平行四辺形

ウのひし形，エの長方形，オの正方形についてはどうかな？

 「えーっと……，なんだかこんがらがってきそうだわ。」

たしかにこんがらがってきそうだね。でも，**「ひし形，長方形，正方形はどれも特別な平行四辺形で，すべて平行四辺形の性質を持っている」**ことを思い出そう。

 「そうだったわ。ということは，ひし形，長方形，正方形はどれも，『2 組の向かい合った辺が，それぞれ平行な四角形』なのね。」

その通り。ひし形，長方形，正方形は，どれも特別な平行四辺形で，「2 組の向かい合った辺が，それぞれ平行な四角形」だから，3 つともあてはまる。

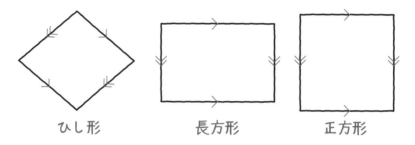

ひし形　　　　長方形　　　　正方形

だから，答えは，イの平行四辺形，ウのひし形，エの長方形，オの正方形だ。

イ，ウ，エ，オ … 答え [例題]1-9 （1）

（2）にいこう。「4 つの辺がすべて等しい四角形」を選ぶ問題だ。「4 つの辺がすべて等しい四角形」というと，どの四角形が思いうかぶかな？

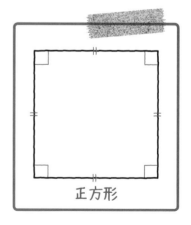

正方形

 「正方形です！」

そうだね。正方形は，「4 つの辺がすべて等しく，4 つの角もすべて等しい四角形」だったから，あてはまる。

でも，もう 1 つないかな？

 「もう 1 つ？　えーっと，……。」

ひし形もあてはまるよね。ひし形は,「4つの辺がすべて等しい四角形」だったね。

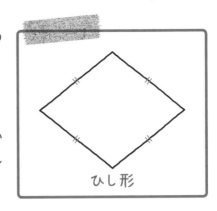

ひし形

「あっ,そうでした！」

「正方形は,ひし形の性質を合わせ持つ」ということも教えたよね。だから,答えは,ウのひし形,オの正方形だ。

ウ,オ … 答え [例題]1-9 (2)

(3) にいくよ。「4つの角がすべて等しい四角形」を選ぶ問題だ。「4つの角がすべて等しい四角形」ということは,1つの角が直角ということだから,「4つの角が直角の四角形」と言いかえることもできるよね。どの四角形が思いうかぶかな？

「『4つの角が直角の四角形』というと……,長方形と正方形ね！」

その通り。エの長方形,オの正方形が答えだね。**「正方形は,長方形の性質を合わせ持つ」**ということも,合わせて確認しておこう。

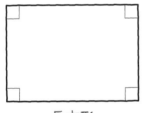

長方形

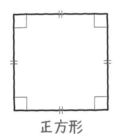

正方形

エ,オ … 答え [例題]1-9 (3)

| **Check 8** | つまずき度 😣😣😣😣😣 | ⇒解答は別冊 p.50 へ |

次の (1)〜(3) のそれぞれにあてはまる四角形を,下のア〜オからすべて選び,記号で答えなさい。

(1) 向かい合った辺が1組だけ平行な四角形
(2) 対角線がそれぞれの真ん中の点で交わる四角形
(3) 対角線が垂直に交わる四角形

ア 台形　イ 平行四辺形　ウ ひし形　エ 長方形　オ 正方形

多角形の性質

三角形，四角形，五角形，六角形，……などの性質を見ていこう。

 019 説明の動画は
こちらで見られます

　三角形，四角形，五角形，六角形，……のように，いくつかの直線で囲まれた図形を，**多角形**というんだ。ここでは，へこみのない多角形について解説するよ。次の図形は，どれも多角形だよ。

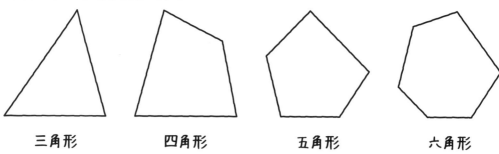

| 三角形 | 四角形 | 五角形 | 六角形 |

　また，**すべての辺の長さと内角の大きさが等しい多角形**を，**正多角形**というんだ。次の図形は，どれも正多角形だよ。

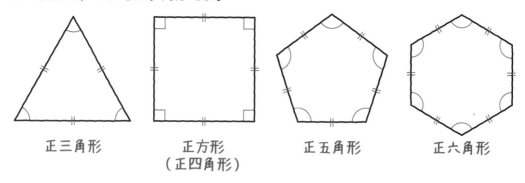

| 正三角形 | 正方形 （正四角形） | 正五角形 | 正六角形 |

　これから多角形の性質について解説していくんだけど，まず，**多角形の内角**について見ていこう。「三角形の内角の和は180度である」ことは教えたね。四角形の内角の和は何度だったかな？

 「四角形の内角の和は360度です！」

　そうだね。四角形に対角線を 1 本引くと，2 つの三角形に分けられるから，四角形の内角の和は，180×2＝360（度）だった。

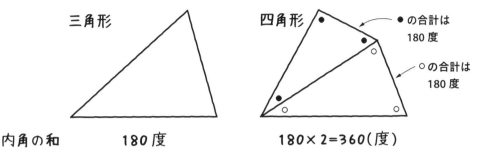

三角形

●の合計は
180 度

○の合計は
180 度

四角形

内角の和　　　**180 度**　　　　　　　**180×2＝360（度）**

　では，五角形の内角の和は，何度だと思う？

　「五角形の内角の和？　うーん……。」

　四角形の内角の和は，
　180×2＝360（度）
と求めたね。これと同じように考えればいいんだ。まず，五角形の 1 つの頂点からは，右の図のように，2 本の対角線が引ける。

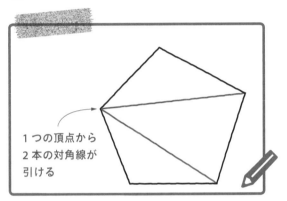

1 つの頂点から
2 本の対角線が
引ける

　そうすると，五角形は 3 つの三角形に分けられるね。そして，3 つの三角形の内角をそれぞれ，●，○，△で表すと，右のようになる。●，○，△の合計は，それぞれ 180 度だから，
五角形の内角の和は，
　180×3＝540（度）
と求められるんだ。

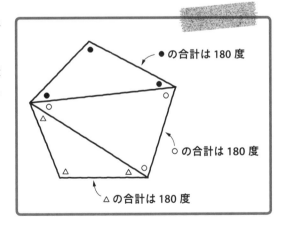

●の合計は 180 度

○の合計は 180 度

△の合計は 180 度

　「五角形は 3 つの三角形に分けられるから，内角の和は，180×3＝540（度）
　　と求められるのね。」

うん，そういうことだよ。この方法を使えば，何角形の内角の和でも求めることができる。ちなみに，六角形は4つの三角形に分けられて，七角形だと5つの三角形に分けられる。

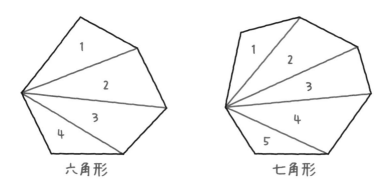

　四角形は<u>2</u>つの三角形に分けられて，五角形は<u>3</u>つの三角形に分けられる。また，<u>六</u>角形は<u>4</u>つの三角形に分けられて，<u>七</u>角形だと<u>5</u>つの三角形に分けられる。きまりがあることに気がつくかな？

「あっ，それぞれ何角形の何から2をひいた三角形に分けられるんですね！」

　そうだね。□**角形は，(□−2)個の三角形に分けられる。** 1つの三角形の内角の和は180度だから，□**角形の内角の和は，180×(□−2)で求められる**んだ。□角形の内角の和を求める公式は大事だから，しっかりおさえておこう。

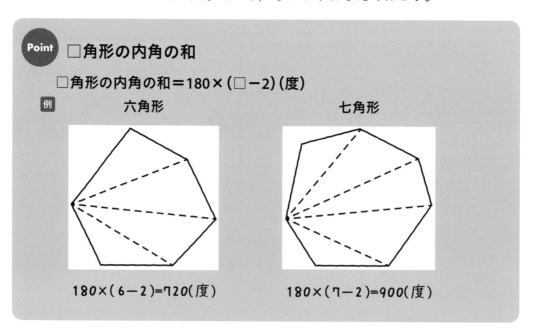

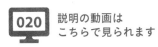

020 説明の動画は
こちらで見られます

では，多角形の内角の和について，問題を解いていこう。

[例題]1-10 つまずき度 😫😫😫😫😫

次の問いに答えなさい。

（1） 十二角形の内角の和は何度ですか。
（2） 内角の和が1260度である多角形は何
　　　角形ですか。
（3） 右の図で，角ア〜角クの大きさの和は
　　　何度ですか。

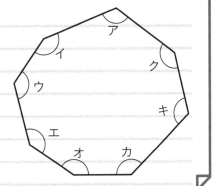

では，(1)からいこう。十二角形の内角の和を求める問題だ。これは，□角形の内角の和を求める公式で解くことができる。

$$□角形の内角の和＝180×（□－2）$$

□に12をあてはめる

$$十二角形の内角の和＝180×（12－2）$$
$$＝180×10$$
$$＝1800（度）$$

1800 度 … 答え [例題]1-10 （1）

では，(2)にいこう。内角の和が1260度である多角形を求める問題だ。

「今度は，内角の和がわかっているのね。これはどうやって解いたらいいのかしら？」

これも，□角形の内角の和を求める公式にあてはめて考えるといいんだ。
□角形の内角の和＝180×（□－2）で，内角の和が1260度になるのだから，
　　$180×（□－2）＝1260$
となる。
　この□を求めれば，何角形かわかるよ。□は，次のように求めることができる。

$$180×（□－2）＝1260$$
$$□－2＝1260÷180＝7$$
$$□＝7＋2＝9$$

　　□は 9 と求められ，九角形とわかったね。

九角形 … 答え ［例題］1-10 (2)

「なるほど。公式にあてはめて，□を求めればいいのね。」

　　そうだね。では，(3) にいこう。(3) は，右
の図の角ア〜角クの大きさの和を求める問
題だ。

　　ユウトくん，この図形は何角形かな？

「えーっと……，辺か頂点の数を数え
　　ればいいんですね。1, 2, 3, 4, 5, 6,
　　7, 8 で，辺の数が 8 つだから，八角
　　形です！」

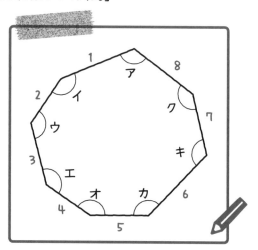

　　その通り。この図形は八角形だ。角ア〜
角クの大きさの和ということは，この八角
形の内角の和を求めればいいんだね。

「ということは，(3) も□角形の内角の和を求める公式で解けるのね！」

　　そうだね。八角形の内角の和は，公式を使って，次のように求められる。

　　　八角形の内角の和＝180×（8－2）
　　　　　　　　　　　　＝180×6
　　　　　　　　　　　　＝1080（度）

　　これより，八角形の内角の和，つまり，角ア〜角クの大きさの和は 1080 度とわかっ
たね。

1080 度 … 答え ［例題］1-10 (3)

 説明の動画は
こちらで見られます

　　では，次に**多角形の外角**について見ていくよ。 1 02 の三角形のところで，外角
についてふれたね(p.26 〜 29)。例えば，五角形の外角をかくとき，次の図のように，
左回りと右回りのイメージで，2 つの表し方があるよ。

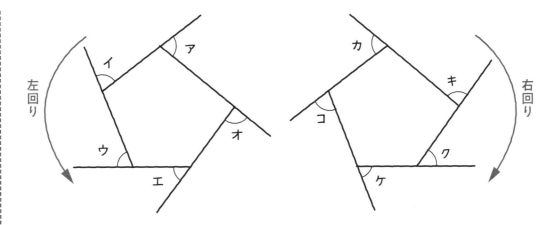

　このとき，**角ア〜角オの大きさの和も，角カ〜角コの大きさの和も360度になる**という性質があるよ。つまり，五角形の外角の和は360度になるということだね。

　「五角形の外角の和は360度なのね。三角形や四角形，六角形などの外角の和は，何度になるんですか？」

　じつは，**何角形でも外角の和は360度になる**んだ。

　「えっ，そうなんですか？」

　うん。つまり，**多角形の外角の和は360度である**ということだね。このことはとっても大事だから，しっかり覚えておこう。

※多角形の外角の和が360度になる理由は，p.72のコラムにあります。

　「多角形の外角の和は360度！　よし，覚えたぞ！」

　ちなみに，正多角形(正三角形，正方形，正五角形，……など)は，それぞれ1つの内角の大きさが等しかったけど，次のように，1つの外角の大きさもそれぞれ等しくなるんだ。

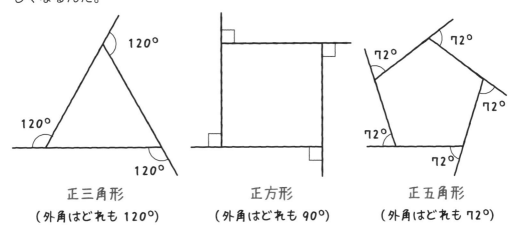

正三角形	正方形	正五角形
(外角はどれも120°)	(外角はどれも90°)	(外角はどれも72°)

　また，**何角形でも，1つの内角とそのとなりの1つの外角をたすと，180度になる**こともおさえておこう。例えば，正三角形なら1つの内角は60度で，1つの外角は120度だから，たすと，60＋120＝180（度）になる。正三角形に限らず，**他の多角形でも，1つの内角とそのとなりの1つの外角をたすと180度になる**から，しっかりおさえよう。

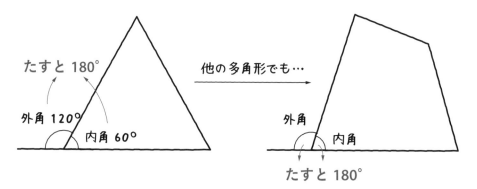

> **Point** **多角形の外角の和**
>
> ●多角形の外角の和は360度である。
> ●多角形の1つの内角とそのとなりの1つの外角をたすと，180度になる。

 022　説明の動画はこちらで見られます

　では，多角形の外角について，問題を解いてみよう。

[例題]1-11　つまずき度 😵😵😵😵😵

次の問いに答えなさい。

(1) 正六角形の1つの外角の大きさは何度ですか。
(2) 1つの内角の大きさが156度である正多角形は，正何角形ですか。
(3) 正十角形の1つの内角の大きさは何度ですか。

　(1)から解説するよ。正六角形の1つの外角の大きさを求める問題だ。**多角形の外角の和は360度**であることは教えたね。だから，正六角形の外角の和も360度だ。

 「そして，正六角形，つまり正多角形だから，1つ1つの外角の大きさは同じなんですね。」

そうだね。正六角形など，**正多角形の1つ1つの外角の大きさは同じ**だよ。正六角形の6つの外角の和は360度だから，1つの外角の大きさは，360÷6＝60（度）となる。図で表すと，右のようになるよ。

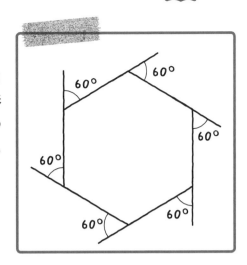

60度 … 答え [例題]1-11（1）

（2）にいこう。1つの内角の大きさが156度である正多角形は，正何角形かを求める問題だね。正何角形かわからないから，全体の図をかこうとすると大変だけど，図の一部をかくと，右のようになる。

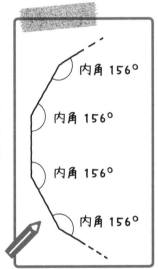

ところで，「多角形の1つの内角とそのとなりの1つの外角をたすと180度になる」ことは教えたね。（2）では，1つの内角の大きさは156度だから，1つの外角の大きさは，180－156＝24（度）となる。外角を図にかきこむと，右のようになるよ。
正多角形の1つ1つの外角は等しいことと，**多角形の外角の和は360度である**ことから，360度を24度でわれば，正何角形か求めることができる。360÷24＝15だから，正十五角形と求められるんだ。

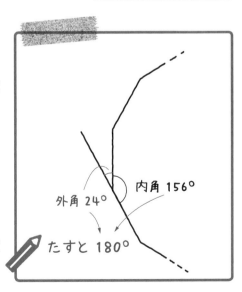

正十五角形 … 答え [例題]1-11（2）

（3）は，正十角形の1つの内角の大きさを求める問題だ。これは，2通りの解き方があるよ。まず，1つ目の解き方は，□角形の内角の和を求める公式を使う方法だ。正十角形の内角の和は，どのように求められるかな？

 「はい！　□角形の内角の和＝180×(□−2)だから，正十角形の内角の和は，180×(10−2)＝1440(度)です！」

そうだね。正十角形の内角の和は1440度だ。そして，正十角形の10個の内角はそれぞれ等しいから，正十角形の1つの内角は，1440÷10＝144(度)と求めることができる。必要なのは，次の2つの式だね。

$$180×(10−2)＝1440（度）　…正十角形の内角の和$$
$$1440÷10＝144（度）　　　…正十角形の1つの内角$$

144度 … 答え [例題]1−11 (3)

別解 [例題]1−11 (3)

2つ目の解き方は，**多角形の外角の和は360度である**ことを使う方法だ。正十角形の外角の和も360度で，正十角形の10個の外角の大きさはそれぞれ等しい。

 「ということは，正十角形の1つの外角は，360÷10＝36(度)ね。」

そう。正十角形の1つの外角は36度だね。「多角形の1つの内角とそのとなりの1つの外角をたすと，180度になる」から，正十角形の1つの内角は，180−36＝144(度)と求められる。必要なのは，次の2つの式だね。

$$360÷10＝36　　　…正十角形の1つの外角$$
$$180−36＝144　　…正十角形の1つの内角$$

どちらの方法でも求められるように練習しよう。

144度 … 答え [例題]1−11 (3)

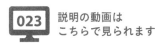

023 説明の動画は
こちらで見られます

多角形の内角と外角について見てきたけど，次は，**多角形の対角線の数について**見ていこう。

[例題]1-12 **つまずき度** 😣😣😣😣😣

次の問いに答えなさい。

(1) 六角形には，対角線が全部で何本ありますか。

(2) 二十角形には，対角線が全部で何本ありますか。

(1)は，六角形の対角線の本数を求める問題だ。

 「六角形をかいて，対角線を引きながら，力ずくで数えればいいんですね。
　　よーし，やるぞ！」

ちょっと待って，ユウトくん。たしかに六角形ぐらいなら，図をかいて，力ずくで数えても求められそうだね。でも，その方法だと，数えもれや重なりなどのケアレスミスをしやすいし，(2)の二十角形のように，辺の数が増えると，力ずくでは難しくなるよね。だから，計算で対角線の数を求める方法を考えよう。

 「計算で対角線の数を求める？　どのように求めるんですか？」

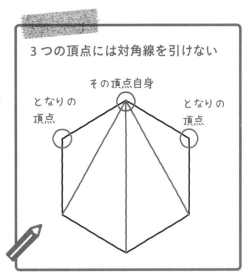

3つの頂点には対角線を引けない

その頂点自身
となりの
頂点
となりの
頂点

その方法を教えていくね。まず，**六角形の1つの頂点から，対角線は何本引けるか**を考えよう。その頂点自身と両どなりの2つの頂点，合わせて3つの頂点には引けないので，6−3＝3(本)の対角線が引けるね。

六角形の6つの頂点から，それぞれ3本ずつ対角線が引けるのだから，全部で，3×6＝18（本）となるけど，この18本は対角線の本数ではないから注意しよう。例えば，右の図の対角線ABに注目するよ。

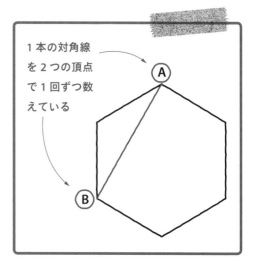

1本の対角線を2つの頂点で1回ずつ数えている

対角線ABは，まずAの頂点で1回数えられて，そしてBの頂点でも1回数えられている。**1本の対角線が2回数えられているんだ。そして，このことは，他の対角線についてもいえる。つまり，1本の対角線が2回ずつ数えられて合計18本になった**ということだから，対角線の本数は，18÷2＝9（本）となる。この9本を求めるために必要だったのは，次の3つの式だね。

6－3＝3（本）　…1つの頂点から引ける対角線の本数
3×6＝18（本）　…6つの頂点から引ける対角線の本数の合計（のべ）
18÷2＝9（本）　…六角形の対角線の本数

この3つの式を1つの式にすると，(6－3)×6÷2＝9（本）となるよ。そして，この対角線の本数の求め方は，**何角形でも使うことができる**んだ。つまり，公式として表すと，次のようになる。

□角形の対角線の本数＝(□－3)×□÷2（本）

この公式を，それが成り立つ理由も合わせて，しっかりおさえておこう。

9本 … 答え [例題]1-12 (1)

(2)にいこう。二十角形の対角線の本数を求める問題だね。これは，さすがに力ずくで求めるのはきびしそうだ。

「いま教わった，□角形の対角線の本数を求める公式を使えばいいのね。」

その通り。「□角形の対角線の本数＝(□－3)×□÷2」の公式を使うと，二十角形の対角線の本数は，次のように求められる。

二十角形の対角線の本数＝(20－3)×20÷2＝170（本）

これで，二十角形の対角線の本数が170本と求められたね。

170本 … 答え [例題]1-12 (2)

➡ 解答は別冊 p.50 へ

Check 9 つまずき度 😣😣😣😣😣

次の問いに答えなさい。

（1） 十一角形の内角の和は何度ですか。

（2） 内角の和が2160度である多角形は何角形ですか。

（3） 右の図で，角ア～角オの大きさの和は何度ですか。

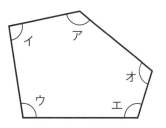

➡ 解答は別冊 p.50 へ

Check 10 つまずき度 😣😣😣😣😣

次の問いに答えなさい。

（1） 正二十角形の1つの外角の大きさは何度ですか。

（2） 1つの内角の大きさが135度である正多角形は，正何角形ですか。

（3） 正九角形の1つの内角の大きさは何度ですか。2通りの方法で求めなさい。

➡ 解答は別冊 p.51 へ

Check 11 つまずき度 😣😣😣😣😣

次の問いに答えなさい。

（1） 八角形には，対角線が全部で何本ありますか。

（2） 十八角形には，対角線が全部で何本ありますか。

補助線を使った星形の図形の角の和の求め方

「星形の図形の5つの角の大きさの和は，いつも180度になる」 ことは教えたね。

「はい。三角形の外角の性質より，右の図のように，角ア～角オが1つの三角形の内角に集まるから，いつも180度になるんだったわね。」

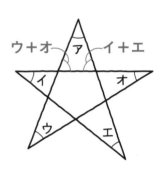

ウ＋オ　ア　イ＋エ

そうだったね。それで，ここでは，星形の図形の角の和の，別の求め方を教えるよ。補助線を引くと，簡単に求められるんだ。

「補助線を引くんですか？　かえって難しくなるんじゃないですか？」

そんなことはないよ。慣れれば簡単に求められるようになるよ。

「簡単に求められるようになるのなら，ぜひ覚えたいわ。」

うん。その前に1つ，確認しておきたいことがあるんだ。右の図のような，ちょうちょのような形では，

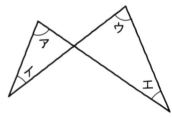

角ア＋角イ＝角ウ＋角エ

であることはわかるかな？

「はい。2つの三角形で，対頂角は等しいから，残った2つの角の大きさの和も等しくなります。だから，

　　角ア＋角イ＝角ウ＋角エ
です。」

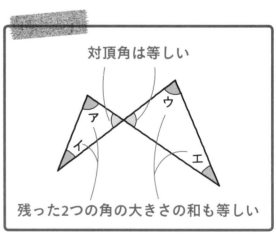

対頂角は等しい

残った2つの角の大きさの和も等しい

「はい，先生！　右の図で，角オは2つの三角形に共通な外角だから，

**　　角ア＋角イ＝角ウ＋角エ**

です。」

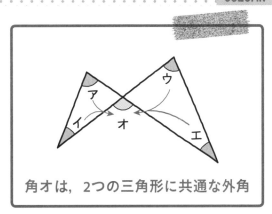

角オは，2つの三角形に共通な外角

うん。ハルカさんの考え方でも，ユウトくんの考え方でも，

**　　角ア＋角イ＝角ウ＋角エ**

ということは説明できる。まず，このことをしっかりおさえておいてほしいんだ。

 「はい！」

では，「星形の図形の5つの角の大きさの和の求め方」を説明するよ。まず，右の図のように，2つの頂点を結ぶ補助線（赤い線）を引くんだ。そして，新しくできた角を，角カ，角キとするよ。

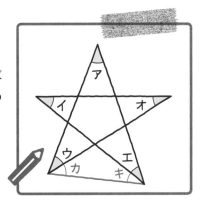

すると，ちょうちょの形ができるね。いま確認したように，

**　　角イ＋角オ＝角カ＋角キ**

だから，角イと角オの大きさの和は，角カと角キの大きさの和に移すことができる。すると，……。

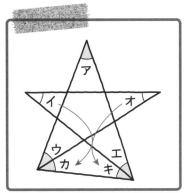

 「あっ，三角形の内角の和だ！」

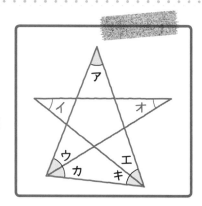

　そうだね。角ア，角イ，角ウ，角エ，角オの大きさの和は，角ア，角ウ，角カ，角キ，角エの大きさの和と等しいことがわかるね。つまり，三角形の内角の和で，180度だ。

「なるほど。思ったより簡単に求められるわ。」

　それで，この考え方，似_にたようないろいろな形で使えるんだ。ユウトくん，p.36 Check 04 の問題を，この考え方で解_といてくれるかな。ポイントは，まず，<mark>へこんだところに補助線_{ほじょせん}を引いて，ちょうちょ形をつくる</mark>こと。次に，ちょうちょ形の角の関係_{かんけい}を使って，<mark>角の大きさの和を移_{うつ}す</mark>ことだよ。

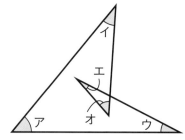

「はい。まず，補助線を引いて，ちょうちょの形をつくるんですね。新しくできた角を角カ，角キとすると，
　　角エ＋角オ＝角カ＋角キ
だから，角エと角オの大きさの和を，角カと角キの大きさの和に移すと……，あっ，三角形ができて，その内角の和で，180度だ。」

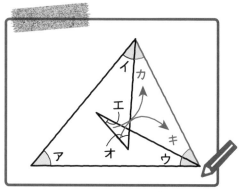

　そうだね。では，ハルカさん。右の図の，印_{しるし}をつけた6つの角の大きさの和を求めてくれるかな。

「角が1つ増_ふえたけど……。」

　角が1つ増えたけど，同じように考えればいいよ。まず，へこんだところに補助線を引いて，ちょうちょ形をつくり，角の大きさの和を移してみよう。

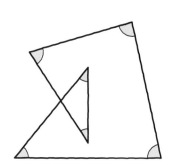

「補助線を引いて，ちょうちょ形をつくり，角の大きさの和を移すと……，あっ，こんどは四角形ができて，その内角の和で，360度になります。」

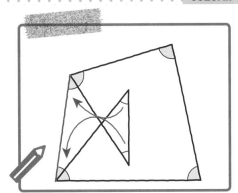

その通り。ではもう1つ。右の図の，印をつけた7つの角の大きさの和は，何度になるかな？

「んっ？　へこんだところに補助線を引いても，ちょうちょ形ができないけど……？」

「あっ，補助線を2本引けば，ちょうちょ形ができるわ！」

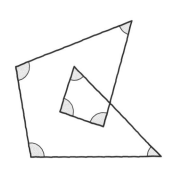

そうだね。ハルカさん，よく気づいたね。右の図のように，補助線を2本引けば，ちょうちょ形ができる。

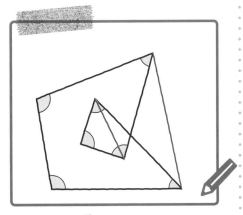

そして，角の大きさの和を移すと，……。

「おっ，印をつけた7つの角の大きさの和は，内側の三角形の内角の和と，外側の四角形の内角の和に分けられるよ。」

そう。だから，印をつけた7つの角の大きさの和は，180＋360＝540（度）だ。

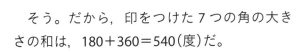

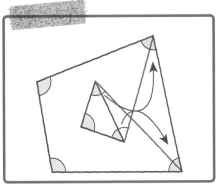

多角形の外角の和は, なぜ360度になるのか？

※一部, 中学数学の範囲をふくみます。

「『多角形の外角の和は 360 度になる』という説明がありましたよね。この性質は, どうして成り立つんですか？」

たしかに, 一見不思議な性質といえるかもしれません。でも, これは中学校で習う文字式を使えば, 証明することができます。

「文字式を使えば, 証明できるんですね。どんな証明ですか？」

N 角形の外角の和を求めることにしましょう。本文中でも説明した通り, 1 つの内角とそのとなりの 1 つの外角をたすと, 180 度になりましたよね。

「はい。」

1 つの内角とそのとなりの 1 つの外角をたすと 180 度になり, N 角形には内角も外角もそれぞれ N 個ずつあるのですから, N 角形の内角と外角の和は 180×N（度）となります。

「内角, 外角 1 つずつの和が 180 度だから, それが N 個で, 180×N（度）ということですね。」

そうです。そして, N 角形の内角の和は, 公式により, 180×（N−2）（度）ですね。先ほどの内角と外角の和の 180×N（度）から, 内角の和の 180×（N−2）（度）をひけば, 外角の和が求まります。

$$180×N−180×(N−2)=180×N−180×N+360$$
$$=360（度）$$

これより, N 角形の外角の和は 360 度になります。つまり, 何角形でも, 多角形の外角の和は 360 度になるのです。

「なるほど。そういうことなんですね。」

第 2 章

平面図形(2)

面積と長さ

この章では，図形の面積や長さの問題を中心に解いていくよ。

 「ということは，公式がけっこう出てくるのかしら。」

そうだね。公式がいくつか出てくるね。でも，それらの公式は基本中の基本だから，しっかりおさえようね。

 「たまに公式があいまいになって，まちがっちゃうんだよなぁ。」

そういうことがないように，その公式が成り立つ理由も理解しながら，確実におさえるようにしよう。

2│01 四角形と三角形の面積

いろいろな四角形と三角形の面積の求め方を学んでいこう。

 説明の動画は
こちらで見られます

面積とは，広さのことだよ。面積は，1辺が1cmの正方形が何個分あるかで表すことができるんだ。

1辺が1cmの正方形の面積を，**1平方センチメートル**といい，**1cm²**と書くよ。また，**1辺が1mの正方形の面積**を，**1平方メートル**といい，**1m²**と書くんだ。

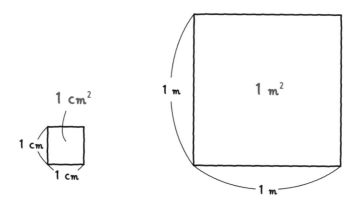

復習だけど，1m²は何cm²だったかな？

 「えーっと，1m²は，えっーと……。」

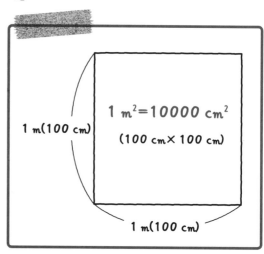

1m²＝10000cm²だ。しっかりおさえておこう。1m＝100cmだから，100×100＝10000（cm²）になるんだったね。

74

正方形と長方形の面積の求め方を確認しておくよ。正方形と長方形の面積は，次の公式で求めることができる。

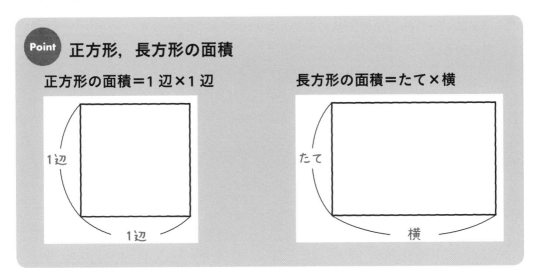

Point 正方形，長方形の面積

正方形の面積＝1辺×1辺

長方形の面積＝たて×横

図1 正方形

図2 長方形

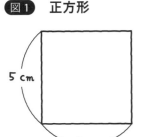

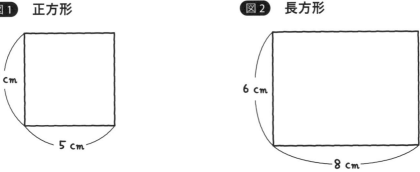

図1 の正方形の面積は，何 cm^2 かな？

 「図1 の正方形は，1辺の長さが5cm ね。『正方形の面積＝1辺×1辺』だから，この正方形の面積は，5×5＝25(cm^2)よ。」

その通り。では，図2 の長方形の面積は，何 cm^2 かな？

 「図2 の長方形は，たての長さが6cm で，横の長さが8cm ですね。『長方形の面積＝たて×横』だから，この長方形の面積は，6×8＝48(cm^2)です！」

はい，正解！

説明の動画は
こちらで見られます

次に，平行四辺形の面積の求め方について解
説しよう。

右の図のような平行四辺形 ABCD があるとす
るよ。

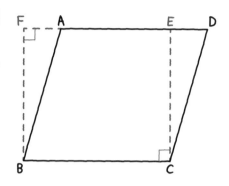

平行四辺形 ABCD で，辺 BC を底辺とい
うんだ。そして，その底辺に垂直な EC を
高さというよ。

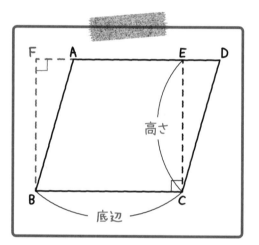

ここで，三角形 ECD と三角形 FBA は，
形も大きさも同じだから，三角形 ECD を
三角形 FBA の部分に移動すると，平行四
辺形 ABCD は，形が変わって，長方形 FBCE
になる。

ちなみに，**形も大きさも同じ図形のこと**
を，**合同**であるというよ。

※合同については，p.158 のコラムでくわ
しく学習します。

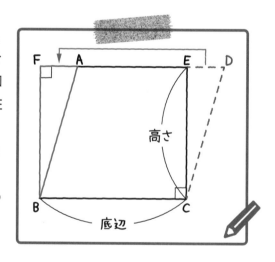

 「平行四辺形を長方形に変形したんですね。」

そうだよ。平行四辺形 ABCD と長方形 FBCE の面積は同じで, 長方形の面積は,『たて×横』で求められるから, **平行四辺形の面積は,『底辺×高さ』で求められる**んだ。次の公式をおさえておこう。

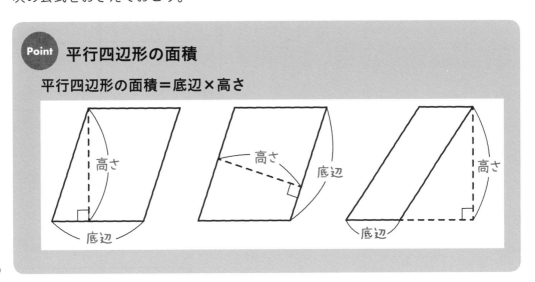

Point 平行四辺形の面積

平行四辺形の面積＝底辺×高さ

 026 説明の動画は
こちらで見られます

次に, ひし形の面積の求め方を考えてみよう。**1 04** で学習したように, **ひし形は特別な平行四辺形なので, 平行四辺形の面積の求め方でも求められる。**

 「『底辺×高さ』で求められるってことね。」

うん。でも, もうひとつの求め方があるから教えるよ。**ひし形の対角線は垂直に交わる**よね。ひし形に 2 本の対角線を引くと, 右の図のように, 4 つの合同な直角三角形ができる。

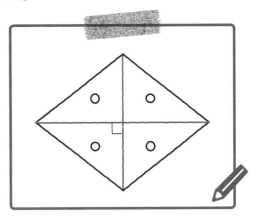

そして，ひし形の外側にぴったり接する長方形をかくと，右の図のように，さらに直角三角形が 4 つ増えて，合計で 8 つの合同な直角三角形ができるね。

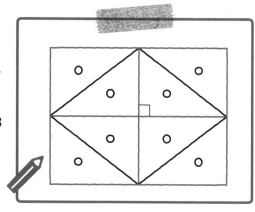

長方形は 8 つの合同な直角三角形でできていて，ひし形は 4 つの合同な直角三角形でできているから，長方形の面積は，ひし形の 2 倍ということだ。

そして，長方形の面積は，「対角線（たて）×対角線（横）」で求められるから，**ひし形の面積は，「対角線×対角線÷2」で求められる**んだよ。

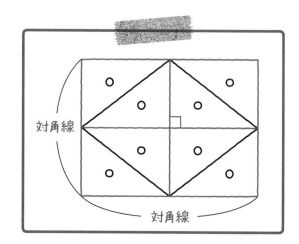

ところで，1 04 で，**「正方形は，ひし形の性質を合わせ持つ」**ことは教えたね。だから，**正方形の面積も，「対角線×対角線÷2」で求める**ことができるんだ。

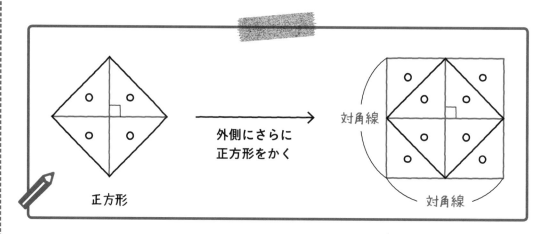

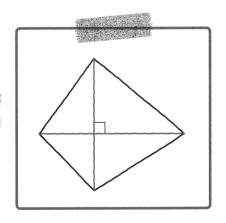

　さらに言うと，右の図のような，**対角線が垂直に交わる四角形ならば，すべて「対角線×対角線÷2」の公式で，面積が求められる**んだ。

　右の図のように，外側に長方形をかくと，中の四角形の面積が，長方形の面積の半分になっているからだね。

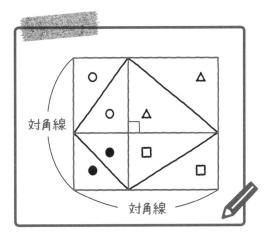

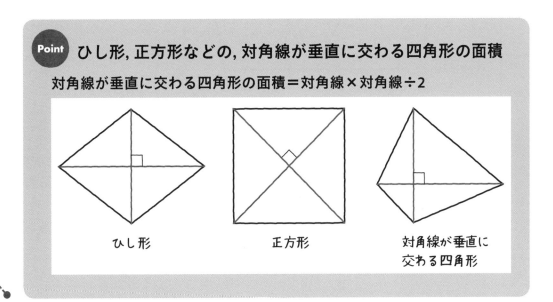

Point ひし形，正方形などの，対角線が垂直に交わる四角形の面積

対角線が垂直に交わる四角形の面積＝対角線×対角線÷2

ひし形　　　　　　　正方形　　　　　対角線が垂直に
　　　　　　　　　　　　　　　　　　交わる四角形

027 説明の動画は
こちらで見られます

今度は，台形の面積の求め方を見ていこう。台形とは，「1 組の向かい合った辺が平行な四角形」だったね。台形の平行な辺のうち，1 つの辺を上底といい，もう 1 つの辺を下底というんだ。そして，上底と下底の間のはばを高さというんだ。

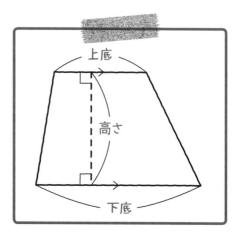

この台形に，同じ台形を上下反対にしてくっつけると，次の図のように，平行四辺形ができる。

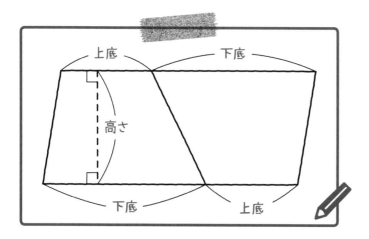

「平行四辺形の面積＝底辺×高さ」だったね。この平行四辺形は，(上底＋下底)が底辺になっているから，**台形の面積は「(上底＋下底)×高さ÷2」で求められる**ことがわかる。

台形の面積を求める公式あたりから，まぎらわしくなってくる人が多いみたいなので，ポイントとして，しっかりおさえておこう。

Point 台形の面積

台形の面積＝（上底＋下底）×高さ÷2

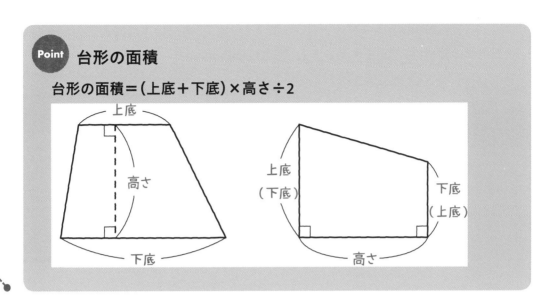

028 説明の動画は
こちらで見られます

最後に，三角形の面積の求め方について見ていこう。右の図で，辺BCを底辺，ADを高さというよ。**底辺と高さは垂直に交わる**ことをおさえておこう。

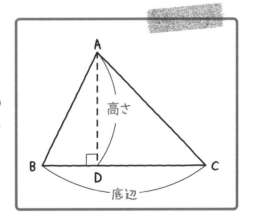

この三角形に，同じ三角形を上下反対にしてくっつけると，右の図のように，平行四辺形になる。

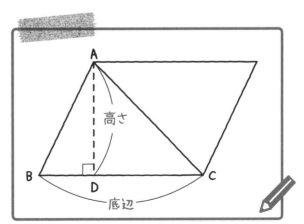

「平行四辺形の面積＝底辺 ×高さ」だったね。三角形は平行四辺形の半分だから，**三角形の面積は，「底辺×高さ÷2」で求められる。**

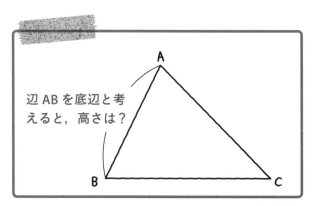

ところで，さっきは辺 BC を底辺として考えたよね。では，辺 AB を底辺として考えると，高さはどこになるかな？

 「辺 AB を底辺として考えると，高さは，えーっと……？」

底辺と高さは垂直に交わるんだったよね。だから，辺 AB を底辺として考えると，高さは，右の図のようになる。

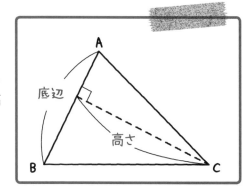

ちなみに，辺 AC を底辺として考えると，高さは，右の図のようになるよ。

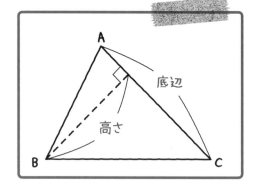

このように，**どの辺を底辺にするかによって，高さは変わる**んだよ。ところで，直角三角形だと，底辺と高さは，次のようになるよ。

辺 BC を底辺にすると

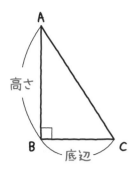

辺 AB を底辺にすると

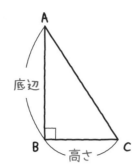

辺 AC を底辺にすると

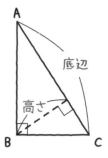

　直角三角形では，垂直に交わる 2 つの辺のうち，一方の辺を底辺とすると，もう一方の辺が高さになることをおさえておこう。

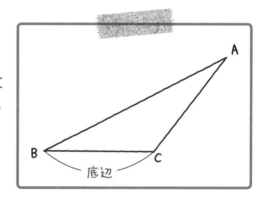

　では，右の図のような三角形で，辺 BC を底辺としたときの高さは，どこになると思う？

「うーん……，三角形の中に高さはかけそうにないし……，高さはどこなのかしら……？」

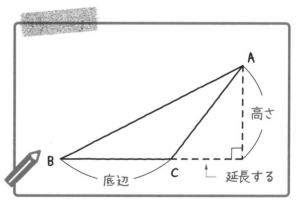

　このような三角形の場合は，辺 BC を C のほうに延長した直線上に，点 A から垂直に引いた直線を，高さと考えるんだ。

「点 A から辺 BC そのものに，垂直な直線は引けないから，辺 BC をのばせばいいのね。」

　そういうことだよ。このような形の三角形だと，高さがどこになるのかとまどう人がいるから，いまのうちにおさえておこう。三角形の面積の求め方を，ポイントとしてまとめておくよ。

Point 三角形の面積

三角形の面積＝底辺×高さ÷2

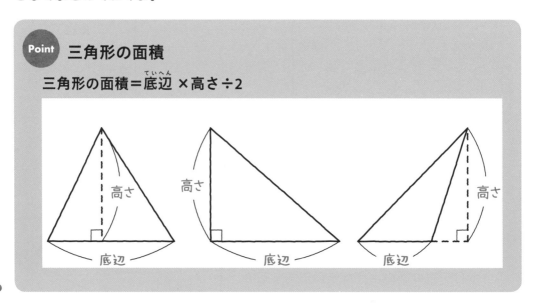

 029 説明の動画は
こちらで見られます

　ここまで，いろいろな四角形や三角形の面積の求め方について見てきたけど，それぞれの求め方について，もう一度まとめておくね。

Point 四角形と三角形の面積

● 正方形の面積＝1辺×1辺
● 長方形の面積＝たて×横
● 平行四辺形の面積＝底辺×高さ
● ひし形や正方形など，
　　対角線が垂直に交わる四角形の面積＝対角線×対角線÷2
● 台形の面積＝(上底＋下底)×高さ÷2
● 三角形の面積＝底辺×高さ÷2

 「うわぁ，たくさんあるなぁ。全部覚えられるかなぁ。」

　それぞれ，必ず覚えないといけない公式だから，いまのうちに完ぺきにおさえておこう。では，これらの公式をきちんとおさえられているか，例題で確認するよ。まずは，いろいろな四角形の面積を求める問題だ。

[例題]2-1　つまずき度 😖😖😖😖😖

次の(1)～(7)の図形の面積をそれぞれ求めなさい。

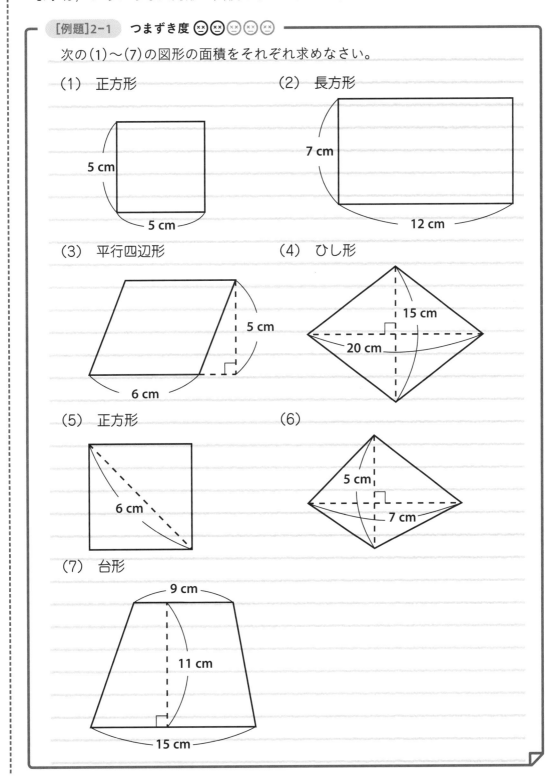

（1）正方形

（2）長方形

（3）平行四辺形

（4）ひし形

（5）正方形

（6）

（7）台形

　それぞれの四角形の面積を求める公式を使って，解いていけばいいんだ。では，(1)からいくよ。(1)は，正方形の面積を求める問題だ。**「正方形の面積＝1辺×1辺」**だから，$5×5＝25(cm^2)$と求められる。

25 cm^2 … 答え　[例題]2-1 (1)

　(2)にいくよ。(2)は，長方形の面積を求める問題だ。**「長方形の面積＝たて×横」**だから，$7×12＝84(cm^2)$と求められる。

84 cm^2 … 答え　[例題]2-1 (2)

　(3)にいくよ。(3)は，平行四辺形の面積を求める問題だ。**「平行四辺形の面積＝底辺×高さ」**だから，$6×5＝30(cm^2)$と求められる。

30 cm^2 … 答え　[例題]2-1 (3)

　(4)にいこう。(4)は，ひし形の面積を求める問題だ。ひし形は，対角線が垂直に交わるから，**「対角線が垂直に交わる四角形の面積＝対角線×対角線÷2」**の公式を使えばいいね。だから，$15×20÷2＝150(cm^2)$と求められる。

150 cm^2 … 答え　[例題]2-1 (4)

　(5)にいこう。(5)は，正方形の面積を求める問題だ。**「正方形の面積＝1辺×1辺」**だけど，1辺の長さはわからず，対角線の長さだけがわかっているね。

「『対角線×対角線÷2』の公式を使えばいいのかしら。」

　その通り。正方形は，対角線が垂直に交わるから，**「対角線が垂直に交わる四角形の面積＝対角線×対角線÷2」**の公式を使えばいいんだ。だから，$6×6÷2＝18(cm^2)$と求められる。

18 cm^2 … 答え　[例題]2-1 (5)

(6)にいこう。(6)の四角形は，対角線が垂直に交わっているね。だから，**「対角線が垂直に交わる四角形の面積＝対角線×対角線÷2」**の公式を使えばいいんだ。5×7÷2＝17.5（cm²）と求められる。

17.5 cm² … 答え ［例題］2-1 （6）

では，(7)だ。(7)は，台形の面積を求める問題だね。**「台形の面積＝(上底＋下底)×高さ÷2」**だから，(9＋15)×11÷2＝132（cm²）と求められる。

132 cm² … 答え ［例題］2-1 （7）

030 説明の動画は こちらで見られます

次の例題では，いろいろな三角形の面積を求めてみよう。

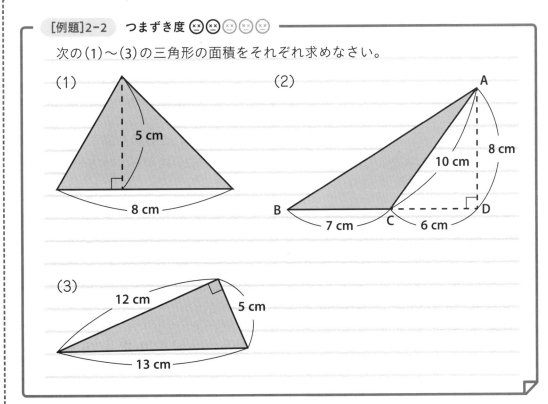

［例題］2-2 つまずき度 😣😣😖😣😣

次の(1)～(3)の三角形の面積をそれぞれ求めなさい。

(1)
5 cm
8 cm

(2)
A
8 cm
10 cm
B
7 cm C 6 cm D

(3)
12 cm
5 cm
13 cm

（1）～（3）は，どれも三角形だから，**「三角形の面積＝底辺×高さ÷2」**の公式を使うんだ。では，（1）からいくよ。**「三角形の面積＝底辺×高さ÷2」**だから，8×5÷2＝20（cm²）と求められる。

<u>20 cm²</u> … 答え [例題]2-2（1）

（2）にいくよ。（2）の三角形の底辺は辺 BC で，その長さは 7 cm だ。このとき，高さは何 cm かな？　このような三角形の場合は，辺 BC を C のほうに延長した直線上に，点 A から垂直に引いた直線を，高さと考えるんだったね。

「ということは，AD が高さになるのね。高さは 8 cmよ。」

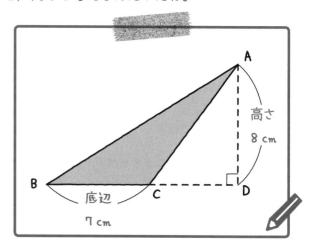

その通り，底辺は 7 cm で，高さは 8 cm となるよ。他の線を高さとカンちがいしないようにしよう。**「三角形の面積＝底辺×高さ÷2」**だから，7×8÷2＝28（cm²）と求められる。

<u>28 cm²</u> … 答え [例題]2-2（2）

（3）にいこう。この三角形では，どの辺を底辺と考えるのがいいかな？　**三角形の底辺と高さは垂直に交わる**んだったよね。

「三角形の底辺と高さは垂直に交わるから……，12 cm か 5 cm の辺を底辺と考えればいいのかな？」

そうだね。13 cm の辺を底辺と考えても，高さはわからない。この問題では，12 cm か 5 cm の辺を底辺と考えればいいんだ。12 cm の辺を底辺と考えると，高さは 5 cm になる。一方，5 cm の辺を底辺と考えると，高さは 12 cm になる。

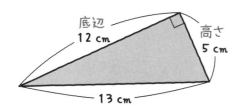

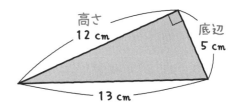

「三角形の面積＝底辺×高さ÷2」だから，12 cm の辺を底辺と考えると，

$12 \times 5 \div 2 = 30 (\text{cm}^2)$ と求められる。

30 cm² … 答え [例題]2−2 (3)

 031 説明の動画は
こちらで見られます

[例題]2−3　つまずき度 😖😖😖😣😣

下の図で，かげをつけた部分の面積を求めなさい。

(1)

(2)

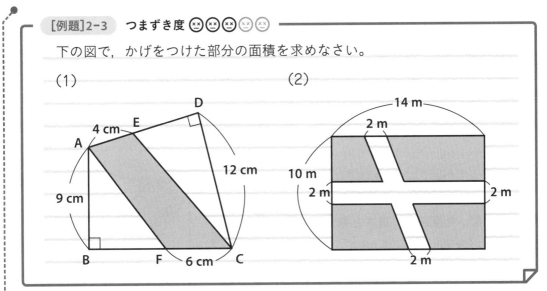

では，(1)からいこう。

 「(1)のかげをつけた部分の形は四角形だけど……，四角形の公式では求められそうにないわ。」

そうだね。四角形の公式では求められない。**この問題では，補助線を引けば，解くきっかけが見つかる**よ。

 「補助線？　どこに引くんだろう。」

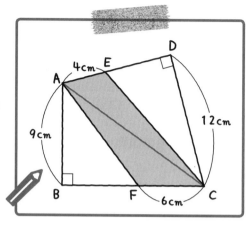

右の図のように，補助線 AC を引くといい
んだ。赤い線が補助線だよ。

　このように補助線を引くと，四角形が 2 つの三角形に分けられるね。この 2 つ
の三角形の面積をそれぞれ求めてたせば，かげをつけた部分の面積は求められる。
まず，三角形 AFC に注目しよう。三角形 AFC で，底辺を FC と考えると，高さは
どこになるかな？

　「えーっと，こういう三角形は，前も見たわ。あっ，思い出した！　AB が
　高さになるんじゃないかしら。」

　そうだね。この三角形では，**底辺 FC を
F のほうに延長した直線上に，点 A から垂
直に引いた直線を，高さと考える**んだった
ね。だから，高さは AB で，9 cm だ。底
辺が 6 cm で，高さが 9 cm だから，三角
形 AFC の面積は何 cm² になるかな？

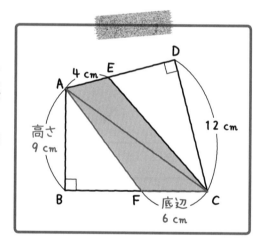

　「『三角形の面積＝底辺×高さ÷2』だから，三角形 AFC の面積は，
　6×9÷2＝27(cm²)です！」

　そうだね。では次に，三角形 ACE に注目しよう。三角形 ACE で，底辺を AE と
考えると，高さはどこになる？

「さっきと同じパターンね。DC が高さになると思うわ。」

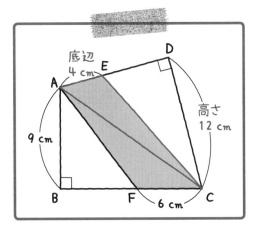

　その通り。この三角形では，**底辺 AE を E のほうに延長した直線上に，点 C から垂直に引いた直線を，高さと考える**んだったね。だから，高さは DC で，12 cm だ。底辺が 4 cm で，高さが 12 cm だから，三角形 ACE の面積は何 cm^2 になるかな？

 「『**三角形の面積＝底辺×高さ÷2**』だから，三角形 ACE の面積は，4×12÷2＝24(cm^2) です！」

　そうだね。そして，かげをつけた部分の面積は，三角形 AFC と三角形 ACE の面積をたして，27＋24＝51（cm^2）だ。

51 cm^2 … [例題]2−3 （1）

 説明の動画はこちらで見られます

では，(2)にいこう。(2)は，白い部分を**はしによせる**と簡単（かんたん）に解（と）ける。

 「はしによせる？」

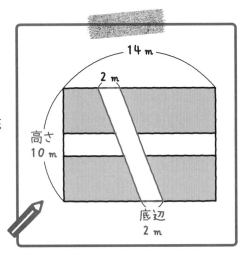

　うん。まずは右の図の，赤で囲（かこ）った，底辺が 2 m の平行四辺形に注目しよう。

この平行四辺形は，底辺が2mで，高さが10mだから，面積は，2×10で求められるね。この平行四辺形を，右はしのほうに移動すると，右の図のように長方形なる。

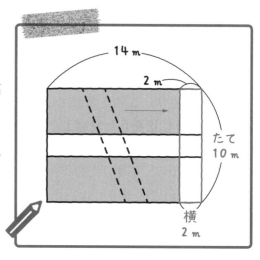

この長方形は，横が2mで，たてが10mだから，移動する前の平行四辺形と同じように，2×10で面積が求められる。

 「つまり，移動する前の平行四辺形と，移動した後の長方形は，面積が同じということですね。」

その通り。だから，**はしによせる**ことができるんだ。次に，もう1つの四角形（長方形）も，右の図のように，下によせてみよう。

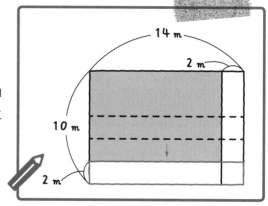

このように白い部分をはしによせると，かげをつけた部分が1つの長方形になることがわかる。かげをつけた部分の長方形は，たてが10−2＝8(m)で，横が14−2＝12(m)だから，その面積は，8×12＝96(m²)と求められる。

96 m² … 答え [例題]2-3 (2)

(2)は，長方形の土地に，2本の道が通っている図にも見えるね。このような問題では，**「道をはしによせて考える」**ようにしよう。

Check 12　つまずき度 😵😵😵😵😵　➡解答は別冊 p.51 へ

下の図で，□にあてはまる数を求めなさい。

(1)　正方形（面積 64 cm²）

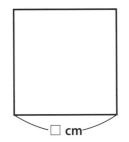

□ cm

(2)　長方形（面積 56 cm²）

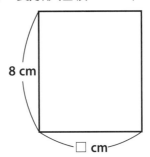

8 cm

□ cm

(3)　平行四辺形（面積 12 cm²）

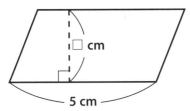

□ cm

5 cm

(4)　ひし形（面積 30 cm²）

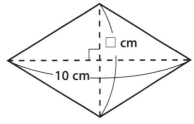

□ cm

10 cm

(5)　正方形（面積 72 cm²）

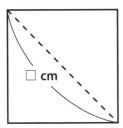

□ cm

(6)　四角形（面積 36 cm²）

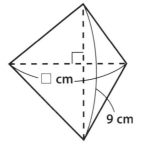

□ cm

9 cm

(7)　台形（面積 324 cm²）

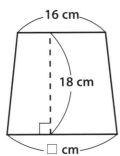

16 cm

18 cm

□ cm

Check 13　つまずき度 😖😖😖🙂😖　　　⇒解答は別冊 p.51 へ

下の図で，□にあてはまる数を求めなさい。

(1)　面積は 27 cm²　　　　　　(2)　面積は 9 cm²

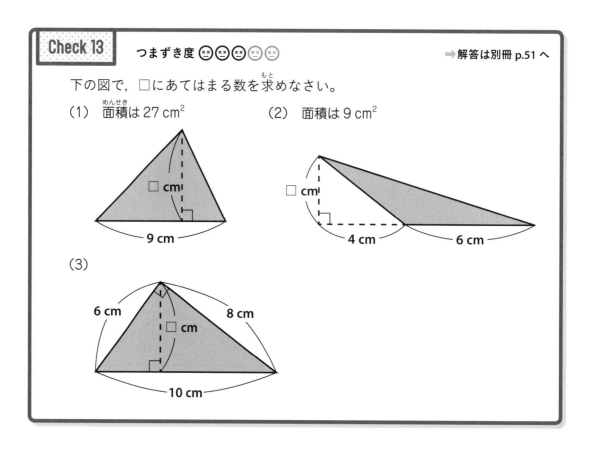

(3)

Check 14　つまずき度 😖🙂😖🙂😖　　　⇒解答は別冊 p.52 へ

下の図で，かげをつけた部分の面積を求めなさい。

(1)　　　　　　　　　　　　　(2)

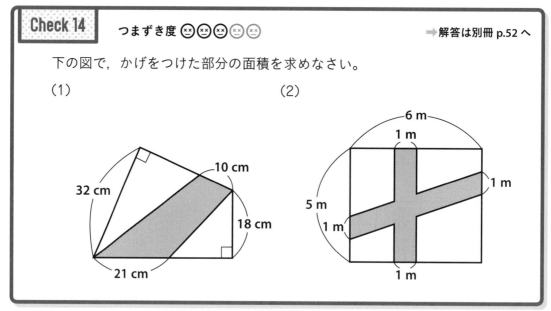

等積変形
とうせきへんけい

面積を変えないで，ちがう形に変形だ！
めんせき か

 説明の動画は
こちらで見られます

今回は，**等積変形**について学んでいこう。
とうせきへんけい

 「とうせきへんけい？」

うん。等積変形とは，**「図形の面積を変えないで，形を変えること」**だよ。次の
めんせき か
図を見てみよう。

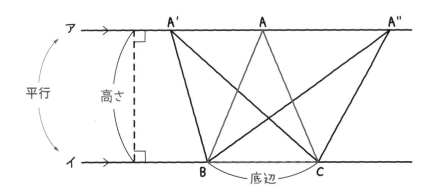

直線アと直線イは平行だ。このとき，三角形 ABC，三角形 A'BC，三角形 A"BC は，
どれも面積が同じになる。なぜなら，どの三角形も底辺 BC が共通で，高さが等し
ていへん きょうつう
いからだ。

 「直線アと直線イが平行のときだけ，面積が等しくなるんですか？」

うん，そうだよ。**直線アと直線イが平行のときだけ，面積が等しくなる**んだ。
次の図のように，直線アと直線イが平行でないときは，三角形の高さがちがうから，
面積は同じにならない。

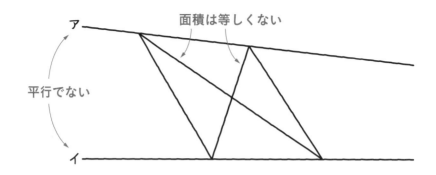

では，三角形の等積変形を利用して，次の例題を解いてみよう。

[例題]2-4　つまずき度 😣😣😣😣😣

　下の図で，かげをつけた部分の面積の和を求めなさい。ただし，(1)と(2)の四角形ABCDは，どちらも長方形です。

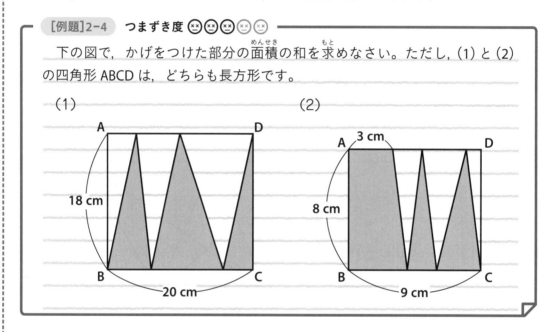

（1）から解説するよ。かげをつけた部分は，3つの三角形からできているけど，それぞれ底辺の長さがわかっていないから，それぞれの三角形の面積を求めることはできないね。このような場合に，等積変形が役に立つんだ。**長方形の向かい合う辺は平行だから，3つの三角形の高さはどれも同じ**だね。

　「どのように等積変形するんですか？」

　説明するね。左と真ん中の三角形の上の頂点を，右はしのほうによせて等積変形すると，次の図のようになる。

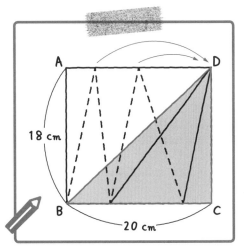

このように等積変形すると，3つの三角形が合体して，1つの三角形ができるんだ。**底辺は固定したままで，高さが変わらないから，等積変形できる**んだね。

 「なるほど。これで面積が求められるわね。」

うん。底辺が 20cm で，高さが 18cm の三角形の面積を求めればいいのだから，20×18÷2＝180（cm²）と求められる。

180 cm² … 答え [例題]2-4 （1）

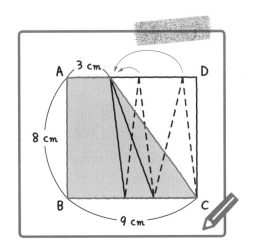

では，（2）にいこう。（2）も等積変形を使うんだ。真ん中と右の三角形の上の頂点を，左のほうによせて等積変形すると，右の図のようになる。

このように等積変形すると，合体して1つの台形ができるね。この台形の上底は3 cm，下底は 9 cm，高さは 8 cm だから，かげをつけた部分の面積は，（3＋9）×8÷2＝48（cm²）と求められる。

48 cm² … 答え [例題]2-4 （2）

034 説明の動画は
こちらで見られます

[例題]2-5　つまずき度 😵😵😵😵😵

右の図で，三角形 ABE の面積が 16 cm²
のとき，DE の長さは何 cm ですか。

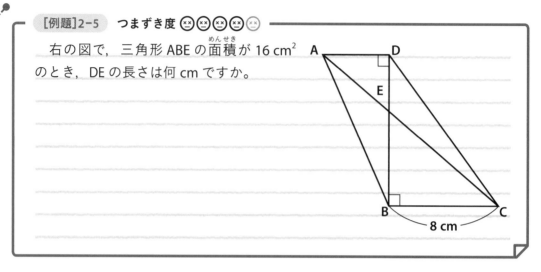

辺 AD と辺 BC は，どちらも直線 DB と垂直に交わっているね。

　「ということは，辺 AD と辺 BC は平行ということですか？」

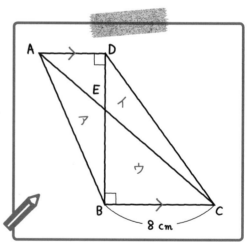

うん，その通り。辺 AD と辺 BC が平行
だから，**三角形 ABC と三角形 DBC の面積
が等しい**とわかるんだ。底辺と高さが等し
いからだね。ここで，右の図のように，そ
れぞれの三角形をア，イ，ウとしよう。

三角形 ABC の面積は「ア＋ウ」で，三角形 DBC の面積は「イ＋ウ」だね。三角
形 ABC と三角形 DBC の面積が等しいのだから，「ア＋ウ」と「イ＋ウ」が等しい
ということがわかる。「ア＋ウ」と「イ＋ウ」が等しいということは，それぞれか
ら「ウ」を取りのぞいた**「ア」と「イ」の面積も等しい**ということがわかるんだ。

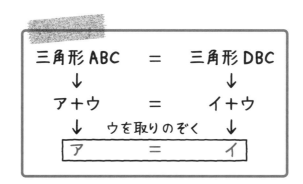

つまり，イ（三角形DEC）の面積は，ア（三角形ABE）の面積と同じく，16 cm²となる。

イの三角形の底辺をDEとすると，高さはBCで，8 cmだ。イの三角形の面積が16 cm²だから，

DE×8÷2＝16より，

DE＝16×2÷8＝4（cm）と求められる。

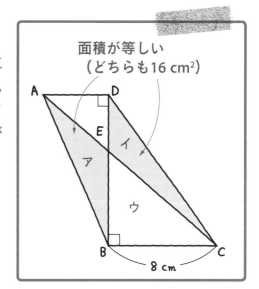

面積が等しい
（どちらも16 cm²）

4 cm … 答え [例題]2-5

この例題で使った方法を，コツとしてまとめておくよ。

🔆 コツ 面積が等しい三角形

右の図で，直線 ℓ と直線 m が平行であるとき，

① 三角形ABC（ア＋ウ）と三角形A′BC（イ＋ウ）の面積は等しい。

② 三角形ABD（ア）と三角形A′CD（イ）の面積は等しい。

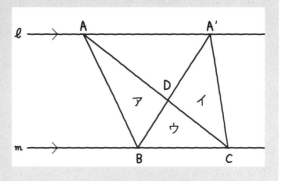

※①だけではなく，②が成り立つことを，しっかりおさえておこう。

035　説明の動画は
こちらで見られます

[例題]2-6　つまずき度 😖😖😖😐😐

右の図の平行四辺形 ABCD で,
かげをつけた部分の面積を求め
なさい。

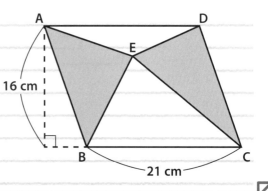

この例題では，右の図のように
点 E を通り，辺 AB と辺 AD にそれ
ぞれ平行な補助線を 2 本引いて考
えるよ。2 本の補助線を引くと，平
行四辺形は 8 つの三角形に分けら
れる。

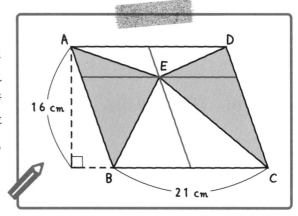

ここで，面積の等しい三角形を
ア，イ，ウ，エを使って表すと，
右の図のようになるよ。

かげをつけた部分の面積は，
ア＋イ＋ウ＋エとなり，それ以外の
白い部分の面積も，**ア＋イ＋ウ＋エ**
となることがわかるね。

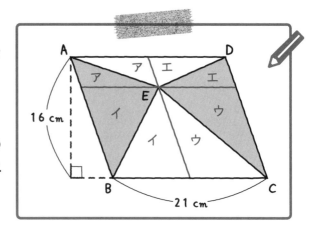

「つまり，かげをつけた部分の面積は，平行四辺形の面積の半分ということね。」

その通り。**かげをつけた部分の面積は，平行四辺形の面積の半分**だから，$21 \times 16 \div 2 = 168 (cm^2)$ と求められるんだ。

168 cm² ┈ 答え [例題]2-6

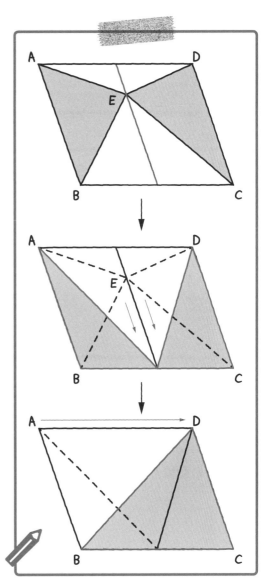

別解 [例題]2-6

等積変形を使った解き方もあるから，それも見ておこう。まずは，点 E を通り，辺 AB に平行な補助線を，右の図のように引こう。

そして，かげをつけた部分の三角形を，右の図のように，2 回等積変形させるんだ。

そうすると，かげをつけた部分が，三角形 DBC に変形することがわかる。だから，かげをつけた部分の面積は，$21 \times 16 \div 2 = 168 (cm^2)$ と求められるんだ。

168 cm² ┈ 答え [例題]2-6

Check 15 つまずき度 😖😖😖😖😑 ➡解答は別冊 p.52 へ

右の図の長方形 ABCD で，かげをつけた部分の面積の和を求めなさい。

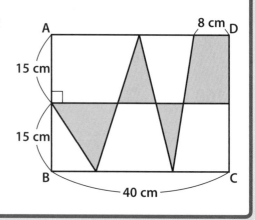

Check 16 つまずき度 😖😖😖😖😖 ➡解答は別冊 p.53 へ

右の図で，かげをつけた部分の面積を求めなさい。

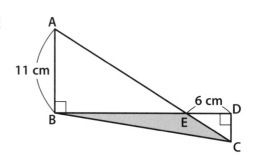

Check 17 つまずき度 😑😑😑😖😖 ➡解答は別冊 p.53 へ

右の図の長方形 ABCD で，かげをつけた部分の面積を求めなさい。

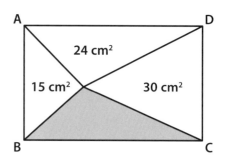

2 03 三角定規
さんかくじょうぎ

三角定規をよく知ると，図形がオモシロクなる？

 036 説明の動画は
こちらで見られます

１ 03 の p.43 〜 45 でもふれたけど，三角定規には，次の 2 種類があったね。

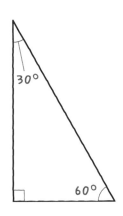

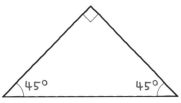

　まず，30 度，60 度，90 度の三角定
規の性質から見ていこう。この三角定
規を，右の図のように 2 つならべると，
正三角形になる。

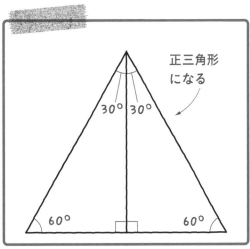

正三角形
になる

　「ほんとだぁ。正三角形になった！」

　正三角形の 3 つの辺の長さは等しいから，**30 度，60 度，90 度の三角定規の，**
最も長い辺と最も短い辺の比は 2：1 になるんだ。

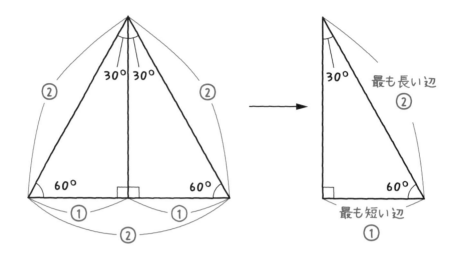

　この性質はとても大事だよ。この性質を知っていないと解けない問題もよく出るから、おさえておこう。次に、45度、45度、90度の三角定規の性質を見ていくよ。

　「この三角定規の形は、直角二等辺三角形ね。」

　そうだね。直角二等辺三角形だ。この三角定規の最も長い辺を底辺と考えると、右の図のようになる。

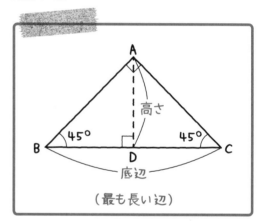

　辺 BC を底辺と考えると、高さは AD となるよ。ここで、三角形 ADC に注目すると、三角形の内角の和は 180 度だから、角 CAD＝180－(90＋45)＝45(度)となる。三角形 ADC も 45 度、90 度、45 度の直角二等辺三角形になるということだ。

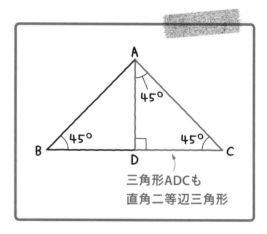

「直角二等辺三角形の中に，直角二等辺三角形があるんですね。」

　そういうことだね。同じように考えると，三角形 ABD も直角二等辺三角形になる。ということは，BD＝AD＝DC となるんだ。これを図に表すと，右のようになる。

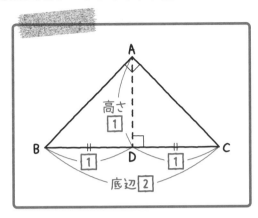

　つまり，直角二等辺三角形の三角定規で，最も長い辺を底辺にしたとき，底辺と高さの比は 2：1 になるということだ。これも大事だから，おさえておこう。

「なにげなく使っている三角定規には，おもしろい性質があるんですね。」

　そうだね。2 つの三角定規の性質は大事だから，ポイントとしてまとめておくよ。

Point ## 三角定規の性質

● 30 度，60 度，90 度の三角定規の，最も長い辺と最も短い辺の比は 2：1

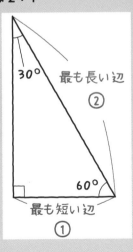

● 直角二等辺三角形の三角定規で，最も長い辺を底辺にしたとき，底辺と高さの比は 2：1

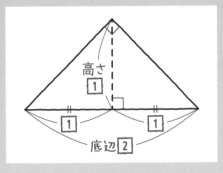

037 説明の動画は
こちらで見られます

では，三角定規の性質を使って，次の例題を解いてみよう。

[例題]2-7 つまずき度 😣😣😣😣😣

次の□にあてはまる数を求めなさい。

(1)

(2)

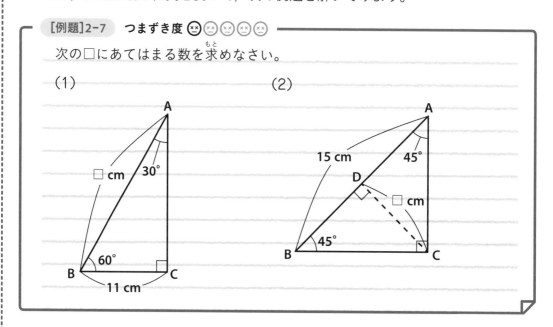

では，(1)からいこう。(1)は，30 度，60 度，90 度の三角定規だ。**30 度，60 度，90 度の三角定規の，最も長い辺と最も短い辺の比は 2：1** だね。最も長い辺は AB で，最も短い辺は BC だ。だから，AB の長さは，11×2＝22（cm）となる。

22 … 答え [例題]2-7 (1)

(2)にいくよ。(2)は，直角二等辺三角形の三角定規だ。**直角二等辺三角形の三角定規で，最も長い辺を底辺にしたとき，底辺と高さの比は 2：1** だね。最も長い辺 AB を底辺にしたときの高さが CD だから，CD の長さは，15÷2＝7.5（cm）となる。

7.5 … 答え [例題]2-7 (2)

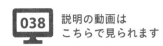

説明の動画は
こちらで見られます

[例題]2-8　　つまずき度 😣😣😣😣😣

下の図の三角形 ABC の面積（めんせき）を求めなさい。

(1)　　　　　　　　　　　　　(2)

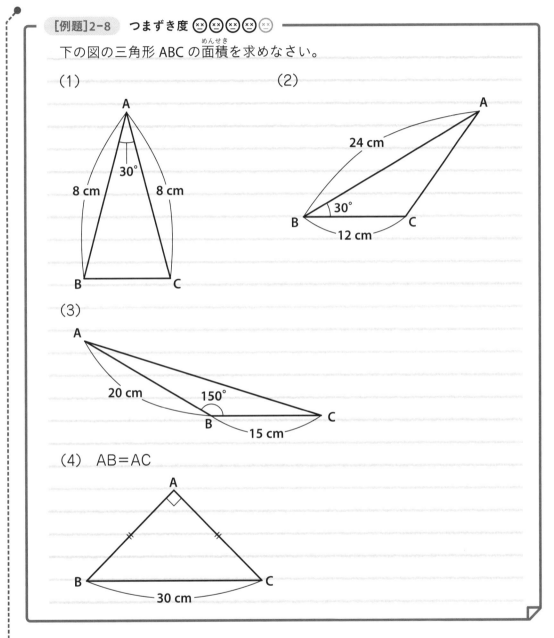

(3)

(4)　　AB＝AC

さあ，(1)からいこう。

　「あれ，この三角形は底辺の長さも高さもわかってないですよ。どうやって
解くんですか？」

たしかに，(1)の三角形は，辺BC を底辺と考えると，その長さも高さもわかって
いない。この問題では，あるところに補助線（ほじょせん）を引くと，解くきっかけがつかめるよ。

ポイントは 30 度の角だ。

 「30 度の角がポイントかぁ……。うーん，どこに補助線を引くのかしら？」

頂点 B から辺 AC に，垂直な直線を引くんだ。この直線と辺 AC との交点を，右の図のように D としよう。すると，角 ABD は，180－（30＋90）＝60（度）だから，三角形 ABD は，30 度，60 度，90 度の直角三角形であることがわかるね。

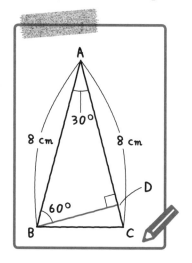

 「あっ，こんなところに三角定規がかくれていたんだ！」

そうだね。**かくれている三角定規を見つけることで，解くきっかけがつかめることがある**んだ。**30 度，60 度，90 度の三角定規の，最も長い辺と最も短い辺の比は 2:1** だから，BD の長さは，8÷2＝4(cm) と求められる。

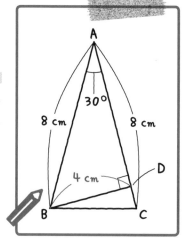

ここで，三角形 ABC の辺 AC を底辺と考えると，高さは BD になるね。底辺 AC が 8 cm で，高さ BD が 4 cm だから，三角形 ABC の面積は，8×4÷2＝16 (cm^2) と求められる。

16 cm^2 … 答え [例題]2-8 （1）

（1）で，はじめは底辺の長さも高さもわからずに，とまどってしまいそうだけど，30 度の角があることがヒントになった。**「30 度の角があるから，30 度，60 度，90 度の三角定規がかくれているんじゃないかな」と考える**ことが大切なんだ。

では，(2)にいこう。

 「(2)も30度の角があるから，三角定規がかくれていそうね。どこにかくれているのかしら。」

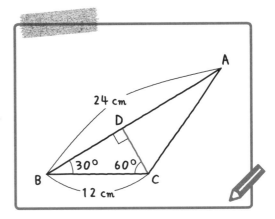

30度の角があるから，かくれている三角定規を探そうとする考え方はとてもいいよ。右の図のように，**頂点Cから辺AB に，垂直な直線を引いてみよう。**そして，この直線と辺ABとの交点をDとするよ。

角DCBは，180−（30＋90）＝60（度）だから，三角形DBCは，30度，60度，90度の直角三角形であることがわかるね。

 「今度は，こんなところに三角定規がかくれていたんだぁ。」

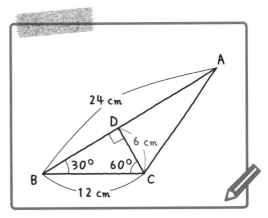

うん。**30度, 60度, 90度の三角定規の，最も長い辺と最も短い辺の比は2：1だ**から，CDの長さは，12÷2＝6（cm）だ。

ここで，三角形ABCの辺ABを底辺と考えると，高さはCDになるね。底辺AB が24cmで，高さCDが6cmだから，三角形ABCの面積は，24×6÷2＝72（cm²）と求められる。

72 cm² … 答え [例題]2−8 （2）

039 説明の動画は
こちらで見られます

では, (3) にいくよ。

 「(3) には, 30度の角はないなぁ。150度の角しかないや。」

そうだね。(3) には, 150度の角しかないけど, ここでよく考えてみよう。**180度から150度をひくと, 30度になる**ね。ということは, 辺BC を B のほうに延長したところに30度の角ができるんだ。

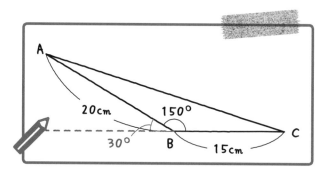

 「あっ, 本当だ。30度の角ができた！」

そして, この延長した線に, 頂点 A から垂直な直線を引いて, その交点を D としよう。

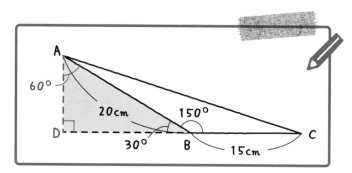

そうすると, 三角形 ADB は, 30度, 60度, 90度の直角三角形であることがわかるね。

 「こんなところに三角定規がかくれていたの？ 見つけるのが大変ね。」

慣れないうちは大変に感じるかもしれないけど, 180－150＝30 (度) になることに気づくのがポイントだよ。それで, この問題。**30度, 60度, 90度の三角定規の, 最も長い辺と最も短い辺の比は2：1**だから, AD の長さは, 20÷2＝10(cm) だ。

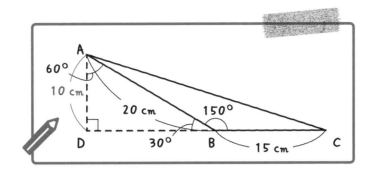

　ここで，三角形 ABC の辺 BC を底辺と考えると，高さは AD になる。底辺 BC が 15 cm で，高さ AD が 10 cm だから，三角形 ABC の面積は，15×10÷2＝75（cm²）と求められるよ。

75 cm² … 答え [例題]2-8 （3）

　(4)にいこう。(1)～(3)は，30度，60度，90度の三角定規に関する問題だったけど，(4)は，直角二等辺三角形の三角定規に関する問題だね。辺 BC を底辺と考えると，高さはどこになるかな？

 「辺 BC を底辺と考えると，高さは，えーっと，頂点 A から辺 BC に垂直に引いた直線が高さになると思うわ。」

　そうだね。頂点 A から辺 BC に垂直に引いた直線が高さになる。この直線が辺 BC と交わる点を D とすると，右の図のようになり，AD が高さになるということだね。

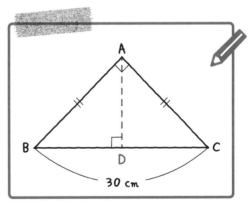

　直角二等辺三角形の三角定規で，最も長い辺を底辺にしたとき，底辺と高さの比は 2：1 だから，AD の長さは，30÷2＝15（cm）となる。底辺 BC が 30 cm で，高さ AD が 15 cm だから，三角形 ABC の面積は，30×15÷2＝225（cm²）と求められるよ。

225 cm² … 答え [例題]2-8 （4）

Check 18 つまずき度 😣😣😣😣😣 ➡解答は別冊 p.53 へ

次の□にあてはまる数を求めなさい。

(1)

(2)

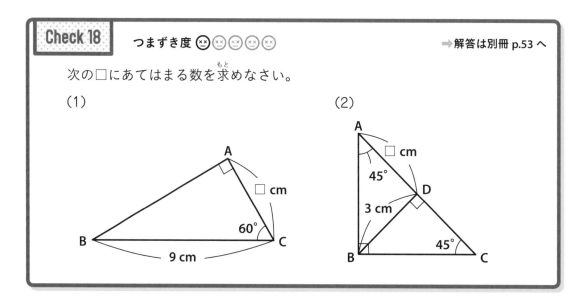

Check 19 つまずき度 😣😣😣😣😣 ➡解答は別冊 p.54 へ

下の図形の面積を求めなさい。

(1)

(2) 平行四辺形

(3)

(4) AB=BC

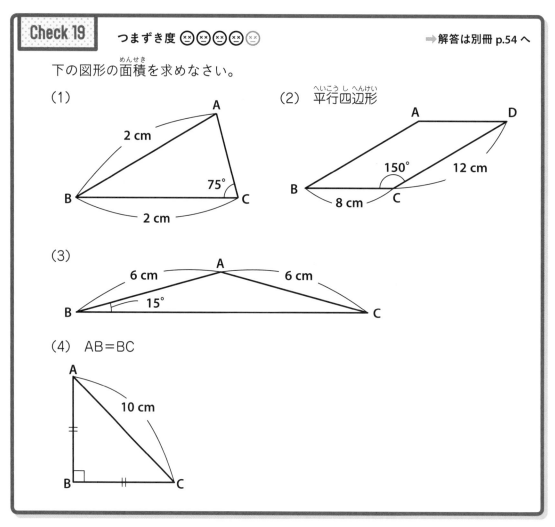

2 | 04 円とおうぎ形^{がた}

ホールケーキを上から見ると円の形をしているね。それを切り分けていくと，おうぎ形になる？

  説明の動画は
こちらで見られます

ここからは，円やおうぎ形^{がた}について見ていこう。
まず，**円周率**って知ってる？　聞いたことはあるよね。「**円周の長さを，直径^{ちょっけい}の長さでわった数**」が円周率だ。

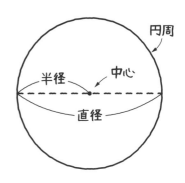

「円周率，知ってます！　スーパーコンピューターで，すごいケタ数まで計算しているんですよね。」

ユウトくん，よく知っているね。円周率は，3.1415926535……と無限に続く小数なんだけど，小学校では「およそ3.14」として計算することが多い。中学入試^{ちゅうがくにゅうし}の問題では，この円周率を，3や3.1，ときには $\frac{22}{7}$ としている場合もたまにあるけど，**円周率は3.14として計算する**問題がほとんどだ。

「私の友だちに，円周率を20ケタまで覚^{おぼ}えている人がいますよ。」

それはすごいね。でも，算数の問題を解^とくには，「**円周率はおよそ3.14**」ということを知っていれば十分だ。
「**円周率＝円周の長さ÷直径**」だから，
「**直径に円周率をかけると，円周の長さになる**」
ということもできる。これは，とても大事な
公式だから，おさえておこう。

> 円周率＝円周の長さ÷直径
> ↓
> 円周の長さ＝直径×円周率

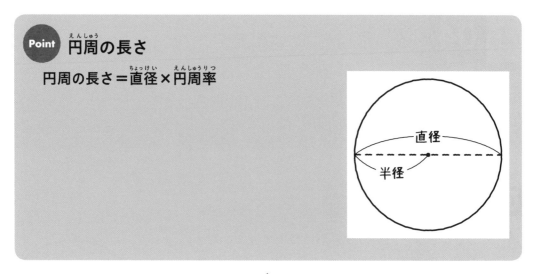

Point 円周の長さ

円周の長さ＝直径×円周率

半径の 2 倍が直径だから，次の公式も成り立つよ。

円周の長さ＝半径×2×円周率

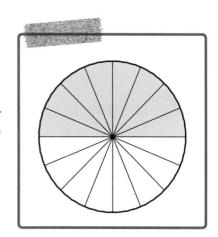

では，次に円の面積の求め方について見ていこう。例えば，円を 16 等分すると，右の図のようになる。

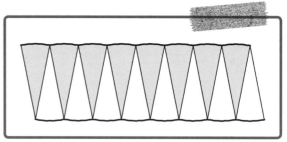

この 16 等分した図形を，交互に逆さまにはり合わせると，右のような図形になるんだ。

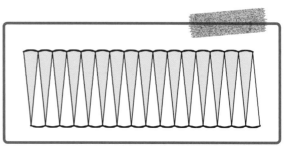

次に，円を 32 等分した図形を，交互に逆さまにはり合わせると，右のような図形になる。16 等分した図形と比べて，長方形に近づいているのはわかるかな。

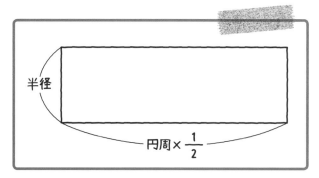

　等分する数を増やしていくと，ならべたあとの形が，右の図のように，長方形に近づいていくんだ。

　この長方形のたての長さは，円の半径と同じ長さだ。そして，長方形の横の長さは，円周の長さの $\frac{1}{2}$ に等しいから，

$$円の面積＝半径×円周の長さ×\frac{1}{2}$$

ということになる。この式に**「円周の長さ＝半径×2×円周率」**をあてはめると，

$$円の面積＝半径×\underline{円周の長さ}×\frac{1}{2}$$
$$＝半径×\underline{半径×2×円周率}×\frac{1}{2}$$
$$＝半径×半径×円周率$$

　これで，**「円の面積＝半径×半径×円周率」**という公式が成り立つことがわかったね。円を細かく等分し，長方形に形を変えて，円の面積を求める公式を導けたよ。

　「なんだか難しいなぁ。」

　たしかに難しく感じたかもしれないね。でも大丈夫，心配しないで。ひとまずは，「円の面積＝半径×半径×円周率」という公式をおさえておけばいいよ。ポイントとしてまとめておくね。

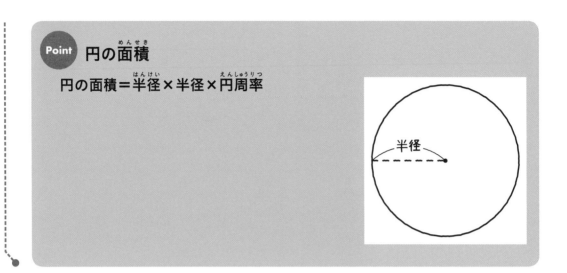

Point 円の面積

円の面積＝半径×半径×円周率

半径

---

041 説明の動画は
こちらで見られます

では，円周の長さと円の面積の公式を使って，次の例題を解いてみよう。

[例題]2-9 つまずき度 😣😣😣😣😣

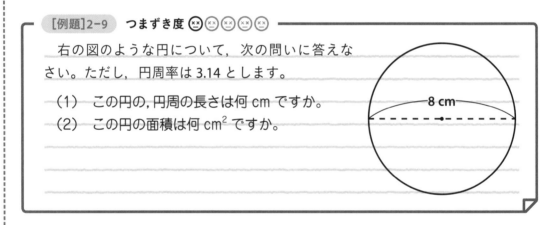

右の図のような円について，次の問いに答えな
さい。ただし，円周率は3.14とします。

(1) この円の，円周の長さは何cmですか。
(2) この円の面積は何cm²ですか。

8 cm

では，(1)から。円周の長さを求める問題だ。**「円周の長さ＝直径×円周率(3.14)」**
の公式で求められるね。ハルカさん，求めてくれるかな？

「はい。この円の直径は8cmだから，8×3.14＝25.12(cm)ね。」

その通り。直径の8cmに円周率の3.14をかけて，25.12cmと求められるね。

25.12 cm … 答え [例題]2-9 (1)

次は(2)，この円の面積を求める問題だ。**「円の面積＝半径×半径×円周率(3.14)」**の公式で求められるね。円の面積は，直径ではなく半径をもとに求めるから，まず，この円の半径を求めよう。ユウトくん，この円の半径は何cmかな？

「はい。直径が8cmで，半径は直径の半分だから，8÷2＝4(cm)です！」

そうだね。半径は直径の半分の4cmだ。これを，円の面積の公式にあてはめればいいんだ。**「円の面積＝半径×半径×円周率(3.14)」**だから，この円の面積は，4×4×3.14＝50.24(cm²)と求められるね。

50.24 cm²… [例題]2-9 (2)

 042 説明の動画はこちらで見られます

次は，おうぎ形について見ていこう。

おうぎ形とは，右の図のように，**「2本の半径で分けられた円の一部」**のことをいうんだ。

おうぎ形で，**円周の一部を弧といい，2つの半径がつくる角を中心角**というよ。

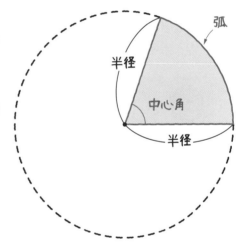

次の図のように，中心角が180度のおうぎ形を半円といい，中心角が90度のおうぎ形を四分円ということがあるよ。

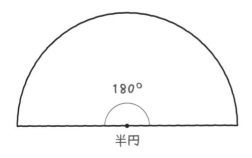
半円

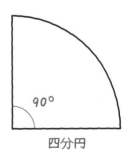
四分円

また，右の図のように，中心角が180
度より大きいおうぎ形もあるから注意し
よう。

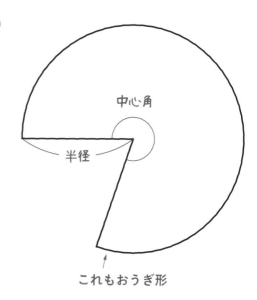

これもおうぎ形

おうぎ形の弧の長さと面積は，それぞれ次の公式で求められるよ。大事な公式だ
から，ポイントとして，しっかり覚えよう。

Point おうぎ形の弧の長さと面積

おうぎ形の弧の長さ

$$= 半径 \times 2 \times 円周率 \times \frac{中心角}{360}$$

$$= 直径 \times 円周率 \times \frac{中心角}{360}$$

おうぎ形の面積

$$= 半径 \times 半径 \times 円周率 \times \frac{中心角}{360}$$

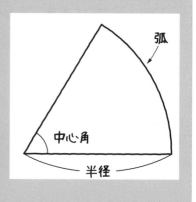

「なんだか覚えるのが大変そう。」

大変そうに思うかもしれないけど，じつは，簡単に覚えられるんだ。

「どういうことですか？」

おうぎ形の弧の長さの公式は，円周の長さの公式に「×$\dfrac{\text{中心角}}{360}$」がくっつ

いただけなんだ。また，おうぎ形の面積は，円の面積の公式に「×$\dfrac{\text{中心角}}{360}$」

がくっついただけだから，覚えるのに，それほど苦労（くろう）はしないと思うよ。

$$\text{おうぎ形の弧の長さ} = \boxed{\text{半径×2×円周率}} \times \dfrac{\text{中心角}}{360}$$

円周の長さ

$$\text{おうぎ形の面積} = \boxed{\text{半径×半径×円周率}} \times \dfrac{\text{中心角}}{360}$$

円の面積

「なるほど。そう考えると覚えられそうね。」

　うん。円がつくる中心の角度は360度だ。一方，おうぎ形がつくる角度は中心

角だから，おうぎ形の弧の長さは，円周の長さを$\dfrac{\text{中心角}}{360}$倍したものになるんだ。

また，面積も同じように考えられる。

「だから，『×$\dfrac{\text{中心角}}{360}$』が必要（ひつよう）なんですね。」

　うん，そうだね。ちなみに，この「$\dfrac{\text{中心角}}{360}$」は，例（たと）えば，おうぎ形が半円で，

中心角が180度の場合は$\dfrac{180}{360}$となり，約分（やくぶん）して$\dfrac{1}{2}$とするんだ。でも，そのたびに

約分するのはめんどうだね。

「たしかにめんどうそうね。」

　だから，$\dfrac{\text{中心角}}{360}$を約分するといくつになるか，代表的（だいひょうてき）なものは覚えてしまったほ

うがいいよ。とくに，約分すると分子が1になる次の6つは，ぜひ覚えておきたい。

コツとして，まとめておくね。

コツ
$\dfrac{\text{中心角}}{360}$ を約分するといくつになるか，代表的なものを暗記しよう！

① 半円（中心角 180°）

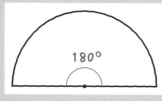

$$\dfrac{180}{360} = \dfrac{1}{2}$$

② 四分円（中心角 90°）

$$\dfrac{90}{360} = \dfrac{1}{4}$$

③ 中心角 120°

$$\dfrac{120}{360} = \dfrac{1}{3}$$

④ 中心角 60°

$$\dfrac{60}{360} = \dfrac{1}{6}$$

⑤ 中心角 45°

$$\dfrac{45}{360} = \dfrac{1}{8}$$

⑥ 中心角 30°

$$\dfrac{30}{360} = \dfrac{1}{12}$$

 043 説明の動画は
こちらで見られます

では，おうぎ形についての例題を解いていくよ。

[例題]2-10　つまずき度

　右の図のようなおうぎ形について，次の問いに
答えなさい。ただし，円周率は 3.14 とします。

（1）　このおうぎ形の弧の長さは何 cm ですか。
（2）　このおうぎ形の周りの長さは何 cm ですか。
（3）　このおうぎ形の面積は何 cm² ですか。

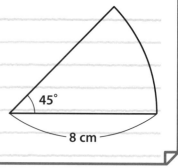

45°
8 cm

（1）からいこう。おうぎ形の弧の長さの公式で求めることができるよ。半径が8cmで，中心角が45度だから，計算すると次のようになる。

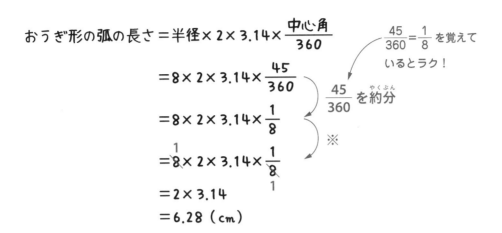

おうぎ形の弧の長さ＝半径×2×3.14×$\dfrac{中心角}{360}$

$\dfrac{45}{360}＝\dfrac{1}{8}$を覚えているとラク！

$=8×2×3.14×\dfrac{45}{360}$

$\dfrac{45}{360}$を約分

$=8×2×3.14×\dfrac{1}{8}$

※

$=\overset{1}{8}×2×3.14×\dfrac{1}{\underset{1}{8}}$

$=2×3.14$

$=6.28（cm）$

この計算では，$\dfrac{45}{360}$を約分して，$\dfrac{1}{8}$としたけど，「$\dfrac{45}{360}＝\dfrac{1}{8}$」の関係を覚えていれば，約分の手間がはぶけて，速く計算できるね。だから，中心角が約分するといくつになるか，代表的なものを覚えておくといいんだ。

「そういうことなのね。ちゃんと覚えておこうっと。」

うん。それから，この計算の※の部分で，左から順に計算するのは，めんどうだからやめておこう。8×2＝16で，16に3.14をかけ，それを8でわるのは，計算が大変だ。

「えっ，でも計算って，左から順にするものですよね？」

基本的にはそうなんだけど，かけ算だけでできている式は，どんな順に計算してもかまわないんだ。だから，この場合はまず，8と$\dfrac{1}{8}$を約分し，その後，2×3.14を計算して，6.28と求めるのがいちばんラクだよ。×3.14を最後にしたほうが，計算がラクな場合が多いんだ。

6.28 cm … 答え [例題]2-10（1）

では，(2)にいこう。

「えーっと，弧の長さと周りの長さって，どうちがうのかなぁ？」

おうぎ形の弧の長さと周りの長さのちがいは，次の図を見ればわかるよ。

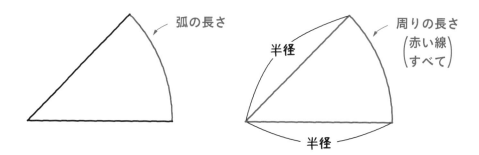

図を見ればわかるように，おうぎ形の周りの長さは，弧の長さに半径 2 つ分をたしたものなんだ。公式で表すと，次のようになる。

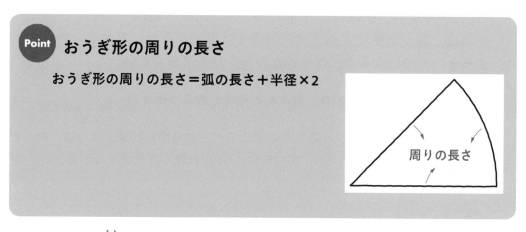

Point おうぎ形の周りの長さ

おうぎ形の周りの長さ＝弧の長さ＋半径×2

周りの長さ

だから，(1)で求めた弧の長さに，半径 2 つ分をたせばいい。つまり，
6.28＋8×2＝22.28(cm)と求められるよ。

22.28 cm … 答え [例題]2-10 (2)

この例題の場合は，(1)で弧の長さを求め，(2)で周りの長さを求めたから，ひっかからず，すんなり求められた。でも，(1)でいきなり周りの長さを求める問題が出たときに，まちがって弧の長さを答えてしまう人がけっこういるんだ。おうぎ形では，弧の長さと周りの長さを混同しないように気をつけよう。

(3) にいこう。このおうぎ形の面積を求める問題だね。おうぎ形の面積の公式を使えばいいから，次のように求められる。

$$おうぎ形の面積＝半径×半径×3.14×\frac{中心角}{360}$$

$$＝8×8×3.14×\frac{45}{360}$$

$$＝8×\overset{1}{8}×3.14×\frac{1}{\underset{1}{8}}$$

$$＝8×3.14$$

$$＝25.12（cm^2）$$

この計算でも，×3.14 を最後に計算するのがいちばんラクだよ。

25.12 cm^2 … 答え [例題]2-10 （3）

 044 説明の動画は
こちらで見られます

円とおうぎ形の半径や，おうぎ形の中心角を求めてみよう。

[例題]2-11 つまずき度 😖😖😖😖😊

次の問いに答えなさい。ただし，円周率は 3.14 とします。

(1) 円周の長さが 34.54 cm の円の半径は何 cm ですか。

(2) 中心角が 150 度で，弧の長さが 47.1 cm のおうぎ形の半径は何 cm ですか。

(3) 半径が 12 cm で，弧の長さが 21.98 cm のおうぎ形の中心角は何度ですか。

(1) は，円周の長さの公式で考えよう。「円周の長さ＝直径×円周率（3.14）」だから，「直径×3.14＝34.54」という式になる。これより，34.54 を 3.14 でわれば，直径が求められるから，直径は，34.54÷3.14＝11（cm）だね。半径は直径の半分だから，半径は，11÷2＝5.5（cm）と求められる。

5.5 cm … 答え [例題]2-11 （1）

(2)は，おうぎ形の弧の長さの公式で考えよう。

$$\text{おうぎ形の弧の長さ} = \text{半径} \times 2 \times \text{円周率}(3.14) \times \frac{\text{中心角}}{360}$$

おうぎ形の半径を□ cm とすると，次のようになる。

$$\square \times 2 \times 3.14 \times \frac{150}{360} = 47.1$$

この□を求めるときは，まず，47.1 を 3.14 でわるんだ。47.1÷3.14＝15 だから，さらに順に計算していくと，次のようになる。

$$\square \times 2 \times \frac{150}{360} = 15 \qquad \frac{150}{360} \text{ を約分する}$$

$$\square \times 2 \times \frac{5}{12} = 15 \qquad 2 \times \frac{5}{12} \text{ を計算する}$$

$$\square \times \frac{5}{6} = 15$$

$$\square = 15 \div \frac{5}{6} = 15 \times \frac{6}{5} = 18 \,(\text{cm})$$

これで，半径が 18 cm と求められる。

18 cm … 答え [例題]2-11 (2)

(3)にいくよ。中心角を求める問題だから，中心角を□度とおいて，公式にあてはめると，次のようになる。

$$12 \times 2 \times 3.14 \times \frac{\square}{360} = 21.98$$

この場合も，まず 21.98 を 3.14 でわって，21.98÷3.14＝7
さらに順に計算していくと，次のようになる。

$$12 \times 2 \times \frac{\square}{360} = 7$$

12×2を計算する

$$24 \times \frac{\square}{360} = 7$$

$$\frac{\square}{360} = 7 \div 24$$

$$\frac{\square}{360} = \frac{7}{24}$$

ここまでの計算で，$\frac{\square}{360} = \frac{7}{24}$ ということがわかったね。$\frac{7}{24}$ の分母と分子をそれぞれ15倍すると，$\frac{105}{360}$ になるから，$\square = 105$（度）と求められるよ。

105 度 … 答え [例題]2-11（3）

（3）は，$\square$ ではなく，$\frac{\square}{360}$ がいくつになるか求めるのがポイントだ。

045 説明の動画は
こちらで見られます

次の例題にいく前に，計算の工夫について話しておこう。**円やおうぎ形の問題では，計算の工夫が使えることが多いんだ。計算の工夫を使うと，すばやく正確に計算することができ，ケアレスミスを減らすことができる。**「分配法則の逆」を利用した計算の工夫を使うんだ。

「分配法則の逆？」

うん。まず，分配法則とは，右のような法則だ。

分配法則
$(A+B) \times C = A \times C + B \times C$
$(A-B) \times C = A \times C - B \times C$

＝（イコール）の左右を入れかえた「分配法則の逆」も成り立つ。

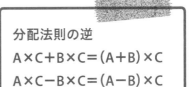

分配法則の逆
$A \times C + B \times C = (A+B) \times C$
$A \times C - B \times C = (A-B) \times C$

「なんだか，わかったような，わからないような……。」

公式だけだと，イメージがつかみにくいよね。分配法則の逆を簡単にいうと，**「共通なものは，かっこの外に出し，残りは，かっこの中に入れる」**ということなんだ。これについては，次の例題を解きながら，さらに解説していくよ。

[例題]2-12 つまずき度 😵😵😵😣😵

工夫して，次の計算をしなさい。

(1)　$6 \times 6 \times 3.14 + 8 \times 8 \times 3.14$

(2)　$8 \times 8 \times 3.14 \times \dfrac{1}{4} - 2 \times 2 \times 3.14 \times \dfrac{1}{4}$

では，(1)からいこう。$6 \times 6 \times 3.14$ と $8 \times 8 \times 3.14$ の和を求める問題だ。**「共通なものは，かっこの外に出し，残りは，かっこの中に入れる」**のだったね。

$6 \times 6 \times 3.14$ と $8 \times 8 \times 3.14$ を比べると，「$\times 3.14$」が共通だ。

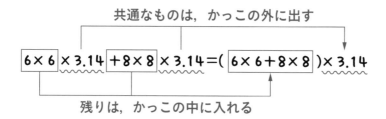

だから，共通な「$\times 3.14$」をかっこの外に出すんだ。そして，「$\times 3.14$」をとると，「6×6」と「$+8 \times 8$」が残るから，それをかっこの中に入れると，次のようになる。

この続きを計算すると，次のようになるよ。

$$(6 \times 6 + 8 \times 8) \times 3.14 = (36 + 64) \times 3.14$$
$$= 100 \times 3.14$$
$$= 314$$

　これで, 314 と求められた。この計算を, 工夫しないで力ずくで解こうとすると, めんどうな計算になり, ケアレスミスをしやすい。だから, このような計算は, 必ず計算の工夫を使うようにしよう。

314 … 答え [例題]2-12 (1)

　ちなみに, (1) の計算を工夫しないで解くと, 6×6×3.14 と 8×8×3.14 をそれぞれ計算してから, たさなければならないね。3.14 をかける計算が 2 回必要になる。

 「でも, 工夫を使うと, 3.14 をかける計算が 1 回ですむんですね！」

　その通り。工夫を使うと, 3.14 をかける計算は, 100×3.14 の 1 回ですむ。このように, **計算の工夫をうまく使えば, 3.14 をかける計算は, 1 回ですむことがほとんど**なんだ。逆にいうと, **3.14 をかける計算を, 2 回以上してしまった場合は, 計算の工夫をうまく使えていない場合が多い**んだよ。コツとしてまとめておくね。

> **コツ**
> ## 3.14 をかける計算の工夫
> ●共通なものは, かっこの外に出し, 残りは, かっこの中に入れる。
>
>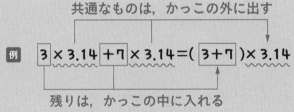
>
> ●計算の工夫をうまく使えば, 3.14 をかける計算は 1 回ですむことがほとんどである。
> ●3.14 をかける計算を, 2 回以上してしまった場合は, 計算の工夫をうまく使えていない場合が多いから, 見直してみよう。

046 説明の動画は
こちらで見られます

（2）にいこう。$8×8×3.14×\frac{1}{4}$ から，$2×2×3.14×\frac{1}{4}$ をひく問題だ。**「共通なもの**

は，かっこの外に出し，残りは，かっこの中に入れる」 のだったね。$8×8×3.14×\frac{1}{4}$

と $2×2×3.14×\frac{1}{4}$ を比べると，何が共通かな？

 「この問題も『×3.14』が共通ね。」

たしかに，「×3.14」は共通だね。でも，他にも共通なものはないかな？

 「えーっと，……，あっ！ 『×3.14×$\frac{1}{4}$』が共通ね。」

そうだね。「×3.14」だけではなくて，「×3.14×$\frac{1}{4}$」が共通だよね。

共通なものはできるだけ多く見つけたほうが，計算がラクになるんだ。

$$8×8\boxed{×3.14×\frac{1}{4}}-2×2\boxed{×3.14×\frac{1}{4}}$$

共通

だから，共通な「×3.14×$\frac{1}{4}$」をかっこの外に出すんだ。そして，「×3.14×$\frac{1}{4}$」

をとると，「8×8」と「−2×2」が残るから，それをかっこの中に入れると，次の

ようになる。

共通なものは，かっこの外に出す

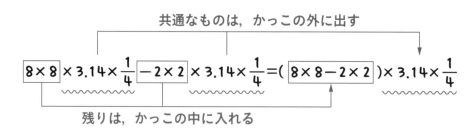

残りは，かっこの中に入れる

この続きを計算すると，次のようになるよ。

$$(8 \times 8 - 2 \times 2) \times 3.14 \times \frac{1}{4} = (64 - 4) \times 3.14 \times \frac{1}{4}$$
$$= \overset{15}{\cancel{60}} \times 3.14 \times \frac{1}{\cancel{4}_{1}}$$
$$= 15 \times 3.14$$
$$= 47.1$$

これで，47.1 と求められた。(2) も，3.14 をかける計算は，15×3.14 の 1 回だけですんだよね。計算の工夫をうまく使えた証拠だ。

47.1 … 答え [例題]2−12 （2）

 047　説明の動画は
こちらで見られます

次の例題のような，おうぎ形を組み合わせた図形の問題では，計算の工夫が大カツヤクするよ。

[例題]2−13　つまずき度 😣😵😣😵😣

下の図で，かげをつけた部分の周りの長さと面積を，それぞれ求めなさい。ただし，円周率は 3.14 とします。

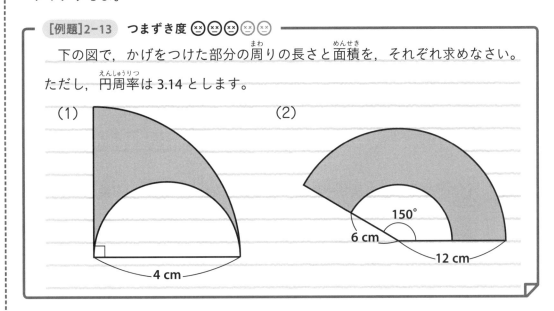

(1)

4 cm

(2)

150°
6 cm
12 cm

（1）からいこう。かげをつけた部分の周りの長さと面積を求める問題だ。まずは，周りの長さから求めていくよ。

（1）のかげをつけた部分の周りは，右の図のように，①～③の3つの部分に分けられる。①は直径が4cmの半円の弧，②は半径が4cmの四分円の弧，③は4cmだね。この①～③の長さの和が，かげをつけた部分の周りの長さだ。

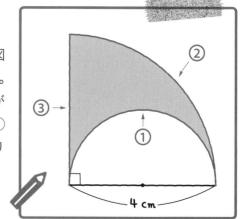

「なんだか計算がややこしくなりそう。」

1つ1つ分けて計算すると，たしかにややこしいんだけど，**3.14の計算では，計算の工夫を使えることが多いん**だったね。まず，①の，直径が4cmの半円の弧の長さを求める式は，どうなるかな？

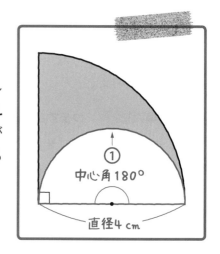

「『おうぎ形の弧の長さ＝直径×円周率(3.14)×$\frac{中心角}{360}$』を使うのよね。直径が4cmで，中心角は180度ね。だから，$4×3.14×\frac{180}{360}$ で求められるんじゃないかしら。」

そうだね。直径が4cmで，半円だから，中心角は180度だ。1つつけ加えると，$\frac{180}{360}=\frac{1}{2}$ は覚えたほうがいいんだったね。だから，$4×3.14×\frac{1}{2}$ で求められる。

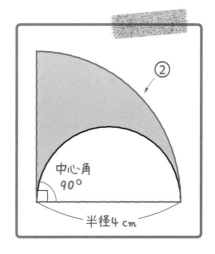

次に，②の，半径が 4 cm の四分円の弧の長さ
を求める式は，どうなるかな？

 「『おうぎ形の弧の長さ＝半径×2×円周率(3.14)×$\dfrac{中心角}{360}$』を使うんですよ

ね。半径が 4 cm で，中心角は 90 度だから，4×2×3.14×$\dfrac{90}{360}$ で求めら

れると思います！」

そうだね。半径が 4 cm で，四分円だから，中心角は 90 度だ。$\dfrac{90}{360}=\dfrac{1}{4}$ も覚え

よう。だから，4×2×3.14×$\dfrac{1}{4}$ で求められる。①は直径が 4 cm だったけど，②は

半径が 4 cm であることに気をつけよう。かげをつけた部分の周りの長さは，①と
②と③をたせばいいから，次の式で求められる。次のように，**1つの式で一気に
求めるのがポイント**だ。

$$\underbrace{4\times3.14\times\dfrac{1}{2}}_{①}+\underbrace{4\times2\times3.14\times\dfrac{1}{4}}_{②}+\underbrace{4}_{③}$$

そして，このような**3.14がふくまれる長い式では，はじめの式が正しいか
どうかを確認することがとても大事**だ。**はじめの式を書いて，すぐに計算に入る
のではなく，式が正しいかどうかを確認して，「よし，まちがいない」と思ったら計
算に入ろう。**

「はじめの式がまちがっていれば，正しい答えは出ませんからね。」

　そうなんだ。だから，**3.14 がふくまれる長い式では，はじめの式を書いたとき，計算する前に，式が正しいかどうか，必ず確認するようにしよう。**中心角や半径はまちがっていないか，公式はまちがっていないかなど，慎重に確認するんだ。この確認をせずに，いきなり計算に入って，まちがってしまう人が多いんだよ。考え方は合っているのに，こういうミスをすると，もったいないよね。

「よし。はじめの式を書いたら，式が正しいかどうか，必ず確認するようにします！」

「私も必ず確認するようにするわ。」

　うん，必ず確認しよう。こういう作業を，習慣にするようにしたいね。では，計算にもどるよ。はじめの式の①と②には，どちらにも「×3.14」があるから，計算の工夫を使って，次のように計算できる。

$$4\boxed{\times 3.14}\times\frac{1}{2}+4\times 2\boxed{\times 3.14}\times\frac{1}{4}+4$$

かっこの外に出す

$$=\left(4\times\frac{1}{2}+4\times 2\times\frac{1}{4}\right)\boxed{\times 3.14}+4$$
$$=(2+2)\times 3.14+4$$
$$=4\times 3.14+4$$
$$=12.56+4$$
$$=16.56\ (cm)$$

　これで，周りの長さが 16.56 cm と求められたね。この計算は，次のように，工夫を使わないで，分けて計算することもできる。でも，計算がめんどうになり，時間もかかる。また，計算ミスもしやすくなる。いろんな意味で，おすすめはできないよ。

△おすすめできない計算のしかた

次のように，分けて計算するのはやめよう！

$$4 \times 3.14 \times \frac{1}{2} = 6.28$$

$$4 \times 2 \times 3.14 \times \frac{1}{4} = 6.28$$

$$6.28 + 6.28 + 4 = 16.56 \text{(cm)}$$

※ この方法だと，「×3.14」を2回計算しないといけない。

➡時間がかかり，ケアレスミスが増える。

➡解説のように，「一気に答えを求める式を書き，その式が正しいことを確認し，計算の工夫を使う」のがおすすめ。

 048 説明の動画はこちらで見られます

では次に，(1)のかげをつけた部分の面積を求めよう。かげをつけた部分の面積は，半径4cm，中心角90度の四分円の面積から，半径4÷2＝2(cm)，中心角180度の半円の面積をひけば求められる。ハルカさん，おうぎ形の面積を求める公式を言ってくれるかな？

 「えっと……，『おうぎ形の面積＝半径×半径×円周率(3.14)×$\frac{中心角}{360}$』ね。」

そうだね。この公式を使って，次の式で求められるよ。今回も，**1つの式で，一気に答えを求める式を書こう。**

$$\underbrace{4 \times 4 \times 3.14 \times \frac{1}{4}}_{\substack{\text{半径4cm，中心角90度} \\ \text{のおうぎ形の面積}}} - \underbrace{2 \times 2 \times 3.14 \times \frac{1}{2}}_{\substack{\text{半径2cm，中心角180度} \\ \text{のおうぎ形の面積}}}$$

はじめの式を書いたら，次にすることは何だっけ？

 「すぐに計算に入るのではなくて，はじめの式が正しいかどうか確認するんですね！」

その通り。式が正しいことが確認できたら，計算に入ろう。この式も，「×3.14」が共通だから，計算の工夫を使うと，次のように計算できる。

$$4 \times 4 \boxed{\times 3.14} \times \frac{1}{4} - 2 \times 2 \boxed{\times 3.14} \times \frac{1}{2}$$

かっこの外に出す

$$= \left(4 \times 4 \times \frac{1}{4} - 2 \times 2 \times \frac{1}{2} \right) \boxed{\times 3.14}$$
$$= (4 - 2) \times 3.14$$
$$= 2 \times 3.14$$
$$= 6.28 \ (cm^2)$$

これで，面積は 6.28 cm² と求められたね。この場合も，次のように，計算の工夫を使わない方法は，おすすめできないよ。

△おすすめできない計算のしかた

次のように，分けて計算するのはやめよう！

$$4 \times 4 \times 3.14 \times \frac{1}{4} = 12.56$$

$$2 \times 2 \times 3.14 \times \frac{1}{2} = 6.28$$

$$12.56 - 6.28 = 6.28 \, (cm^2)$$

※　この方法だと，「×3.14」を 2 回計算しないといけない。

➡時間がかかり，ケアレスミスが増える。

➡解説のように，「一気に答えを求める式を書き，その式が正しいことを確認し，計算の工夫を使う」のがおすすめ。

周りの長さ 16.56 cm，　面積 6.28 cm² … 答え [例題]2-13 (1)

「はじめの式を確認することが大事」と言ったけど，これは何度言ってもたりないぐらいに強調しておきたい。ということで，コツとして，もう一度書いておくね。

3.14をふくむ長い式の計算では，はじめの式が大事！

　3.14をふくむ長い式の計算では，はじめの式が正しいかどうか確認することが大事である。はじめの式を書いて，すぐに計算に入るのではなく，下に書いたチェックポイントを確認して，「よし，まちがいない」と思ったら計算に入ろう。

■チェックポイント
・半径の長さや中心角の大きさは正しいか
・公式は正しいか
・たし忘れやひき忘れはないか，……など

049　説明の動画は
　　　こちらで見られます

　では，(2)にいこう。まずは，かげをつけた部分の周りの長さから求めていくよ。

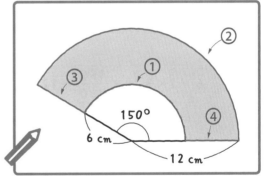

　(2)のかげをつけた部分の周りの長さは，右の図のように，①〜④の4つの部分に分けられる。①は半径が6cm，中心角が150度のおうぎ形の弧で，②は半径が12cm，中心角が150度のおうぎ形の弧で，③，④はどちらも，12−6＝6 (cm)だね。この①〜④の長さの和が答えになるよ。

　まず，①の，半径が6cm，中心角が150度のおうぎ形の弧の長さを求める式は，どうなるかな？

「『おうぎ形の弧の長さ＝半径×2×円周率(3.14)×$\dfrac{中心角}{360}$』を使うんですね！　半径が6cm，中心角が150度だから，$6 \times 2 \times 3.14 \times \dfrac{150}{360}$で求められますね。」

その通り。次に，②の，半径が 12 cm，中心角が 150 度のおうぎ形の弧の長さを求める式は，どうなるかな？

 「これも，『おうぎ形の弧の長さ＝半径×2×円周率(3.14)×$\dfrac{\text{中心角}}{360}$』を使うのね。半径が 12 cm，中心角が 150 度だから，$12×2×3.14×\dfrac{150}{360}$ で求められると思うわ。」

そうだね。①～④をたせば，周りの長さが求められるから，次の式で周りの長さを求めることができる。これも，**1 つの式で一気に求めよう**。

$$6×2×3.14×\underset{①}{\underline{\dfrac{150}{360}}}+12×2×3.14×\underset{②}{\underline{\dfrac{150}{360}}}+\underset{③④}{\underline{6×2}}$$

そして，①と②には，どちらにも「$2×3.14×\dfrac{150}{360}$」があるから，計算の工夫を使うと，次のように計算できる。「**×3.14」だけかっこの外に出すのではなく，できるだけ多くのものをかっこの外に出したほうが，計算はラクになる**んだったね。

$$6\boxed{×2×3.14×\dfrac{150}{360}}+12\boxed{×2×3.14×\dfrac{150}{360}}+6×2$$

かっこの外に出す

$$=(6+12)\boxed{×2×3.14×\dfrac{150}{360}}+6×2$$

$$=\overset{3}{\cancel{18}}×\overset{1}{\cancel{2}}×3.14×\dfrac{5}{\cancel{12}}+12$$

$$=15×3.14+12$$

$$=47.1+12$$

$$=59.1\ (\text{cm})$$

これで，周りの長さは 59.1 cm と求められたね。**ばらばらに分けて計算せずに，(1) と同じように，計算の工夫を使って，1 つの式で求める**のがポイントだよ。

では，次に，(2)のかげをつけた部分の面積を求めよう。

「おうぎ形の面積＝半径×半径×円周率(3.14)×$\dfrac{中心角}{360}$」の公式を使えばいいね。

かげをつけた部分の面積は，半径が 12 cm，中心角が 150 度のおうぎ形の面積から，半径が 6 cm，中心角が 150 度のおうぎ形の面積をひけばいいから，次の式で求められるよ。やはり，**1 つの式で，一気に答えを求める式を書こう。**

$$12\times12\times3.14\times\dfrac{150}{360}-6\times6\times3.14\times\dfrac{150}{360}$$

半径 12 cm，中心角 150 度　　　半径 6 cm，中心角 150 度
のおうぎ形の面積　　　　　　　のおうぎ形の面積

この式は，「×3.14×$\dfrac{150}{360}$」が共通だから，計算の工夫を使うと，次のように計算できる。

$$12\times12\,\boxed{\times3.14\times\dfrac{150}{360}}-6\times6\,\boxed{\times3.14\times\dfrac{150}{360}}$$

↓ かっこの外に出す

$$=(12\times12-6\times6)\boxed{\times3.14\times\dfrac{150}{360}}$$

$$=(144-36)\times3.14\times\dfrac{5}{12}$$

$$=\overset{9}{\cancel{108}}\times3.14\times\dfrac{5}{\underset{1}{\cancel{12}}}$$

$$=45\times3.14$$

$$=141.3\ (\text{cm}^2)$$

これで，面積は 141.3 cm² と求められたね。

周りの長さ 59.1 cm，面積 141.3 cm² … 答え [例題]2-13 (2)

Check 20 つまずき度 😣😣😐😐😐 ➡ 解答は別冊 p.55 へ

右の図のような円について，次の問いに答えなさい。ただし，円周率は 3.14 とします。

（1） この円の，円周の長さは何 cm ですか。

（2） この円の面積は何 cm² ですか。

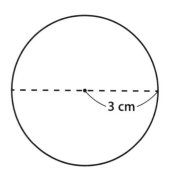

3 cm

Check 21 つまずき度 😣😣😐😐😐 ➡ 解答は別冊 p.55 へ

右の図のようなおうぎ形について，次の問いに答えなさい。ただし，円周率は 3.14 とします。

（1） このおうぎ形の周りの長さは何 cm ですか。

（2） このおうぎ形の面積は何 cm² ですか。

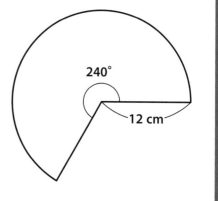

240°

12 cm

Check 22 つまずき度 😣😐😐😣😐 ➡ 解答は別冊 p.55 へ

次の問いに答えなさい。ただし，円周率は 3.14 とします。

（1） 円周の長さが 50.24 cm の円の面積は何 cm² ですか。

（2） 中心角が 90 度で，弧の長さが 9.42 cm のおうぎ形の面積は何 cm² ですか。

（3） 半径が 15 cm で，弧の長さが 18.84 cm のおうぎ形の中心角は何度ですか。

Check 23　つまずき度 😣😣😣😑😣　⇒解答は別冊 p.55 へ

工夫して，次の計算をしなさい。

(1)　$9 \times 2 \times 3.14 - 5 \times 2 \times 3.14$

(2)　$6 \times 6 \times 3.14 \times \dfrac{1}{2} - 4 \times 4 \times 3.14 \times \dfrac{1}{2} + 2 \times 2 \times 3.14 \times \dfrac{1}{4}$

Check 24　つまずき度 😣😣😣😑😣　⇒解答は別冊 p.56 へ

　右の図は，大，中，小 3 つの半円を組み合わせた図形で，大きい半円の半径は 10 cm，小さい半円の半径は 4 cm です。

　このとき，かげをつけた部分の周りの長さと面積を求めなさい。ただし，円周率は 3.14 とします。

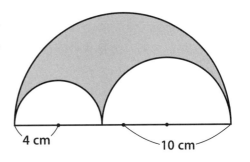

4 cm　　10 cm

2 05 いろいろな図形の周りの長さと面積

いままで習ったことをフル活用して，いろいろな図形の周りの長さや面積を求めよう！

 説明の動画は
こちらで見られます

　三角形や四角形，円やおうぎ形など，基本的な図形について，面積や周りの長さの求め方を見てきたね。この単元では，いままで習ったことを使って，さらにいろいろな図形の周りの長さや面積の求め方を学んでいこう。公式がいっぱい出てきたけど，全部覚えているかな？

　「うーん。覚えているのもあるけど，忘れているのもあるような……。」

　不安があるなら，いままでのところを，復習してみよう。そして，自信がついたら，これからの内容にチャレンジだ。では，まず，次の例題を解いてみよう。

[例題]2-14　つまずき度 😖😖😖😑😑

　次の図は，それぞれ2つのおうぎ形を組み合わせたものです。かげをつけた部分の周りの長さと面積を，それぞれ求めなさい。ただし，円周率は3.14とします。

（1）四角形ABCDは正方形　　（2）

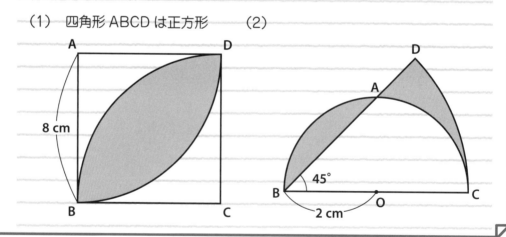

　（1）からいこう。ところで，（1）のかげをつけた部分は，葉っぱの形に見えないかな？

「たしかに，葉っぱの形に見えるわ。」

　そうだよね。だから，この図形は，「葉っ
ぱ形」と言われることもある。このよう
なよび名がつけられているほど，よく出
てくる図形なんだ。まず，(1)のかげをつ
けた部分の周りの長さを求めよう。

　かげをつけた部分の周りの長さは，半
径 8 cm の四分円の弧の長さ 2 つ分だね。

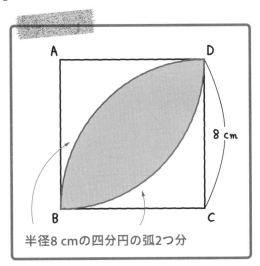

半径8 cmの四分円の弧2つ分

 「『半径が 8 cm で，中心角が 90 度のおうぎ形の弧の長さが 2 つ分』という
　ことですね！」

　そうだね。だから，かげをつけた部分の周りの長さは，次のように求められる。

$$8 \times 2 \times 3.14 \times \frac{1}{4} \times 2$$
$$= 8 \times 3.14$$
$$= 25.12 \text{ (cm)}$$

これで，かげをつけた部分の周りの長さは 25.12 cm と求められた。

　次に，かげをつけた部分の面積を求めよ
う。面積を求めるために，まず，補助線 BD
を引いてみよう。そして，(1)の図形の中に
は，2 つのおうぎ形があるけど，C を中心と
するおうぎ形だけに注目すると，右の図の
ようになる。

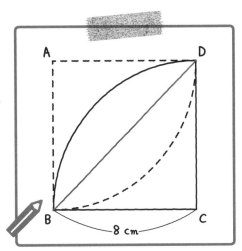

　ここで，C を中心とするおうぎ形の面積から，直角二等辺三角形 DBC の面積を
ひけば，葉っぱ形の半分の面積が求められるのはわかるかな？

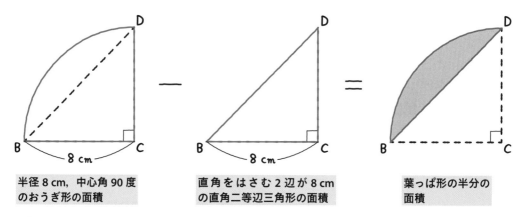

| 半径 8 cm，中心角 90 度のおうぎ形の面積 | 直角をはさむ 2 辺が 8 cmの直角二等辺三角形の面積 | 葉っぱ形の半分の面積 |

「あっ，本当だわ。おうぎ形の面積から，直角二等辺三角形の面積をひけば，
　　　葉っぱ形の半分の面積が求められるわね。」

そうだよね。だから，まず，葉っぱ形の半分の面積を求めよう。

$$8\times8\times3.14\times\frac{1}{4}-8\times8\div2=8\times8\times3.14\times\frac{1}{4}-32$$

おうぎ形
直角二等辺三角形

$$=16\times3.14-32$$
$$=50.24-32$$
$$=18.24\ (cm^2)$$

　これで，葉っぱ形の半分の面積は 18.24 cm^2 と求められた。これを 2 倍すれば，葉っ
ぱ形（かげをつけた部分）の面積が求められる。だから，かげをつけた部分の面積は，
18.24×2＝36.48(cm^2)だ。

周りの長さ 25.12 cm，　面積 36.48 cm^2 … 答え [例題]2-14 （1）

別解 [例題]2-14 （1）
（1）の図形で，面積の求め方には別解があるんだ。

「どんな別解ですか？」

　じつは，このような葉っぱ形の問題では，**円周率を 3.14** として計算した場合，葉っぱ形の面積は，正方形の面積の 0.57 倍になるんだ。だから，まず正方形の面積を，$8 \times 8 = 64\,(\mathrm{cm}^2)$ と求め，それを 0.57 倍して，$64 \times 0.57 = 36.48\,(\mathrm{cm}^2)$ と求めることができるんだ。

面積 36.48 cm²　… 答え [例題]2-14 (1)の面積

「うわぁ，すごく簡単ね。」

　うん。この解き方だと，すごくラクだよ。でも，**「葉っぱ形の面積は，正方形の面積の 0.57 倍になる」** ことを覚えておかないと解けないから，覚えておいてね。

「よし，覚えておこう。0.57 倍，0.57 倍，0.57 倍，……。」

　また，もう一度言うけど，この解き方は，**円周率が 3.14 のときにしか使えない**から注意しよう。円周率が 3 や 3.1 の場合は使えないからね。コツとしてまとめておくよ。

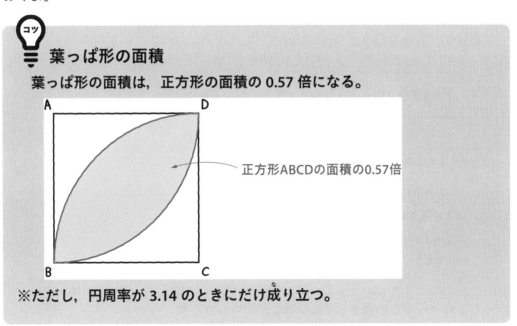

051 説明の動画は
こちらで見られます

では, (2)にいこう。まず, かげをつけた部分の周りの長さを求めていくよ。半円の半径が2cmとわかっているから, 半円の直径は, 2×2=4(cm)だね。図をよく見ると, かげをつけた部分の周りの長さは, 次の①～③の3つの部分に分けられる。

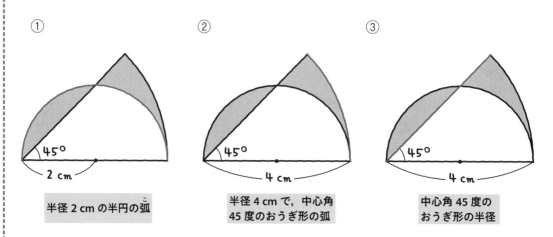

① 半径2cmの半円の弧

② 半径4cmで, 中心角45度のおうぎ形の弧

③ 中心角45度のおうぎ形の半径

①～③の部分をたして計算すると, 次のようになる。$\frac{45}{360}=\frac{1}{8}$は, 覚えておいたほうがいいんだったね。

$$\underbrace{2 \times 2 \times 3.14 \times \frac{1}{2}}_{①} + \underbrace{4 \times 2 \times 3.14 \times \frac{1}{8}}_{②} + \underbrace{4}_{③}$$

$$= \left(2 \times 2 \times \frac{1}{2} + 4 \times 2 \times \frac{1}{8}\right) \times 3.14 + 4$$

$$= (2 + 1) \times 3.14 + 4$$

$$= 3 \times 3.14 + 4$$

$$= 9.42 + 4$$

$$= 13.42 \ (cm)$$

これで, 周りの長さは13.42cmと求められたね。

次に, かげをつけた部分の面積を求めていこう。面積を求めるために, ひと工夫するよ。どんな工夫かというと, 面積を移動させるんだ。

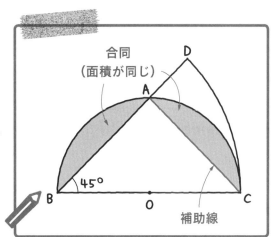

合同
（面積が同じ）

補助線

「面積を移動，ですか？」

　うん。まず，右の図のように，補助
線 AC を引いてみよう。すると，かげ
をつけた左右の 2 つの部分は合同で，
面積が同じだとわかる。

　そして，左のかげをつけた部分を，
右の部分に移すと，かげをつけた部分
は，右の図のように変化する。だから，
この図の赤で囲んだ部分の面積を求め
ればいいということだね。

　**赤で囲んだ部分の面積（かげをつけた
部分の面積）**は，**半径 4 cm，中心角 45
度のおうぎ形の面積**から，**直角二等辺
三角形 ABC の面積**をひけば，求められ
るね。

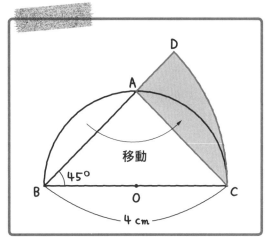

移動

「半径 4 cm，中心角 45 度のおうぎ形の面積は，求められそうですね。でも，
直角二等辺三角形 ABC の面積は，どうやって求めるんだろう？」

　直角二等辺三角形 ABC で，辺 BC を
底辺としたときの高さ AO は，半円の
半径だから，2 cm だ。三角形 ABC の
底辺も高さもわかったから，面積も求
められるね。

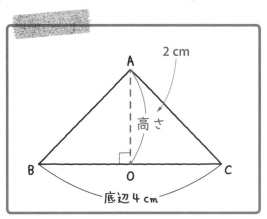

2 cm

高さ

底辺 4 cm

かげをつけた部分の面積は，次のように求められる。

$$4 \times 4 \times 3.14 \times \frac{1}{8} - 4 \times 2 \div 2 = 2 \times 3.14 - 4$$

中心角 45 度のおうぎ形

三角形 ABC

$$= 6.28 - 4$$
$$= 2.28 \ (\text{cm}^2)$$

これで，かげをつけた部分の面積は 2.28 cm² とわかったね。

周りの長さ 13.42 cm，面積 2.28 cm² … 答え ［例題］2-14 （2）

［例題］2-14 は，（1）も（2）も，考え方や計算が，少しややこしかったね。あせることなく，慎重に考えて解く必要がある。そして，［例題］2-13 でも強調したように，**はじめの式を書いたら，すぐに計算に入るのではなく，式が正しいかどうかを確認してから，計算に入るようにしよう。**

052 説明の動画は
こちらで見られます

［例題］2-15　つまずき度 😵😵😵😵🙂

右の図の四角形 ABCD は，1 辺の長さが 10 cm の正方形です。かげをつけた部分アとイの面積が等しいとき，BE の長さは何 cm ですか。ただし，円周率は 3.14 とします。

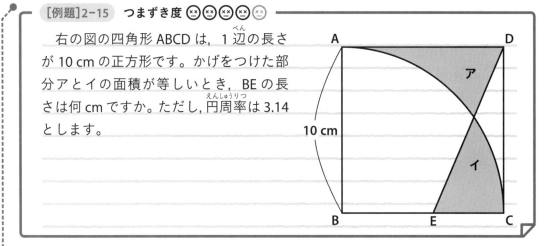

結論から言うと，この例題では，アやイの面積をそれぞれ出そうとしてもうまくいかないんだ。

「えっ，アやイの面積を求めないなら，どうやって解けばいいんですか。」

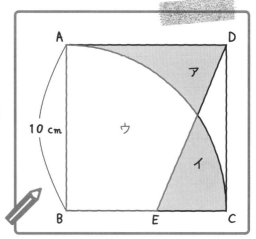

では，解説^{かいせつ}していくね。まず，右の図の赤で囲^{かこ}んだ部分の面積をウとするよ。

アとイの面積が等しいんだよね。ということは，**アとイそれぞれにウをたした，（ア＋ウ）と（イ＋ウ）の面積も等しい**ということだ。

> **ア ＝ イ**
> ↓ それぞれにウをたす
> 「**（ア＋ウ）＝（イ＋ウ）**」が成り立つ。

（ア＋ウ）は四角形 ABED で，台形だね。一方，（イ＋ウ）は，半径が 10 cm の四分円だ。（ア＋ウ）と（イ＋ウ）の面積が等しいのだから，**台形 ABED と，半径が 10 cm の四分円の面積が等しい**ということになる。

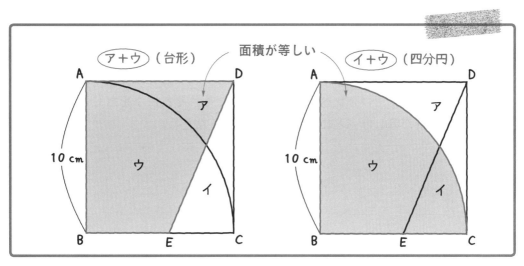

半径が 10 cm の四分円の面積は，次のように計算できるね。

$$10 \times 10 \times 3.14 \times \frac{1}{4} = 25 \times 3.14$$
$$= 78.5 \ (\text{cm}^2)$$

四分円の面積は 78.5 cm² と求められた。だから，台形 ABED の面積も 78.5 cm² ということだ。

「ここまでくれば，BE の長さは求められそうね。」

そうだね。台形 ABED は，上底が AD で 10 cm，下底が BE，高さが AB で 10 cm，そして面積が 78.5 cm² だから，(10＋BE)×10÷2＝78.5 という式が成り立つ。これを解くと，次のようになるよ。

$$(10 + BE) \times 10 \div 2 = 78.5$$
$$(10 + BE) \times 10 = 78.5 \times 2 = 157$$
$$10 + BE = 157 \div 10 = 15.7$$
$$BE = 15.7 - 10 = 5.7 \ (\text{cm})$$

これで，BE は 5.7 cm と求められた。

5.7 cm … 答え [例題]2-15

この問題では，**台形と四分円の面積が等しいことを見ぬけるかどうか**がポイントになるよ。アとイだけを比べるのではなくて，それぞれにウをたした，(ア＋ウ)と(イ＋ウ)の面積が等しいことに気づく必要があるんだね。

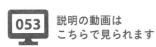

053 説明の動画は
こちらで見られます

[例題]2-16 つまずき度 😣😣😣😣😣

右の図のように，半径 15 cm の円の中に，正方形がぴったり入っています。このとき，かげをつけた部分の面積は何 cm² ですか。ただし，円周率は 3.14 とします。

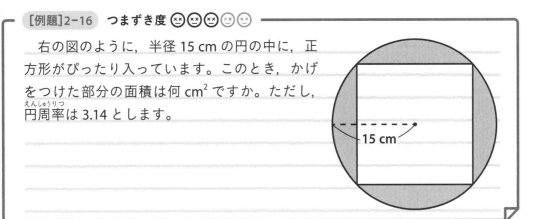

さぁ，この問題はどうかな？

「円の面積から，正方形の面積をひけば，かげをつけた部分の面積が求められますね！」

そうだね。円の面積から，正方形の面積をひけば，かげをつけた部分の面積が求められる。円の半径は 15 cm だから，円の面積は求められるね。では，正方形の面積はどう求めればいいだろう？

「正方形の面積は，『1辺×1辺』で求められるわね。この正方形の1辺の長さは……，あれ，この正方形は，1辺の長さが何 cm かわからないわ。」

そうだね。この正方形は，1辺の長さが何 cm かわからない。でも，正方形の面積は，「1辺×1辺」以外に，もう1つの方法で求められるんじゃないかな？

「えーっと，もう1つの方法でって……。」

正方形やひし形のように，対角線が垂直に交わる四角形の面積は，「対角線×対角線÷2」でも求められるんだったね。

「あっ，そうでした。」

この円の半径は 15 cm で，ちょうど正方形の対角線の半分になっている。だから，この正方形の対角線の長さは，15×2＝30(cm)だ。

対角線が垂直に交わる四角形の面積は，「対角線×対角線÷2」で求められるから，この正方形の面積は，30×30÷2 で求めることができるね。

そして，円の面積から，正方形の面積をひけば，かげをつけた部分の面積が求められるから，

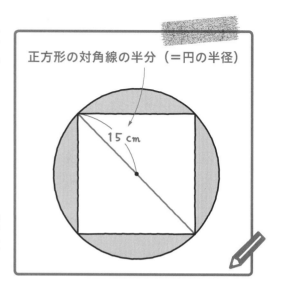

正方形の対角線の半分（＝円の半径）

15 cm

$$15 \times 15 \times 3.14 - 30 \times 30 \div 2 = 706.5 - 450$$
$$= 256.5 \, (\text{cm}^2)$$

これで，かげをつけた部分の面積は 256.5 cm² と求められたね。

256.5 cm² … 答え ［例題］2-16

054　説明の動画はこちらで見られます

［例題］2-17　**つまずき度** 😵😵😵😵😵

右の図のように，円の中に，1 辺が 6 cm の正方形 ABCD がぴったり入っています。このとき，かげをつけた部分の面積は何 cm² ですか。ただし，円周率は 3.14 とします。

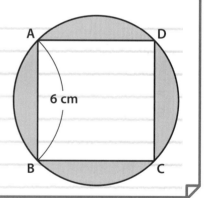

6 cm

「あれ，1 つ前の例題と同じじゃないかな？」

「ちがうわ。1つ前の例題は，円の半径だけがわかっていたけど，この例題は，正方形の1辺だけがわかっているのよ。」

　そうだね。今回の例題では，正方形の1辺が6cmとわかっているけど，円の半径が何cmかわかっていない。だから，正方形ABCDの面積は，6×6＝36(cm²)と，すぐに求められるけど，円の面積を求めるのに苦労（くろう）するんだ。

 「半径がわかっていないのに，どうやって円の面積を求めるのかなぁ。」

　それが問題だよね。でも，半径がわからなくても，円の面積を求めることはできるんだ。

 「えっ，半径がわからなくても，円の面積を求めることができる？」

　うん。円の面積は「半径×半径×3.14」で求められるよね。だから，**半径がわからなくても，「半径×半径」が何になるかわかれば，円の面積を求めることができる**んだ。

 「『半径×半径』がわかればいいって？　えっ，どういうことかしら。」

　図で考えてみよう。円の中心をOとするよ。右の図のように補助線（ほじょせん）を引いて，新しく頂点（ちょうてん）Eをとり，円の半径を1辺とした正方形AEBO（赤い線で囲（かこ）まれた四角形）をつくる。

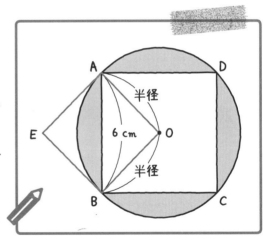

　正方形AEBOの対角線ABは6cmだね。正方形の面積は「対角線×対角線÷2」で求められるから，正方形AEBOの面積は，6×6÷2＝18(cm²)だ。
　一方，正方形の面積は，「1辺×1辺」でも求めることができるね。正方形AEBOの1辺の長さは，円の半径と同じだから，「半径×半径＝18」ということだ。

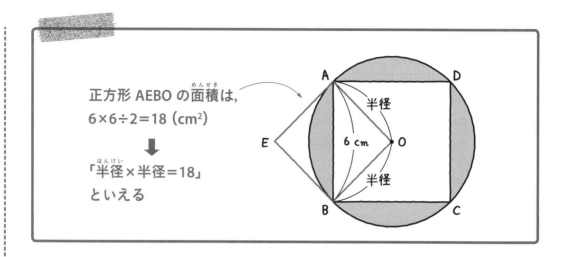

正方形 AEBO の面積は，

6×6÷2＝18（cm²）

⬇

「半径×半径＝18」
といえる

半径×半径＝18 とわかったから，この円の面積は，半径×半径×3.14＝18×3.14
で求められる。円の面積から，正方形 ABCD の面積をひけば，かげをつけた部分の
面積が求められるから，次のように計算すればいい。

半径×半径
⑱×3.14－6×6＝56.52－36
　　　　　　　　　　＝20.52（cm²）

円の面積
正方形 ABCD の面積

これで，かげをつけた部分の面積は 20.52 cm² と求められたね。

20.52 cm² … 答え [例題]2-17

　この問題では，**円の半径が何 cm かわからなかったけど，「半径×半径＝18」とわ
かったので，解くことができた**ね。このような問題は，難関中学でよく出題される
から，自力で解けるまで練習しよう。

　さぁ，次はこの章の最後の例題だ。「米だわら 3 つをひもでくくるとき，ひもの
長さは何 cm ？」のような問題だよ。あと少しだ。がんばろう！

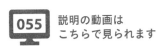

055 説明の動画は
こちらで見られます

[例題]2-18 つまずき度 😣😣😣😣😣

右の図のように，半径 10 cm の円を 3 つならべて，周りにひもをかけました。このとき，ひも（太線）の長さは何 cm ですか。ただし，円周率は 3.14 とし，ひもの太さは考えないものとします。

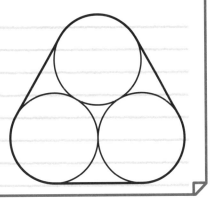

この問題では，**ひもの部分を，おうぎ形の弧の部分と直線部分に分けて**考えよう。おうぎ形の弧の部分だけを赤い線で表すと，次の図のようになる。

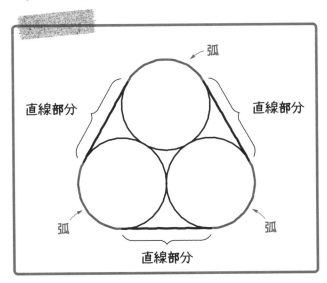

 「3 つの弧（赤い曲線）と，3 つの直線部分に分けられるんですね。」

そうだよ。そして，それぞれの円の中心から半径を点線で引き，おうぎ形をかいていくと，次の図のようになる。3 つの円の中心も点線で結ぼう。

点線でかいた半径と，ひもの直線部分が必ず直角になるので，そのように補助線（半径）を引くといいよ。この**点線の補助線をきちんとかくことが，この問題を解くための大事なポイント**だ。

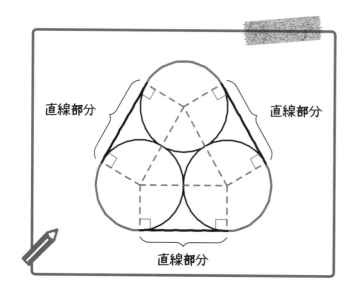

そして，**いくつかの円にひもを巻きつける問題では，おうぎ形の弧の部分の長さの和は，1つの円の円周と同じになる**というきまりがあるからおさえておこう。この問題は 3 つの円だけど，**円がいくつでも，このきまりは，成り立つ**からおさえておこう。

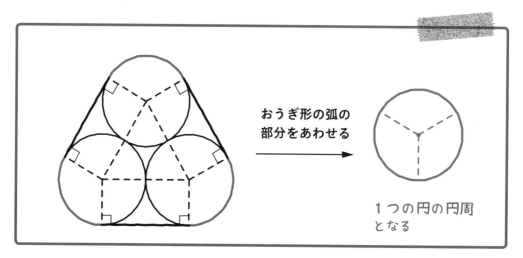

そうすると，このひもの長さを求めることができるよ。おうぎ形の弧の部分の長さの和は，半径が 10 cm の円の円周と同じになるから，10×2×3.14 で求められる。そして，1つの直線部分は，円の半径 2 つ分だから，10×2 だ。直線部分は 3 つあるから，直線部分の長さの和は，10×2×3 で求められるよ。

弧の長さの和と直線部分の長さの和をたした長さが，ひもの長さだから，次のように計算できる。

$$10×2×3.14＋10×2×3＝62.8＋60$$
$$＝122.8（cm）$$

1つの円周の長さ
（おうぎ形の弧の長さの和）

直線部分の長さの和

これで，ひもの長さは 122.8 cm と求められた。

122.8 cm … 答え [例題]2-18

この問題で大事だったところを，コツとしてまとめておくよ。

コツ いくつかの円にひもを巻きつける問題を解くコツ

いくつかの円にひもを巻きつける問題では，おうぎ形の弧の部分の和が，1つの円の円周と同じになる。

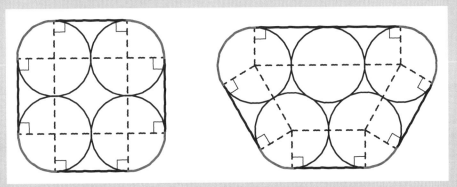

※図の赤い曲線部分（おうぎ形の弧の部分）をたすと，どちらも1つの円の円周になる。

※巻きつけられる円がいくつでも，このきまりは成り立つ。

➡解答は別冊 p.56 へ

Check 25

つまずき度 ☹☹☹☹☺

次の 図1 と 図2 について, 下の問いに答えなさい。ただし, 円周率は 3.14 とします。

図1 長方形と 3 つのおうぎ形

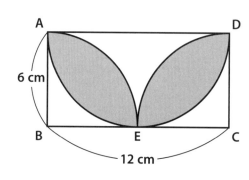

図2 正方形と 2 つのおうぎ形

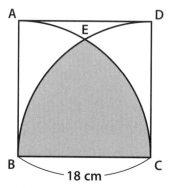

(1) 図1 のかげをつけた部分の周りの長さを求めなさい。

(2) 図1 のかげをつけた部分の面積を求めなさい。

(3) 図2 のかげをつけた部分の周りの長さを求めなさい。

Check 26

つまずき度 ☹☹☹☹☹

➡解答は別冊 p.57 へ

右の図は, 半円と直角三角形を組み合わせたものです。かげをつけた部分アとイの面積が等しいとき, □にあてはまる数を求めなさい。ただし, 円周率は 3.14 とします。

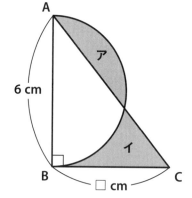

Check 27　つまずき度 😖😖😖😑😑

➡解答は別冊 p.57 へ

　右の図のように，半径 8 cm の四分円の中に，正方形 ABOC がぴったり入っています。このとき，かげをつけた部分の面積は何 cm² ですか。ただし，円周率は 3.14 とします。

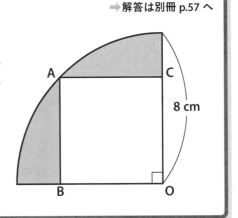

Check 28　つまずき度 😖😖😖😖😖

➡解答は別冊 p.58 へ

　右の図のように，円の中に，1 辺が 10 cm の正方形 ABCD がぴったり入っています。このとき，かげをつけた部分の面積は何 cm² ですか。ただし，円周率は 3.14 とします。

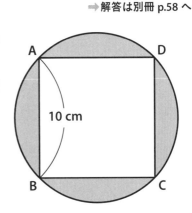

Check 29　つまずき度 😖😖😖😖😑

➡解答は別冊 p.58 へ

　右の図のように，半径 6 cm の円を 5 つならべて，周りにひもをかけました。このとき，ひも（太線）の長さは何 cm ですか。ただし，円周率は 3.14 とし，ひもの太さは考えないものとします。

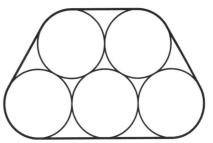

三角形の合同とその利用

平行四辺形の面積の求め方のところで，「**合同**」について，ちょっとふれたけど，覚えているかな？

 「たしか，**形も大きさも同じ図形**のことでしたよね。」

そう。**形も大きさも同じ2つの図形は，合同である**というんだったね。つまり，重ねると，ぴったり重なる図形のことだ。ここでは，「合同」について，とくに，「三角形の合同」について，くわしく説明するね。

まず，合同とはどういうことか，図で確認していこう。

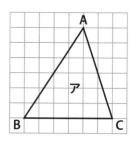

右の図の，アの三角形と合同な三角形を，下の図の，イ～オの三角形の中から見つけてみよう。

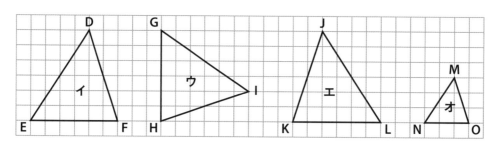

まず，アとイ。2つの三角形は，形も大きさも同じだから，合同といえる。

 「はい。これはわかります。」

じゃあ，アとウ。ウはアを右に90度たおしたものだ。

 「たおしても，形や大きさは変わらないから，アとウも合同なんじゃない？」

そうだね。たおしても，形や大きさは変わらないから，アとウも合同だ。じゃあ，アとエはどうかな？　エはアを裏返したものだ。

 「裏返しても，形や大きさは変わらないわ。だから，アとエも合同といえるんじゃないかしら？」

その通り。裏返しても，形や大きさは変わらないから，アとエも合同といえる。最後，アとオ。オはアのそれぞれの辺を半分に縮めたもので，形は同じだよ。

 「形が同じでも，大きさがちがうから，アとオは合同じゃないよね。」

うん，そうだね。形が同じでも，大きさがちがうから，アとオは合同ではないね。あとで教えるけど，アとオのように，形は同じだけど，大きさがちがう 2 つの図形は，**相似**であるというんだ。まぁ，相似はとりあえずここでは置いとくね。

それで，合同な図形をぴったり重ねたとき，重なり合う点，辺，角を，それぞれ**対応する点，辺，角**というんだ。

アの三角形とイの三角形では，点 A に対応する点は点 D，辺 AB に対応する辺は辺 DE，角 C に対応する角は角 F だ。

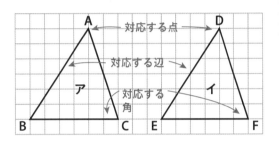

また，アの三角形とウの三角形では，点 A に対応する点は点 I，辺 AB に対応する辺は辺 IG，角 C に対応する角は角 H だ。

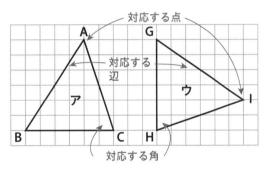

じゃあ，ハルカさん。アの三角形とエの三角形で，点 A，辺 AB，角 C にそれぞれ対応する点，辺，角は？

 「点 A に対応する点は点 J，辺 AB に対応する辺は辺 JL，角 C に対応する角は角 K です。」

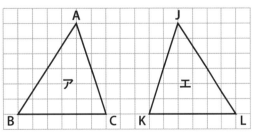

はい，その通り。それで，合同な図形には，次のような性質がある。

〔合同な図形の性質〕

合同な図形では，対応する辺の長さは等しく，対応する角の大きさも等しい。

　アの三角形とイの三角形でいえ
ば，AB＝DE，BC＝EF，CA＝FD，
角A＝角D，角B＝角E，角C＝角F
ということだよ。ぴったり重なるん
だから，あたり前といえば，あたり
前なんだけどね。

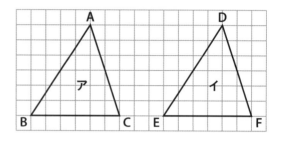

　ここまでは，いいかな？　次に，三角形の合同について，くわしく説明するね。
じつは，2つの三角形は，ある条件がそろえば，必ず合同になるんだ。

　「ある条件？」

　うん。2つの三角形が合同になる条件は，次の3つだよ。

〔2つの三角形が合同になる条件〕

❶　3組の辺がそれぞれ等しい。
　　AB＝DE
　　BC＝EF
　　CA＝FD

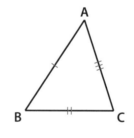 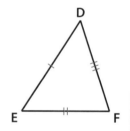

❷　2組の辺とその間の角がそれ
　ぞれ等しい。
　　AB＝DE
　　BC＝EF
　　角B＝角E

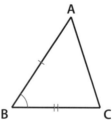 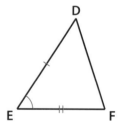

❸　1組の辺とその両はしの角が
　それぞれ等しい。
　　BC＝EF
　　角B＝角E
　　角C＝角F

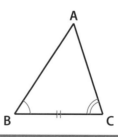 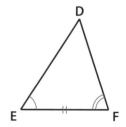

このうちのどれか1つでも成り立てば，2つの三角形は必ず合同になるんだ。

 「なぜ，必ず合同になるといえるんですか？」

うん。ちょっと難しいけど，簡単に説明するね。三角形は，次の❶〜❸のどれかを決めれば，形と大きさが，ただ1通りに決まるんだ。

❶ 3辺
❷ 2辺とその間の角
❸ 1辺とその両はしの角

だから，ある三角形が与えられたとき，上の❶〜❸のどれかを使ってかけば，できた三角形は，もとの三角形と合同になる。このことから，三角形の合同条件が導けるんだ。三角形の合同条件については，中学でくわしく学習するけど，覚えといてソンはないよ。

せっかく三角形の合同を勉強したんだから，ここで1つ，それに関係した問題を解いてみようか。中学入試でよく見る問題だよ。

問題 右の図のおうぎ形 OAB で，かげをつけた部分の面積を求めなさい。ただし，円周率は 3.14 とします。

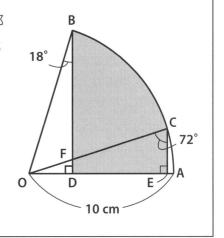

 「先生，これは面積を求める問題で，三角形の合同とは関係ないんじゃないですか？」

一見，三角形の合同とは関係ないように見えるけど，じつは，大有りだ。この問題は，かげをつけた部分の面積を直接求めようとしても，うまくいかないよ。だけど，三角形の合同を利用すると，きれいに解ける。

「これが，三角形の合同を利用する問題なんですか？」

　うん，そうだよ。三角形の合同を利用する，典型的な問題だよ。三角形の合同を利用すると，1つの式で解くことができるんだ。

「えっ，この問題が，1つの式で解けるんですか。」

　そうだよ。それを，これから説明するね。まず，問題の図をよく見てほしいんだ。この中に，合同な三角形はないかな？

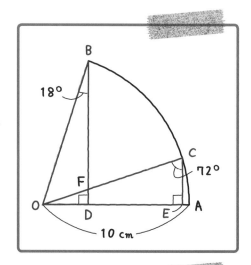

「見た目でいうと，三角形 BOD と三角形 OCE が合同のような気がするけど……，本当にこの2つの三角形は合同なのかしら？」

　じゃあ，確かめてみようか。対応する辺の長さや角の大きさを調べてみよう。
　まず，おうぎ形の半径は 10 cm だから，
　　BO＝OC(＝OA)＝10 cm ……①
　角 COE＝180－(90＋72)＝18(度)より，
　　角 OBD＝角 COE＝18 度……②
　角 BOD＝180－(90＋18)＝72(度)より，
　　角 BOD＝角 OCE＝72 度……③
　①，②，③より，**三角形 BOD と三角形 OCE は，1組の辺とその両はしの角がそれぞれ等しい(合同条件❸)から合同**といえる。

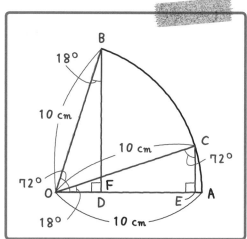

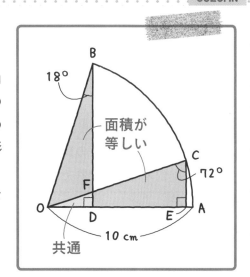

　合同な三角形だから，三角形 BOD と三角OCE の面積は等しい。そして，この 2 つの三角形は，三角形 ODF が共通だから，この共通部分をのぞいた，三角形 BOF と四角形FDEC の面積も等しい。

　面積が等しいから，四角形 FDEC の面積を三角形 BOF に移すと……。

「あっ！　かげをつけた部分が，おうぎ形OBC になった！」

　そう。だから，かげをつけた部分の面積は，おうぎ形 OBC の面積を求めればいいんだ。おうぎ形 OBC は，半径が 10 cm で，中心角が 72－18＝54（度）だから，面積は，

$$10 \times 10 \times 3.14 \times \frac{54}{360}$$

$$=\underline{47.1(cm^2)}$$

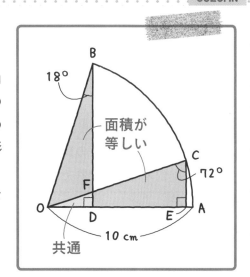

　これが，かげをつけた部分の面積だ。ねっ，1 つの式で求められたでしょ。

「本当に 1 つの式で解けたわ。三角形の合同に気づけば，こんなにきれいに解けるのね。」

　算数の問題には，あることに気がつけば，きれいに解ける問題がいっぱいある。ひらめきとか，発想の転換とか，算数では，とっても大事だから，そういうセンスを身につけておきたいね。

円周率が3より大きく，4より小さい理由

　円周率とは，**円周の長さが直径の何倍かを表す数**で，その値がおよそ 3.14 であることは教えたね。それで，次の問題を見てほしいんだ。

問題 右の図のような正六角形があり，その頂点ア，イ，ウ，エ，オ，カすべてを通るような半径 10 cm の円があります。また，円の外側に，正六角形の頂点ウ，カと，円周の上にある点キ，クを通るような正方形ケコサシがあります。

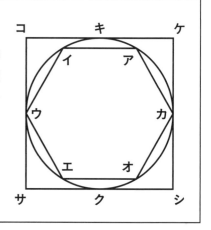

　この図を用いて，円周が直径の 3 倍より大きく，4 倍より小さい値であることを説明しなさい。なお，円周率が 3.14 であることは使ってはいけません。

「えっ，『説明しなさい。』？　『円周率が 3.14 であることは使ってはいけません。』？」

　そうだね。じつはこの問題，実際の入試問題(東京学芸大学附属世田谷中)なんだ。で，「この図を用いて，円周が直径の 3 倍より大きく，4 倍より小さい値であることを説明しなさい。」とは，「この図を用いて，**円周率が 3 より大きく，4 より小さい値である**ことを説明しなさい。」ということなんだ。

「『説明しなさい。』っていわれても……。」

　算数で，「～を説明しなさい。」という問題は，ときどき出題される。自分の考え方を，文章に表して説明する力は，とっても大事だよ。この問題では，説明には，言葉だけでなく，図や表などを使ってもいい。このような力を**「算数的表現力」**というんだ。

　算数は，答えが合っていればいいというわけではないよ。その答えにたどりつくのに，どのように考えたかが大事で，必要があれば，その考え方を説明しなければならない。2 人には，この算数的表現力も養ってほしいんだ。

「なんか自信がないけど，がんばってみます。」

「私も自信がないけど，がんばってみるわ。自分の考え方を人にわかりやすく説明するって，算数に限らず大事なことだもんね。」

では本題に入るよ。この問題をいっしょに見ていこう。
まず，正六角形アイウエオカの周りの長さは，何 cm になるかな？

「半径 10 cm の円にぴったり入っている正六角形の周りの長さか……？」

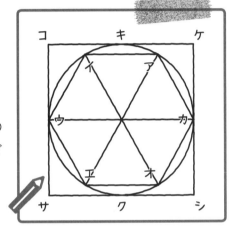

ちょっと難しいかな？
では，右の図のように，対角線アエ，イオ，ウカを引くとどうかな？
正六角形は，3本の対角線によって，6つの三角形に分けられたね。これらの三角形はどれも正三角形だ。

「あっ，半径が 10 cm の円だから，正三角形の1辺も 10 cm だ。だから，正六角形の1辺も 10 cm で，正六角形の周りの長さは，10×6＝60(cm)だ。」

その通り。それで，正六角形の周りの長さ 60 cm は，この円の直径の何倍かな？

「この円の直径は，10×2＝20(cm)だから，60÷20＝3で，3倍です。」

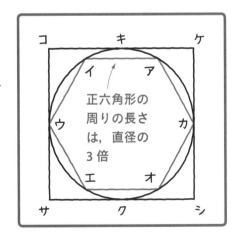

正六角形の
周りの長さ
は，直径の
3倍

そうだね。さて，このことから，どんなことがいえるかな。

「図を見ると，明らかに円周の長さのほうが正六角形の周りの長さより長いから，**円周が直径の3倍より大きいこと**がわかります。」

その通り。じゃあ，今度は，円の外側の正方形の周りの長さと円の直径を比べてみよう。正方形の周りの長さは，円の直径の何倍かな？

「はぁーい！　正方形の1辺は円の直径と同じ20cmで，正方形には4つの辺があるから，4倍です。」

そうだね。正方形の周りの長さは，円の直径の4倍だ。で，このことから，何がいえるかな？

「図を見ると，明らかに円周の長さのほうが正方形の周りの長さより短いから，**円周が直径の4倍より小さいことがわかります。**」

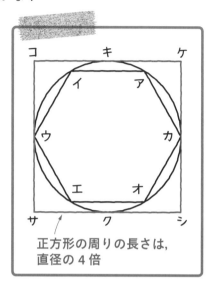

正方形の周りの長さは，
直径の4倍

その通り。これで，**円周が直径の3倍より大きく，4倍より小さい値であること**が説明できたね。この考え方を，解答用紙に書けばいいんだ。解答例を示すと，次のようになる。

（解答例）

　右の図のように，正六角形に対角線をひくと，正六角形は6つの合同な正三角形に分けられる。

　正三角形の1辺の長さは，円の半径と等しく10cmだから，正六角形の周りの長さは，

　　　10×6＝60（cm）

　円の直径は，10×2＝20（cm）だから，正六角形の周りの長さは，円の直径の，

　　　60÷20＝3（倍）

　図より，明らかに，円周の長さのほうが，正六角形の周りの長さより長いから，円周は直径の3倍より大きいといえる。

　また，正方形の1辺の長さは，円の直径と同じ20cmで，正方形の周りの長さは，円の直径の4倍である。

　図より，明らかに，円周の長さのほうが，正方形の周りの長さより短いから，円周は直径の4倍より小さいといえる。

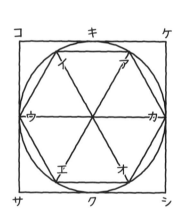

第 3 章

平面図形(3)

平面図形と比

この章では，比を使って，平面図形のさまざまな問題を解いていくよ。

「平面図形と比はなんだか関係なさそうだけど，関係あるのかな？」

うん。平面図形と比は，密接な関係があるよ。いままでは解けなかったような平面図形の問題も，比を使うと解けることがあるんだ。

「へぇー，そうなんだ。比って大切なのね。」

うん。中学入試の算数の中で，比はすごく大事だよ。この章で習う「平面図形と比」も，中学入試の算数で差がつきやすい大切な単元だ。だから，じっくり学んで得意分野にしていこう。

3 01 三角形の底辺比と面積比

三角形の底辺の比と面積の比にはどんな関係があるのだろう？

 説明の動画は
こちらで見られます

　ここでは，まず，三角形の底辺の比と面積の比には，どんな関係があるか見ていくよ。ちなみに，底辺の比のことを**底辺比**，面積の比のことを**面積比**ということもある。さっそく，次の例題を解いていこう。

> **［例題］3−1**　つまずき度 😵😵😵😵😵
>
> 右の図について，次の問いに答えなさい。
>
> （1）　三角形 ABD と三角形 ADC の面積はそれぞれ何 cm² ですか。
>
> （2）　三角形 ABD と三角形 ADC の面積比を求めなさい。
>
> （3）　三角形 ABD と三角形 ADC の面積比と底辺比 BD：DC を比べると，どうなっていますか。

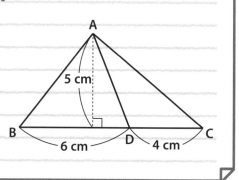

　まず，(1)からいくよ。これは簡単だね。三角形の面積を求める公式を利用すればいいね。ユウトくん，三角形の面積を求める公式を言ってくれるかな。

　「はい。『三角形の面積＝底辺×高さ÷2』です。」

　そうだね。この公式に，底辺，高さの値をそれぞれあてはめるといいね。ハルカさん，面積は，それぞれ何 cm² かな？

　「はい。三角形 ABD の面積は，6×5÷2＝15(cm²)です。また，三角形 ADC の面積は，4×5÷2＝10(cm²)です。」

　はい，その通り。

三角形 ABD 15 cm²，三角形 ADC 10 cm² … 答え ［例題］3−1 (1)

(2) も簡単だね。三角形 ABD の面積が 15 cm² で、三角形 ADC の面積が 10 cm²
だから、面積比は、15：10＝3：2 だね。

3：2 … 答え ［例題］3-1（2）

(3) は、三角形 ABD と三角形 ADC の面積比と底辺比 BD：DC を比べると、どうなっ
ているか、という問題だ。(2) から、面積比は、3：2 とわかったね。一方、BD が
6 cm、DC が 4 cm だから、底辺比も、6：4＝3：2 だね。

「ということは、面積比と底辺比 BD：DC は等しくなるのね。」

その通り。三角形 ABD と三角形 ADC の面積比と底辺比 BD：DC は等しくなるん
だ。

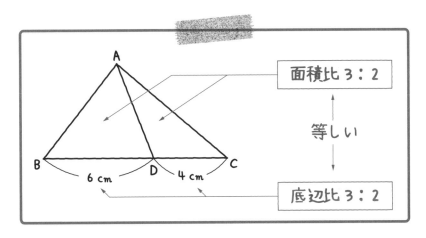

等しい … 答え ［例題］3-1（3）

［例題］3-1 では、底辺比と面積比が等しくなったけど、**高さが等しい三角形
の底辺比と面積比はいつも等しい**んだ。

「へぇーっ！ 高さが等しい三角形では、底辺比と面積比は、いつも等しく
なるんだ！」

うん。例えば，右の図のような三角形に
ついて見てみよう。

三角形 ABD と三角形 ADC の高さは，そ
れぞれ何 cm かな？

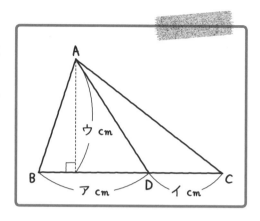

 「三角形 ABD も三角形 ADC も高
さは，ウ cm で同じよ。」

そうだね。2 つの三角形の高さは，どちらもウ cm で等しい。ここで，三角形
ABD の面積は，ア×ウ÷2 で求められる。また，三角形 ADC の面積は，イ×ウ÷2
で求められるから，三角形 ABD と三角形 ADC の面積比は，
(ア×ウ÷2)：(イ×ウ÷2)だ。どちらにも「×ウ÷2」があるから，これを消すと，
三角形 ABD と三角形 ADC の面積比は，ア：イになる。

> 三角形 ABD の面積：三角形 ADC の面積
> ＝(ア×ウ÷2)：(イ×ウ÷2)
> └─ 共通だから消せる ─┘
> ＝ア：イ

そして，三角形 ABD と三角形 ADC の底辺比も，ア：イだ。つまり，**高さが等
しい三角形の底辺比と面積比は等しい**ことが言えるんだ。ポイントとして，ま
とめておくよ。

Point **三角形の底辺比と面積比**

高さが等しい三角形の底辺比と
面積比は等しい。

底辺比がア：イならば，
面積比もア：イとなる。

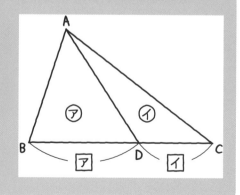

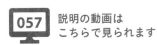

「高さが等しい三角形の底辺比と面積比は等しい」という大切な性質（せいしつ）をふまえて，次の例題（れいだい）を解（と）いてみよう。

[例題]3-2　つまずき度 😣😣😣😣😣

右の図のような三角形 ABC があり，BD：DC＝4：3 です。

このとき，次の問いに答えなさい。

（1）　三角形 ABD の面積が 16 cm^2 のとき，三角形 ADC の面積は何 cm^2 ですか。

（2）　三角形 ABC の面積が 56 cm^2 のとき，三角形 ABD の面積は何 cm^2 ですか。

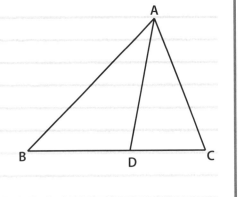

では，（1）からいこう。三角形 ABD と三角形 ADC の底辺比は，BD：DC＝4：3 だ。ということは，三角形 ABD と三角形 ADC の面積比はどうなるかな？

「『高さが等しい三角形の底辺比と面積比は等しい』から，三角形 ABD と三角形 ADC の面積比も 4：3 になるんですね！」

その通り。三角形 ABD と三角形 ADC の面積比も 4：3 だ。

（1）では，三角形 ABD の面積が 16 cm^2 で，三角形 ADC の面積を □ cm^2 とすると，

$$\underset{\text{面積比}}{4：3}＝\underset{\text{実際（じっさい）の面積（な）}}{16 \text{ cm}^2：□ \text{ cm}^2}$$

という比例式が成り立つね。

等しい比の性質（せいしつ）を使うと，

$$□＝16÷4×3＝12$$

となり，三角形 ADC の面積が 12 cm^2 と求められる。

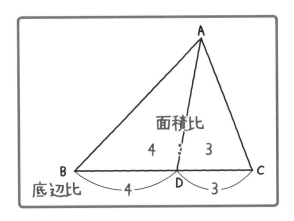

12 cm^2 … 答え [例題]3-2 （1）

（2）にいこう。三角形 ABC の面積が 56 cm² のとき，三角形 ABD の面積が何 cm² かを求める問題だ。ところで，三角形 ABD と三角形 ADC の面積比は何対何だったかな？

 「三角形 ABD と三角形 ADC の面積比は，底辺比と同じ４：３よ。」

そうだね。ここで，三角形 ABD と三角形 ADC の面積比を④：③というように，丸をつけて表そう。三角形 ABD と三角形 ADC の面積の和が，三角形 ABC の面積になるから，比でいうと，④＋③＝⑦が，56 cm² にあたるということだ。

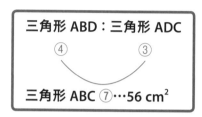

三角形 ABD ：三角形 ADC
④　　　　　　③
三角形 ABC ⑦…56 cm²

比の⑦が 56 cm² にあたるのだから，比の①は，56÷7＝8（cm²）だ。三角形 ABD の面積は，比の④にあたるから，8×4＝32（cm²）と求められる。

32 cm² … 答え ［例題］3-2（2）

 058　説明の動画はこちらで見られます

「高さが等しい三角形の底辺比と面積比は等しい」という性質を使って解く問題は，中学受験にとてもよく出るから，おさえておこう。

［例題］3-3　つまずき度 😣😣😣😣😣

右の図のような三角形 ABC があり，AD：DB＝3：5，BE：EC＝3：2 です。

このとき，アとイとウの面積比を求めなさい。

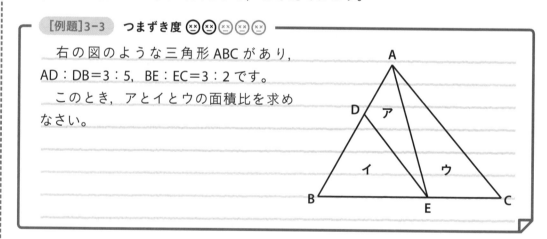

アとイとウの面積比を求める問題だけど，まず，アとイの三角形に注目しよう。

AD：DB＝3：5だから，アとイの面積比は何対何になるかな？

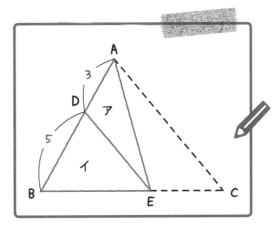

「『**高さが等しい三角形の底辺比と面積比は等しい**』から，アとイの面積比は，底辺比と同じ3：5になると思います！」

そうだね。底辺比 AD：DB が 3：5 だから，アとイの面積比も 3：5 になる。ここで，アの面積を③，イの面積を⑤とするよ。

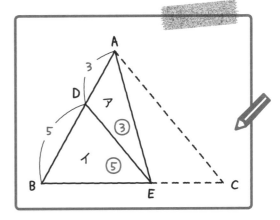

次に，三角形 ABE（ア＋イ）と三角形 AEC（ウ）に注目しよう。

三角形 ABE の面積は，アとイの面積をたしたものだ。BE：EC＝3：2だから，三角形 ABE（ア＋イ）と三角形 AEC（ウ）の面積比は何対何かな？

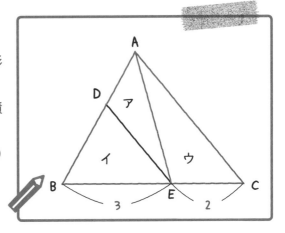

「『**高さが等しい三角形の底辺比と面積比は等しい**』から，三角形 ABE（ア＋イ）と三角形 AEC（ウ）の面積比は，底辺比と同じ3：2になると思うわ。」

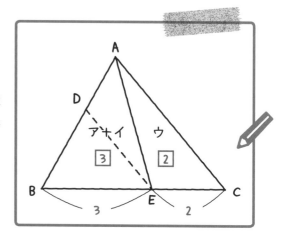

その通りだね。底辺比 BE：EC が 3：2 だから，三角形 ABE（ア＋イ）と三角形 AEC（ウ）の面積比も 3：2 になる。

ここで，○の比で表すと，アの面積が③，イの面積が⑤だから，三角形 ABE（ア＋イ）の面積は，③＋⑤＝⑧となる。三角形 ABE（ア＋イ）と三角形 AEC（ウ）の面積比が 3：2 だから，ウの面積は，$⑧×\dfrac{2}{3}=\dfrac{⑯}{3}$ になるということだ。

「アとイとウの面積比は，$③：⑤：\dfrac{⑯}{3}$ になるんですね。」

そうだよ。アとイとウの面積比は，$3：5：\dfrac{16}{3}$ になる。それで，このような問題は，とくにことわりがなくても，ふつう，**最も簡単な整数の比で答える**んだ。この比をできるだけ簡単な整数の比に直せばいいのだから，それぞれの項に 3 をかければいいね。

$$3：5：\dfrac{16}{3}=(3×3)：(5×3)：\left(\dfrac{16}{3}×3\right)=9：15：16$$

これで，アとイとウの面積比は，9：15：16 と求められたね。

9：15：16 … 答え　[例題]3-3

他にも解き方はあるけど，**「高さが等しい三角形の底辺比と面積比は等しい」** を使って解くことに変わりはないよ。次の例題も，この性質を使って解く問題だ。

059 説明の動画は
こちらで見られます

[例題]3-4　つまずき度 😣😣😣😵😵

　右の図は、三角形 ABC を 4 本の直線によって、面積が等しい 5 つの三角形に分けたものです。

　このとき、次の問いに答えなさい。

（1）　AD：DE：EB を求めなさい。

（2）　BF：FG：GC を求めなさい。

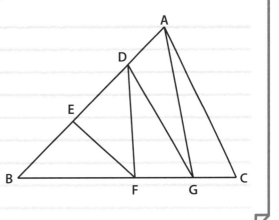

　(1)から見ていこう。この問題も**「高さが等しい三角形の底辺比と面積比は等しい」**を使って解いていくんだけど、**どの三角形とどの三角形を比べればいいか、慎重に考えていく必要がある。**まず、AD：DB が何対何か考えよう。

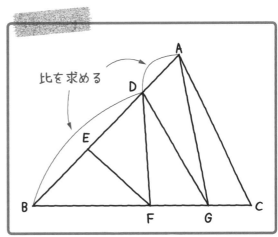

比を求める

　AD：DB の比を求めるためには、どの三角形とどの三角形を比べればいいかな？

　「どの三角形とどの三角形を比べればいいって……、えーっと……。」

AD、DB をそれぞれ底辺にもち、高さが同じ三角形を探せばいいんだ。

　「あっ、わかったわ。三角形 ADG と三角形 DBG を比べればいいのね。」

その通り。AD，DB をそれぞれ底辺にもち，高さが同じ三角形は，三角形 ADG と三角形 DBG だ。三角形 ADG と三角形 DBG の面積比は 1：3 だね。ということは，それぞれの底辺 AD と DB の比も 1：3 ということだ。

AD の長さを①，DB の長さを③と表すと，右の図のようになる。

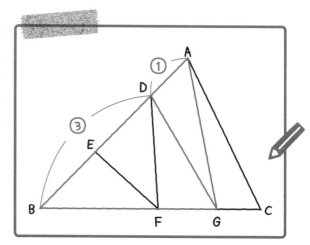

次に，DE：EB を求めてみよう。

DE：EB の比を求めるためには，どの三角形とどの三角形を比べればいいかな？

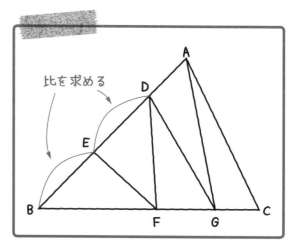

「DE, EB をそれぞれ底辺にもって，高さが同じ三角形を探せばいいんですよね。えっと……，三角形 DEF と三角形 EBF を比べればいいと思います！」

その通り。三角形 DEF と三角形 EBF の面積比が，それぞれの底辺 DE と EB の比になるね。三角形 DEF と三角形 EBF の面積比は 1：1 だから，それぞれの底辺 DE と EB の比も 1：1 だね。さっき，DB の長さを③と表した。その DB が，DE と EB によって 1：1 に分けられるということだ。図では，○と区別して，□1：□1と表すよ。

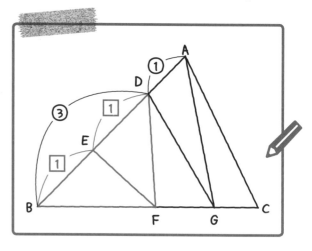

「ということは，DE と EB を○で表すと，それぞれ，③÷2＝(1.5)になるのね。」

そうだね。DE と EB は，それぞれ(1.5)になる。つまり，
AD：DE：EB＝①：(1.5)：(1.5)になるんだ。それぞれの項を 2 倍して整数の比に直すと，AD：DE：EB＝(1×2)：(1.5×2)：(1.5×2)＝2：3：3 と求められる。

2：3：3 … 答え ［例題］3-4 (1)

「高さが等しい三角形の底辺比と面積比は等しい」という性質を使って解いたけど，はじめにも言った通り，どの三角形とどの三角形を比べるかをきちんと考えて解く必要がある。(2)も，それに気をつけて解いていこう。(2)は，BF：FG：GC を求める問題だ。まずは，BG：GC の比を求めよう。

BG：GC の比を求めるためには，どの三角形とどの三角形を比べればいいかな？

「**BG，GC をそれぞれ底辺にもって，高さが同じ三角形を探せばいいんですよね。三角**形 ABG と三角形 AGC を比べればいいと思うわ。」

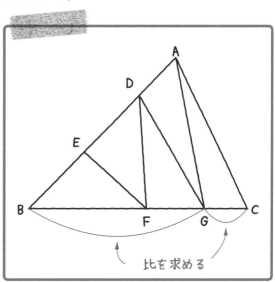

比を求める

その通り。三角形 ABG と三角形 AGC の面積比が，それぞれの底辺 BG と GC の比になるね。三角形 ABG と三角形 AGC の面積比は 4：1 だから，それぞれの底辺 BG と GC の比も 4：1 だね。BG の長さを④，GC の長さを①と表すと，右の図のようになる。

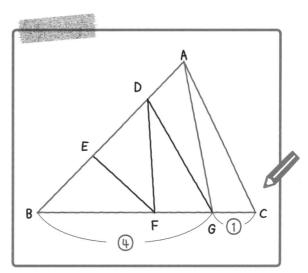

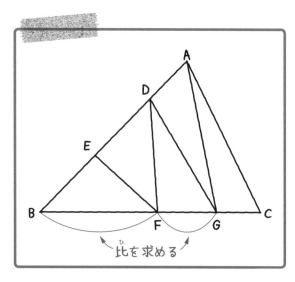

次に，BF：FG を求めてみよう。

BF：FG を求めるためには，どの三角形とどの三角形を比べればいいかな？

「BF，FG をそれぞれ底辺にもって，高さが同じ三角形を探せばいいんですよね。三角形 DBF と三角形 DFG を比べればいいと思います！」

その通り。三角形 DBF と三角形 DFG の面積比が，それぞれの底辺 BF と FG の比になるね。三角形 DBF と三角形 DFG の面積比は 2：1 だ。だから，それぞれの底辺 BF と FG の比も 2：1 だね。さっき，BG の長さを④と表した。その BG が，BF と FG によって 2：1 に分けられるということだ。図では，○と区別して，②：①と表すよ。

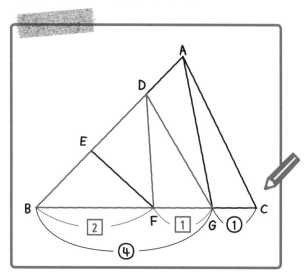

ここで，BF を○で表すと，$④×\dfrac{2}{2+1}=⑧⁄₃$ となる。また，FG を○で表すと，

$④×\dfrac{1}{2+1}=④⁄₃$ となる。つまり，BF：FG：GC$=⑧⁄₃：④⁄₃：①$ になるということだ。それぞれの項を 3 倍して，整数の比に直すと，次のようになる。

$$BF：FG：GC=\left(\frac{8}{3}×3\right)：\left(\frac{4}{3}×3\right)：(1×3)=8：4：3$$

これで答えが求められたね。

8：4：3 … 答え [例題]3-4 （2）

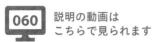
060 説明の動画は
こちらで見られます

次の例題にいく前に，右の図形を見て
くれるかな？

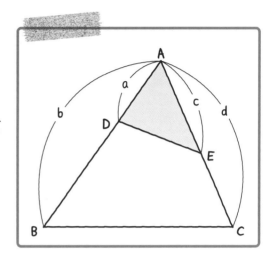

この図形で，**三角形 ADE の面積は，三角形 ABC の面積の $\dfrac{a}{b} \times \dfrac{c}{d}$（倍）である**

ことが言えるんだ。なぜ，これが成り立つかは，p.200 ～ 202 のコラムで教えるよ。
ところで，この図形は，なんとなく富士山に似ていないかな？

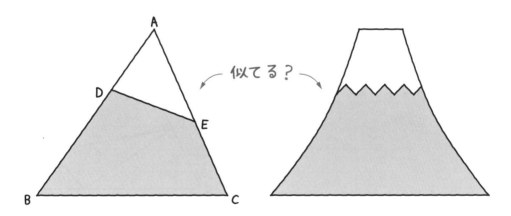

似てる？

「言われてみれば，なんとなく似ているわね。」

179

だから，「**三角形 ADE の面積は，三角形 ABC の面積の $\frac{a}{b} \times \frac{c}{d}$（倍）である**」ことを，「**富士山の公式**」と名づけるよ。とても大事な公式だから，おさえておこう。

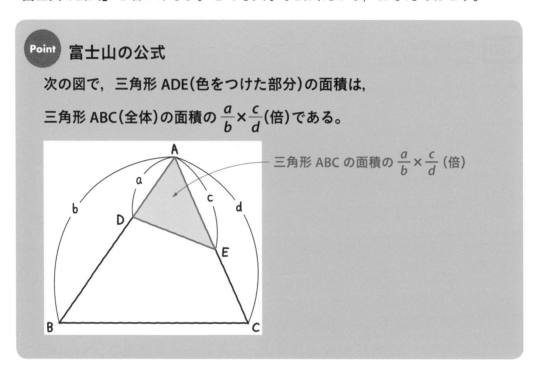

Point　富士山の公式

次の図で，三角形 ADE（色をつけた部分）の面積は，三角形 ABC（全体）の面積の $\frac{a}{b} \times \frac{c}{d}$（倍）である。

三角形 ABC の面積の $\frac{a}{b} \times \frac{c}{d}$（倍）

この公式を使って，次の例題を解いてみよう。

[例題]3−5　つまずき度 😖😖😖😖😖

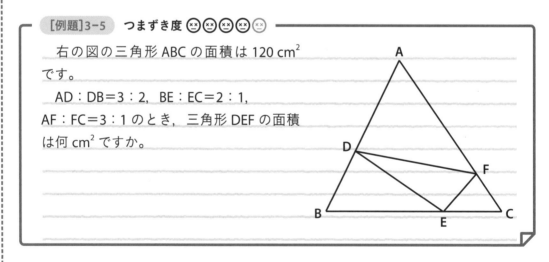

右の図の三角形 ABC の面積は 120 cm² です。

AD：DB＝3：2，BE：EC＝2：1，AF：FC＝3：1 のとき，三角形 DEF の面積は何 cm² ですか。

解説をわかりやすくするために，三角形 ABC の中の 4 つの三角形を，それぞれ，ア，イ，ウ，エとしよう。

この問題は，はじめに，ア，イ，ウの三角形の面積が，それぞれ三角形 ABC の面積の何倍かを求めよう。そして，それらを全体の割合である1からひけば，エの三角形の面積が三角形 ABC の面積の何倍かがわかるんだ。だから，まず，アの三角形の面積が，三角形 ABC の面積の何倍かを求めよう。

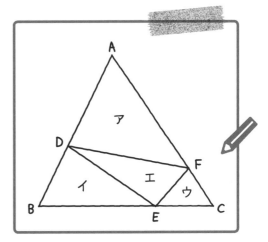

「アの三角形の面積が，三角形 ABC の面積の何倍か？　うーん……？」

アの三角形の面積が，三角形 ABC の面積の何倍かを求めるには，さっきの**富士山の公式**を使えばいいんだ。

AD：AB と AF：AC を求めると，
AD：AB＝3：(3＋2)＝3：5,
AF：AC＝3：(3＋1)＝3：4 だ。

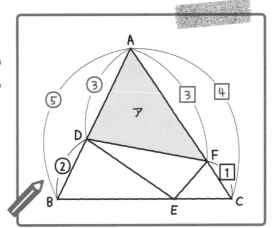

富士山の公式から，$\dfrac{3}{5} \times \dfrac{3}{4} = \dfrac{9}{20}$ で，アの三角形の面積は，三角形 ABC の面積の $\dfrac{9}{20}$ 倍ということがわかる。

「なるほど！　そうやって，富士山の公式を使うんですね！」

うん。では，同じように，イの三角形
の面積が，三角形 ABC の面積の何倍か
を求めてみよう。これも富士山の公式を
使って求めることができる。

BD：BA＝2：（2＋3）＝2：5 で，
BE：BC＝2：（2＋1）＝2：3 だね。

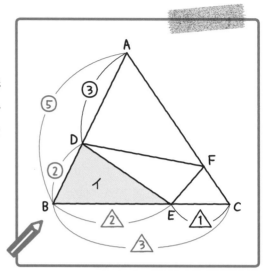

富士山の公式から，$\dfrac{2}{5} \times \dfrac{2}{3} = \dfrac{4}{15}$ で，イの三角形の面積は，三角形 ABC の面積の

$\dfrac{4}{15}$ 倍ということがわかる。

同じように，ウの三角形の面積が，三
角形 ABC の面積の何倍かを求めてみよ
う。富士山の公式を使えばいいんだね。

CE：CB＝1：（1＋2）＝1：3 で，
CF：CA＝1：（1＋3）＝1：4 だね。

ハルカさん，富士山の公式で，ウの三
角形の面積は，三角形 ABC の面積の何
倍かを求めてくれるかな？

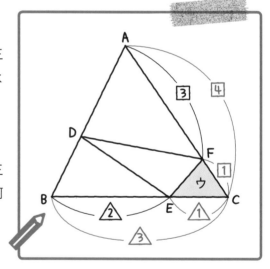

「はい。$\dfrac{1}{3} \times \dfrac{1}{4} = \dfrac{1}{12}$ で，ウの三角形の面積は，三角形 ABC の面積の $\dfrac{1}{12}$ 倍
ということね。」

そうだね。これで，ア，イ，ウの三角形の面積は，三角形 ABC の面積の，それぞれ $\frac{9}{20}$ 倍，$\frac{4}{15}$ 倍，$\frac{1}{12}$ 倍ということがわかった。

つまり，**三角形 ABC の面積を 1 とおいたとき，ア，イ，ウの三角形の面積は，**それぞれ $\frac{9}{20}$，$\frac{4}{15}$，$\frac{1}{12}$ になるということだ。

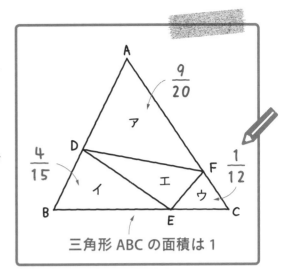

三角形 ABC の面積は 1

三角形 ABC の面積から，アとイとウの三角形の面積をひけば，エの三角形の面積になるね。だから，$1-\left(\frac{9}{20}+\frac{4}{15}+\frac{1}{12}\right)=\frac{1}{5}$ で，エの三角形（三角形 DEF）の面積は，三角形 ABC の面積の $\frac{1}{5}$ 倍ということがわかる。ここまでくれば，三角形 DEF の面積が求められるよね？

 「はい！ 三角形 ABC の面積は 120 cm^2 ですね。そして，三角形 DEF の面積は，三角形 ABC の面積の $\frac{1}{5}$ 倍なのだから，$120\times\frac{1}{5}=24$（cm^2）です。」

その通り，三角形 DEF の面積は 24 cm^2 だね。

24 cm^2 … 答え ［例題］3-5

［例題］3-5 は，中学入試でよく出題されるんだけど，富士山の公式を知っていると解きやすくなるので，公式をしっかりおさえておこう。では，次の例題にいくよ。

061 説明の動画は
こちらで見られます

[例題]3−6　つまずき度 😵😵😵😵😵

下の図は，三角形 ABC の 3 つの辺を延長して，三角形 DEF をつくったもので，AB：BE＝1：2，BC：CF＝2：3，CA：AD＝1：3 です。

このとき，三角形 DEF の面積は，三角形 ABC の面積の何倍ですか。

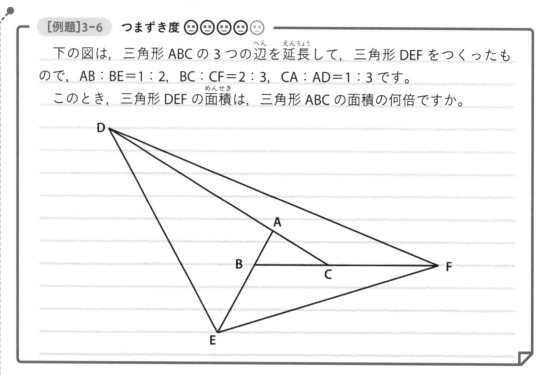

　この例題は，補助線を引いて解いていくんだけど，**どこに補助線を引くか**がポイントなんだ。

　次の図のように，**小さい三角形 ABC の 3 つの頂点から，大きい三角形 DEF の 3 つの頂点に 3 本の補助線を引けばいいんだ。** そして，補助線によってできる 7 つの三角形を，次のように，ア〜キとしよう。

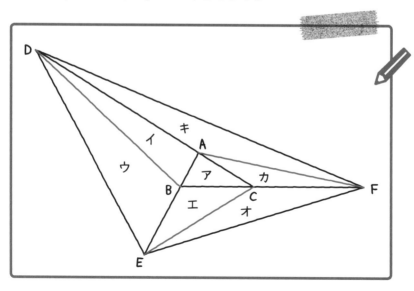

　そして，アの三角形（三角形 ABC）の面積を ① として，それぞれの三角形の面積がいくつになるか，順に求めていくんだ。

　まず，イの三角形の面積を求めてみよう。アとイの三角形は，高さが等しい三角形で，底辺比は，CA：AD＝1：3 だ。**「高さが等しい三角形の底辺比と面積比は等しい」**から，イの三角形の面積は ③ になる。

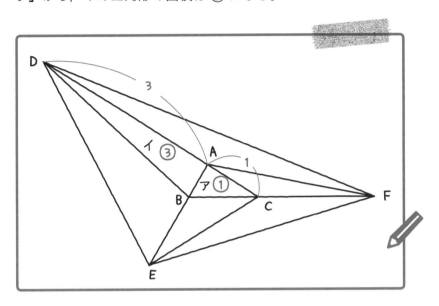

　次に，ウの三角形の面積を求めてみよう。イとウは，高さが等しい三角形で，底辺比は，AB：BE＝1：2 だから，イとウの面積比も，1：2 になる。イの面積が ③ だから，1：2＝③：ウとなり，ウの面積は，③×2＝⑥ となる。

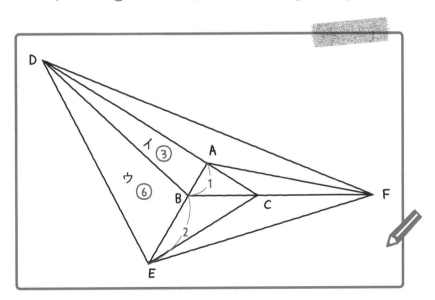

同じように，底辺比に注目しながらどんどん求めていけばいいんだ。

アとエの底辺比 AB：BE＝1：2 に注目すると，エの面積は②と求められる。

エとオの底辺比 BC：CF＝2：3 に注目すると，オの面積は③と求められる。

アとカの底辺比 BC：CF＝2：3 に注目すると，カの面積は①.5と求められる。

　　　　　　　　　　　　　　　　　　　└─①×$\frac{3}{2}$＝①.5

カとキの底辺比 CA：AD＝1：3 に注目すると，キの面積は④.5と求められる。

　　　　　　　　　　　　　　　　　　　└─①.5×3＝④.5

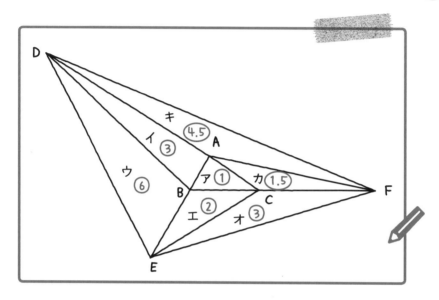

これで，ア〜キの三角形の面積をすべて求めることができたね。

 「三角形 DEF の面積は，三角形 ABC（アの三角形）の面積の何倍かが求められそうね。」

そうだね。三角形 ABC の面積は①で，三角形 DEF の面積は，ア〜キの三角形の面積をすべてたしたものだから，①＋③＋⑥＋②＋③＋①.5＋④.5＝㉑だ。㉑÷①＝21 だから，三角形 DEF の面積は，三角形 ABC の面積の 21 倍と求められるよ。

21 倍 … 答え [例題]3-6

この例題では，3 本の補助線を引くことさえできれば，あとは同じ手順で解いていくことができたね。補助線をきちんと引けるように練習しよう。

 説明の動画は
こちらで見られます

次の例題に進む前に，比の性質について話すよ。

 「比の性質ですか？ 比の単元で，性質は習ったと思うんですけど……。」

「計算・文章題」編の比の単元では教えていない性質なんだ。例えば，3：6と1：2は等しい比だね。等しいから，3：6＝1：2というように，「＝」で結ぶことができる。

$$3 : 6 = 1 : 2$$
前項 後項 前項 後項

 「それはもう習いましたよ。」

うん。ここからが新しく教えることなんだ。3：6と1：2は等しい比だけど，前項と後項をそれぞれたした，(3＋1)：(6＋2)について見てみよう。(3＋1)：(6＋2)を簡単にすると，(3＋1)：(6＋2)＝4：8＝1：2となって，もとの比に等しくなる。

たす
3：6＝1：2 ➡ (3＋1)：(6＋2)＝4：8＝1：2
たす
もとの比と同じ

また，等しい比の3：6と1：2の前項と後項をそれぞれひいた，(3－1)：(6－2)も，(3－1)：(6－2)＝2：4＝1：2となって，もとの比に等しくなる。

ひく
3：6＝1：2 ➡ (3－1)：(6－2)＝2：4＝1：2
ひく
もとの比と同じ

つまり，「**等しい比の前項と後項どうしを，たしてもひいても，比は変わらない**」ことがわかるんだ。例として，3：6＝1：2の場合だけを考えたけど，**ほかのすべての等しい比で，この性質が成り立つ**よ。

 「その性質は，たしかにはじめて習うわ。でも，この比の性質が，図形とどう関係があるんですか？」

うん，それをいまから説明するよ。次の図形を見てくれるかな。

この図で，ア＋ウの三角形とイ＋エの三角形の面積比は ◯：□ だ。

また，ウの三角形とエの三角形の面積比も ◯：□ だね。

「等しい比の前項と後項どうしをひいても，比は変わらない」から，アの三角形とイの三角形の面積比も ◯：□ になるんだ。

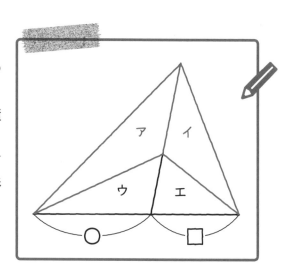

$$(ア＋ウ) : (イ＋エ) = ◯ : □$$
$$-) \quad ウ : \quad エ = ◯ : □$$
$$ア \quad : \quad イ \quad = ◯ : □$$

ひいても
比は変わらない

これより，次のことが成り立つんだ。大事なことだから，ポイントとしておさえておこう。

Point　三角形の面積比

右の図で，
アとイの三角形の面積比は，
◯：□ になる。

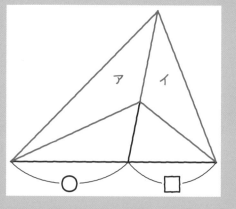

（アの面積）：（イの面積）＝ ◯ : □

この性質を使って，次の例題を解いてみよう。

063 説明の動画は
こちらで見られます

[例題]3-7 つまずき度 😣😣😣😣😣

　右の図のような三角形 ABC があり,
AD：DB＝5：2, AF：FC＝2：3 です。
　このとき, 次の問いに答えなさい。

（1） BE：EC を求めなさい。
（2） BG：GF を求めなさい。

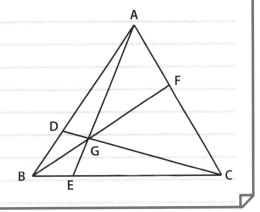

　では, (1) から見ていこう。まず,
考えやすくするために, 右の図のよ
うに, 三角形 ABG をア, 三角形 BCG
をイ, 三角形 AGC をウとしよう。

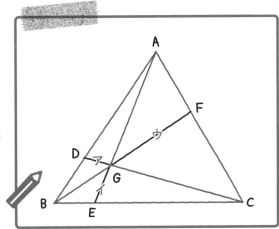

　このとき, さっきの (Point) の性質よ
り, アの三角形とイの三角形の面積
比は, AF：FC＝2：3 と同じになる。

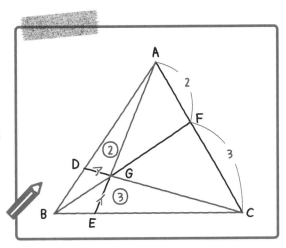

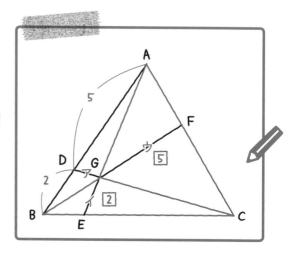

次に，イの三角形とウの三角形の面積比は，DB：AD＝2：5 と同じになるよ。

ア：イ＝2：3，イ：ウ＝2：5 より，連比にすると，次のようになる。

2つの比に共通なイの比を，3と2の最小公倍数6にそろえる

ア：イ：ウ＝4：6：15 とわかったね。求めたい BE：EC は，ア：ウと同じになるから，BE：EC＝4：15 とわかる。

4：15 …答え ［例題］3-7 ⑴

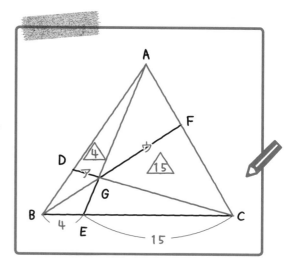

⑵にいこう。BG：GF を求める問題だけど，BG：GF を求めるためには，どの三角形とどの三角形の面積比がわかればいいかを考えるんだ。

 「どの三角形とどの三角形の面積比……。うーん，よくわからないです。」

BG と GF をそれぞれ底辺にもって，高さが同じ三角形を見つければいいんだ。

「BG と GF をそれぞれ底辺にもって，高さが同じ三角形というと……，三角形 ABG と三角形 AGF ですか？」

　その通り。三角形 ABG と三角形 AGF はそれぞれ BG と GF を底辺にもって，高さが同じだね。

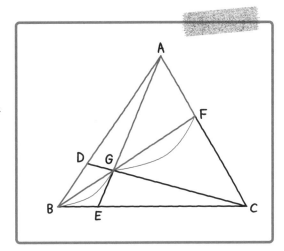

　だから，三角形 ABG と三角形 AGF の面積比がわかれば，BG：GF が求められる。三角形 ABG は，(1) ではアの三角形で，三角形 AGF はウの三角形の一部だね。(1) より，
(アの面積)：(ウの面積)＝4：15 だ。

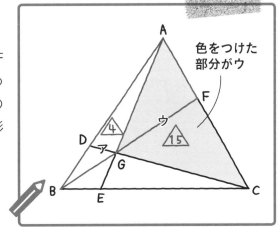

色をつけた部分がウ

　AF：FC＝2：3 だから，
　三角形 ABG：三角形 AGF
$=4:\left(15\times\dfrac{2}{2+3}\right)=4:6=2:3$
と求められる。三角形 ABG と三角形 AGF の面積比は，底辺比に等しいから，BG：GF も 2：3 だ。

2：3…**答え** ［例題］3-7 (2)

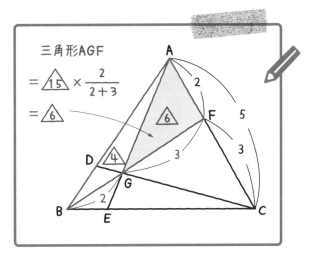

三角形AGF
$=\boxed{15}\times\dfrac{2}{2+3}$
$=\boxed{6}$

　三角形 ABG と三角形 AGF の面積比に注目して解いたけど，三角形 GBC と三角形 GCF の面積比に注目して解くこともできるよ。この問題は，中学入試の算数では難しいほうだけど，さっきの **Point** を使いこなせば，こんな応用問題も解けるということなんだ。

 説明の動画は
こちらで見られます

　では，次の例題にいく前に，**正六角形の性質**について見てみよう。

　「いままで，三角形を中心に見てきたのに，正六角形について学ぶんですか。」

　うん，底辺比と面積比の関係は，正六角形の問題としても出題されることがあるんだ。正六角形は，右の図のように対角線を引くと，**6 つの合同な正三角形に分けられる**よね。

　「はい，前に習ったわ。」

　そうだね。p.165 のコラムでも教えた通りだよ。

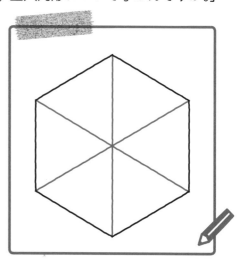

　次に，　正六角形は，6 つの合同な二等辺三角形に分けられる　ことは知っているかな？

　「6 つの合同な二等辺三角形？　それは知らなかったです。」

　正六角形は，右の図のように線を引くと，6 つの合同な二等辺三角形に分けることができるんだ。

　ポイントとしてまとめておくよ。

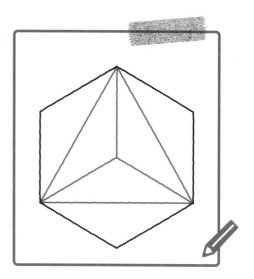

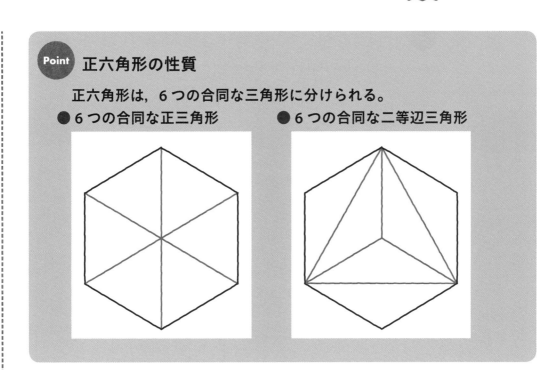

Point 正六角形の性質

正六角形は，6 つの合同な三角形に分けられる。

● 6 つの合同な正三角形　　　● 6 つの合同な二等辺三角形

　これを知っていると，次の例題のような問題が解きやすくなるから，しっかりおさえておこう。

065 説明の動画は
こちらで見られます

[例題]3-8　つまずき度 😵😵😵😵😵

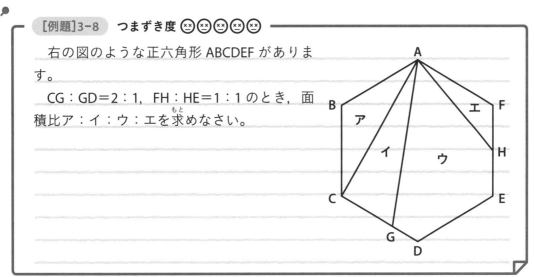

　右の図のような正六角形 ABCDEF があります。

　CG：GD＝2：1，FH：HE＝1：1 のとき，面積比ア：イ：ウ：エを求めなさい。

さっきの で，正六角形は，6つの合同な二等辺三角形に分けられることは教えたね。だから，**正六角形の面積を1とする**と，アの三角形の面積は $\frac{1}{6}$ だ。次に，イの三角形の面積は，正六角形の面積の何分の何か求めてみよう。

「でも，イの三角形は， Point で習った三角形と形がちがうから，正六角形の面積の何分の何かわからないわ。」

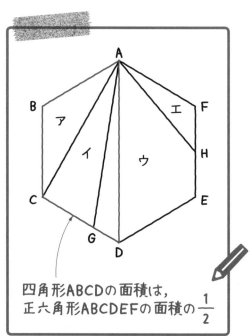

うん。でも，いままでの知識を使って考えれば，何分の何か求めることができるよ。まず，補助線 AD を引こう。すると，四角形 ABCD の面積は，正六角形の面積の $\frac{1}{2}$ であることがわかる。

四角形ABCDの面積は，正六角形ABCDEFの面積の $\frac{1}{2}$

正六角形の面積の $\frac{1}{2}$ である四角形 ABCD の面積から，アの三角形の面積をひけば，三角形 ACD の面積が求められる。

三角形 ACD の面積は，$\frac{1}{2}-\frac{1}{6}=\frac{1}{3}$ だ。ここで，CG：GD＝2：1 だから，三角形 ACG と三角形 AGD の面積比も 2：1 だね。つまり，イの三角形の面積は，$\frac{1}{3}\times\frac{2}{2+1}=\frac{2}{9}$ だ。

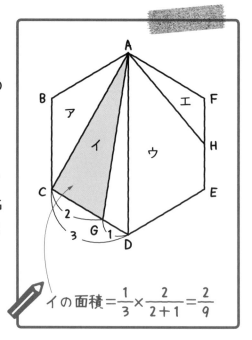

イの面積＝$\frac{1}{3}\times\frac{2}{2+1}=\frac{2}{9}$

　順番から言えば，次はウの面積を求めるところだけど，ウの面積を求めるのは少しめんどうだ。だから，先にエの面積を求め，全体からア，イ，エの面積をひいて，ウの面積を求めるほうがラクだよ。なので，エの面積から求めよう。エの面積を求めるために，あるところに補助線を引くとラクだけど，どこだと思う？

「えーっと……，A と E を結べばいいのかなぁ。」

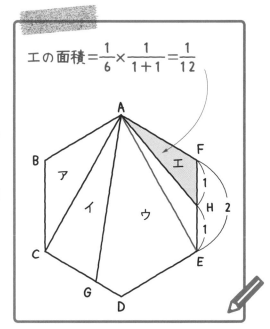

$$エの面積＝\frac{1}{6}×\frac{1}{1+1}＝\frac{1}{12}$$

　その通り。補助線 AE を引くといいね。さっきの **Point** から，三角形 AEF の面積は正六角形の面積の $\frac{1}{6}$ だね。

　FH：HE＝1：1 だから，エの三角形の面積は，$\frac{1}{6}×\frac{1}{1+1}＝\frac{1}{12}$ だ。

　正六角形 ABCDEF の面積を 1 とすると，ア，イ，エの面積は，それぞれ $\frac{1}{6}$, $\frac{2}{9}$, $\frac{1}{12}$ と求められた。だから，ウの面積は，$1-\left(\frac{1}{6}+\frac{2}{9}+\frac{1}{12}\right)＝\frac{19}{36}$ だよ。つまり，

ア：イ：ウ：エ＝$\frac{1}{6}：\frac{2}{9}：\frac{19}{36}：\frac{1}{12}$＝6：8：19：3 と求められる。

6：8：19：3 … 答え ［例題］3−8

　難しく感じたかもしれないけど，**Point** で教えた正六角形の分け方と，底辺比と面積比の関係さえわかっていれば，解けない問題ではないよ。Check の類題も解いて，自分のものにしよう。

Check 30　つまずき度 😫😫😫😫😫　　　➡解答は別冊 p.58 へ

次の図について，下の問いに答えなさい。

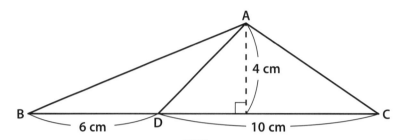

(1)　三角形 ABD と三角形 ADC の面積は，それぞれ何 cm² ですか。

(2)　三角形 ABD と三角形 ADC の面積比を求めなさい。

(3)　三角形 ABD と三角形 ADC の面積比と底辺比 BD：DC を比べると，どうなっていますか。

Check 31　つまずき度 😫😫😫😫😫　　　➡解答は別冊 p.59 へ

右の図のような三角形 ABC があり，
BD：DC＝3：5 です。

このとき，次の問いに答えなさい。

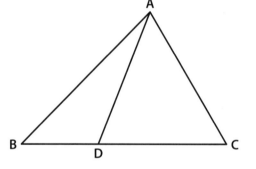

(1)　三角形 ADC の面積が 25 cm² のとき，三角形 ABD の面積は何 cm² ですか。

(2)　三角形 ABC の面積が 56 cm² のとき，三角形 ADC の面積は何 cm² ですか。

Check 32 つまずき度 😣😣😐😐😣 →解答は別冊 p.59 へ

右の図のような三角形 ABC があり，BD：DC＝4：1，AE：EC＝5：4 です。

三角形 EDC の面積が 4 cm² のとき，三角形 ABC の面積は何 cm² ですか。

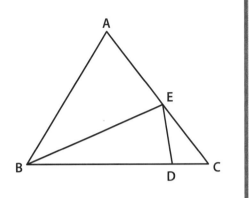

Check 33 つまずき度 😣😣😣😐😣 →解答は別冊 p.59 へ

右の図は，三角形 ABC を 4 本の直線によって，面積が等しい 5 つの三角形に分けたものです。

このとき，次の問いに答えなさい。

(1) AF：FC を求めなさい。

(2) BD：DE：EC を求めなさい。

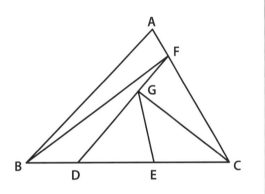

Check 34 つまずき度 😣😣😣😣😣 →解答は別冊 p.60 へ

右の図の三角形 ABC で，AD：DB＝5：1，BE：EC＝1：3，AF：FC＝1：2 です。

三角形 DEF の面積が 39 cm² のとき，三角形 ABC の面積は何 cm² ですか。

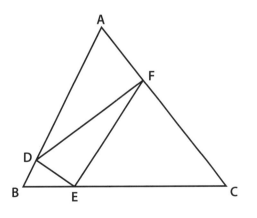

Check 35　つまずき度 😵😵😵😵😵　　　　　　➡解答は別冊 p.60 へ

　下の図は, 三角形 ABC の 3 つの辺を延長して, 三角形 DEF をつくったもので, AB：BE＝3：2,　BC：CF＝1：3,　CA：AD＝1：1 です。

　このとき, 三角形 DEF の面積は三角形 ABC の面積の何倍ですか。

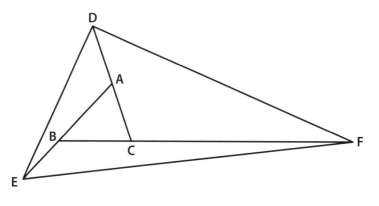

Check 36　つまずき度 😵😵😵😵😵　　　　　　➡解答は別冊 p.60 へ

　右の図のような三角形 ABC があり, BE：EC＝1：2,　AF：FC＝4：3 です。

　このとき, 次の問いに答えなさい。

（1）　AD：DB を求めなさい。

（2）　DG：GC を求めなさい。

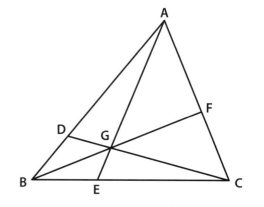

Check 37
⇒解答は別冊 p.61 へ

つまずき度 😵😵😵😵😵

右の図のような正六角形 ABCDEF があります。
AG：GB＝3：1, AH：HF＝2：1 のとき, 面積
比ア：イ：ウを求めなさい。

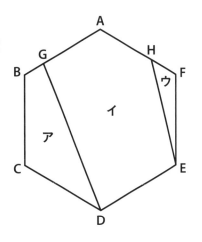

「富士山の公式」は，なぜ成り立つのか？

「富士山の公式が，なぜ成り立つのか教えてください！」

うん。まず，「富士山の公式」(p.180)は，次のような公式だったね。

富士山の公式

下の図で，三角形 ADE（色をつけた部分）の面積は，

三角形 ABC（全体）の面積の $\dfrac{a}{b} \times \dfrac{c}{d}$（倍）である。

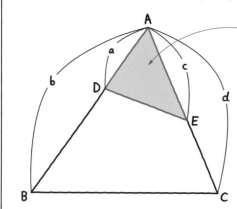

三角形ABCの面積の $\dfrac{a}{b} \times \dfrac{c}{d}$（倍）

この公式がなぜ成り立つのか，じっくり解説していくよ。まず，上の図で，BE に補助線を引くと，右の図のようになる。

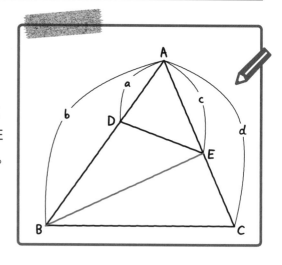

このとき，「三角形 ADE の面積は，三角形 ABE の面積の何倍か」考えよう。

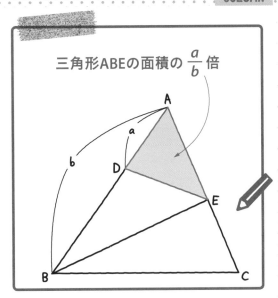

三角形ABEの面積の $\dfrac{a}{b}$ 倍

三角形 ADE の底辺の長さは a で，三角形 ABE の底辺の長さは b だね。**「高さが等しい三角形の底辺比と面積比は等しい」**から，「三角形 ADE の面積は，三角形 ABE の面積の $\dfrac{a}{b}$ 倍」だ。

次に，「三角形 ABE の面積は，三角形 ABC の面積の何倍か」考えよう。

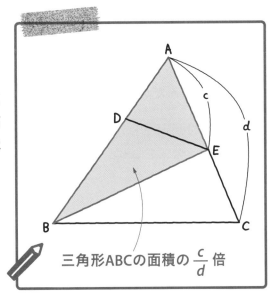

三角形ABCの面積の $\dfrac{c}{d}$ 倍

三角形 ABE の底辺の長さは c で，三角形 ABC の底辺の長さは d だね。**「高さが等しい三角形の底辺比と面積比は等しい」**から，「三角形 ABE の面積は，三角形 ABC の面積の $\dfrac{c}{d}$ 倍」だ。

「三角形 ADE の面積は，三角形 ABE の面積の $\dfrac{a}{b}$ 倍」で，

「三角形 ABE の面積は，三角形 ABC の面積の $\dfrac{c}{d}$ 倍」だから，

「三角形 ADE の面積は，三角形 ABC の面積の $\dfrac{a}{b} \times \dfrac{c}{d}$ (倍)である」

ことがわかるんだ。

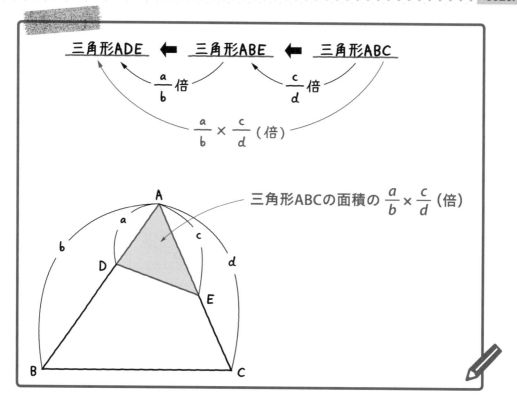

三角形ADE ← 三角形ABE ← 三角形ABC

$\dfrac{a}{b}$倍 $\dfrac{c}{d}$倍

$\dfrac{a}{b} \times \dfrac{c}{d}$（倍）

三角形ABCの面積の $\dfrac{a}{b} \times \dfrac{c}{d}$（倍）

「なんだか難しかったわ。」

　アルファベットの文字を使って説明したから，難しく感じたのかもしれないね。まずは，公式をしっかり覚えて，公式が成り立つ理由は，ゆっくり理解していけば大丈夫だよ。

三角形の相似

図形をコピー機で，拡大したり，縮小したりすると……？

 066 説明の動画は
こちらで見られます

1つの図形を一定の割合で拡大，または縮小した図形は，もとの図形と**相似**であるというよ。

 「ふむっ，どういうことだろう……？」

簡単に言うと，**「形は同じだけど，大きさがちがう図形」**が相似だとおさえておけば大丈夫だよ。例えば，次の三角形 ABC と三角形 DEF は，形は同じだけど，大きさはちがうから相似だ。

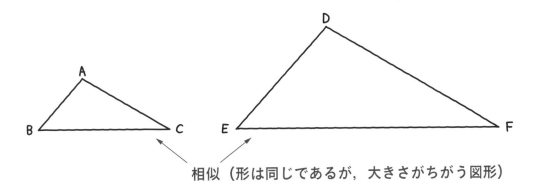

相似（形は同じであるが，大きさがちがう図形）

 「そういうことかぁ！」

うん。2つの図形が相似のとき，一方の図形を拡大，または縮小して，もう一方にぴったり重なる点を**対応する点**というよ。また，ぴったり重なる辺を**対応する辺**，ぴったり重なる角を**対応する角**というんだ。上の三角形 ABC と三角形 DEF で，三角形 ABC の点 A に**対応する点**は，三角形 DEF のどの点かな？

 「三角形 DEF の点 D ね。」

そうだね。三角形 ABC の点 A に対応する点は，三角形 DEF の点 D だ。

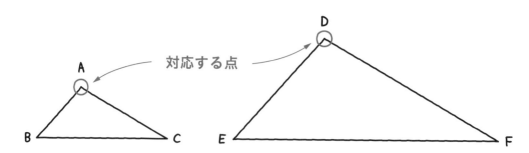

では，三角形 ABC の辺 BC に**対応する辺**は，三角形 DEF のどの辺かな？

「三角形 DEF の辺 EF です！」

うん。三角形 ABC の辺 BC に対応する辺は，三角形 DEF の辺 EF だ。

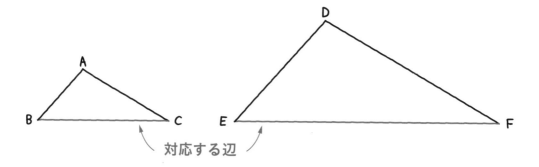

では，三角形 ABC の角 C に**対応する角**は，三角形 DEF のどの角かな？

「三角形 DEF の角 F ね。」

そうだね。三角形 ABC の角 C に対応する角は，三角形 DEF の角 F だ。

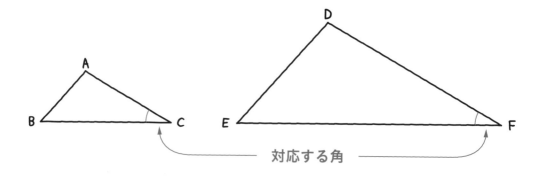

そして，相似な図形には，次の大事な 2 つの性質があるよ。

Point 相似な図形の性質

相似な図形には，次の性質がある。
(1) 相似な図形では，対応する辺の長さの比はすべて等しい。
(2) 相似な図形では，対応する角の大きさはそれぞれ等しい。

まず，(1)の「相似な図形では，対応する辺の長さの比はすべて等しい」という性質について説明するね。相似な図形で，**対応する辺の長さの比**のことを，相似比というよ。「相似比」は，これから何度も出てくる大事な用語だ。次の図の2つの相似な三角形，三角形 ABC と三角形 DEF を見てみよう。

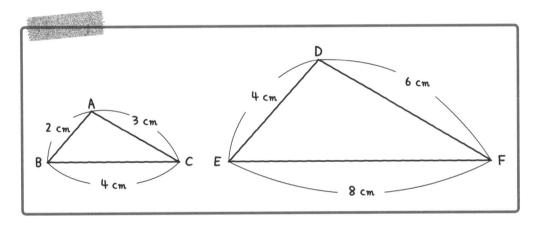

相似である三角形 ABC と三角形 DEF について，対応する辺の長さの比はすべて等しくなっているのがわかるかな。例えば，辺 AB に対応するのは，辺 DE だね。辺 AB と辺 DE の長さの比は何対何かな？

 「辺 AB の長さは 2 cm で，辺 DE の長さは 4 cm だから，
AB：DE＝2：4＝1：2 です！」

そうだね。AB：DE＝1：2 だ。
また，対応する辺 BC と辺 EF の長さの比も，4：8＝1：2 になっている。
そして，対応する辺 AC と辺 DF の長さの比も，3：6＝1：2 になっている。

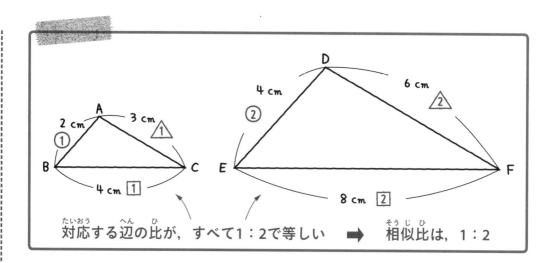

対応する辺の比が，すべて1：2で等しい ➡ 相似比は，1：2

「『対応する辺の長さの比はすべて等しい』というのは,そういう意味なのね。」

うん。では，次の(2)の「**相似な図形では，対応する角の大きさはそれぞれ等しい**」という性質について説明するよ。相似である三角形 ABC と三角形 DEF を表した，次の図を見てみよう。

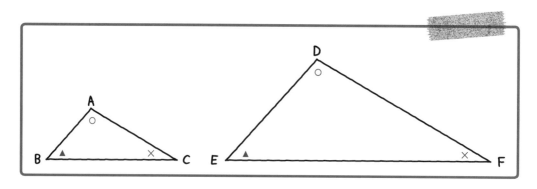

相似である三角形 ABC と三角形 DEF について，角 A と角 D，角 B と角 E，角 Cと角 F がそれぞれ対応している。これらの**対応する角の大きさは，それぞれ等しい**んだ。

「つまり，角 A と角 D の大きさが等しく，角 B と角 E の大きさが等しく，角 C と角 F の大きさが等しいということね。」

そういうことだよ。相似な図形のこの 2 つの性質は大事だから，おさえておこう。では，次に，**三角形が相似になる条件**について教えるよ。

「三角形が相似になる条件？」

うん。つまり，どんな三角形が相似になるか，ということだよ。結論から言うと，**「2組の角がそれぞれ等しい三角形は相似である」**んだ。

「2組ですか？　三角形は3つの角があるから，3組じゃないんですか？」

その質問に答えるために，次の図を見てみよう。

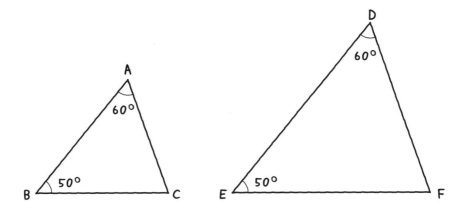

三角形ABCと三角形DEFで，角Aと角Dは60度，角Bと角Eは50度で，それぞれ等しいね。すると，三角形の内角の和は180度だから，残りの角Cと角Fもそれぞれ180－（60＋50）＝70（度）となり，等しくなる。

「2組の角が等しければ，残りの角も等しくなるということね。」

その通り。だから，2組の角で正しいんだ。「2組の角がそれぞれ等しい三角形は相似である」という，相似になるための条件をおさえておこう。では，いままで教えた知識をもとにして，例題を解いていくよ。

説明の動画は
こちらで見られます

[例題]3-9 つまずき度 😣😣😣😣😣

次の図のように，三角形 ABC と三角形 DEF があります。
2 つの三角形が相似であるとき，下の問いに答えなさい。

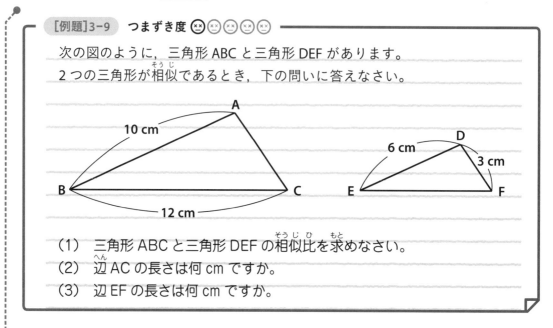

（1） 三角形 ABC と三角形 DEF の相似比を求めなさい。
（2） 辺 AC の長さは何 cm ですか。
（3） 辺 EF の長さは何 cm ですか。

では，(1)からいこう。相似比とは何だったかな？

 「えーっと……，対応する辺の長さの比のことでしたよね。」

その通り。**相似比とは，対応する辺の長さの比のこと**だ。三角形 ABC と三角形
DEF の対応する辺で，どちらの長さもわかっているのは，辺 AB の 10 cm と辺 DE
の 6 cm だね。だから，三角形 ABC と三角形 DEF の相似比は，10：6＝5：3 だ。

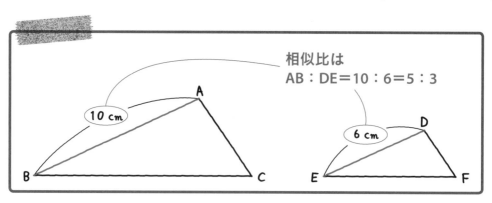

相似比は
AB：DE＝10：6＝5：3

5：3 … 答え [例題]3-9 (1)

（2）にいくよ。**「相似な図形では，対応する辺の長さの比はすべて等しい」**という性質があったね。この性質を使って解くんだ。辺 AC の長さを求める問題だけど，辺 AC に対応する辺は，三角形 DEF のどの辺かな？

 「辺 AC に対応する辺は，三角形 DEF の辺 DF よ。」

そうだね。辺 AC と辺 DF が対応する。（1）で，相似比，つまり，対応する辺の長さの比が 5：3 と求められたから，AC：DF も 5：3 だ。

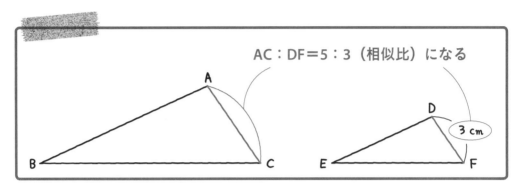

辺 DF の長さは 3 cm だから，AC：3 cm＝5：3 ということだね。だから，辺 AC は 5 cm だとわかる。

5 cm … 答え ［例題］3-9 （2）

（3）の辺 EF の長さも，同じように求めればいいんだ。辺 EF に対応する辺は，三角形 ABC のどの辺かな？

 「辺 EF に対応する辺は，三角形 ABC の辺 BC です！」

そうだね。**「相似な図形では，対応する辺の長さの比はすべて等しい」**から，BC：EF も 5：3 になる。

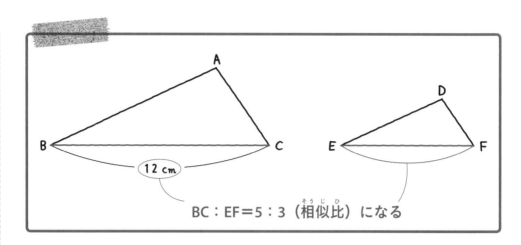

BC：EF＝5：3（相似比）になる

辺 BC の長さは 12 cm だから，12 cm：EF＝5：3 ということだね。だから，等しい比の性質を使って，EF＝12÷5×3＝7.2（cm）と求められる。

7.2 cm … 答え 〔例題〕3-9 (3)

068 説明の動画は
こちらで見られます

〔例題〕3-10 つまずき度 😵😵😐😵😵

次のそれぞれの図で，AB と CD は平行です。

x, y の長さは，それぞれ何 cm ですか。

(1)　　　　　　　　　　　　　　(2)

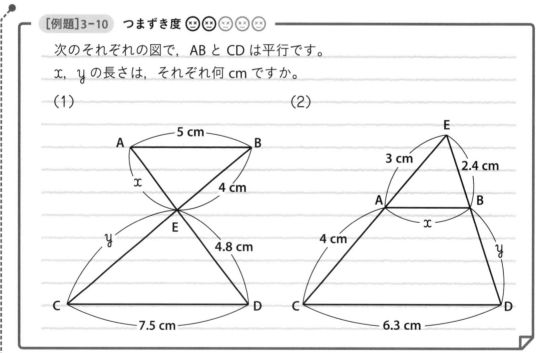

(1)からいこう。まず聞くけど，三角形 ABE と三角形 DCE は相似かな？

 「相似のようにも見えるけど……，どうなのかしら？」

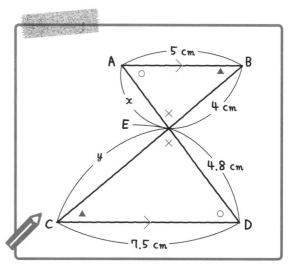

（1）の AB と CD は平行だね。**2つ
の直線が平行ならば，錯角は等しい**
から，角 A と角 D は等しい。また，
角 B と角 C も等しい。ちなみに，角
AEB と角 DEC は対頂角で等しいね。

2組の角がそれぞれ等しい三角形は相似だから，三角形 ABE と三角形 DCE は相
似なんだ。ちなみに，この形は，代表的な相似で，ちょうちょ形，リボン形，クロ
ス形，砂時計形などとよばれることがあるけど，ここでは，**「ちょうちょ形」**とよ
ぶことにしよう。

「横からみると，たしかにちょうちょの形に見えますね！」

うん。三角形 ABE と三角形 DCE が相似だとわかったから，**「相似な図形では，対
応する辺の長さの比はすべて等しい」**性質が使える。まずは，x の長さから求めて
いこう。三角形 ABE と三角形 DCE の相似比を求めるために聞きたいけど，対応す
る辺の長さがどちらもわかっているのはどの辺とどの辺かな？

「えーっと……，三角形 ABE と三角形 DCE で，対応する辺の長さがどちら
もわかっているのは，辺 AB の 5 cm と辺 DC の 7.5 cm よ。」

そうだね。三角形 ABE と三角形 DCE で，
対応する辺の長さがどちらもわかってい
るのは，辺 AB の 5 cm と辺 DC の 7.5 cm だ。
だから，三角形 ABE と三角形 DCE の相似
比は，5：7.5＝2：3 になる。
　長さ x の辺 AE に対応するのは辺 DE だ
から，AE：DE も 2：3 になるね。

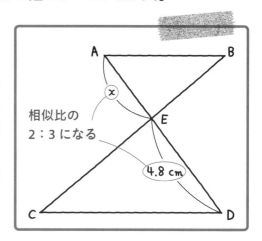

DE の長さは 4.8 cm だから，x：4.8 cm＝2：3 となる。だから，
x＝4.8÷3×2＝3.2(cm)とわかる。

次に，y の長さを求めよう。辺 BE
と長さ y の辺 CE が対応しているね。
だから，BE：CE も，相似比の 2：3 に
なる。

BE の長さは 4 cm だから，
4 cm：y＝2：3 となる。だから，
y＝4÷2×3＝6(cm)とわかる。

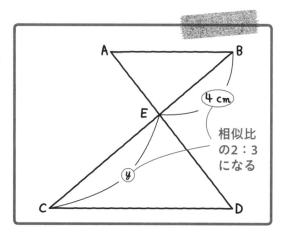

相似比
の2：3
になる

x…3.2 cm，　y…6 cm … 答え ［例題］3-10（1）

069 説明の動画は
こちらで見られます

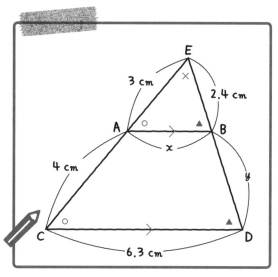

（2）にいこう。（2）の AB と CD は平行
だね。三角形 EAB と三角形 ECD で，
角 E は共通だ。また，**2 つの直線が平
行ならば，同位角は等しい**から，角
EAB と角 ECD は等しい。**2 組の角がそ
れぞれ等しい三角形は相似**だから，三
角形 EAB と三角形 ECD は相似という
ことだ。

ちなみに，この形も代表的な相似で，ここでは「ピラミッド形」とよぶよ。ここで，
三角形 EAB と三角形 ECD の相似比を求めてみよう。相似比はどうなる？

「えーっと……，相似比は，EA：AC＝3：4 かなぁ。」

それはまちがいだよ。そのように考えてしまう人が多いので気をつけよう。相似
比とは，**対応する辺の長さの比**のことだったよね。三角形 EAB の辺 EA に対応する
のは，三角形 ECD のどの辺かな？

「辺 EA に対応するのは，三角形 ECD の辺 EC ね。」

そうだね。辺 EA に対応するのは，辺 AC ではなく，三角形 ECD の辺 EC だ。EA が 3 cm で，EC は，3＋4＝7（cm）だね。だから，**三角形 EAB と三角形 ECD の相似比は，3：7** なんだ。EA：AC（＝3：4）は相似比ではないから注意しよう。

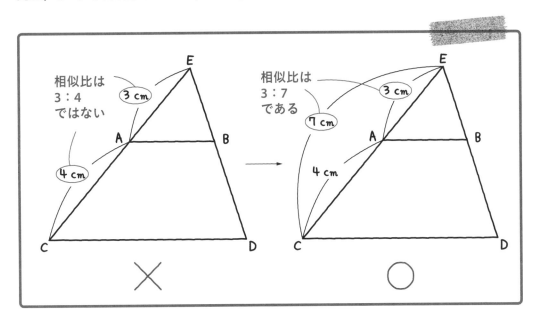

相似比が 3：7 とわかったから，x の長さを求めてみよう。長さ x の辺 AB に対応するのは辺 CD だ。「**相似な図形では，対応する辺の長さの比はすべて等しい**」から，AB：CD＝3：7 となる。CD の長さは 6.3 cm だから，x：6.3 cm＝3：7 だね。x を求めてくれるかな？

 「はい！　x＝6.3÷7×3＝2.7（cm）です。」

そうだね。x は 2.7 cm だ。次に，y の長さを求めてみよう。EB と BD の比を 3：7 と考えて解いてしまう人がたまにいるけど，これはまちがいだから気をつけよう。

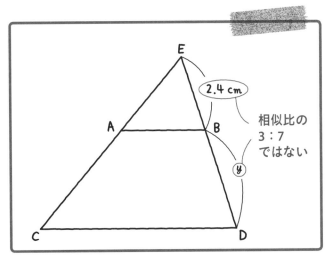

EB に対応するのは ED だから，EB と ED の比が 3：7 であることに注意しよう。

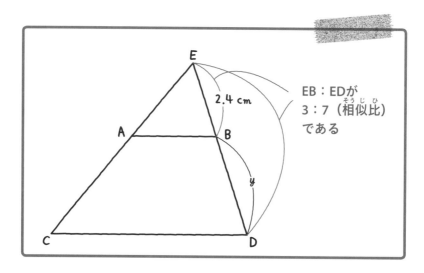

EB：ED＝3：7 で，EB の長さが 2.4 cm だから，2.4 cm：ED＝3：7 ということだ。だから，ED＝2.4÷3×7＝5.6（cm）となる。y の長さは，ED の長さ 5.6 cm から，EB の長さ 2.4 cm をひいたものだから，$y＝5.6－2.4＝3.2$（cm）と求められるんだ。

x…2.7 cm，y…3.2 cm … 答え ［例題］3-10 （2）

（1）の「ちょうちょ形」，（2）の「ピラミッド形」は，ともに代表的な相似の形なので，おさえておこう。

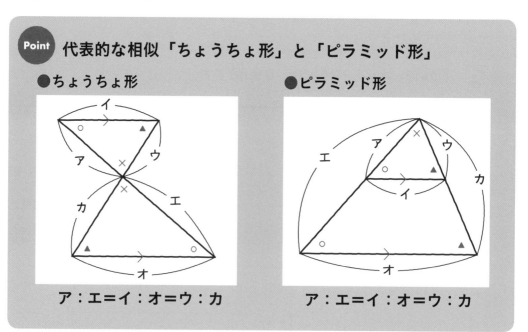

Point　代表的な相似「ちょうちょ形」と「ピラミッド形」

●ちょうちょ形

ア：エ＝イ：オ＝ウ：カ

●ピラミッド形

ア：エ＝イ：オ＝ウ：カ

[例題]3-10 (1), (2) では，それぞれちょうちょ形とピラミッド形であることが明らかだったね。でも，応用問題では，ある図形の中に，ちょうちょ形やピラミッド形がかくれているような問題も多いから気をつけよう。

070 説明の動画はこちらで見られます

[例題]3-11 つまずき度 😣😣😣😐😣

右の図の四角形 ABCD で，AD と EF と BC が平行のとき，次の問いに答えなさい。

(1) FC の長さは何 cm ですか。

(2) BC の長さは何 cm ですか。

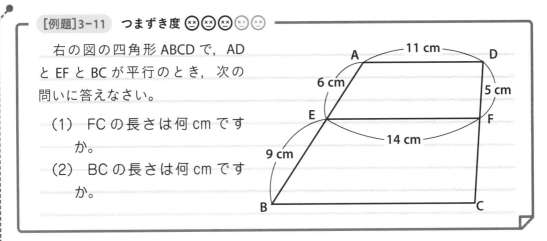

(1) から見ていこう。この例題では，先ほど教えたピラミッド形の相似を使って解くんだ。

 「えっ？　図を見ても，ピラミッド形の相似はないですよ。」

そうだよね。でも，補助線を引けば，ピラミッド形の相似が出現するんだ。**点 D を通って，辺 AB に平行な補助線を引こう。**補助線と EF，BC との交点をそれぞれ，G，H とするよ。

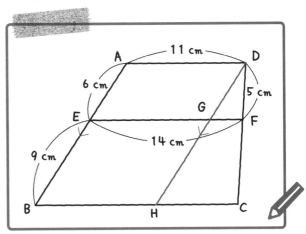

 「あっ！　ピラミッド形の相似が出てきた！」

うん。GF と HC は平行だから，**三角形 DGF と三角形 DHC はピラミッド形の相似**だね。

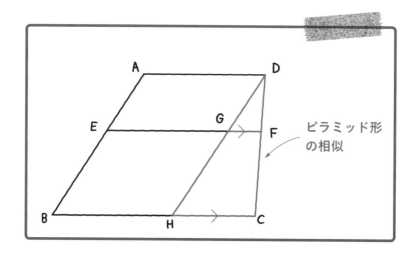

ここで，四角形 AEGD と四角形 EBHG はともに平行四辺形だね。そして，**平行四辺形の 2 組の向かい合う辺の長さはそれぞれ等しい**から，DG＝AE＝6 cm，GH＝EB＝9 cm となる。

また，AD＝EG＝BH＝11 cm だ。GF＝EF－EG＝14－11＝3(cm)ということもわかるね。

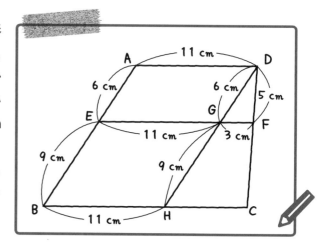

(1)は FC の長さを求める問題だ。FC の長さを求めるために，まず，三角形 DGF と三角形 DHC の相似比を求めよう。三角形 DGF と三角形 DHC の相似比は，何対何かな？

 「対応する辺の長さの比を求めればいいから……，DG と DH の辺の長さの比が相似比になるのね。DG は 6 cm で，DH は 6＋9＝15(cm)だから，DG：DH＝6：15＝2：5 よ。相似比は，2：5 ってことね。」

その通り，よくできたね。三角形 DGF と三角形 DHC の相似比が 2：5 と求められたから，DF：DC も 2：5 となる。

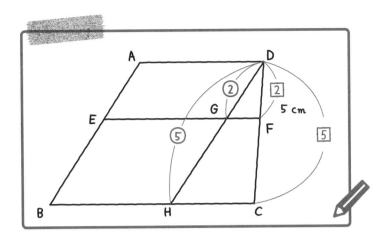

　DF は 5 cm で，5 cm：DC＝2：5 ということだから，DC＝5÷2×5＝12.5(cm)と
なる。これより，FC＝DC－DF＝12.5－5＝7.5(cm)と求められるんだ。

7.5 cm … 答え [例題]3-11 (1)

　(2)にいこう。BC の長さを求める
問題だ。(1)と同じように，三角形
DGF と三角形 DHC の相似に注目し
て解こう。三角形 DGF と三角形 DHC
の相似比が 2：5 だから，GF：HC
も 2：5 だ。

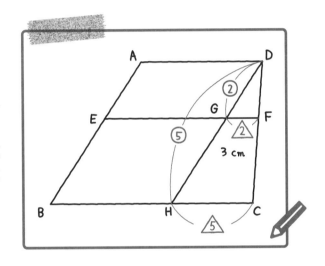

　GF は 3 cm だから，3 cm：HC＝2：5 ということだね。だから，
HC＝3÷2×5＝7.5(cm)となる。これより，BC＝BH＋HC＝11＋7.5＝18.5(cm)と求
められるんだ。

18.5 cm … 答え [例題]3-11 (2)

　この問題では，点 D を通って，辺 AB に平行な補助線を引いて，ピラミッド形の
相似を出現させて考えるのがポイントだったね。

Check 38　つまずき度 😖😖😖😖😖　　➡解答は別冊 p.62 へ

次の図のように，三角形 ABC と三角形 DEF があります。
2 つの三角形が相似(そうじ)であるとき，下の問いに答えなさい。

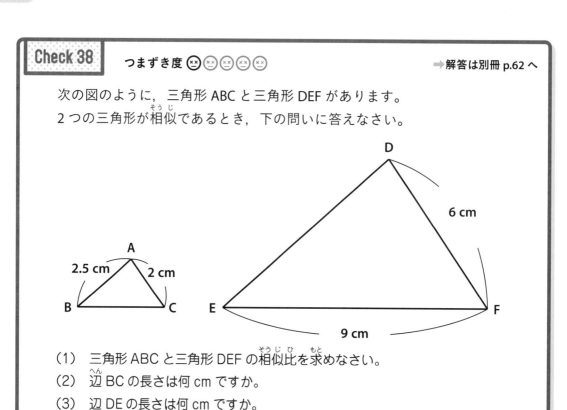

（1）　三角形 ABC と三角形 DEF の相似比(そうじひ)を求(もと)めなさい。

（2）　辺(へん) BC の長さは何 cm ですか。

（3）　辺 DE の長さは何 cm ですか。

Check 39　つまずき度 😖😖😖😖😖　　➡解答は別冊 p.62 へ

次のそれぞれの図で，AB と CD は平行です。x の長さはそれぞれ何 cm ですか。

（1）

（2）

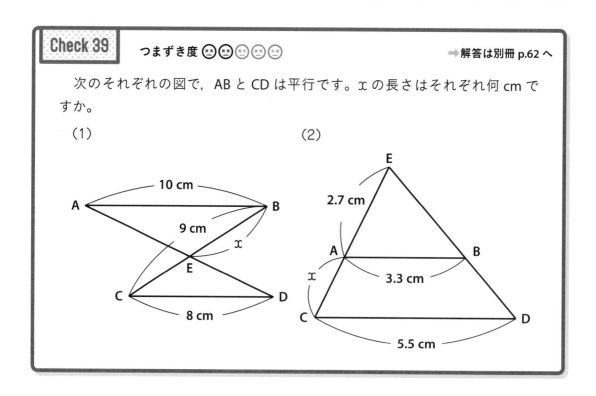

Check 40　つまずき度 😵😵😵😓😓　　　　　⇒解答は別冊 p.62 へ

　右の図の四角形 ABCD で，AD と EF と BC が平行のとき，次の問いに答えなさい。

（1）　AE の長さは何 cm ですか。

（2）　BC の長さは何 cm ですか。

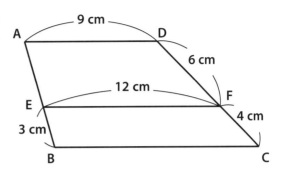

直角三角形の中にぴったり入っている正方形

次の問題のように，直角三角形の中にぴったり入っている正方形の1辺の長さを求めてみよう。

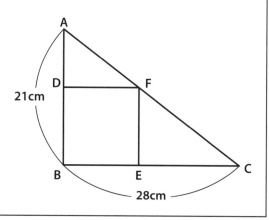

問題 右の図で，三角形 ABC は直角三角形で，四角形 DBEF は正方形です。

正方形 DBEF の1辺の長さは何 cm ですか。

「先生。直角三角形の2つの辺の長さしかわからないのに，正方形の1辺の長さがわかるんですか。」

うん。それがわかるんだ。相似な図形の辺の長さの比と，正方形の性質を利用すると，この問題を解くことができる。まず，辺の長さがわかっている三角形 ABC と相似な三角形を見つけてくれるかな。

「はい。三角形 ABC と三角形 ADF は，ピラミッド形の相似です。」

「三角形 ABC と三角形 FEC も，ピラミッド形の相似だわ。」

そうだね。三角形 ABC と三角形 ADF，また，三角形 ABC と三角形 FEC は，どちらもピラミッド形の相似だ。どちらの相似で考えてもいいんだけれど，じゃあ，三角形 ABC と三角形 ADF の相似で考えていこうか。

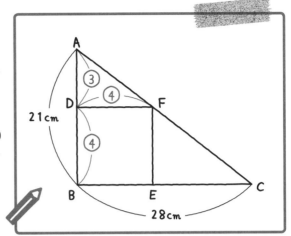

三角形 ABC と三角形 ADF は相似で，AB：BC＝21：28＝3：4 だね。だから，AD：DF も 3：4 だ。

AD の長さを③，DF の長さを④とすると，四角形 DBEF は正方形だから，DB の長さも④だ。

ここで，AB の長さ 21cm が，③＋④＝⑦にあたるから，①＝21÷7＝3（cm）だ。正方形の 1 辺の長さは④だから，3×4＝<u>12（cm）</u>と求められる。

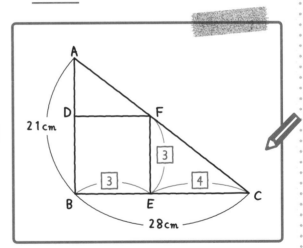

三角形 ABC と三角形 FEC の相似に着目しても解けるよ。

AB：BC＝3：4 だから，FE：EC も 3：4 になるね。

FE の長さを③，EC の長さを④とすると，四角形 DBEF は正方形だから，BE の長さも③だ。

ハルカさん，このあとを続けてくれるかな？

「はい。えーっと，BC の長さ 28 cm が，③＋④＝⑦にあたるから，①＝28÷7＝4（cm）ね。正方形の 1 辺の長さは③だから，4×3＝12（cm）と求められるわ。」

はい，その通り。このような問題では，正方形の辺の長さが等しいことを利用するのがポイントだよ。辺の長さの情報が少なくても，「正方形」の中にかくれた情報があるんだ。いっぱい練習して，慣れていこうね。

3│03 相似と面積比

2つの図形が相似のとき，面積比はどうなる？

 071 説明の動画は
こちらで見られます

　例えば，次のように，2つの相似な三角形，三角形 ABC と三角形 DEF があると
しよう。相似比は $a:b$ とするよ。

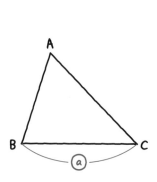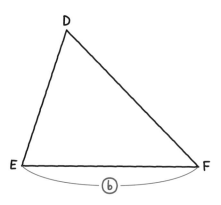

　辺 BC と辺 EF をそれぞれ底辺とすると，底辺比は相似比に等しく $a:b$ となる。
また，**「三角形の高さの比も相似比に等しくなる」**という性質があるので，高さの
比も $a:b$ だ。

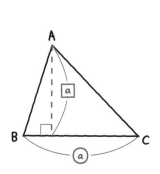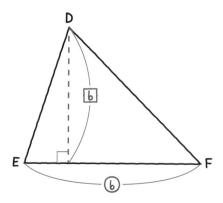

　そうすると，三角形 ABC と三角形 DEF の面積比は，
$(a×a÷2):(b×b÷2)=(a×a):(b×b)$ となる。つまり，**「相似比が $a:b$ のとき，
面積比は $(a×a):(b×b)$ である」**ということがいえるんだ。

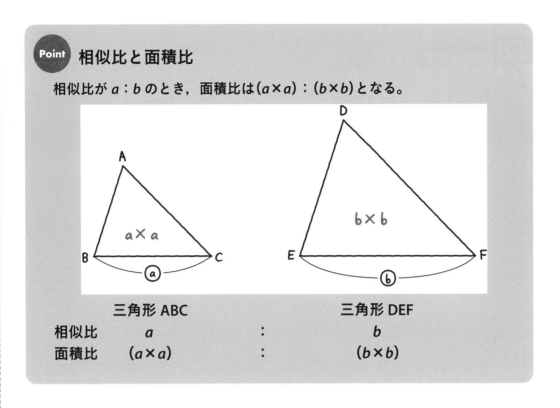

Point 相似比と面積比

相似比が $a:b$ のとき，面積比は $(a×a):(b×b)$ となる。

	三角形 ABC		三角形 DEF
相似比	a	:	b
面積比	$(a×a)$	:	$(b×b)$

例えば，次のように，底辺比，すなわち相似比が 3：4 の，相似な三角形アと三角形イがあるとしよう。

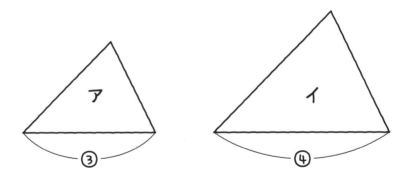

このとき，三角形アと三角形イの面積比はどうなるかな？

「えーっと……，**相似比が $a:b$ のとき，面積比は $(a×a):(b×b)$ となること**を使うのよね。三角形アと三角形イは，相似比が 3：4 だから，面積比は，$(3×3):(4×4)=9:16$ になるってことかしら。」

その通り。三角形アと三角形イは相似比が 3：4 だから，面積比は，$(3×3):(4×4)=9:16$ になるんだ。この性質を使って，次の例題を解いてみよう。

072 説明の動画は
こちらで見られます

[例題]3-12　つまずき度 😣😣😣😣😣

右の図で, DE と BC が平行のとき,
三角形 ADE と台形 DBCE の面積比
を求めなさい。

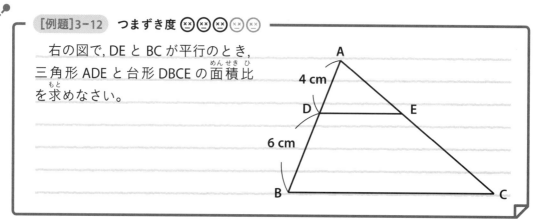

👧「三角形 ADE と三角形 ABC はピラミッド形の相似ですね。」

そうだね。DE と BC は平行だから, 三角形 ADE と三角形 ABC はピラミッド形の
相似だ。そして, 相似比は, AD：AB＝4：(4＋6)＝4：10＝2：5 だね。相似比が
2：5 ということは, 面積比はどうなるかな？

👦「えーっと……, **相似比が $a：b$ のとき, 面積比は $(a×a)：(b×b)$ となるん**で
すよね。三角形 ADE と三角形 ABC は相似比が 2：5 だから, 面積比は,
(2×2)：(5×5)＝4：25 になると思います。」

そうだね。三角形 ADE と三角形
ABC は, 相似比が 2：5 だから, 面
積比は, (2×2)：(5×5)＝4：25 だ。

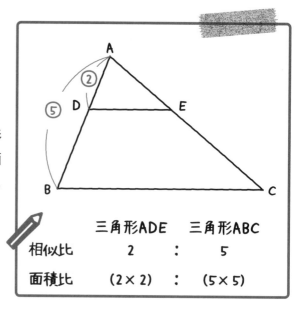

	三角形ADE		三角形ABC
相似比	2	：	5
面積比	(2×2)	：	(5×5)

この例題では，三角形 ADE と台形 DBCE の面積比を求めるんだね。台形 DBCE の面積は，三角形 ABC の面積から三角形 ADE の面積をひいたものだから，三角形 ADE と台形 DBCE の面積比は，4：（25－4）＝4：21 となるよ。

4：21 … 答え [例題]3-12

[例題]3-12 では，最後に面積比をひくのを忘れないようにしよう。では，次の例題にいくよ。

 073　説明の動画は
こちらで見られます

[例題]3-13　**つまずき度** 😣😣😣😵😵

右の図のように，辺 AD と辺 BC が平行な台形 ABCD があります。

AD：BC＝5：7 のとき，4 つの三角形の面積比ア：イ：ウ：エを求めなさい。

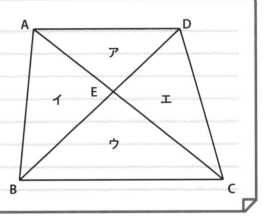

AD と BC が平行なので，三角形アと三角形ウはちょうちょ形の相似だ。三角形アと三角形ウの相似比は，AD：CB＝5：7 だね。このとき，三角形アと三角形ウの面積比はどうなるかな？

　「三角形アと三角形ウの相似比は 5：7 だから，面積比は，
（5×5）：（7×7）＝25：49 だと思うわ。」

その通り。面積比は,
(5×5):(7×7)＝25:49 だ。とこ
ろで,三角形アと三角形ウは相似で,
相似な図形では,対応する辺の長さ
の比はすべて等しいから,DE:BE
も AE:CE も 5:7 になるね。

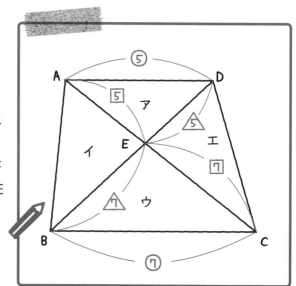

ここで,三角形アと三角形イに注
目しよう。三角形アと三角形イは,
底辺を DE と EB とすると,高さが
等しい三角形だね。**高さが等しい三
角形の底辺比と面積比は等しい**か
ら,三角形アと三角形イの面積比も,
底辺比 DE:EB と同じく 5:7 になる。

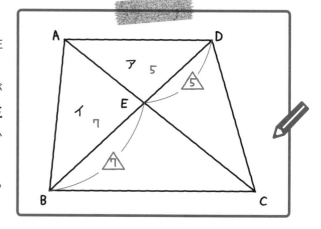

三角形アの面積比は 25 だから,
25:三角形イ＝5:7 となる。だから,
三角形イの面積比は,25÷5×7＝35
だ。次に,三角形アと三角形エに注
目すると,同じように底辺比も面積
比も 5:7 になる。だから,三角形
エの面積比も 35 だ。

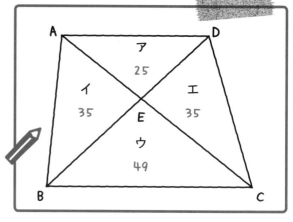

これで,アとイとウとエの面積比は,25:35:49:35 と求められたね。

25:35:49:35 … 答え [例題]3-13

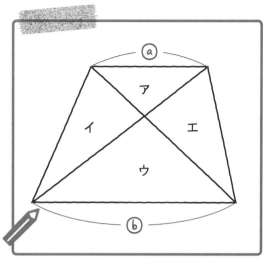

　ところで，右の図のように，台形の上底と下底の長さの比が $a:b$ であるときの，アとイとウとエの面積比がどうなるか見てみよう。

　三角形アと三角形ウは相似だから，アとウの面積比は $(a×a):(b×b)$ となる。三角形アと三角形イの底辺比は $a:b$ だから，面積比も $a:b$ となり，三角形イの面積比は $(a×b)$ となる。同じように考えると，三角形エの面積比も $(a×b)$ となる。

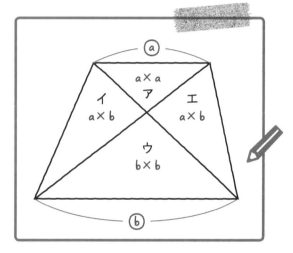

　だから，アとイとウとエの面積比は，$(a×a):(a×b):(b×b):(a×b)$ となるんだ。これを知っておくと，[例題]3-13 のような問題がラクに解けるから，おさえておこう。

> 💡 **コツ**
> ## 台形を対角線で分けたときの4つの三角形の面積比
>
> 　台形の上底と下底の長さの比が $a:b$ であるとき，ア，イ，ウ，エの面積比は，
> $$(a×a):(a×b):(b×b):(a×b)$$
> となる。

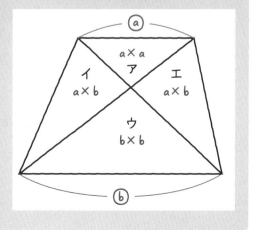

さっきの [例題]3-13 では，上底と下底の長さの比が 5：7 だったから，アとイとウとエの面積比は，(5×5)：(5×7)：(7×7)：(5×7)＝25：35：49：35 と簡単に求めることができるんだ。

 074 説明の動画は
こちらで見られます

ところで，1 つの図形を一定の割合に拡大または縮小した図形は，もとの図形と相似であるということは教えたよね。ある図形を，その形を変えないで大きくした図を**拡大図**，小さくした図を**縮図**というんだ。そして，実際の長さを縮小したときの割合を**縮尺**というよ。地図帳などを見るとき，地図のはしのほうに「$\frac{1}{20000}$」や「1：20000」のように書かれているのを見たことはあるかな？

 「あります！」

うん。「$\frac{1}{20000}$」や「1：20000」は，縮尺を表すんだ。次の例題は，縮尺の問題だよ。

[例題]3-14　**つまずき度** 😣😣😣😣😣

縮尺 30000 分の 1 の地図があります。
この地図について，次の問いに答えなさい。

(1) この地図上で 6 cm の長さは，実際には何 km ありますか。
(2) 実際の距離が 4.5 km の道のりは，この地図上では何 cm ですか。
(3) この地図上で面積が 10 cm² の土地の，実際の面積は何 ha ですか。

縮尺の問題は，やり方を覚えればそれほど難しくはないんだけど，**0 がいっぱい出てきたり，単位換算があったりで，ケアレスミスをしやすいから，慎重に解いていくようにしよう。**それぞれの単位の関係や，単位換算に自信がない人は，「計算・文章題」編の 📖 **2** 09 の「単位換算」の項目を読んで，復習することをおすすめするよ。

 「私，ときどきケアレスミスをしちゃうから，復習しようかな。」

うん。では，(1)からいこう。縮尺 30000 分の 1 の地図上で 6 cm の長さは，実際には何 km かを求める問題だ。

　　実際の距離の 30000 分の 1 が 6 cm になる
ということだよ。だから，6 cm を 30000 倍
すれば，実際の距離を求めることができる。

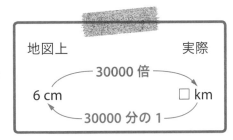

　6×30000＝180000（cm）だね。「何 km か」を求めるのだから，180000 cm を km
に直せばいいね。どうなるかな？

 「えーっと……，180000 cm が何 km か求めるには……。」

　180000 cm をいきなり km に直すのはややこしいから，まずは m に直して，そ
れから km に直すようにしよう。1 m＝100 cm だから，180000 cm の 0 を 2 つとっ
て，180000 cm＝1800 m と直せる。1 km＝1000 m だから，1800 m＝1.8 km と求
めることができるよ。

1.8 km … 答え ［例題］3-14（1）

　(2) にいくよ。実際の距離が 4.5 km の道のりは，この地図上では何 cm かを求め
る問題だ。4.5 km の 30000 分の 1 が何 cm になるか求めればいいんだね。答えは
cm で求める必要があるから，まず，4.5 km を cm に直してくれるかな？

 「はい。まず，4.5 km を m に直してから，cm に直せばいいのね。
　　1 km＝1000 m だから，4.5 km＝4500 m よ。そして，1 m＝100 cm だ
　　から，4500 m＝450000 cm と直せるわ。」

　その通りだね。4.5 km＝4500 m＝450000 cm だ。この 450000 cm の 30000 分の
1 が答えになるのだから，$450000×\dfrac{1}{30000}=15$（cm）と求めることができる。

15 cm … 答え ［例題］3-14（2）

　(3) にいこう。(1)，(2) は，長さの縮尺についての問題だけど，(3) は，面積の縮
尺についての問題だ。面積の縮尺の問題では，注意するべきことがあるよ。

 「どういうところを注意すればいいんですか。」

（3）は，縮尺 30000 分の 1 の地図上で，面積が 10 cm² の土地の実際の面積は何 ha かを求める問題だね。このような問題で，**10×30000＝300000(cm²)とし，それを ha に直して答えにする人がいるけど，それはまちがいだから気をつけよう。**

 「えっ，てっきりそのように解くんだと思ってたわ。どのように解くのが正しいのかしら。」

例えば，地図上で面積が 10 cm² の長方形の形をした土地は，**たて，横どちらも30000 倍すると，実際の面積になる**んだ。たてを 30000 倍して，横も 30000 倍するのだから，**10 cm² に 30000 を 2 回かけると，実際の面積になる**ということなんだよ。土地の形が長方形でなくても，同じように 30000 を 2 回かければいいんだ。

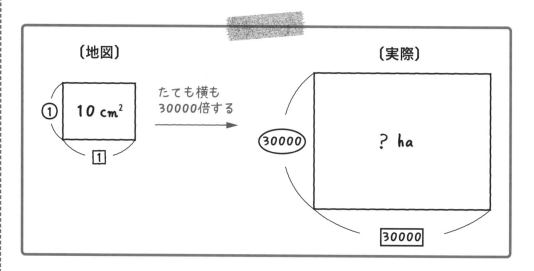

だから，10 cm² に 30000 を 2 回かけて，実際の面積を求めよう。計算して，単位を ha に直していくと，次のように答えが求められる。

$$10\ cm² × 30000 × 30000 = 9000000000\ cm²$$
$$= 900000\ m²$$
$$= 90\ ha$$

$1\ m² = 10000\ cm²$
$1\ ha = 10000\ m²$

90 ha … 答え [例題]3-14 （3）

 「自分で解くと，ケアレスミスをしちゃいそう……。」

0 の数をまちがったり，単位換算のミスをしたりしないように，注意して解くようにしよう。1 つ 1 つ確実に解いていけば，正しい答えを求めることができるよ。

Check 41　つまずき度 😣😣😣😣😣　➡ 解答は別冊 p.63 へ

　右の図で, DE と FG と BC は平行です。

　このとき, 三角形ア, 四角形イ, 四角形ウの面積比を求めなさい。

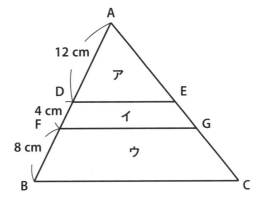

Check 42　つまずき度 😣😣😣😣😣　➡ 解答は別冊 p.63 へ

　右の図のような三角形 ABC があり, DE と BC は平行です。

　DE:BC＝4:5 のとき, 5 つの三角形ア, イ, ウ, エ, オの面積比を求めなさい。

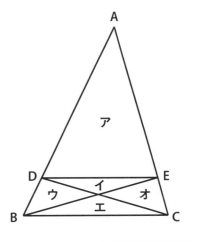

Check 43　つまずき度 😣😣😣😣😣　➡ 解答は別冊 p.63 へ

　縮尺 50000 分の 1 の地図があります。

　この地図について, 次の問いに答えなさい。

（1）　この地図上で 3 cm の長さは, 実際には何 km ありますか。

（2）　実際の距離が 3.6 km の道のりは, この地図上では何 cm ですか。

（3）　この地図上で面積が 6 cm² の土地の, 実際の面積は何 km² ですか。

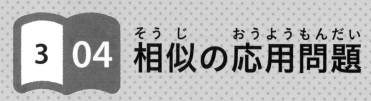

3 04 相似の応用問題

ここを乗り切って，相似の上級者になろう！

 説明の動画は
こちらで見られます

いままで習った相似の知識を使って，相似の応用問題を解いていくよ。まずは，影の問題だ。**影の問題が出てきたら，相似を使って解く場合がほとんどだよ。**

「どうして，影と相似が関係するんですか？」

太陽の光は平行に進むんだ。そして，その太陽の光が棒などに当たると，影ができる。だから，同じ時刻に，2本以上の棒を地面に垂直に立てると，次の図のように，相似な直角三角形ができるんだよ。

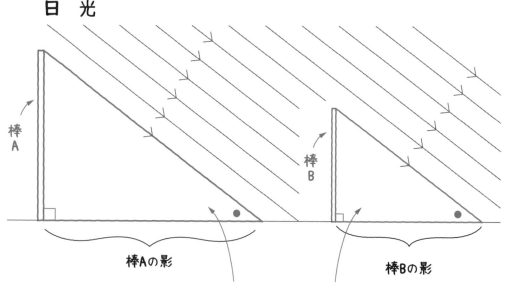

日　光

棒A

棒B

棒Aの影

棒Bの影

2組の角（直角と●の角）がそれぞれ等しいので，
相似な直角三角形である

「へぇ，こんなところに相似ができるんだぁ！」

うん。では，さっそく影の問題を解いてみよう。

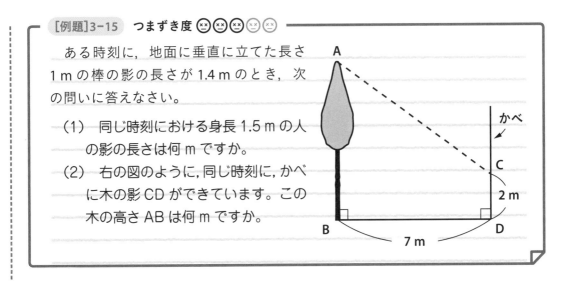

[例題]3-15 つまずき度 😖😖😖😖😖

　ある時刻に，地面に垂直に立てた長さ
1 m の棒の影の長さが 1.4 m のとき，次
の問いに答えなさい。

（1）　同じ時刻における身長 1.5 m の人
　　　の影の長さは何 m ですか。

（2）　右の図のように，同じ時刻に，かべ
　　　に木の影 CD ができています。この
　　　木の高さ AB は何 m ですか。

　（1）からいくよ。地面に垂直に立てた長さ 1 m の棒とその影 1.4 m がつくる直角
三角形と，身長 1.5 m の人とその影がつくる直角三角形は，次の図のように，相似
になる。

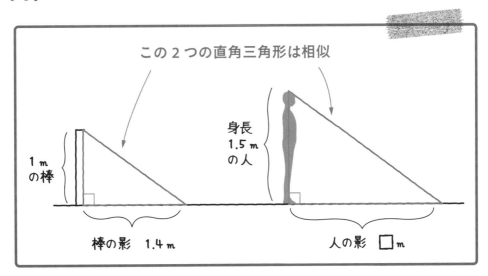

　2つの直角三角形の相似比は，（棒の長さ）：（人の身長）＝1：1.5＝2：3 となる。

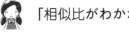　「相似比がわかれば，人の影の長さが求められるわね。」

　そうだよね。影の長さも 2：3 になるから，1.4：（人の影の長さ）＝2：3 となる。
だから，（人の影の長さ）＝1.4÷2×3＝2.1（m）と求められるね。

2.1 m … 答え [例題]3-15 （1）

076 説明の動画は
こちらで見られます

（2）にいこう。同じ時刻に，かべに木の影ができているとき，この木の高さ AB が何 m かを求める問題だね。かべがあるから，はじめはとまどってしまうかもしれないけど，あるところに補助線を引くと考えやすくなるよ。

「補助線？　どこに引ければいいんだろう……。」

右の図のように，かげの先の C から，DB に平行に補助線を引くといいんだ。補助線と木 AB との交点を E とするよ。

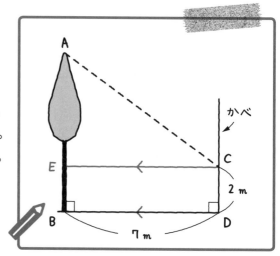

補助線を引くと，直角三角形 AEC ができるね。地面に垂直に立てた長さ 1 m の棒とその影 1.4 m がつくる直角三角形と，この直角三角形 AEC が相似になるんだ。ちなみに，EC の長さは BD と同じく 7 m だね。

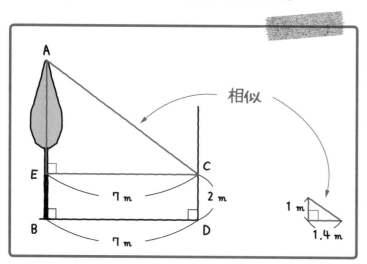

　この 2 つの直角三角形の相似比は，EC：(棒の影の長さ)＝7：1.4＝5：1 だね。AE：(棒の長さ)も 5：1 になるから，AE：1＝5：1 だ。だから，AE は 5 m とわかる。これより，木の高さ AB は，AE＋EB＝5＋2＝7(m)と求められるんだ。

7 m … 答え [例題]3-15 （2）

　このように，**影の問題では，直角三角形の相似に着目して解くのがポイント**だよ。では，次の例題にいこう。

 077　説明の動画はこちらで見られます

[例題]3-16　つまずき度 😣😣😣😣😣

　右の図のような長方形 ABCD があり，点 E, F は辺 AB を 3 等分する点で，点 G, H は辺 AD を 3 等分する点です。
　このとき，次の問いに答えなさい。

（1）　三角形 GJD と三角形 CJB の面積比を求めなさい。

（2）　BI：IJ：JD を求めなさい。

（3）　三角形 ICJ の面積を求めなさい。

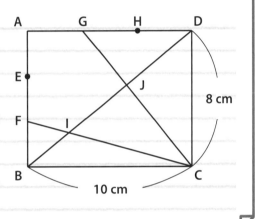

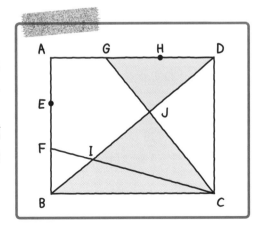

　つまずき度は 5 つだけど，入試にはよく出る問題だから，集中して解いていこう。

　(1)は，三角形 GJD と三角形 CJB の面積比を求める問題だ。三角形 GJD と三角形 CJB は，ちょうちょ形の相似だね。

　面積比を求めるために，まず，三角形 GJD と三角形 CJB の相似比を求めよう。相似比は何対何かな？　どことどこの対応する辺に注目すればいいかな？

　「三角形 GJD と三角形 CJB の相似比は，えーっと……。」

　三角形 GJD の辺 GD と，三角形 CJB の辺 CB に着目すればいいよ。点 G，H は辺 AD を 3 等分する点だよね。ということは，GD は AD を 3 等分したうちの 2 つ分だ。そして，AD の長さは CB の長さに等しいから，GD：CB＝2：3 ということだ。これが三角形 GJD と三角形 CJB の相似比だから，三角形 GJD と三角形 CJB の面積比は，(2×2)：(3×3)＝4：9 と求められる。

4：9 … 答え ［例題]3-16 (1)

 078 説明の動画は
こちらで見られます

　(2)にいこう。BI：IJ：JD を求める問題だ。(2)のように，3 つの長さの比を求める問題は，たまに出題されるんだけど，図に直接，比を書き入れていくと，図がごちゃごちゃになってしまう。そうならないように，**比を求めたい対角線 BD の部分だけを，次のように別にかき出す**といいんだ。B と D の間に I と J も書こう。

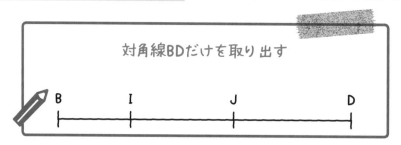

　BD だけをかき出したこの図に，比を書きこんでいくと，もとの図に書き入れなくてすむんだ。そして，この問題では，いきなり BI：IJ：JD を求めることはできないから，**わかるところから比を書いていく**といいよ。

　「わかるところは……，BJ：JD の比はわかりそうよ。」

　そうだね。BJ：JD の比は求めることができる。(1)でも見たように，三角形 GJD と三角形 CJB はちょうちょ形の相似で，相似比は 2：3 だから，BJ：JD＝3：2 だ。この比に ◯ をつけて，③：② をさっきの図に書きこむと，次のようになる。

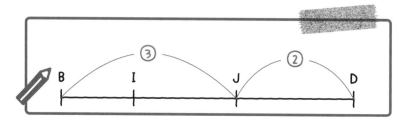

他に比がわかるところはあるかな？

 「他に比がわかるところは，うーん……。」

比を知るためには，相似比がわかればいいんだから，**相似な三角形を見つけよう。**

 「相似な三角形は，うーん……。あっ！　三角形 FBI と三角形 CDI がちょうちょ形の相似です！」

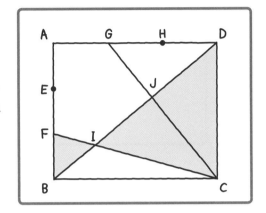

その通り，よく見つけたね。たしかに，三角形 FBI と三角形 CDI は，ちょうちょ形の相似だ。

相似比は FB：CD を求めればいい。点 E，F は辺 AB を 3 等分する点で，AB と CD の長さは等しいから，FB：CD，つまり，相似比は 1：3 だ。

 「ということは，BI：ID も 1：3 になるのね。」

そうだね。BI：ID も 1：3 になるから，この比に □ をつけて，□1：□3 をさっきの図に書きこむと，次のようになる。○ の比とはちがう比だから，□ をつけて区別したんだ。

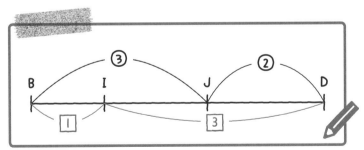

これで，BD を ○ と □ の 2 種類の比で表すことができた。このように，**2 種類の比で表すことができれば，BI：IJ：JD を求めることができる**んだ。

「えっ，どうやって BI：IJ：JD を求めるんだろう？」

○の比は③：②だから，比の和は，③＋②＝⑤だね。一方，□の比は①：③だから，比の和は，①＋③＝④だ。⑤と④で比の和がちがうから，**これを⑤と④の最小公倍数の 20 に合わせると，1 つの比で表すことができるんだ。**

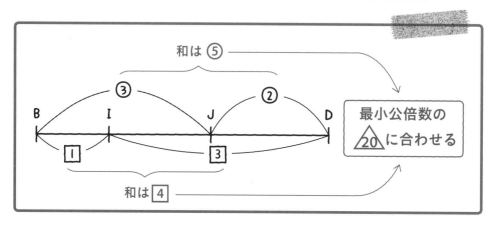

比の和を新しい比である △ を使って，/20\ に合わせることにしよう。

⑤を/20\にするためには，20÷5＝4(倍)する必要があるから，

③：②＝(③×4)：(②×4)＝/12\：/8\になる。

一方，④を/20\にするためには，20÷4＝5(倍)する必要があるから，

①：③＝(①×5)：(③×5)＝/5\：/15\になる。

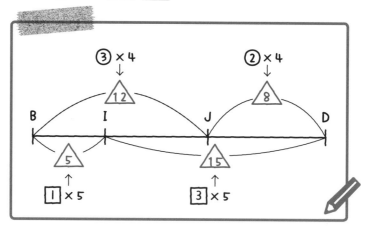

これで，△ の比だけで表せたね。図から，IJ の比は，/12\－/5\＝/7\とわかるね。だから，BI：IJ：JD＝5：7：8 と求められるんだ。

5：7：8 … 答え [例題]3-16 (2)

「難しかったぁ！」

うん，はじめは難しく感じるかもしれないけど，類題を解いていけば，少しずつ慣れてくるよ。**比を求めたい線を別にかき出し，相似な三角形を見つけて比を書きこんで，比の和をそろえて解く，**という流れだったね。

「その流れにそって解くのがコツっていうことかしら。」

その通りだよ。では，(3)にいこう。三角形ICJ の面積を求める問題だ。(2)が解ければ，この(3)は簡単だよ。三角形DBC に注目すればいいんだ。三角形DBC の面積は何cm² かな？

「三角形DBC の面積は，10×8÷2＝40(cm²)です！」

そうだね。そして，三角形DBC と三角形JIC は，高さが同じ三角形だ。**高さが等しい三角形の底辺比と面積比は等しい**から，三角形DBC と三角形JIC の面積比は，底辺比のBD：IJ と等しくなる。ここで，(2)より，
BI：IJ：JD＝5：7：8だから，
BD：IJ＝(5＋7＋8)：7＝20：7となる。

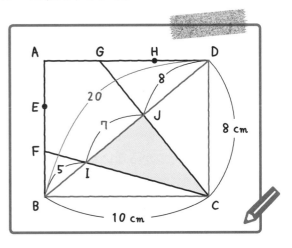

だから，三角形DBC と三角形JIC の面積比も20：7となる。三角形DBC の面積が40cm² だから，三角形JIC の面積は，$40 \times \frac{7}{20} = 14$(cm²)と求められるんだ。

14 cm² … 答え ［例題］3-16 （3）

［例題］3-16 のような問題がすらすら解けるようになれば，相似の上級者に近づいてきていると言えるんじゃないかな。次の ［例題］3-17 も難しい問題だけど，相似の最後の例題として挑戦してみよう。

説明の動画は
こちらで見られます

[例題]3-17　つまずき度 😣😣😣😣😣

　右の図のような長方形 ABCD が
あります。

　AF＝FD，DE：EC＝5：3 のとき，
FG：GB を求めなさい。

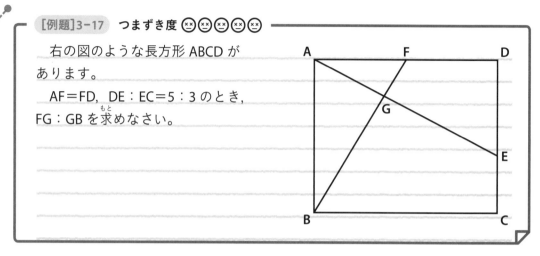

　この例題も，1 つ前の [例題]3-16 と同じように，ちょうちょ形の相似を利用して解くんだ。

 「うーん……。でも，先生，今回の例題には，ちょうちょ形の相似の三角形は見つからないわ。」

　そうだね。もとの図には，ちょうちょ形の相似の三角形は見つからないね。そこで，補助線を引いて，ちょうちょ形の相似をつくるんだ。「**角出し**」というワザを使うよ。

 「つのだし？」

　うん，説明するね。AE を E のほうにのばした補助線と，BC を C のほうにのばした補助線を引いて，その交点を H としよう。そうすると，長方形 ABCD から，三角形 ECH が飛び出した図形になる。この飛び出した三角形 ECH が，長方形 ABCD から角を出したように見えるから，「角出し」というんだ。

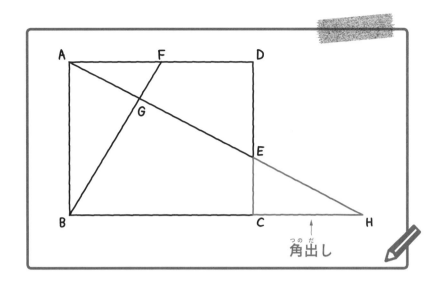

角出し

このように角出しすると，ちょうちょ形の相似が見つかるんじゃないかな？

「あっ，三角形 ADE と三角形 HCE がちょうちょ形の相似ね。」

そうだね。三角形 ADE と三角形 HCE がちょうちょ形の相似だ。相似比は，DE：CE＝5：3 になるね。だから，AD：HC も 5：3 になる。これに ◯ をつけて，⑤：③ としよう。

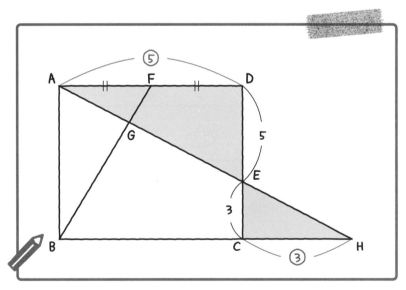

また，AF＝FD だから，AF と FD を ◯ の比で表すと，それぞれ，⑤÷2＝②.5 となる。

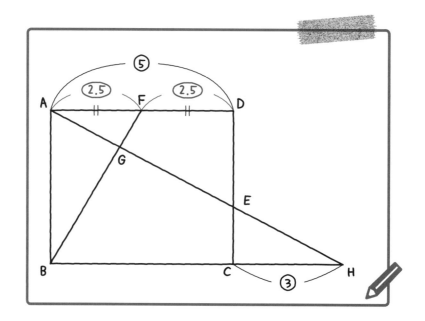

　ところで，三角形 AGF と三角形 HGB も，ちょうちょ形の相似^{そうじ}だね。三角形 AGF と三角形 HGB の相似比^{そうじひ}がわかれば，答えの FG：GB を求められる。三角形 AGF と三角形 HGB の相似比は，AF：HB を求めればいいんだけど，わかるかな？

 「AF は ②.5 でしたよね。BC は AD と同じ長さだから ⑤ で，……。なんだかこんがらがってきました。」

　いいところまで考えられているよ。AF は ②.5 だ。BC は AD と同じ長さで ⑤ だから，HB＝BC＋CH＝⑤＋③＝⑧ だよ。

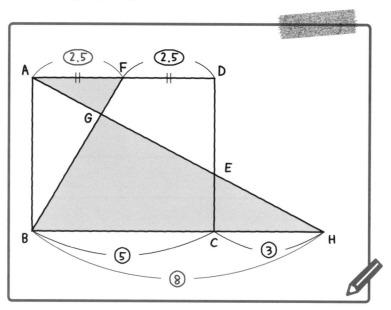

242

だから，AF：HB＝2.5：8＝5：16 だ。三角形 AGF と三角形 HGB の相似比が 5：16 だから，対応する辺の比 FG：GB も 5：16 と求められる。

5：16 … 答え [例題] 3-17

「角出し」というワザを使って解いたけど，この方法を自由自在に使えるようになれば，相似はかなり上達しているといえるよ。

Check 44 つまずき度 😖😖😖😑😑 　⇒解答は別冊 p.63 へ

ある時刻に，地面に垂直に立てた長さ 50 cm の棒の影の長さが 60 cm のとき，次の問いに答えなさい。

(1) 同じ時刻における身長 1.7 m の人の影の長さは何 m ですか。

(2) 右の図のように，同じ時刻に，かべに木の影 CD ができています。この木の高さ AB は何 m ですか。

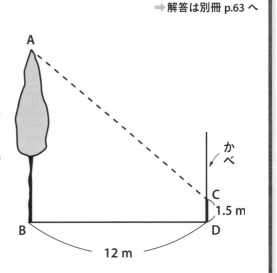

Check 45 つまずき度 😖😖😖😖😖 　⇒解答は別冊 p.64 へ

右の図のような平行四辺形 ABCD があります。

AE：EB＝1：2，BF：FC＝1：3 のとき，次の問いに答えなさい。

(1) 三角形 AEG と三角形 CDG の面積比を求めなさい。

(2) AG：GH：HC を求めなさい。

(3) 平行四辺形 ABCD と三角形 DGH の面積比を求めなさい。

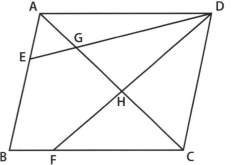

Check 46　つまずき度 😖😖😖😖😖 　➡解答は別冊 p.65 へ

　右の図のような平行四辺形 ABCD が
あり，AE：EB＝3：4，BF＝FC，DG＝GC
です。

　このとき，AH：HI：IC を求めなさい。

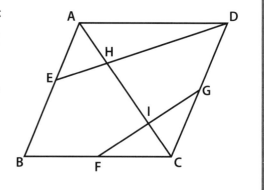

第 4 章

平面図形(4)
図形の移動

平面図形も，いよいよこの章で最後だよ。

「角度に面積，相似，……，ここまでの道のりは長かったなぁ。」

そうだね。でも，ここを乗り切れば，平面図形のゴールにたどりつくよ。この章では，平面図形の移動について学ぶんだ。

「平面図形の移動？」

そうだよ。平面図形が平行に動いたり，回転したり，色々な動き方をするんだ。では，いっしょに学んでいこう。

「はい！」

平行移動と回転移動

三角形や四角形がまっすぐ動いたり，回転したり，……。

 080 説明の動画は
こちらで見られます

　これから，図形の移動について学んでいくけど，まずは，平行移動について教えるよ。**図形を一定の方向に，一定の距離だけずらす移動を，平行移動**というんだ。例題を解きながら学んでいこう。

[例題]4-1　つまずき度 😣😣😣😣😣

　次の図のように，直角二等辺三角形アと正方形イがあります。アは，毎秒 1 cm の速さで，矢印の方向に動きます。

　このとき，下の問いに答えなさい。

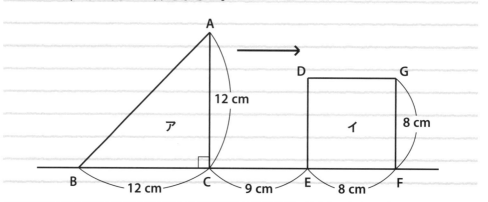

（1）　アとイが重なっているのは何秒間ですか。

（2）　アが動き始めてから 15 秒後の，アとイの重なった部分の面積は何 cm² ですか。

（3）　アとイの重なった部分の面積が，イの面積の半分になるのは，アが動き始めてから何秒後と何秒後ですか。

　この例題で，直角二等辺三角形アは矢印の方向に動いていく。図形を一定の方向に，一定の距離だけずらす移動を平行移動というんだったね。

　「ということは，この例題は，平行移動の問題なのね。」

うん，そうだよ。(1)は，アとイが重なっているのは何秒間かを求める問題だ。アが右方向に動いて，**アの点Cが，イの点Eに重なったときが，アとイの重なり始め**だよ。

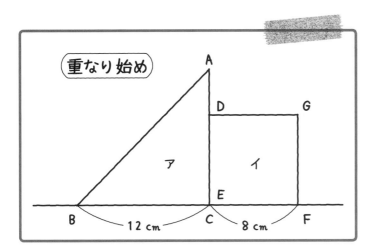

その後，アがさらに右方向に進んで，**アの点Bとイの点Fが重なったときが，重なり終わり**だよ。

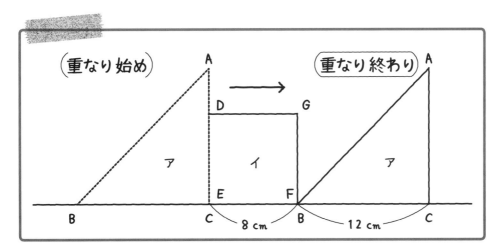

重なり始めてから，重なり終わるまでに，点Cは，8＋12＝20(cm)動いている。アは，毎秒1cmの速さで動くのだから，アとイが重なっているのは，20÷1＝20(秒間)と求められるよ。

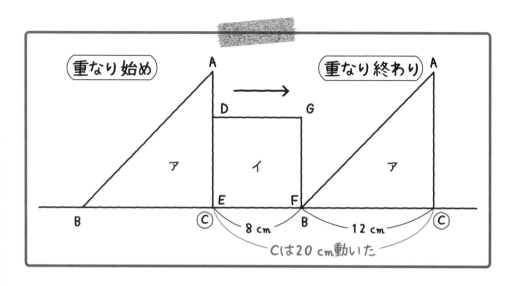

20秒間 … 答え [例題]4-1 (1)

081 説明の動画は
こちらで見られます

では, (2)にいこう。アが動き始めてから15秒後の, アとイの重なった部分の面積は何cm²かを求める問題だ。アは15秒で, 1×15＝15(cm)動くね。アの点Bも点Cもそれぞれ15cm動くから, それをもとに, アが右方向に15cm動いた図をかくと, 次のようになる。アがイと交わる点を, 次の図のように, H, I, Jとするよ。

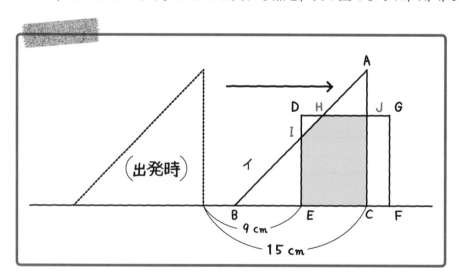

上の図で, 色をつけた部分が, アとイの重なった部分だ。だから, 色をつけた部分の面積を求めればいいんだよ。

「ということは，長方形 DECJ の面積から，三角形 DIH の面積をひけばいいということですか？」

その通りだよ。だから，三角形 DIH の辺 DI と DH の長さを求める必要がある。

まず，EC＝15－9＝6(cm)だね。
BC＝12 cm だから，
BE＝BC－EC＝12－6＝6(cm)だ。
三角形 IBE は直角二等辺三角形だから，IE も 6 cm だよ。だから，
DI＝DE－IE＝8－6＝2(cm)だね。
三角形 DIH は直角二等辺三角形だから，DH も 2 cm だ。ここまでわかった長さをまとめると，右の図のようになる。

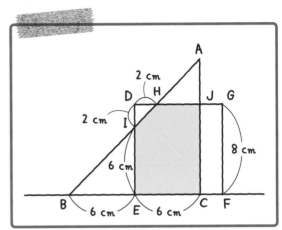

長方形 DECJ の面積から，三角形 DIH の面積をひけば，色をつけた部分の面積が求められるね。だから，8×6－2×2÷2＝46(cm²)が，重なった部分の面積だ。

46 cm² … [例題]4-1 （2）

082 説明の動画は
こちらで見られます

　(2) は，ちょっとややこしかったかな？ **それぞれの辺の長さを慎重に，そして順序よく求める必要があった**ね。では，(3)にいこう。アとイの重なった部分の面積が，イの面積の半分になるのは，アが動き始めてから何秒後と何秒後かを求める問題だ。

 「『何秒後と何秒後か』っていうことは，**面積が半分になるのが 2 回ある**ってことかしら？」

　そういうことだよ。だから，まず 1 回目に，アとイの重なった部分の面積が，イの面積の半分になるのが何秒後かを求めよう。アがイに重なり始めてすぐのときに，重なっている部分の形は何かな？

 「えーっと，アがイに重なり始めてすぐの，重なっている部分の形は……，うーん……，長方形ですか？」

　その通り。アがイに重なり始めてすぐの，重なっている部分の形は，次の図のように長方形だ。

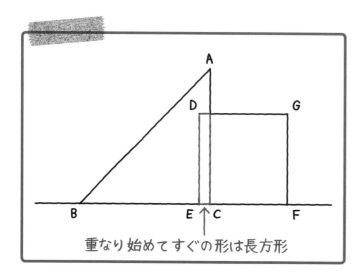

　アが右に進むにしたがって，この長方形の面積は大きくなる。そして，この長方形の面積が，イの面積の半分になるときを探すと，次の図のような形が見つかるんだ。ECの長さが，正方形イの1辺の半分の，8÷2＝4(cm)になるときだよ。

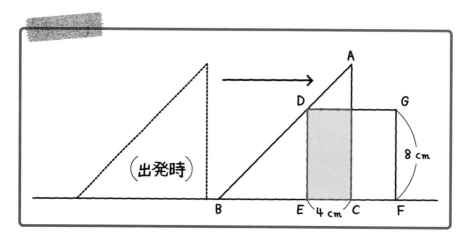

　このとき，アとイの重なった部分の面積が，イの面積の半分になっている。アがこの位置にくるまで，点Cは出発してから，9＋4＝13(cm)動いている。だから，この図のようになるのは，13÷1＝13(秒後)で，これが1回目だね。

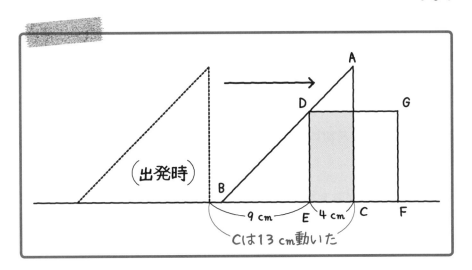

次に，2回目は何秒後かを考えよう。重なった部分が長方形になったあと，アはさらに右に進み，重なった部分は，(2)で見たような五角形になる。でも，長方形から五角形になるにつれて，面積がどんどん大きくなっていくから，五角形のときに面積が半分になることは考えられない。重なった部分が五角形になったあと，次はどんな形になると思う？

「重なりの部分が五角形になったあと，次は，えーっと……，うーん？」

五角形になったあと，重なった部分は，直角二等辺三角形になるんだ。そして，直角二等辺三角形になったばかりの図は，次のようになる。

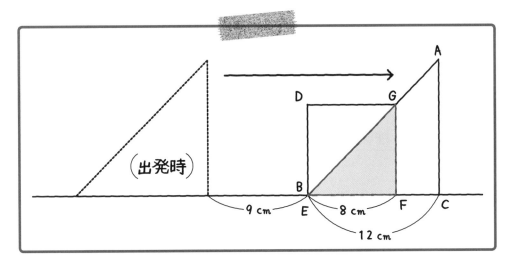

重なった部分が，直角二等辺三角形になったばかりの図だけど，このとき，重なった部分の面積が，イの面積の半分になっているのはわかるかな？

 「あっ，ほんとだ！」

アの辺 AB が，イの対角線の GE と重なっているので，重なった部分の面積が，イの面積の半分になっているんだ。だから，このときが 2 回目だね。

 「このときは，アが動き始めてから何秒後なのかしら？」

アの点 C に注目すると，アが動き始めてから，9＋12＝21（cm）動いていることがわかる。

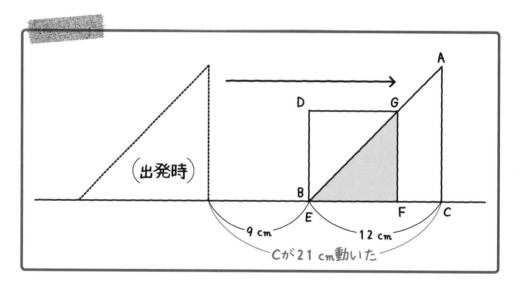

だから，2 回目は，21÷1＝21（秒後）と求められるんだ。1 回目が 13 秒後で，2 回目が 21 秒後ということだね。

13 秒後と 21 秒後 … 答え ［例題］4-1 （3）

［例題］4-1 は，アが進むにしたがって，重なった部分の形がどう変化するかを考え，その都度，辺の長さなどを慎重に求めていく必要があったね。あせらずじっくり考えていかないと，ケアレスミスをしてしまうから気をつけよう。

083 説明の動画は
こちらで見られます

[例題]4-1 は，平行移動の問題だったけど，次は，回転移動について教えていくよ。**ある点を中心として，図形を一定の角度だけ回転させる移動を，回転移動**というんだ。これも，例題を解きながら学んでいこう。

[例題]4-2　つまずき度 😣😣😣😣😣

右の図は，直径 18 cm の半円を，点 A を中心として 60 度回転させたものです。

かげをつけた部分の面積は何 cm² ですか。ただし，円周率は 3.14 とします。

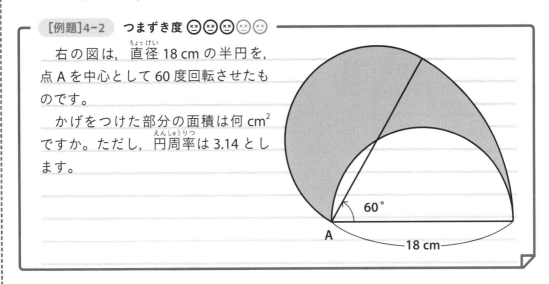

半円を，点 A を中心として 60 度回転させるのだから，回転移動の問題だね。

 「回転移動の問題なんですね。でも，先生，かげをつけた部分は，なんだか変な形をしていて，面積が求められそうにないんですけど……。」

たしかに，そのまま面積を求めることはできそうにないね。だから，考え方を変える必要があるよ。まず，全体を見てみると，全体は，直径 18 cm の半円と，半径 18 cm で中心角 60 度のおうぎ形からできているね。

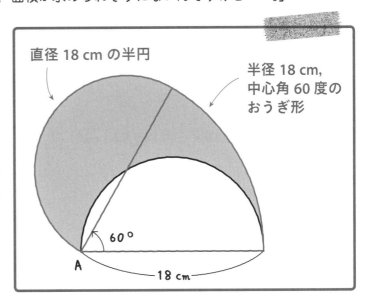

直径 18 cm の半円

半径 18 cm，中心角 60 度のおうぎ形

60°

A　18 cm

　一方，かげをつけた部分以外の白い部分は，直径18 cmの半円だ。そして，**か
げをつけた部分の面積は，全体（半円＋おうぎ形）の面積から，白い部分（半円）の面
積をひいたもの**だね。ということは，半円の面積が消されて，==かげをつけた部分
の面積は，おうぎ形の面積と等しくなる==ということなんだ。

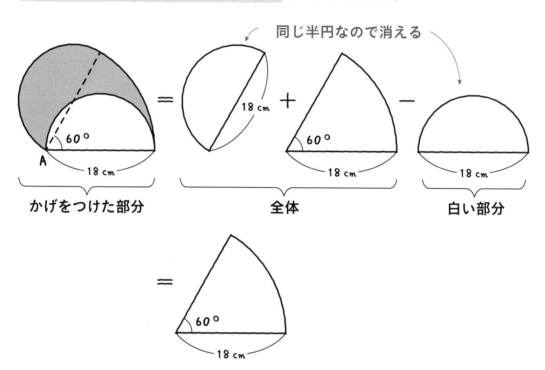

　「かげをつけた部分の面積が，おうぎ形の面積と等しいなら，面積が求めら
れるわね。」

　そうだね。かげをつけた部分の面積は，半径18 cm，中心角60度のおうぎ形の
面積と等しいのだから，

$$18 \times 18 \times 3.14 \times \frac{1}{6} = 169.56 \, (\text{cm}^2)$$

と求められるんだ。

169.56 cm² … 答え ［例題］4-2

　かげをつけた部分の面積を直接求めることはできないから，==「かげをつけた部
分の面積は，全体の面積から，どこの面積をひいたものか」を考えて求める
のがポイント==だよ。では，次の例題にいこう。

084 説明の動画は
こちらで見られます

[例題]4-3 つまずき度 😵😵😵😵😵

　右の図は，直角三角形 ABC を，点
C を中心として 150 度回転させて，
三角形 A′B′C に移したものです。
　かげをつけた部分の面積は何 cm²
ですか。ただし，円周率は 3.14 とし
ます。

今回も，回転移動の問題だね。この例題も，かげをつけた部分の面積は，直接求められそうもないね。

 「じゃあ，これも， [例題]4-2 のように考えればいいんですか。」

　それも 1 つの解き方だね。でも，この例題には，もう 1 つ，もっと簡単な解き方があるんだ。まず，こっちの簡単な解き方から解説するね。それは，かげをつけた部分の一部を，次の図のように移動させる方法だ。

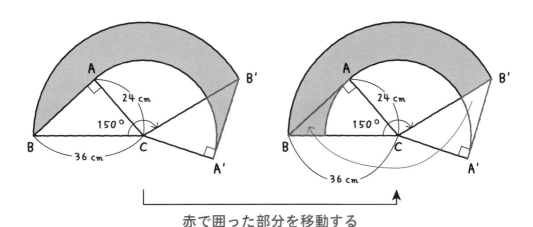

赤で囲った部分を移動する

　このように移動すると，**かげをつけた部分の面積は，半径 36 cm，中心角 150 度のおうぎ形の面積から，半径 24 cm，中心角 150 度のおうぎ形の面積をひいたもの**だということがわかる。

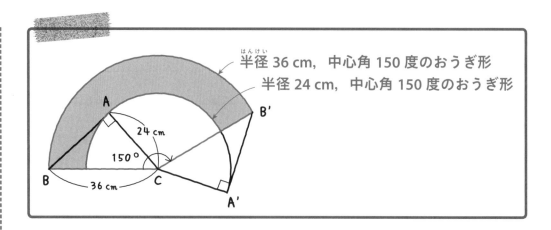

だから，かげをつけた部分の面積は，

$$36 \times 36 \times 3.14 \times \frac{150}{360} - 24 \times 24 \times 3.14 \times \frac{150}{360}$$

$$= (36 \times 36 - 24 \times 24) \times 3.14 \times \frac{5}{12}$$

$$= 720 \times 3.14 \times \frac{5}{12}$$

$$= 300 \times 3.14 = 942 \, (\text{cm}^2)$$

と求められるんだ。

942 cm² … 答え [例題]4-3

別解 [例題]4-3

　1つ前の [例題]4-2 では，「かげをつけた部分の面積は，全体の面積から，どこの面積をひいたものか」を考えて求めるのがポイントだと言ったよね。 [例題]4-3 も同じように考えて解くこともできるよ。全体は，半径 36 cm，中心角 150 度のおうぎ形と，三角形 A′B′C からできているね。

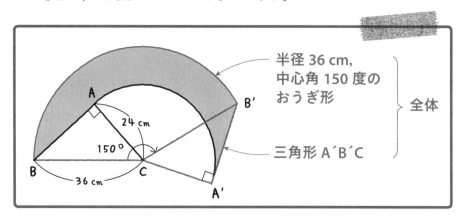

そして，かげをつけた部分以外の白い部分は，三角形 ABC と，半径 24 cm，中心角 150 度のおうぎ形からできている。

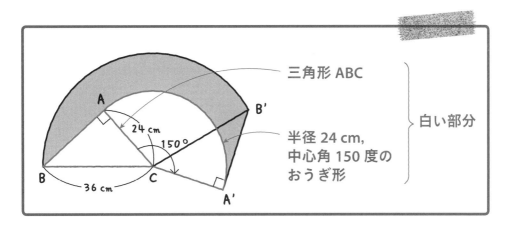

かげをつけた部分の面積は，全体（半径 36 cm のおうぎ形＋三角形 A´B´C）の面積から，白い部分（三角形 ABC ＋半径 24 cm のおうぎ形）の面積をひいたものだ。三角形 A´B´C と三角形 ABC の面積は同じだから，三角形の面積が消されるね。だから，**かげをつけた部分の面積は，半径 36 cm のおうぎ形の面積から，半径 24 cm のおうぎ形の面積をひいたものになる**んだ。

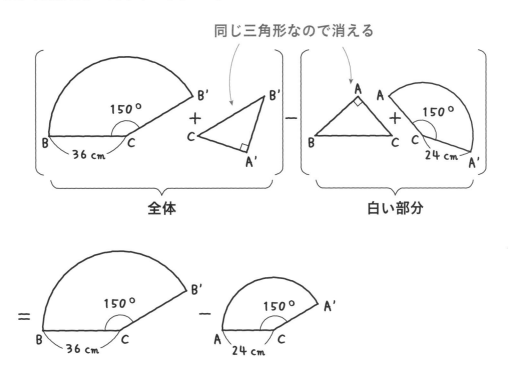

だから，かげをつけた部分の面積は，

$$36 \times 36 \times 3.14 \times \frac{150}{360} - 24 \times 24 \times 3.14 \times \frac{150}{360} = 942 \,(\text{cm}^2)$$

と求められるんだ。

942 cm² … 答え ［例題］4-3

 「どちらの解き方も，式は同じになるんですね。」

そうだね。式は同じだけど，考え方がちがうから，どちらの解き方でも解けるように理解しておこう。

Check 47 つまずき度 😖😖😖😖😖 　　　　⇒ 解答は別冊 p.66 へ

次の図のように，正方形アと直角二等辺三角形イがあります。アは，毎秒 1 cm の速さで，矢印の方向に動きます。

このとき，下の問いに答えなさい。

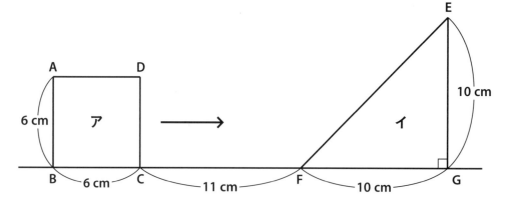

（1）　アとイが重なっているのは何秒間ですか。

（2）　アが動き始めてから 18 秒後の，アとイの重なった部分の面積は何 cm² ですか。

（3）　アとイの重なった部分の面積が，アの面積の半分になるのは，アが動き始めてから何秒後と何秒後ですか。

Check 48

つまずき度 😖😖😖😑😖

➡ 解答は別冊 p.66 へ

右の図は，直径 9 cm の半円を，点 A を中心として 40 度回転させたものです。

かげをつけた部分の面積は何 cm² ですか。ただし，円周率は 3.14 とします。

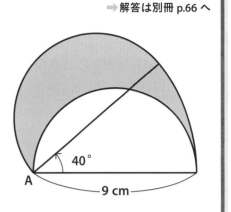

Check 49

つまずき度 😖😖😖😖😖

➡ 解答は別冊 p.67 へ

右の図は，直角三角形 ABC を，点 C を中心として 90 度回転させて，三角形 A′B′C に移したものです。

このとき，かげをつけた部分の面積は何 cm² ですか。ただし，円周率は 3.14 とします。

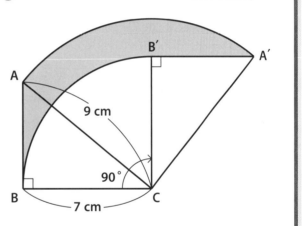

図形の転がり

図形をコロコロ転がしたときの長さや面積を求めていこう！

 085 説明の動画は
こちらで見られます

図形が転がる問題を解いていこう。まずは，円が転がる問題だよ。

[例題]4-4　つまずき度 😫😫😫😫😫

右の図のような長方形 ABCD があります。この長方形の外側を，点 O を中心とする半径 2 cm の円が，辺にそって 1 周します。

このとき，次の問いに答えなさい。ただし，円周率は 3.14 とします。

（1）　円の中心 O がえがく線の長さは何 cm ですか。

（2）　円が通った部分の面積は何 cm² ですか。

（1）からいこう。長方形の外側を，円が転がる問題だね。長方形のかどを曲がる前後の円の中心の動きは，右の図のようになる。

円の中心 O は，図のように，P → Q → R → S というように進んでいくんだ。

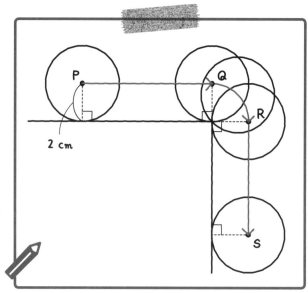

まず，円の中心が，PからQに進む部分を見てみるよ。PからQでは，長方形の辺と円の中心との距離は，つねに半径の2cmに等しいね。だから，**円の中心は，長方形の辺に平行にまっすぐ進む**んだ。

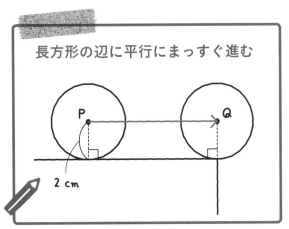

次に，円の中心が，QからRに進む部分を見てみよう。

 「円が，長方形のかどを曲がっている部分ですね。」

そうだね。このとき，円は，長方形のかどにくっついたまま，くるんと転がるので，**円の中心は，半径2cmの四分円の弧をえがくように動く**んだ。

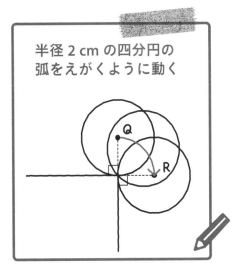

そして，RからSでは，円の中心はまっすぐに進んでいくね。まとめると，**円の中心Oは，長方形のかどを曲がるときは四分円の弧をえがき，それ以外はまっすぐ進む**ということなんだ。これをもとに，円の中心Oがえがく線を赤でかくと，次の図のようになるよ。

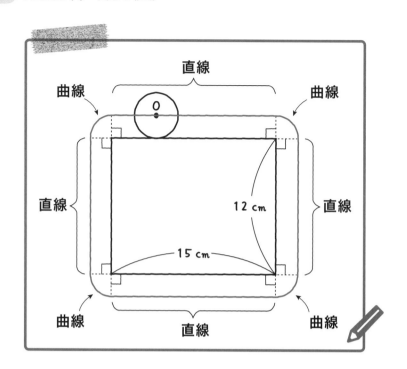

円の中心 O がえがく線は，直線部分と曲線部分からできている。**円の中心 O が
えがく線の直線部分の長さの和は，長方形の周りの長さと同じ**だよ。すると，直線
部分の長さの和は，何 cm になるかな？

「直線部分の長さの和は，長方形の周りの長さと同じだから……，
(12＋15)×2＝54(cm)ね。」

その通り。次に，円の中心 O がえがく線の曲線部分は，1 つ 1 つが四分円の弧で，
それが 4 つあるのだから，**半径 2 cm の円周の長さと等しくなる**。だから，円の中
心 O がえがく線の曲線部分の長さの和は，2×2×3.14＝12.56 (cm) だ。これより，
円の中心 O がえがく線の長さは，54＋12.56＝66.56 (cm) と求められるね。

66.56 cm … 答え [例題]4-4 （1）

説明の動画は
こちらで見られます

では，（2）にいこう。円が通った部分の面積が何 cm² かを求める問題だ。円が通った部分に色をつけると，右の図のようになる。

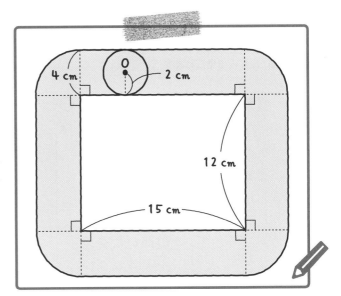

やはり，長方形のかどを曲がるところは，四分円になっているね。**この四分円の半径は 2 cm ではなく，4 cm だから気をつけよう。**（2）では，円全体が長方形のかどを，くるんと転がるのだから，四分円の半径は，
2×2＝4（cm）になるんだ。円が通った部分の形が，4 つの長方形と，4 つの四分円でできているのはわかるかな？

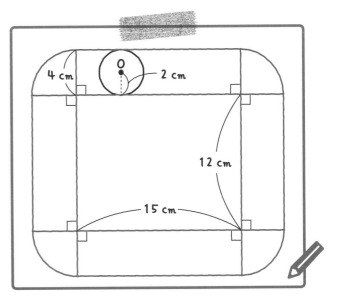

　4 つの長方形の面積の和は，長方形 ABCD の周りの長さに，円の直径 4 cm をかければ求められる。（1）より，周りの長さは 54 cm だから，4 つの長方形の面積の和は，
54×4＝216（cm²）だ。
　次に，4 つの四分円の面積の和を求めよう。**4 つの四分円を合わせると，半径 4 cm の 1 つの円になる**から，4 つの四分円の面積の和は，4×4×3.14＝50.24（cm²）だね。だから，円が通った部分の面積は，216＋50.24＝266.24（cm²）と求められる。

266.24 cm² … 答え [例題]4-4 （2）

(2)には，とても簡単に求められる別解もあるんだけど，それは，p.283のコラムで解説するよ。

087　説明の動画は
こちらで見られます

[例題]4-5　つまずき度 😵😵😵😵😵

右の図のような長方形ABCDがあります。この長方形の内側を，点Oを中心とする半径3cmの円が，辺にそって1周します。

このとき，次の問いに答えなさい。ただし，円周率は3.14とします。

（1）　円の中心Oがえがく線の長さは何cmですか。
（2）　円が通った部分の面積は何cm²ですか。

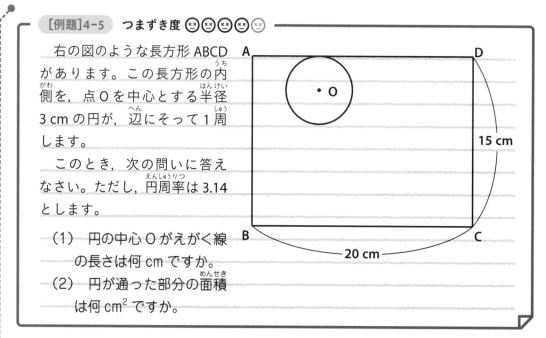

では，(1)からいこう。長方形の内側を，円が辺にそって1周するんだね。長方形のかどを曲がる前後の円の中心の動きは，右の図のようになるよ。

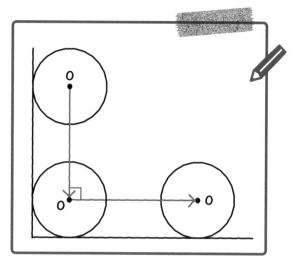

このように，**円が長方形のかどの内側を転がるとき，円の中心がえがく直線は直角をつくる**んだ。これをもとに，円の中心Oがえがく線を赤い線でかくと，次の図のようになる。

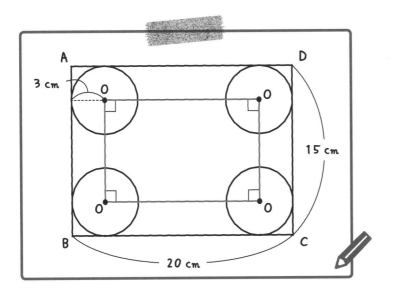

 「円の中心 O は，長方形をえがくのね。」

そうだね。円の中心 O は，長方形をえがく。円の中心 O がえがいた長方形のたての長さは，15−3×2＝9（cm）だ。一方，横の長さは，20−3×2＝14（cm）だよ。だから，円の中心 O がえがく線の長さは，(9＋14)×2＝46（cm）と求められる。

46 cm … 答え ［例題］4-5 （1）

1つ前の ［例題］4-4 では，円が長方形の外側を転がり，今回の例題では，長方形の内側を転がるんだね。そして，**外側，内側どちらを転がるかによって，円の中心のえがく線がちがう**ことがわかった。それをポイントとして，まとめておくよ。

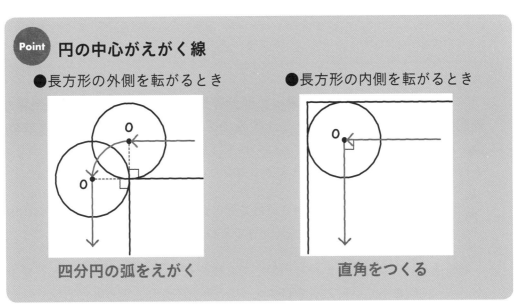

Point 円の中心がえがく線

●長方形の外側を転がるとき　四分円の弧をえがく

●長方形の内側を転がるとき　直角をつくる

088 説明の動画は
こちらで見られます

では，(2)にいこう。円が通った部分の面積を求める問題だね。右の図のように，**円が長方形のかどの内側にきたとき，すきまができる。**

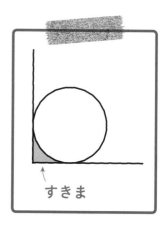

すきま

これをもとに，円が通った部分に色をつけると，次の図のようになるよ。

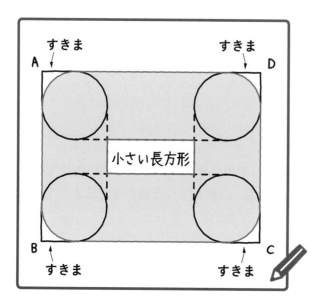

図からわかるように，**円が通った部分の面積は，長方形 ABCD の面積から，内側の小さい長方形の面積と，4 すみのすきまの面積の和をひけば求められる。**内側の小さい長方形のたてと横の長さは，長方形 ABCD のたてと横の長さから，それぞれ円の直径 3×2＝6(cm) を 2 つ分ずつひけば求められるね。

 「ということは，内側の小さい長方形のたての長さは，15−6×2＝3(cm)で，横の長さは，20−6×2＝8(cm)ですね。」

その通り。内側の小さい長方形のたてと横の長さは，それぞれ 3 cm と 8 cm だ。だから，内側の小さい長方形の面積は，3×8＝24(cm²)と求められる。

「でも，4 すみのすきまの面積は，どのように求めたらいいのかしら？」

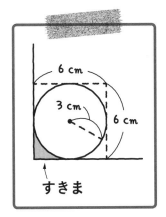

そこでなやんでしまいそうだよね。長方形のかどの内側にきたときの図は，右のようになるよ。

図を見ると，**1辺が 6 cm の正方形の中に，半径 3 cm の円が入ったときにできる，すきまである**ことがわかる。すきまは長方形 ABCD の 4 すみに 4 つあるのだから，**1辺が 6 cm の正方形の面積から，半径 3 cm の円の面積をひけば，4 すみのすきまの面積の和が求められる**ということだ。

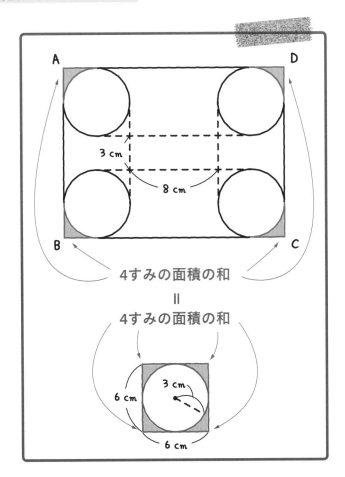

だから, 4すみのすきまの面積の和は, 6×6−3×3×3.14＝7.74 (cm²) と求められる。**円が通った部分の面積は, 長方形 ABCD の面積から, 内側の小さい長方形の面積と, 4すみのすきまの面積の和をひけば求められる**から,

$$\underline{15×20}−(\underline{24}+\underline{7.74})＝300−31.74＝268.26\,(cm²)$$

長方形 ABCD の面積 ↑　　　　↑　　↑
　　　　　　　　　　　｜　　　└ 4すみのすきまの面積の和
　　　　　　　　　└ 小さい長方形の面積

268.26 cm² … 答え [例題]4-5 (2)

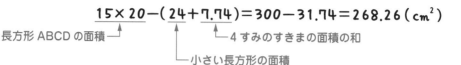

 089 説明の動画は
こちらで見られます

[例題]4-4 と [例題]4-5 は, 円が転がる問題だったけど, 次の例題は, 正三角形が転がる問題だ。

 [例題]4-6 つまずき度 😣😣😣😣😣

次の図のように, 1辺が6cmの正三角形 ABC があります。この正三角形が, 直線上をすべらないように, アの位置からエの位置まで転がるとき, 点A が動いた長さは何 cm ですか。ただし, 円周率は3.14 とします。

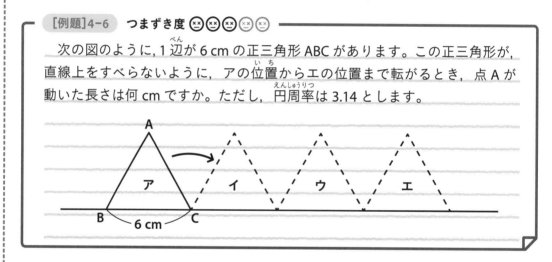

正三角形などの**多角形が転がる問題では, 転がるときの頂点の位置がどう変化するか, まず図に書きこむようにしよう。**アの位置からイの位置まで転がるとき, どの点を中心に転がるかな？

 「点C を中心に転がると思います！」

そうだね。アの位置からイの
位置まで，点Cを中心に転がる。
だから，イに頂点を書きこむと，
右の図のようになる。

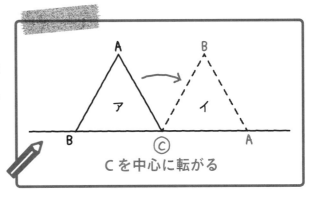

次に，イの位置からウの位置まで転がるとき，どの点を中心に転がるかな？

 「点Aを中心に転がると思うわ。」

そうだね。イの位置からウの位置まで，点Aを中心に転がる。そして，同じように考えると，ウの位置からエの位置までは，点Bを中心に転がる。ウとエに頂点を書きこむと，次の図のようになるよ。

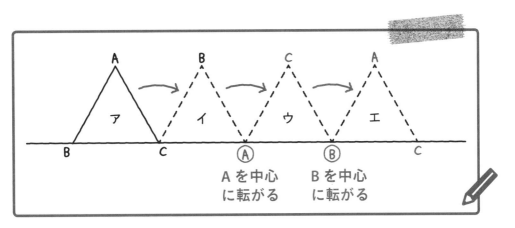

これで，すべての頂点を書きこめた。この例題は，点Aが動いた長さが何cmかを求める問題だから，点Aの動きを見ていこう。

アの位置からイの位置まで，点Cを中心に転がる。だから，点Aの動きは，**点Cを中心とした，半径がACのおうぎ形の弧**になる。正三角形の1つの角は60度だから，このおうぎ形の中心角は，180－60＝120（度）だ。

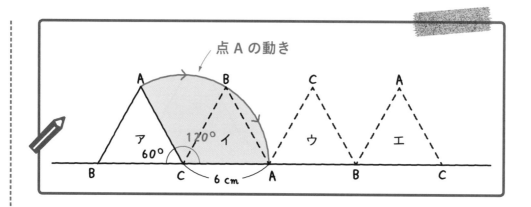

　次に，イの位置からウの位置まで，点Aを中心に転がるから，点Aは動かない。そして，ウの位置からエの位置までは，点Bを中心に転がる。だから，点Aの動きは，**点Bを中心とした，半径がABのおうぎ形の弧**になる。このおうぎ形の中心角も120度だ。

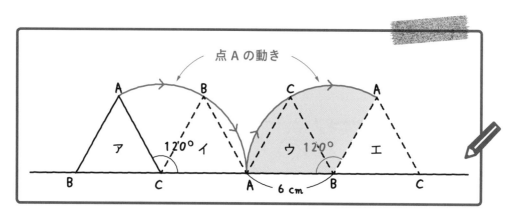

　これで，アの位置からエの位置まで転がるとき，点Aが動いたあと（上の図の赤い線）を明らかにすることができたね。正三角形の1辺は6cmだから，点Aが動いたあとは，**半径が6cmで，中心角が120度のおうぎ形の弧2つ分**ということがわかる。だから，点Aが動いた長さは，次のように求められる。

$$6 \times 2 \times 3.14 \times \frac{1}{3} \times \boxed{2} = 8 \times 3.14 = 25.12 \,(cm)$$

半径6cm，中心角120度のおうぎ形の弧の長さ

25.12 cm … 答え　[例題]4-6

説明の動画は
こちらで見られます

[例題]4-7　つまずき度 😣😣😣😣😣

　次の図のような長方形 ABCD があります。この長方形を，直線 ℓ 上をすべらないように転がします。この長方形をアの位置からエの位置まで転がすとき，下の問いに答えなさい。ただし，円周率は 3.14 とします。

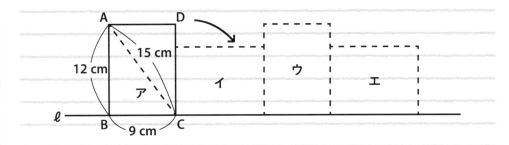

(1)　点 B が動いた長さは何 cm ですか。
(2)　点 B が動いた線と直線 ℓ で囲まれた部分の面積は何 cm² ですか。

　(1)から解いていくよ。今回は，長方形が転がる問題だね。1 つ前の [例題]4-6 と同じように，この例題でも，**転がるときの頂点の位置がどう変化するか**，まず図に書きこむようにしよう。

　「長方形が転がるときは，どのように考えていけばいいのかしら？」

　今回も，それぞれの場合について，**どの点を中心に転がるか**をもとに考えよう。アの位置からイの位置に転がるときは点 C を中心とし，イの位置からウの位置に転がるときは点 D を中心とし，ウの位置からエの位置に転がるときは点 A を中心とする。これをもとに，頂点をすべて書きこむと，次の図のようになるよ。

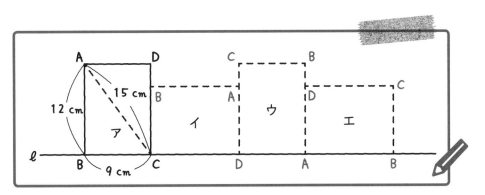

（1）は，点Bが動いた長さが何cmかを求める問題だから，点Bの動きを見ていこう。アの位置からイの位置まで，点Cを中心に転がる。だから，点Bの動きは，**点Cを中心とした，半径がBC（＝9cm）のおうぎ形の弧**になる。このおうぎ形の中心角は90度だ。

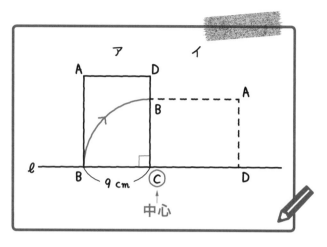

次に，イの位置からウの位置まで，点Dを中心に転がる。だから，点Bの動きは，**点Dを中心とした，半径がBDのおうぎ形の弧**になる。BDは，長方形ABCDの対角線で，ACと同じ長さだから15cmだ。さっきと**半径の長さが異なる**ことに注意しよう。そして，次の図で，●2つ分と○2つ分の角度の和は180度だ。だから，●と○の角度の和は，180÷2＝90（度）となり，このおうぎ形の中心角は90度だとわかる。

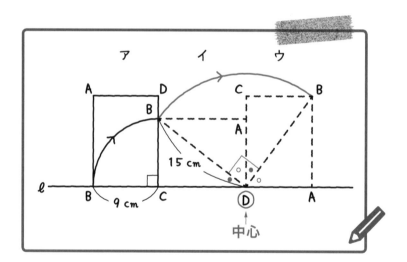

次に，ウの位置からエの位置まで，点Aを中心に転がる。だから，点Bの動きは，**点Aを中心とした，半径がAB（＝12cm）のおうぎ形の弧**になる。また，**半径の長さが変わる**んだね。そして，このおうぎ形の中心角も90度だ。

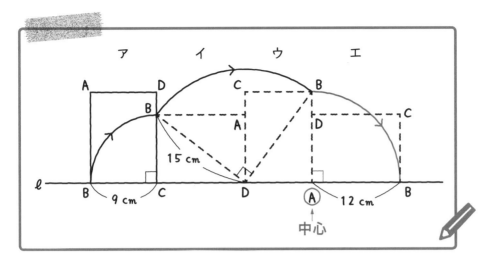

これで，点Bのすべての動きを表すことができたよ。

「点Bの動きをかくだけで，一苦労ですね。」

うん。でも，どの点を中心に転がるか注意すれば，それほど難しくはないよ。さて，**点Bの動きは，3つの四分円の弧に分けられる**ことがわかった。

アの位置からイの位置まで ➡ 半径が BC（＝9 cm）の四分円の弧
イの位置からウの位置まで ➡ 半径が BD（＝15 cm）の四分円の弧
ウの位置からエの位置まで ➡ 半径が AB（＝12 cm）の四分円の弧

だから，3つの四分円の弧の長さの和を求めれば，点Bが動いた長さが何cmか求められる。次のように計算して求めよう。

$$\underset{\substack{\text{半径9cmの四分円}\\\text{の弧の長さ}}}{\underline{9\times2\times3.14\times\frac{1}{4}}}+\underset{\substack{\text{半径15cmの四分円}\\\text{の弧の長さ}}}{\underline{15\times2\times3.14\times\frac{1}{4}}}+\underset{\substack{\text{半径12cmの四分円}\\\text{の弧の長さ}}}{\underline{12\times2\times3.14\times\frac{1}{4}}}$$

$$=(9+15+12)\times2\times3.14\times\frac{1}{4}$$

$$=36\times2\times3.14\times\frac{1}{4}$$

$$=18\times3.14=56.52\,(\text{cm})$$

56.52 cm … 答え [例題]4-7 （1）

091 説明の動画は
こちらで見られます

では,(2)にいこう。点 B が動いた線と直線 ℓ で囲まれた部分の面積が何 cm² か
を求める問題だ。

「点 B が動いた線と直線 ℓ で囲まれた部分って,どこの部分かしら?」

(1)で,点 B が動いた線がどうなるかはわかったね。だから,点 B が動いた線と
直線 ℓ で囲まれた部分というのは,次の図の色をつけた部分のことだよ。

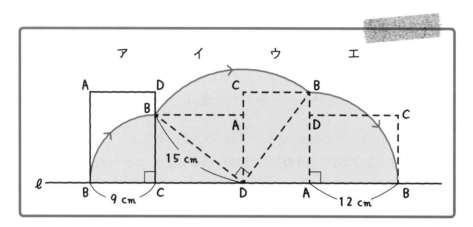

「この色のついた部分の面積を求めればいいのね。でも,どうやって求める
のかしら……。」

(1)から,点 B の動きは,3 つの四分円の弧に分けられることがわかったね。点
B が動いた線と直線 ℓ で囲まれた部分に,この 3 つの四分円がふくまれているんだ。

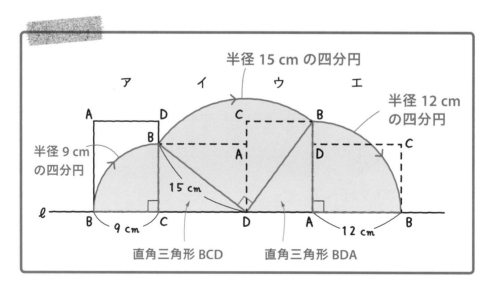

　図を見ると，点 B が動いた線と直線 ℓ で囲まれた部分は，3 つの四分円と，2 つの直角三角形でできていることがわかる。この 2 つの直角三角形は，どちらも長方形 ABCD を対角線で 2 つに分けたものだ。

　「ということは，2 つの直角三角形を合わせると，長方形になるんですか？」

　その通り。だから，この**2 つの直角三角形の面積の和は，長方形 ABCD の面積と同じになる**ね。点 B が動いた線と直線 ℓ で囲まれた部分の面積は，3 つの四分円の面積と長方形 ABCD の面積の和であるといえるんだ。だから，(2) の面積を求めると，次のようになるよ。

$$\underbrace{9 \times 9 \times 3.14 \times \frac{1}{4}}_{\substack{\text{半径 9 cm の四分円}\\\text{の面積}}} + \underbrace{15 \times 15 \times 3.14 \times \frac{1}{4}}_{\substack{\text{半径 15 cm の四分円}\\\text{の面積}}} + \underbrace{12 \times 12 \times 3.14 \times \frac{1}{4}}_{\substack{\text{半径 12 cm の四分円}\\\text{の面積}}} + \underbrace{12 \times 9}_{\substack{\text{長方形 ABCD}\\\text{の面積}}}$$

$$= (9 \times 9 + 15 \times 15 + 12 \times 12) \times 3.14 \times \frac{1}{4} + 108$$

$$= (81 + 225 + 144) \times 3.14 \times \frac{1}{4} + 108$$

$$= 450 \times 3.14 \times \frac{1}{4} + 108$$

$$= 353.25 + 108 = 461.25 \,(\mathrm{cm}^2)$$

461.25 cm^2 … 答え　[例題]4-7　(2)

092 説明の動画は
こちらで見られます

[例題]4-8　つまずき度 😣😣😣😣😣

　次の図のように，半径 10 cm，中心角 72 度のおうぎ形 OAB があります。
このおうぎ形が，直線 ℓ 上を，アの位置からイの位置まで，すべることなく
転がります。このとき，下の問いに答えなさい。ただし，円周率は 3.14 とし
ます。

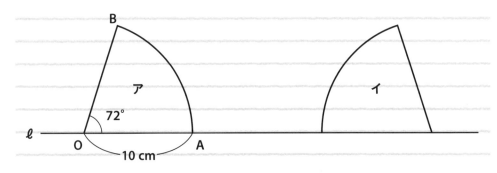

(1)　点 O が動いた長さは何 cm ですか。
(2)　点 O が動いた線と直線 ℓ で囲まれた部分の面積は何 cm² ですか。

 「この例題では，おうぎ形が転がるのね。」

　そうだよ。おうぎ形が転がる問題もよく出題されるから，解き方をしっかりおさ
えよう。(1)からいくよ。点 O が動いた長さは何 cm かを求める問題だ。この問題
では，**おうぎ形 OAB がアの位置からイの位置まで転がる様子と，点 O の動き
を，図にかけるようになることが，とても大事**だ。

 「どういうふうに転がっていくんだろう。ちょっと想像しにくいなぁ。」

　じゃあ，はじめから順を追って説明していくね。まず，アの位置にあるおうぎ形
OAB は，**点 A を中心にして，半径 OA が直線 ℓ と垂直になるまで回転する**んだ。こ
のとき，**点 O の動きは，点 A を中心とした半径 10 cm の四分円の弧**になるよ。

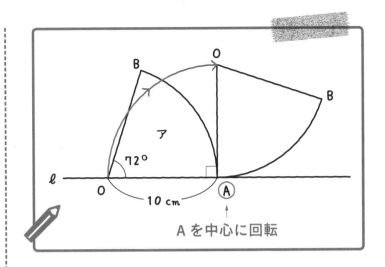

A を中心に回転

　ここから，おうぎ形 OAB は，**半径 OB が直線 ℓ と垂直になるまで，直線 ℓ に弧を接しながら転がる**んだ。

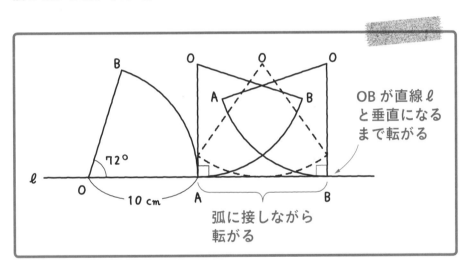

OB が直線 ℓ と垂直になるまで転がる

弧に接しながら転がる

「このとき，点 O はどのように動くのかしら？」

　このとき，**直線 ℓ と点 O の距離は，おうぎ形 OAB の半径の 10 cm を保ったまま動く**んだ。だから，**点 O は直線 ℓ に平行な直線上をまっすぐ動く**んだよ。そして，このとき，おうぎ形 OAB は，弧を直線 ℓ に接しながら動いていくから，**点 O が動く長さは，おうぎ形 OAB の弧の長さと同じになる**。

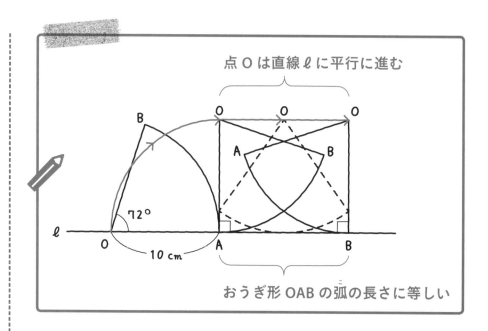

点 O は直線 ℓ に平行に進む

おうぎ形 OAB の弧の長さに等しい

おうぎ形 OAB の半径 OB が直線 ℓ と垂直になったあと，どうなるか見ていこう。このあと，おうぎ形 OAB は，**点 B を中心にして，イの位置になるまで回転する**んだ。このとき，**点 O の動きは，点 B を中心とした半径 10 cm の四分円の弧になる**よ。

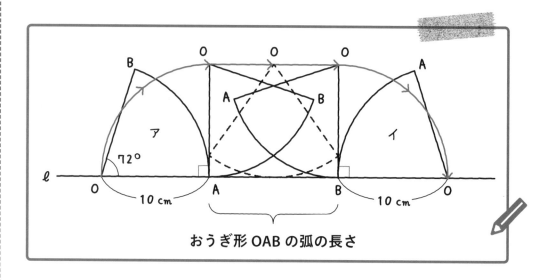

おうぎ形 OAB の弧の長さ

これで，おうぎ形 OAB が，アの位置からイの位置まで転がるようすと，点 O の動きをかけたね。**この図をかけるようになるまで，何度も練習してほしいんだ。** **この図さえかけるようになれば，この問題を解くのは，それほど難しくないよ。**

「まだ，自力でかく自信がないから練習しようっと！」

そうだね。しっかり練習しよう。点 O が動いたあとの線をかけたから，これで点 O が動いた長さを求めることができる。**点 O が動いたあとの線は，半径 10 cm の四分円の弧の長さ 2 つ分と，おうぎ形 OAB（半径 10 cm，中心角 72 度）の弧の長さの和**だから，次のように計算すればいいね。

$$\underbrace{10 \times 2 \times 3.14 \times \frac{1}{4} \times 2}_{\substack{\text{半径 10 cm の四分円}\\\text{の弧の長さ 2 つ分}}} + \underbrace{10 \times 2 \times 3.14 \times \frac{72}{360}}_{\substack{\text{おうぎ形 OAB}\\\text{の弧の長さ}}}$$

$$= 10 \times 2 \times 3.14 \times \left(\frac{1}{4} \times 2 + \frac{1}{5}\right)$$

$$= 10 \times 2 \times 3.14 \times \frac{7}{10}$$

$$= 14 \times 3.14 = 43.96 \,(\text{cm})$$

43.96 cm … 答え ［例題］4-8 （1）

 093 説明の動画はこちらで見られます

では，（2）にいくよ。点 O が動いた線と直線 ℓ で囲まれた部分の面積を求める問題だね。（1）で，点 O が動いたあとの線はわかったから，次の図の色をつけた部分の面積を求めればいいということだ。

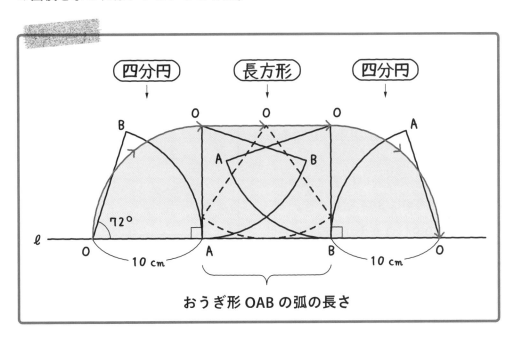

「四分円2つと長方形の面積の和を求めればいいんですね。」

　その通り。**半径10cmの四分円の面積2つ分と，長方形の面積の和を求めればい**いんだ。長方形の部分のたての長さは，おうぎ形OABの半径に等しいから10cmだ。**一方，長方形の部分の横の長さは，おうぎ形OABの弧の長さに等しい**ね。だから，(2)は，次のように計算して求めることができる。

長方形のたて

$$\underline{10 \times 10 \times 3.14 \times \frac{1}{4} \times 2} + \boxed{10} \times \boxed{10 \times 2 \times 3.14 \times \frac{1}{5}}$$

半径10cmの四分円　　　　　　　　　長方形の横
の面積2つ分　　　　　　　　　　　　（＝弧ABの長さ）

$$= 10 \times 10 \times 3.14 \times 2 \times \left(\frac{1}{4} + \frac{1}{5}\right)$$

$$= 10 \times 10 \times 3.14 \times 2 \times \frac{9}{20}$$

$$= 90 \times 3.14 = 282.6\,(\text{cm}^2)$$

282.6 cm² … 答え [例題]4-8 (2)

　くり返しになるけど，この問題では，**おうぎ形OABがアの位置からイの位置まで転がる様子と，点Oの動きの図がかけるようになることが大事**だよ。かけるようになるまで，しっかり練習しよう。

Check 50　つまずき度 😣😣😣😣😣　　　　→解答は別冊 p.68 へ

　右の図のような長方形ABCDがあります。この長方形の外側を，点Oを中心とする半径1cmの円が，辺にそって1周します。

　このとき，次の問いに答えなさい。ただし，円周率は3.14とします。

(1)　円の中心Oがえがく線の長さは何cmですか。

(2)　円が通った部分の面積は何cm²ですか。

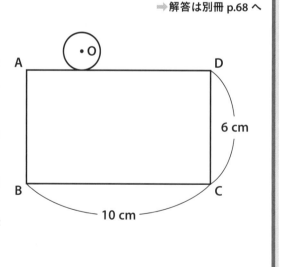

Check 51

つまずき度 😖😖😖😖😖

⇒解答は別冊 p.68 へ

右の図のような長方形 ABCD が
あります。この長方形の内側を，
点 O を中心とする半径 2 cm の円
が，辺にそって 1 周します。

このとき，次の問いに答えなさ
い。ただし，円周率は 3.14 とし
ます。

(1) 円の中心 O がえがく線の長
さは何 cm ですか。

(2) 円が通った部分の面積は
何 cm² ですか。

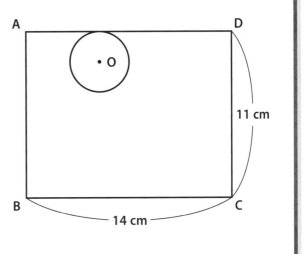

Check 52

つまずき度 😖😖😖😖😖

⇒解答は別冊 p.69 へ

次の図のように，1 辺が 12 cm の正三角形 ABC があります。この正三角形が，
直線上をすべらないように，アの位置からウの位置まで転がるとき，点 B が
動いた長さは何 cm ですか。ただし，円周率は 3.14 とします。

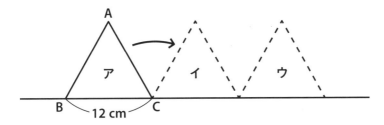

Check 53 つまずき度 😫😫😫😫😫 　　　　　➡解答は別冊 p.69 へ

　次の図のような長方形 ABCD があります。この長方形を，直線 ℓ 上をすべらないように転がします。この長方形をアの位置からエの位置まで転がすとき，下の問いに答えなさい。ただし，円周率は 3.14 とします。

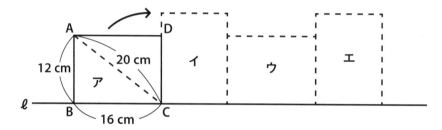

（1）　点 B が動いた長さは何 cm ですか。
（2）　点 B が動いた線と直線 ℓ で囲まれた部分の面積は何 cm² ですか。

Check 54 つまずき度 😫😫😫😫😫 　　　　　➡解答は別冊 p.70 へ

　次の図のように，半径 12 cm，中心角 30 度のおうぎ形 OAB があります。このおうぎ形が，直線 ℓ 上を，アの位置からイの位置まですべることなく転がります。このとき，下の問いに答えなさい。ただし，円周率は 3.14 とします。

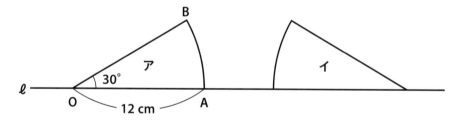

（1）　点 O が動いた長さは何 cm ですか。
（2）　点 O が動いた線と直線 ℓ で囲まれた部分の面積は何 cm² ですか。

円が転がる問題で使えるワザと注意点

「 [例題]4-4 (2)で,先生は,『とても簡単に求められる別解もある』と,言っておられました。どんな別解ですか？」

はい。 [例題]4-4 (1)で,円の中心 O がえがく線の長さを 66.56 cm と求めましたね。この**円の中心がえがく線の長さに,はばをかけると,(2)の円が通った部分の面積が求められる**んです。

「はばとは何ですか。」

(2)は,円が通った部分の面積を求める問題ですね。つまり,円が通った部分のはばのことです。このはばは,円の直径の 4 cm と等しくなります。図で表すと,次のようになります。

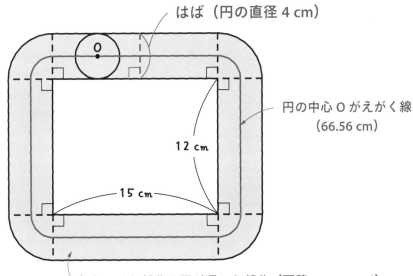

はば（円の直径 4 cm）

円の中心 O がえがく線
（66.56 cm）

12 cm

15 cm

色をつけた部分は円が通った部分（面積 266.24 cm²）

円の中心がえがく線の長さ（66.56 cm）に,はば（円の直径の 4 cm）をかけると,円が通った部分の面積が求められます。つまり,66.56×4＝266.24（cm²）ということですね。

「へぇーっ,たった 1 つの式で求められるんですね。これは便利だわ。」

ええ，便利な方法なので，円が長方形の外側を1周する問題では，公式としておさえておくとよいでしょう。

> **円が通った部分の面積＝円の中心がえがく線の長さ×はば（円の直径）**

「では，次の ［例題］4-5 （2）も，同じ公式で解けるんですか？」

実は，［例題］4-5 （2）は，この公式で一発で解くことはできないんです。

［例題］4-5 （1）で，円の中心 O がえがく線の長さは，46 cm とわかりました。この 46 cm に，円の直径の 6 cm をかけると，46×6＝276（cm²）となり，（2）の答えとは一致しませんね。

「本当ですね。これはどういうことでしょう？　この公式が万能ではないということでしょうか？」

じつは，46×6＝276（cm²）で求められた面積は，次の図の色をつけた部分の面積にあたるんです。

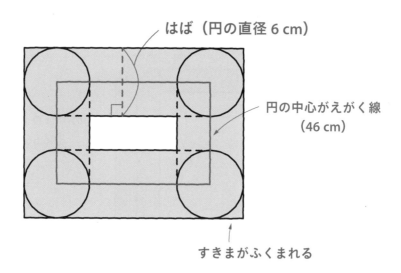

はば（円の直径 6 cm）

円の中心がえがく線
（46 cm）

すきまがふくまれる

「本来はひかないといけない，4つのすきまの面積をふくんでしまっているんですね。」

そういうことです。ですから，この 276 cm² から，4つのすきまの面積の 7.74 cm² をひけば，276－7.74＝268.26（cm²）と正しい答えが求まります。

「そういうことなんですね。でも，公式が使えるときとそうでないときは，どのように見分ければいいのでしょうか？」

　[例題]4-4 のように，長方形の外側のかどを円が転がるときは，公式が使えます。一方，[例題]4-5 のように，長方形の内側のかどを円が転がるときは，公式で一発で求めることはできない，というように区別しましょう。

「なるほど。そういうふうに区別するといいんですね。」

円が転がるとき，円は何回転する？

「先生。先日，固定された1円玉の周りを，別の1円玉がすべらずに転がって1周するとき，1円玉は何回転する？　という問題を見たんですけど，これはどう考えたらいいんですかね。頭の中で考えても，ちょっとわからなくて……。ちなみに，1円玉の直径は2cmですよね。」

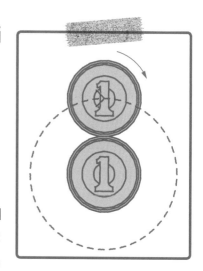

　ええ。右の図のような問題ですね。転がる円の回転数を求める問題は，なかなか想像しづらいですよね。でも，このような問題には，考え方があるんです。円周率を3.14として，それを説明しますね。

　まず，円が直線上をすべらずに転がる場合を考えてみましょう。円が直線上をすべらずに転がって1回転するとき，次の図のように，円の中心は，円周の長さの分だけ動きます。

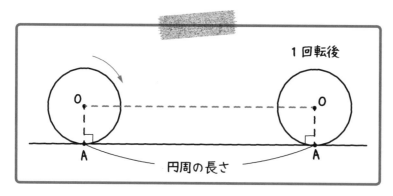

　逆に，**円の中心が円周の長さの分だけ動くと，円は1回転します。**これは，円が曲線上を転がる場合も同じです。曲線は，のばせば直線になりますから。すると，このことから，次の式が成り立ちます。

> **転がる円の回転数＝円の中心が動いた長さ÷円周の長さ**

お母さんが見た問題にもどりましょう。1円玉は，直径が2cmだから，周りの長さは，

2×3.14(cm)

1円玉の半径は，2÷2＝1(cm)だから，1円玉が1円玉の周りをすべらずに転がって1周するとき，1円玉の中心が動いた長さは，

(1＋1)×2×3.14＝4×3.14(cm)

このときの1円玉の回転数は，

(4×3.14)÷(2×3.14)＝2(回転)

と求められます。

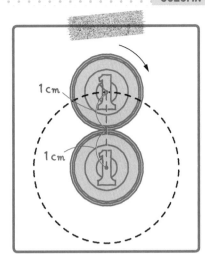

「なるほど。きちんと計算で求められるんですね。」

ええ。じゃあ，半径を変えた問題も考えてみましょうか。例えば，**半径5cmの円の外側を，半径1cmの円がすべらずに転がって1周するとき，半径1cmの円は何回転するか**を考えてみましょう。

半径1cmの円の円周の長さは，

1×2×3.14＝2×3.14(cm)

半径1cmの円の中心が動く長さは，

(5＋1)×2×3.14＝12×3.14(cm)

半径1cmの円の回転数は，

(12×3.14)÷(2×3.14)＝6(回転)

と求められます。

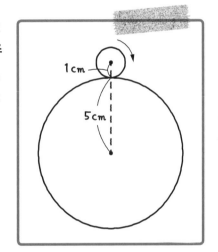

今度は，**半径5cmの円の内側を，半径1cmの円がすべらずに転がって1周するとき，半径1cmの円は何回転するか**を考えてみましょう。

半径1cmの円の中心が動く長さは，

(5－1)×2×3.14＝8×3.14(cm)

だから，半径1cmの円の回転数は，

(8×3.14)÷(2×3.14)＝4(回転)

と求められます。

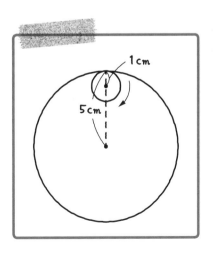

4 | 03 点の移動

小さな点が，図形の辺上を行ったり来たり……。

 094 説明の動画は
こちらで見られます

図形の辺上を，点が移動する問題について，考えていこう。

[例題]4-9 **つまずき度 😖😖😖😖😖**

右の図のように，1辺が10cmの正方形
ABCDがあります。この正方形の辺上を，点
PはAから毎秒1cmの速さで，点QはC
から毎秒3cmの速さで動きます。

点Pと点Qがそれぞれ矢印の方向に同時
に出発するとき，次の問いに答えなさい。

(1) 点Pと点Qがはじめて出会うのは，
2点が出発してから何秒後ですか。

(2) 点Pと点Qが30回目に出会うのは，
2点が出発してから何分何秒後ですか。

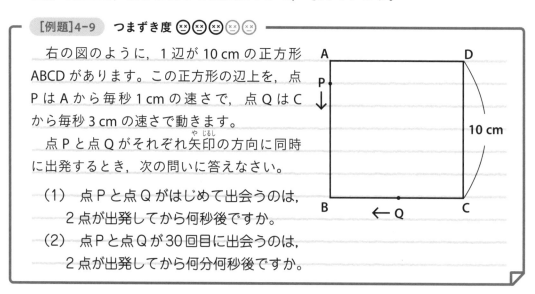

この例題では，正方形の辺上を，点PとQが移動するんだね。

　「点が移動するなんて，こんな問題もあるのね。」

うん。よく出題されるよ。では，(1)から見ていこう。点Pと点Qがはじめて出
会うのは，2点が出発してから何秒後かを求める問題だ。

点PはAから出発して，Bのほうに向かっていく。一方，点QはCから出発して，
Bのほうに向かっていくね。だから，**点Pと点Qは，出発するとき，10×2＝20(cm)
はなれている**，と考えることができるんだ。

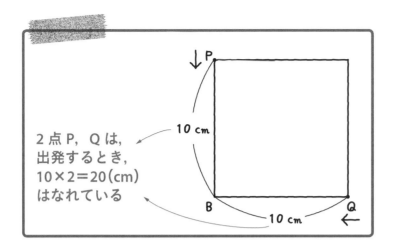

2点P，Qは，
出発するとき，
10×2＝20(cm)
はなれている

10 cm

B　　10 cm　　Q

点PはAから毎秒1cmの速さで，点QはCから毎秒3cmの速さで動くのだから，点Pと点Qは，**1秒間に，1＋3＝4(cm)ずつ近づいていく**，ということになる。ここまでくれば，点Pと点Qが何秒後に出会うかわかるかな？

「はい！　点Pと点Qは，はじめに20cmはなれていて，1秒間に4cmずつ近づくのだから，20÷4＝5(秒後)に出会います。」

そうだね。点Pと点Qがはじめて出会うのは，2点が出発してから5秒後だ。

5秒後 … 答え　[例題]4-9　(1)

旅人算で，池の周りを2人が反対方向に進む問題があったよね。旅人算の人が，点に代わっているだけだから，(1)は，じつは旅人算の問題なんだ。

「図形の問題で，旅人算を使うこともあるのね。」

そういうことだよ。

　095　説明の動画は
こちらで見られます　

では，(2)にいこう。(2)は，点Pと点Qが30回目に出会うのは，2点が出発してから何分何秒後かを求める問題だ。

「30回目？　力ずくで解いていくのかなぁ。なんだか大変そう。」

力ずくで解く必要はないよ。(1)で，2点がはじめて出会うのが5秒後だとわかったね。では，2点が2回目に出会うのは，**はじめて出会ってから何秒後**かな？

「2点が2回目に出会うのは……，うーん？」

2 点がはじめて出会ってから，2 点は反対方向に進んでいき，**2 点で合わせて正方形の 1 周分の長さを進んだときに，2 回目に出会う**んだ。

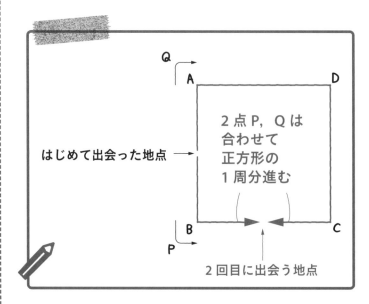

正方形の 1 周分の長さは，10×4＝40（cm）だから，**はじめて出会ってから，2 点で合わせて 40 cm 進んだときに，2 回目に出会う**ということだよ。2 点は 1 秒間に，合わせて 4 cm 進むから，合わせて 40 cm 進むのは，40÷4＝10（秒後）だ。

　「2 点がはじめて出会ってから 10 秒後に，2 回目に出会うということですね。」

そうだよ。つまり，**2 点が出発してから，5＋10＝15（秒後）に，2 回目に出会う**ということだ。では，2 点が 3 回目に出会うときは，どう考えたらいいかな？

　「えーっと……，2 点が 2 回目に出会ってから，さらに合わせて 40 cm（正方形の 1 周分）進んだときに，3 回目の出会いがあると思うわ。」

その通り。2 点が 2 回目に出会ってから，さらに合わせて 40 cm（＝正方形の 1 周分）進んだときに，3 回目の出会いがある。2 点が合わせて 40 cm 進むのに 10 秒かかるね。

　「ということは，2 点が 2 回目に出会ってから 10 秒後に，3 回目の出会いがあるってことですね。」

そういうことだよ。だから，**2 点は出発してから，15＋10＝25（秒後）に，3 回目の出会いがある**ということだ。

　「その後も 10 秒ごとに出会うのね。」

その通り。**合わせて 40 cm（＝正方形の 1 周分）進むごとに出会うのだから，40÷4＝10（秒）ごとに 2 点は出会う**ということだよ。はじめて出会うときからの時間を表にまとめると，次のようになる。

出会う回数　　　（回）	1	2	3	4	…	30
出発してからの時間（秒）	5	15	25	35	…	?

+10　+10　+10

2 点がはじめて出会うのが，出発してから 5 秒後で，そのあと 10 秒ごとに出会うということだね。1 回目の出会いが 5 秒後で，残りの 30－1＝29（回）が 10 秒ごとに出会うんだ。だから，30 回目に出会うのは，出発してから，5＋10×29＝295（秒後）とわかる。295 秒＝4 分 55 秒後が答えだよ。

<u>4 分 55 秒後</u> … 答え　[例題]4-9 （2）

ところで，2 点が出会う時間は，出発してから **5 秒後，15 秒後，25 秒後，35 秒後，……というように，等差数列になっている。**だから，**等差数列の□番目の数を求める公式**にあてはめて，答えを求めることもできるよ。

　　□番目の数＝はじめの数＋差×（□－1）

という公式だったね。この公式にあてはめると，30 番目の数は，
5＋10×（30－1）＝295（秒）と求めることができる。

096　説明の動画は
こちらで見られます

[例題]4-10　つまずき度 😵😵😵😵😵

右の図のような長方形 ABCD が
あります。点 P は A を出発して，
毎秒 1 cm の速さで辺 AD 上を往
復します。また，点 Q は点 P と同
時に B を出発して，毎秒 2 cm の
速さで辺 BC 上を往復します。

このとき，次の問いに答えなさ
い。

（1）　直線 PQ が辺 AB とはじめて平行になるのは，2 点が出発してから何
秒後ですか。
（2）　四角形 ABQP の面積がはじめて長方形 ABCD の面積の半分になる
のは，2 点が出発してから何秒後ですか。

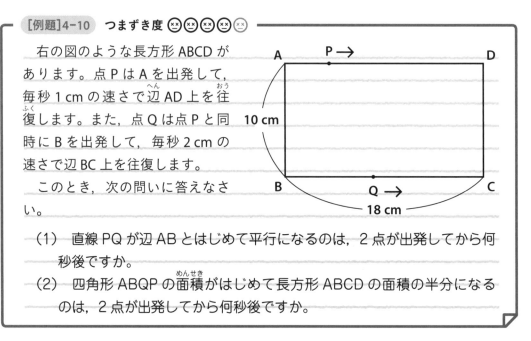

では，(1)からいこう。直線 PQ が辺 AB とはじめて平行になるのは，2 点が出発
してから何秒後かを求める問題だ。このような問題を解くときは，「平行になるの
は大体どのタイミングか」を予想することが大事だよ。点 P と点 Q だと，点 Q
のほうが速いから，まず，点 Q が C に着くまでの間を考えてみよう。

●点 Q が C に着くまでの間

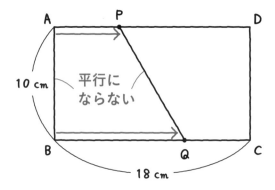

点 Q が C に着くまで，点 Q のほうが速いから，どんどん点 Q が先に進んでいき，
平行にはならない。

「点 Q が C に着くまでの間では，平行にならないんですね。」

　そうだね。点 Q が C に着くと，点 Q は折り返して B に向かう。点 Q が折り返して B に向かう途中で，次の図のように，直線 PQ が辺 AB とはじめて平行になるときがあるんだ。

●点 Q が C で折り返して B に向かう途中

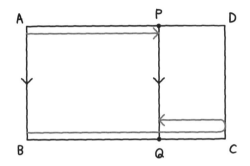

　だから，このような状態になるのは，2 点が出発してから何秒後かを求めればいいんだ。このように，**「平行になるのは，大体どのタイミングか」を予想して解くことが，とっても大事**なんだ。さて，このような状態になるのは，2 点が出発してから何秒後かな？

「えーっと，直線 PQ が辺 AB と平行になるのは，うーん……。」

　直線 PQ が辺 AB とはじめて平行になるまでに，点 P と点 Q が合わせて何 cm 進んだかを考えよう。

　図を見ると，直線 PQ が辺 AB とはじめて平行になるまでに，点 P と点 Q が合わせて 18×2＝36（cm）進んでいることがわかる。

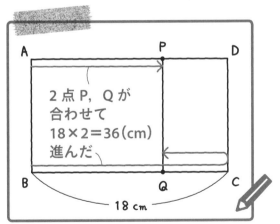

　つまり，**長方形 ABCD の横の長さ 18 cm の 2 つ分の 36 cm を，合わせて進んだときに平行になる**んだね。点 P は毎秒 1 cm の速さで，点 Q は毎秒 2 cm の速さで進むのだから，点 P と点 Q は，1 秒間に合わせて，1＋2＝3（cm）進む。点 P と点 Q が合わせて 36 cm 進んだときに平行になるのだから，平行になるのは，2 点が出発してから，36÷3＝12（秒後）と求められるんだ。

<u>12 秒後</u> … 答え ［例題］4−10 （1）

097 説明の動画は
こちらで見られます

　では，（2）にいこう。四角形 ABQP の面積が，はじめて長方形 ABCD の面積の半分になるのは，2 点が出発してから何秒後かを求める問題だ。この問題も，まず予想をつけてみよう。すると，点 Q が C に向かう途中で，次の図のように，四角形 ABQP の面積が，はじめて長方形 ABCD の面積の半分になりそうなことが予想できるね。

●点 Q が C に向かう途中

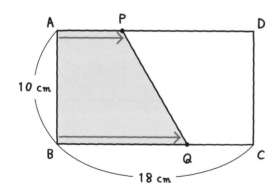

　（1）と同じように，**このような状態になるまで，2 点は合わせて何 cm 進んだか**を考えればいいんだ。ところで，このとき四角形 ABQP は台形だね。台形の面積の求め方を言ってくれるかな？

 「はい。台形の面積＝（上底＋下底）×高さ÷2 です。」

　そうだね。ここで，**長方形 ABCD を，上底 18 cm，下底 18 cm の台形と考える**と，長方形 ABCD の面積は，(18＋18)×10÷2＝36×10÷2 で求められる。また，台形 ABQP の上底は AP で，下底は BQ だね。だから，台形 ABQP の面積は，
(AP＋BQ)×10÷2 で求められるということだ。

長方形 ABCD の面積 ➡   36   ×10÷2

台形 ABQP の面積 ➡ （AP＋BQ）×10÷2

　台形 ABQP の面積が，長方形 ABCD の面積の半分になるのだから，AP＋BQ が 36 cm の半分の 18 cm になるということなんだ。

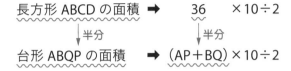

長方形 ABCD の面積 ➡   36   ×10÷2

　　　　　　　　　　↓半分　　　↓半分

台形 ABQP の面積 ➡ （AP＋BQ）×10÷2

　だから，AP＋BQ＝18 cm のとき，つまり，**2 点が合わせて 18 cm 進んだとき，四角形 ABQP の面積が，はじめて長方形 ABCD の面積の半分になる**ことがわかる。では，2 点が合わせて 18 cm 進むのは，出発してから何秒後かな？

　「2 点は 1 秒間に，合わせて 1＋2＝3(cm) 進みます。だから，2 点が合わせて 18 cm 進むのは，18÷3＝6(秒後)です！」

　その通り。だから，答えは 6 秒後だ。

6 秒後 … 答え [例題]4-10 （2）

　(1)，(2) とも，どのようなタイミングでそうなるのかを，予想してから解くことが大事だったね。やみくもに解いていくのではなく，予想をつけてから解くようにしよう。さて，これで平面図形は終わりだよ。

　「やっと平面図形が終わったんですね！　長かったなぁー。」

　「忘れているところもあるから，復習しないとだめだわね。」

　そうだね。くり返し解いて，定着を目指していこう。次の章からは，立体図形に入っていくよ。

Check 55　つまずき度 😣😣😣😣😣　　　➡解答は別冊 p.70 へ

　右の図のように，1 辺が 12 cm の正方形 ABCD があります。この正方形の辺上を，点 P は A から毎秒 2 cm の速さで，点 Q は B から毎秒 1 cm の速さで動きます。

　点 P と点 Q がそれぞれ矢印の方向に同時に出発するとき，次の問いに答えなさい。

（1）　点 P と点 Q がはじめて出会うのは，2 点が出発してから何秒後ですか。

（2）　点 P と点 Q が 20 回目に出会うのは，2 点が出発してから何分何秒後ですか。

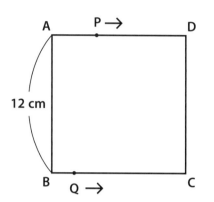

Check 56　つまずき度 😣😣😣😣😣　　　➡解答は別冊 p.71 へ

　右の図のような長方形 ABCD があります。点 P は A を出発して，毎秒 4 cm の速さで辺 AD 上を往復します。また，点 Q は点 P と同時に B を出発して，毎秒 3 cm の速さで辺 BC 上を往復します。

　このとき，次の問いに答えなさい。

（1）　直線 PQ が辺 AB とはじめて平行になるのは，2 点が出発してから何秒後ですか。

（2）　四角形 ABQP の面積がはじめて長方形 ABCD の面積の半分になるのは，2 点が出発してから何秒後ですか。

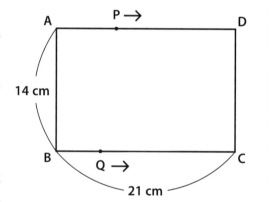

第 5 章

立体図形(1)
体積と表面積

この章から，立体図形に入っていくよ。

「立体かぁ。サイコロとか，ティッシュペーパーの外箱も立体ですよね。」

そうだね。私たちの身のまわりには，立体がいっぱいある。そんな立体について，くわしく見ていこう。

「がんばろうっと！」

うん。立体図形も，中学入試によく出る大事な分野で，試験で点数の差がつきやすい単元でもあるから，得意にしていこう。

「はい！」

立方体と直方体の体積, 表面積

5 01

身のまわりに，立方体や直方体の形をしたものはあるかな？　見つけてみよう。

  説明の動画は
こちらで見られます

　　これから，立体について教えていくけど，まずは，**立方体**と**直方体**について学んでいこう。立方体と直方体とは，次の図のような立体だ。

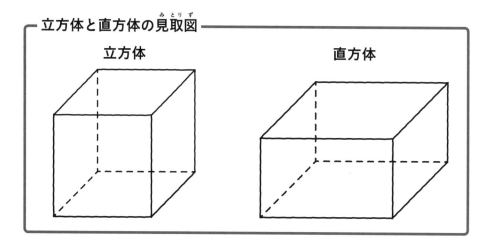

　　この図のように，「**立体の全体の形がわかるようにかいた図**」のことを，見取図というから覚えておこう。上の図のように，**立方体とは，6つの合同な正方形で囲まれた立体**だ。また，**直方体とは，6つの長方形や，6つの長方形と正方形で囲まれた立体**だ。立方体と直方体には，次の図のように，面，辺，頂点があるよ。

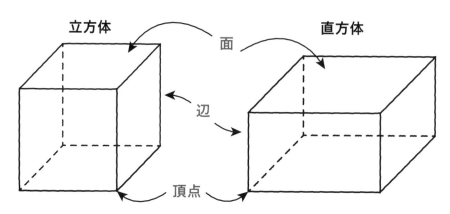

次に，展開図について説明しよう。展開図とは，**「立体の表面を切り開いて，平面上に広げた図」**のことだ。立方体と直方体の展開図は，例えば，次のような図だ。

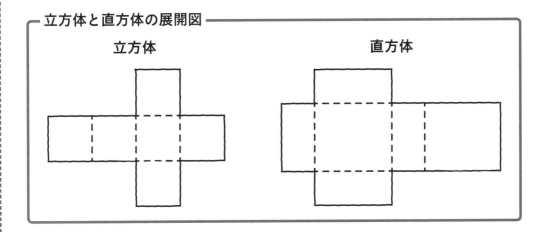

立方体と直方体の展開図

立方体　　　　　　　　　　　　　　直方体

「展開図って，立方体や直方体を工作用紙で組み立てるための設計図のようなものですか？」

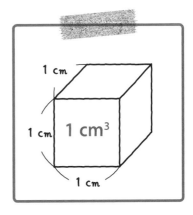

うん，そうとも言えるね。次に，体積について説明するよ。**体積とは，立体の大きさを表す量**だよ。体積の単位は，**1辺が1cmの立方体の体積を1cm³**と表し，**1立方センチメートル**と読むよ。

1 cm
1 cm
1 cm
1 cm³

「cm²(平方センチメートル)は，cmに『2』がついていたけど，cm³(立方センチメートル)は，cmに『3』がついているのね。」

そうだよ。ここは要注意だ。体積を求める問題では，単位はcm²(平方センチメートル)ではなく，cm³(立方センチメートル)にしなければならない。単位のミスに気をつけようね。
では，早速だけど，右の図の直方体の体積を求めてみよう。

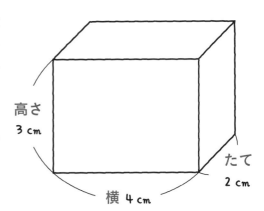

高さ
3 cm
たて
2 cm
横 4 cm

たて 2 cm, 横 4 cm, 高さ 3 cm の直方体だね。

 「この直方体の体積かぁ。どうやって求めるんだろう。」

さっき, **1 辺が 1 cm の立方体の体積を 1 cm³ と表す**と言ったよね。だから, **「この直方体の中に, 1 辺が 1 cm の立方体がいくつあるか」**を考えればいいんだ。この直方体を, 1 辺が 1 cm の立方体に切り分けてみると, 次の図のようになるよ。

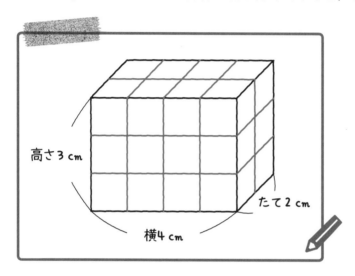

直方体を, 1 辺が 1 cm の立方体に切り分けたね。このとき, 直方体の中に, 1 辺が 1 cm の立方体がいくつあるか求めてみよう。まず, この直方体は, 3 段でできているね。

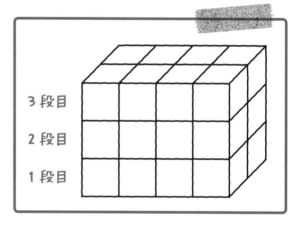

この直方体の 3 段目に注目しよう。3 段目には, いくつの立方体があるかな?

 「3 段目には, 1, 2, 3, ……, 8 個の立方体があるわ。」

そうだね。1 つ 1 つ数えなくても, たてに 2 個, 横に 4 個ならんでいるから, 2×4=8(個)と求められる。1 段につき, 立方体が 8 個あって, それが 3 段あるのだから, 全部で, 8×3=24(個)の立方体があるとわかるよ。

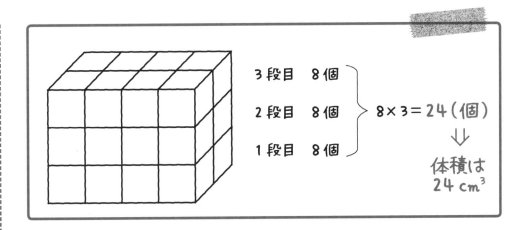

1辺が1cmの立方体の体積が1cm³で，それが24個あるのだから，**この直方体の体積は24cm³**と求められる。解き方をまとめると，たてと横の個数をかけ，それに高さの個数をかけて求めたね。だから，直方体の体積は，「たて×横×高さ」で求められるんだ。これは，公式としておさえておこう。

 「『直方体の体積＝たて×横×高さ』ですね。おさえておきます！」

うん。この公式を使えば，先ほどの直方体の体積は，2×4×3＝24（cm³）と，すぐに求めることができるね。

 「ほんとね。簡単に求められるわ。」

うん。では，次に，立方体の体積の求め方を考えてみよう。立方体は，6つの合同な正方形で囲まれた立体だから，**たて，横，高さはみな同じ**だ。だから，立方体の体積は，「1辺×1辺×1辺」で求められるんだ。

例えば，右の図の，1辺が3cmの立方体の体積は，どのように求めればいいかな？

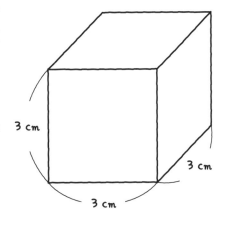

3 cm
3 cm
3 cm

 「立方体の体積は，「『1辺×1辺×1辺』で求められるから，
3×3×3＝27（cm³）ですね。」

その通り。公式を使えば，簡単に体積が求められるね。直方体と立方体の体積の求め方について，ポイントとしてまとめておくよ。

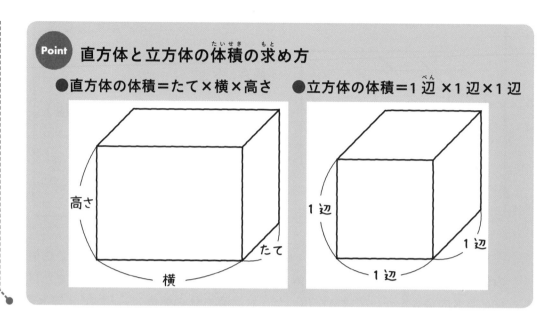

Point **直方体と立方体の体積の求め方**

● **直方体の体積＝たて×横×高さ** ● **立方体の体積＝1辺×1辺×1辺**

 説明の動画は
こちらで見られます

　次に，表面積について見ていこう。**表面積とは，立体のすべての面の面積の和**だよ。ところで，「立体の表面を切り開いて，平面上に広げた図」を展開図といったよね。だから，**表面積とは，展開図の面積である**ということもできる。例えば，次の図の立方体と直方体の表面積を求めてみよう。

図1 **立方体** **図2** **直方体**

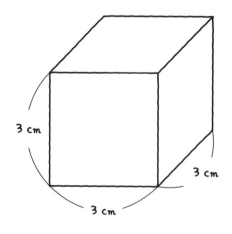

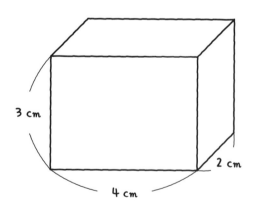

　図1 の立方体は，1つの面 (正方形) の面積が，3×3＝9 (cm²) だ。そして，**合同な面が6つある**のだから，**図1** の立方体の表面積は，9×6＝54 (cm²) と求められる。

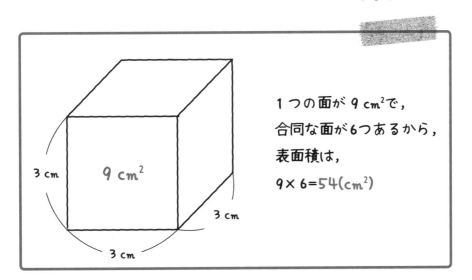

一方，図2 の直方体の表面積は，$2 \times 4 (cm^2)$，$4 \times 3 (cm^2)$，$3 \times 2 (cm^2)$ の面がそれぞれ 2 つずつあるので，$(2 \times 4 + 4 \times 3 + 3 \times 2) \times 2 = 52 (cm^2)$ と求められるよ。

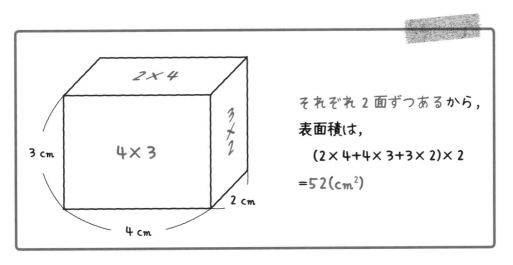

ちなみに，**体積の単位は cm^3（立方センチメートル）で，表面積の単位は cm^2（平方センチメートル）である**ことに注意しようね。では，いままで教えた知識を確認するために，立方体と直方体の体積と表面積について，例題を解いていこう。

説明の動画は
こちらで見られます

[例題]5-1 つまずき度 😣😣😣😣😣

次の 図1 の立方体と 図2 の直方体について，下の問いに答えなさい。

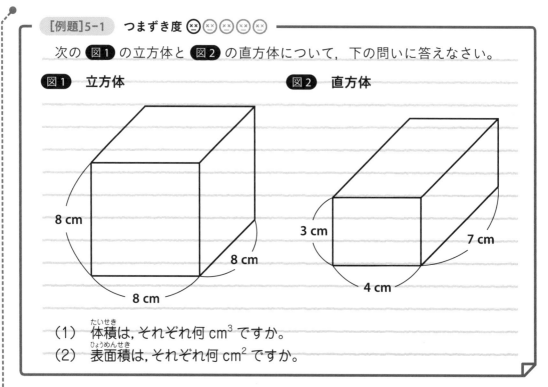

図1 立方体

図2 直方体

8 cm

8 cm

8 cm

3 cm

4 cm

7 cm

(1) 体積は，それぞれ何 cm³ ですか。
(2) 表面積は，それぞれ何 cm² ですか。

では，(1)からいこう。 図1 の立方体の体積を求めてくれるかな？

 「はい。『**立方体の体積＝1辺×1辺×1辺**』だから，体積は，
8×8×8＝512(cm³)ね。」

その通り。では， 図2 の直方体の体積を求めてくれるかな？

 「はい！ 『**直方体の体積＝たて×横×高さ**』だから，体積は，
7×4×3＝84(cm³)です！」

その通り。答えが求められたね。

図1 **512 cm³**， 図2 **84 cm³** … 答え [例題]5-1 (1)

では，(2)にいこう。 図1 の立方体の表面積を求めてくれるかな？

 「はい。1辺が8 cmの正方形が6つあるのだから，8×8×6＝384(cm²)ね。」

正解。では，図2 の直方体の表面積を求めてくれるかな？

 「はい。面積が，7×4(cm²)，4×3(cm²)，3×7(cm²)の面がそれぞれ２つ
ずつあるので，(7×4＋4×3＋3×7)×2＝122(cm²)です！」

はい，正解だよ。よくできたね。

図1 **384 cm²**， 図2 **122 cm²** … 答え [例題]5−1 (2)

  説明の動画は
こちらで見られます

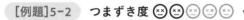

[例題]5−2 **つまずき度** 😣😣😐😐😣

右の図は，1辺が7cmの立方体から，
たて5cm，横4cm，高さ3cmの直方
体をくりぬいたものです。
この立体について，次の問いに答え
なさい。

（1）この立体の体積は何cm³です
か。
（2）この立体の表面積は何cm²です
か。

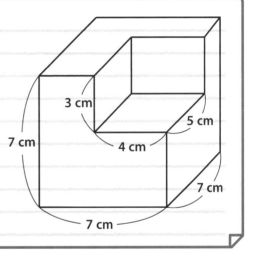

では，(1)からいこう。この立体は，1辺が7cmの立方体から，たて5cm，横
4cm，高さ3cmの直方体をくりぬいたものだ。つまり，1辺が7cmの立方体の
体積から，たて5cm，横4cm，高さ3cmの直方体の体積をひけばいいから，
7×7×7−5×4×3＝343−60＝283(cm³)だ。

283 cm³ … 答え [例題]5−2 (1)

(2)にいくよ。(2)は，この立体の表面積を求める問題だね。

 「体積は簡単だったけど，表面積は，なんだかややこしそうだなぁ。」

たしかに，1つ1つの面の面積を求めていこうとすると，ややこしそうだよね。でも，工夫することによって，この立体の表面積が簡単に求められるんだ。

　「どんな工夫ですか？」

　うん。この立体と，直方体をくりぬく前の立方体を比べてみよう。

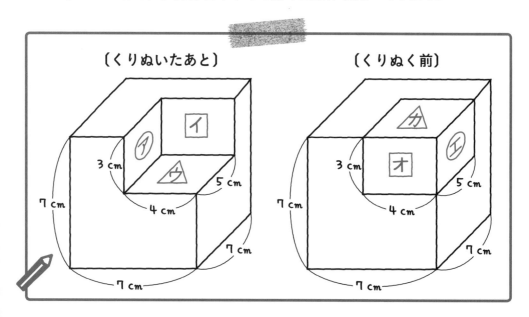

　左右を比べてみると，⑦と⑭の面積は同じだね。また，⑦と团，△と△の面積も同じだ。ということは，**直方体をくりぬいたあとの立体の表面積は，くりぬく前の立方体の表面積と同じ**だということなんだよ。

　「なるほど。ということは，くりぬく前の，1辺が7cmの立方体の表面積を求めればいいのね。」

　そういうことだよ。だから，この立体の表面積は，7×7×6＝294（cm²）と求められるんだ。

294 cm² … 答え ［例題］5-2 （2）

　1つ1つの面の面積を求めていこうとすると大変だから，こういう工夫を使って，できるだけラクに解いていこう。

102 説明の動画は
こちらで見られます

[例題]5-3　つまずき度 😖😖😖😖😖

　右の図は，直方体をななめに切ってで
きた立体です。

　この立体について，次の問いに答えな
さい。

(1)　DH の長さは何 cm ですか。
(2)　この立体の体積は何 cm³ ですか。

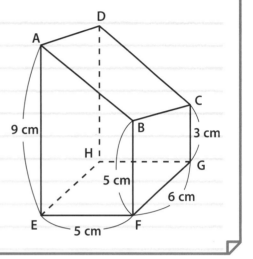

では，(1)からいくよ。この立体は，直方体をななめに切ってできたものなんだね。
で，このときの DH の長さを求める問題だ。

　「んっ，先生。図を見ても，DH の長さを求める手がかりが，何にもなさそ
　　うなんですけど……。」

うん，たしかに一見，手がかりはなさそうだね。でも，**同じ立体を，上に重ね
ると直方体になる**ことに気づけば，解く手がかりができるんだ。

　「同じ立体を，上に重ねると直方体になる？」

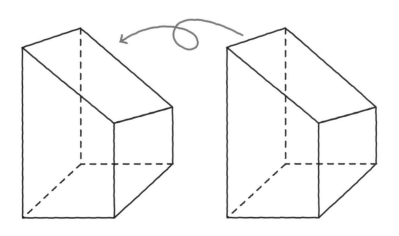

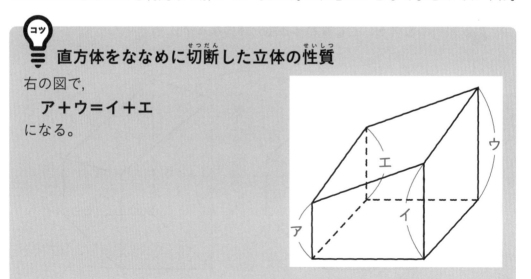

うん。右のように図をか
いてみると，直方体になる
ことがよくわかると思うよ。

（図中）
5 cm
3 cm
D
9 cm
A
高さは，
9＋3
＝12（cm）
C
9 cm
B
3 cm
H
5 cm
G
6 cm
E
5 cm
F

同じ立体を上に重ねると，このように直方体になるんだ。この直方体の高さは，
9＋3＝12（cm）だよ。だから，DH の長さは，12－5＝7（cm）と求められる。

7 cm … 答え ［例題］5-3 （1）

（1）は，AE と CG の長さの和と，BF と DH の長さの和が，どちらも直方体の高さ
の 12 cm になることを利用して解いているんだ。これをコツとしてまとめておくね。

コツ
直方体をななめに切断した立体の性質
右の図で，
　ア＋ウ＝イ＋エ
になる。

（図中）
ウ
エ
イ
ア

このコツを知っておくと，(1)は，9＋3－5＝7(cm)と簡単に求められるね。では，(2)にいこう。(2)は，この立体の体積を求める問題だ。(1)で見たように，この立体は，上下に2つ重ねると直方体になる。だから，**この立体の体積は，組み合わせてできる直方体の体積の半分**ということだ。これをもとに，この立体の体積を求めてくれるかな？

「はい。この立体の体積は，組み合わせてできる直方体の体積の半分だから，6×5×12÷2＝180(cm^3)ね。」

その通り。答えが求められたね。

180 cm^3 … 答え ［例題]5-3 (2)

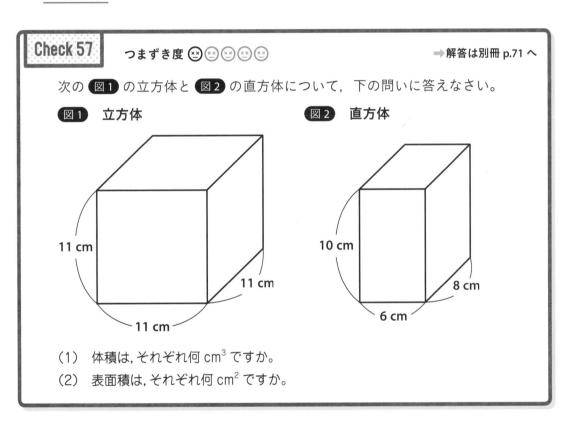

Check 57 つまずき度 😣😣😣😣😣 　　⇒解答は別冊 p.71 へ

次の 図1 の立方体と 図2 の直方体について，下の問いに答えなさい。

図1 立方体

11 cm
11 cm
11 cm

図2 直方体

10 cm
6 cm
8 cm

(1) 体積は，それぞれ何 cm^3 ですか。
(2) 表面積は，それぞれ何 cm^2 ですか。

Check 58 つまずき度 😖😖😖😐😐 ➡解答は別冊 p.72 へ

右の図は，たて 6 cm，横 7 cm，高さ 5 cm の直方体から，1 辺が 3 cm の立方体をくりぬいたものです。

この立体について，次の問いに答えなさい。

（1） この立体の体積は何 cm³ ですか。

（2） この立体の表面積は何 cm² ですか。

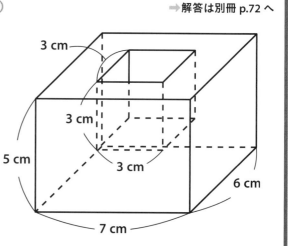

Check 59 つまずき度 😖😖😐😖😐 ➡解答は別冊 p.72 へ

右の図は，直方体をななめに切ってできた立体です。

この立体について，次の問いに答えなさい。

（1） BF の長さは何 cm ですか。

（2） この立体の体積は何 cm³ ですか。

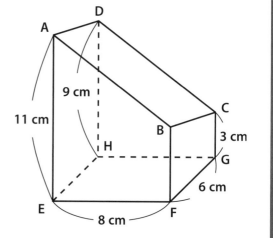

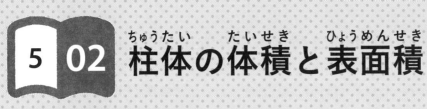

5 02 柱体の体積と表面積

柱のような形をしている立体について見ていこう。

 説明の動画は
こちらで見られます

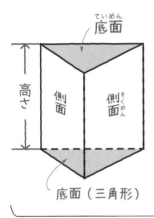

図1 三角柱

底面

高さ

側面　側面

底面（三角形）

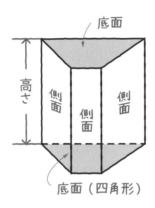

図2 四角柱

底面

高さ

側面　側面　側面

底面（四角形）

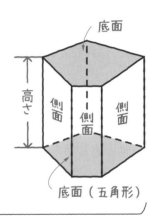

図3 五角柱

底面

高さ

側面　側面　側面

底面（五角形）

角柱

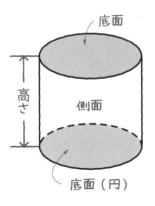

図4 円柱

底面

高さ

側面

底面（円）

上の 図1 から 図4 のような立体を，柱体というよ。

柱体とは，上下の合同な2つの面（底面）が平行になっていて，柱のような形をした立体のことだ。**2つの底面をつないでいる面**を側面というよ。また，**2つの底面の距離**を高さという。そして，柱体には，大きく分けて，**角柱**と**円柱**の2種類がある。

 「角柱と円柱は，どうちがうんですか？」

前ページの 図1 から 図3 のように，**底面の形が多角形である柱体**を，角柱というよ。一方， 図4 のように，**底面の形が円の柱体**を，円柱というんだ。

 「底面の形がちがうんですね。」

うん，そういうことだよ。そして，角柱は，底面が三角形なら三角柱，底面が四角形なら四角柱，底面が五角形なら五角柱，……というように，**底面が□角形ならば，□角柱**というんだ。

 「立方体や直方体は，四角柱なのかしら？」

その通り。前の単元で教えた**立方体や直方体は，四角柱**だよ。ところで，底面の「底」という字の訓読みは「そこ」だけど，**下の面だけでなく，上の面も底面**ということに注意しよう。先ほども言った通り，**柱体には，底面が2つある**んだったね。

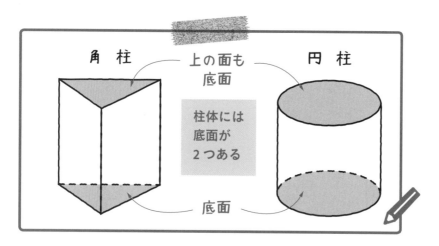

また，**底面は，いつも上下にあるとは限らない**こともおさえておこう。

 「底面が，いつも上下にあるとは限らないって，どういうことですか？」

例えば，先ほどの 図2 の四角柱を横にたおしてみると，次の図のようになる。

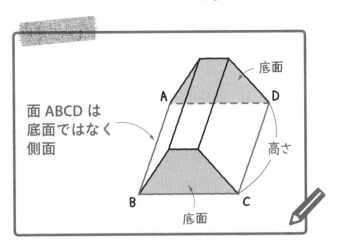

このとき，面 ABCD は下にある（地面に接している）けど，底面ではなく側面であることに注意しよう。底面は，かげをつけた 2 つの面だ。底面が，いつも上下にあるとは限らないとは，こういうことなんだ。

面 ABCD は
底面ではなく
側面

「底面と側面は，どう見分ければいいのかしら？」

はじめに説明した通り，2 つの底面は合同で，平行になっている。だから，**柱体では，合同で平行になっている 2 つの面が底面で，それ以外の面を側面と考えるといい**よ。ところで，1 つの底面の面積を**底面積**という。そして，側面全体の面積を**側面積**というんだ。

「新しい用語がたくさん出てきて，こんがらがっちゃいそうです。」

こんがらがってきそうなら，もう一度，この章をはじめから読んで，用語と意味をしっかり整理しておこう。それで，次はこの柱体の体積についてなんだけど，**柱体の体積は，「底面積×高さ」で求めることができる。**基本の公式なので，しっかりおさえよう。

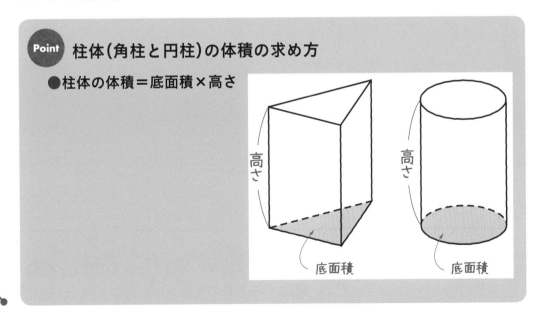

Point **柱体（角柱と円柱）の体積の求め方**

● 柱体の体積＝底面積×高さ

高さ

高さ

底面積

底面積

説明の動画は
こちらで見られます

では，柱体の体積や表面積を求める問題について見ていこう。

[例題]5-4　つまずき度 😖😖😖😖😖

次の 図1 から 図3 の立体について，下の問いに答えなさい。

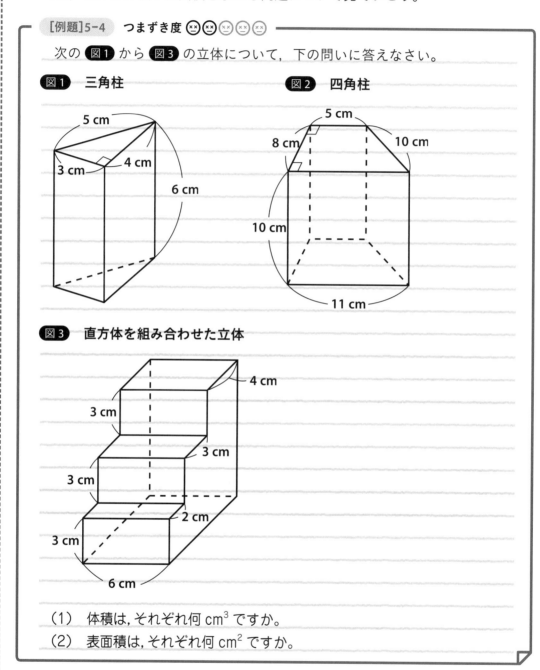

図1　三角柱

5 cm
3 cm
4 cm
6 cm

図2　四角柱

5 cm
8 cm
10 cm
10 cm
11 cm

図3　直方体を組み合わせた立体

4 cm
3 cm
3 cm
3 cm
2 cm
3 cm
6 cm

（1）　体積は，それぞれ何 cm³ ですか。

（2）　表面積は，それぞれ何 cm² ですか。

では，(1)からいこう。図1 から 図3 の立体の体積を求める問題だ。図1 の三
角柱の体積から求めていくよ。図1 の三角柱の底面の形は何かな？

「 図1 の三角柱の底面の形は，直角三角形ね。」

そうだね。 図1 の三角柱の底面は，直角三角形だ。だから，底面積（1 つの底面の面積）は，3×4÷2＝6（cm²）だよ。そして，高さは 6 cm だね。

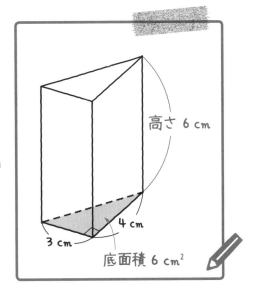

「柱体の体積＝底面積×高さ」だから， 図1 の三角柱の体積は，6×6＝36（cm³）と求められる。次に， 図2 の四角柱の体積を求めよう。 図2 の四角柱の底面の形は何かな？

「 図2 の四角柱の底面の形は，台形です！」

うん。 図2 の四角柱の底面は，上底5 cm，下底 11 cm，高さ 8 cm の台形だ。だから，底面積は，
（5＋11）×8÷2＝64（cm²）だよ。そして，この四角柱の高さは 10 cm だね。

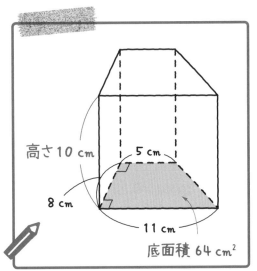

「柱体の体積＝底面積×高さ」だから， 図2 の四角柱の体積は，64×10＝640（cm³）と求められる。次に， 図3 の立体の体積を求めよう。 図3 の立体の底面はどの面かな？

「えーっと，どの面かしら……？　いちばん下の面が底面かなぁ。」

　地面に接しているいちばん下の面は，底面じゃないよ。**底面は，いつも上下にあるとは限らない**んだったよね。柱体の底面とは，どんな面だったかな？

「たしか，合同で平行になっている2つの面が底面だったよね。」

　そうだね。**合同で平行になっている2つの面が底面**だ。これをもとに底面を探すと，右の図のかげをつけた2つの面が合同で平行だから，底面だとわかる。そして，高さは6cmだ。

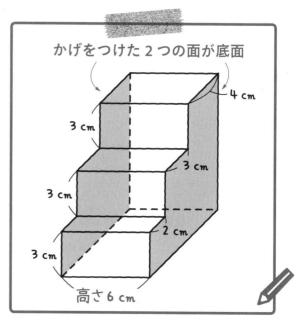

かげをつけた2つの面が底面

　「柱体の体積＝底面積×高さ」だから，まず，底面積を求めよう。この立体の底面は，右の図のように3つの長方形に分けることができる。そして，それぞれの長方形のたての長さは，3cm，3＋3＝6(cm)，6＋3＝9(cm)だ。

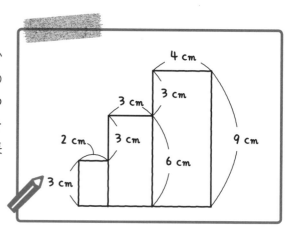

　だから，この立体の底面積は，3×2＋6×3＋9×4＝60(cm²)だ。高さは6cmだから，この立体の体積は，60×6＝360(cm³)と求められるんだ。

図1 36 cm³,　**図2** 640 cm³,　**図3** 360 cm³ … 答え [例題]5-4 （1）

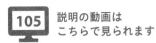

説明の動画はこちらで見られます

　（2）にいこう。図1 から 図3 の立体の表面積を求める問題だ。**表面積とは，立体のすべての面の面積の和**のことだったね。図1 の三角柱の表面積から求めていくよ。

　「すべての面の面積を出して，それをたせばいいのね。」

　すべての面の面積を出して，それをたせば表面積は求められるけど，**側面積（側面全体の面積）を求めるときに，工夫ができる**んだ。

　「どんな工夫ですか？」

　それを説明するね。図1 の三角柱の展開図は，次のようになる。

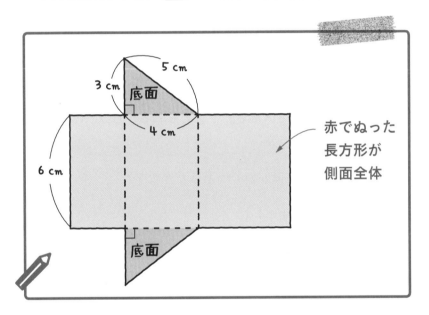

赤でぬった
長方形が
側面全体

　表面積とは，展開図の面積であるということもできたね。それで，この展開図の側面にあたる部分に注目すると，**柱体の側面全体の展開図は，上の図のように長方形になる**んだ。そして，この側面全体（長方形）のたての長さは，三角柱の高さの 6 cm だね。また，**側面全体（長方形）の横の長さは，底面の周りの長さに等しい**んだ。

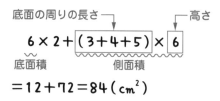

展開図を組み立てるとき，側面全体（長方形）の横の部分が，底面の周りにクルッと巻きつくのだから，**側面全体（長方形）の横の長さは，底面の周りの長さに等しくなる**んだよ。だから，**側面積は，「底面の周りの長さ×高さ」で求められる。** では，この三角柱の側面積は，どのような式で求められるかな？

 「側面積は，**『底面の周りの長さ×高さ』** で求められるから，(3＋4＋5)×6 の式で求められるわ。」

その通り。ところで，柱体には底面がいくつあったかな？

 「柱体には底面が 2 つあります！」

そうだね。この展開図からもわかるように，柱体には底面が 2 つあるね。だから，**柱体の表面積は，「底面積×2＋側面積」で求められる。** （1）より，**図1** の三角柱の底面積は 6 cm² だ。だから，**図1** の三角柱の表面積は，次のように計算できる。

底面の周りの長さ ──┐　　　　┌── 高さ

$$6 \times 2 + (3+4+5) \times 6$$

底面積　　　　　　側面積

$$=12+72=84 \, (\text{cm}^2)$$

さて，**図1** の三角柱の表面積を求めながら，2 つの大事な公式を学んだね。1 つめは，**「側面積＝底面の周りの長さ×高さ」** という公式だ。この公式は，三角柱だけでなく，**ほかの角柱や円柱など，どの柱体にも成り立つ** 公式なんだ。円柱については，次の例題で解説するよ。2 つめの公式は何だったかな？

「『柱体の表面積＝底面積×2＋側面積』ね。」

　そうだね。**「柱体の表面積＝底面積×2＋側面積」**だ。この公式も，どの柱体でも成り立つ。この2つの公式は，柱体の表面積を求めるときに使うから，ポイントとしてまとめておくよ。

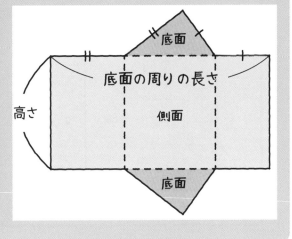

Point　柱体の側面積と表面積を求める公式

❶　柱体の側面積
　＝底面の周りの長さ×高さ
❷　柱体の表面積
　＝底面積×2＋側面積

説明の動画は
こちらで見られます

　では，ᅠ図2ᅠの四角柱の表面積を求めよう。早速，2つの公式が使えるね。(1)より，ᅠ図2ᅠの四角柱の底面積は64 cm²だ。**「柱体の側面積＝底面の周りの長さ×高さ」**だから，ᅠ図2ᅠの四角柱の側面積は，(5＋8＋11＋10)×10 で求められる。
「柱体の表面積＝底面積×2＋側面積」だから，ᅠ図2ᅠの四角柱の表面積は，次のように計算できる。

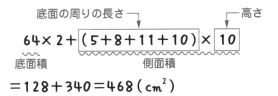

　次に，ᅠ図3ᅠの立体の表面積を求めよう。これも2つの公式が使える。まずは，**「柱体の側面積＝底面の周りの長さ×高さ」**の公式を使うよ。ここで，この立体の底面の周りの長さを求めるのに，工夫が使えるんだけど，わかるかな？

「底面の周りの長さだから，辺の長さを1つ1つたしていくんだと思いますけど……。」

その方法でも周りの長さは求められるけど，少しややこしくてケアレスミスをしそうだね。次の図のように考えると，**この立体の底面の周りの長さは，1辺9cmの正方形の周りの長さと同じになる**んだ。

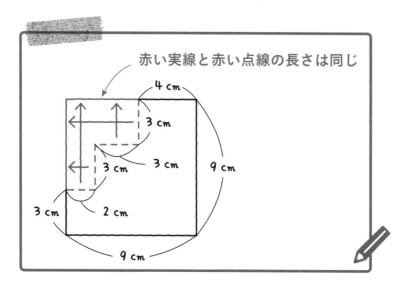

赤い実線と赤い点線の長さは同じ

だから，この立体の底面の周りの長さは，9×4＝36(cm)だ。そして，**「柱体の側面積＝底面の周りの長さ×高さ」**だから，**図3**の立体の側面積は，36×6で求められる。また，(1)より，**図3**の立体の底面積は60cm²だ。**「柱体の表面積＝底面積×2＋側面積」**だから，**図3**の立体の表面積は，次のように計算できる。

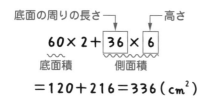

$$60×2+\boxed{36×6}$$

底面積　　　側面積

$$=120+216=336(cm^2)$$

図1 84 cm², **図2** 468 cm², **図3** 336 cm² … 答え [例題]5-4 (2)

[例題]5-4 は，角柱の体積や表面積を求める問題だったけど，公式をしっかりおさえて，確実に解けるように練習しよう。では，次の例題にいくよ。今度は，円柱の体積と表面積を求める問題だ。

[例題]5-5　つまずき度 😣😣😣😣😣

　右の図は，底面の直径が 8 cm で，高さが
6 cm の円柱です。

　この円柱について，次の問いに答えなさい。
ただし，円周率は 3.14 とします。

（1）　この円柱の体積は何 cm³ ですか。

（2）　この円柱の表面積は何 cm² ですか。

（1）からいこう。この円柱の体積を求める問題だね。**「柱体の体積＝底面積×高さ」**
の公式で，体積を求めることができる。底面は，半径が，8÷2＝4(cm)の円だ。そ
して，円柱の高さは 6 cm だから，この円柱の体積は，次のように求められるよ。

$$\underset{底面積}{4\times4\times3.14}\times\underset{高さ}{6}=96\times3.14 \longleftarrow ×3.14 は最後に計算$$

$$=301.44(cm^3)$$

　平面図形でも教えたけど，**3.14 をふくむ計算では，1つの式で一気に求めた
ほうが，計算がラク**だったよね。4×4×3.14＝50.24，50.24×6＝301.44 と 2 つの
式で求めることもできるけど，それだと計算がめんどうだ。立体図形でも，3.14
をふくむ計算が出てくるけど，上のように，×3.14 は最後にまわして，1 つの式で
求めるようにしよう。

301.44 cm³ … 答え [例題]5-5 （1）

　では，（2）にいこう。**表面積は，展開図の面積と同じ**だから，この円柱の展開図を
見てみよう。この円柱の展開図は，次のようになる。

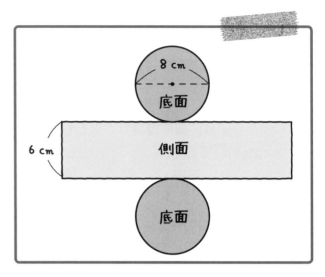

円柱の展開図で，側面は長方形だ。底面は半径 4 cm の円だから，底面積は求められる。側面の長方形の面積（側面積）は，どう求めればいいと思う？

「えーっと……，側面の長方形のたては，円柱の高さと同じで 6 cm ですね。側面の長方形の横の長さは，えーっと……。」

1 つ前の　[例題]5-4　で，**側面全体（長方形）の横の長さは，底面の周りの長さに等しいこと**を教えたね。これは，円柱でも成り立つんだ。つまり，**側面の長方形の横の長さは，底面の円周の長さと同じ**なんだ。

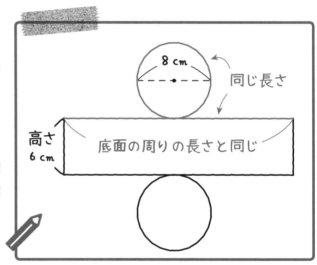

「柱体の側面積＝底面の周りの長さ×高さ」という公式を教えたけど，これは円柱でも成り立つということだね。底面は直径 8 cm の円だから，底面の円周の長さは，8×3.14 で求められる。そして，**「柱体の表面積＝底面積×2＋側面積」**の公式は，円柱でも成り立つから，この円柱の表面積は，次のように求めることができる。

$$4×4×3.14×2＋\underset{\text{側面積}}{\underbrace{\underset{\text{底面の周りの長さ}}{\boxed{8×3.14}}×\underset{\text{高さ}}{\boxed{6}}}}＝(4×4×2＋8×6)×3.14$$

底面積

$$=(32＋48)×3.14＝80×3.14$$
$$=251.2\,(cm^2)$$

251.2 cm² … 答え　[例題]5-5　(2)

説明の動画は
こちらで見られます

[例題]5-6 つまずき度 😣😣😣😌😌

　右の図は，底面の半径が 2 cm の円柱を，なな
めに切ってできた立体です。

　この立体の体積は何 cm³ ですか。ただし，円
周率は 3.14 とします。

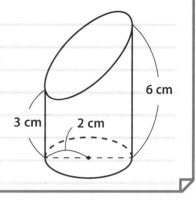

6 cm
3 cm   2 cm

　[例題]5-3 で，この例題と似たような問題を解いたね。

　「 [例題]5-3 は，直方体をななめに切ってできた立体だったわ。」

　そうだね。今回の例題は，円柱をななめに切っ
てできた立体だ。でも，考え方は， [例題]5-3 と
同じだ。つまり，**この立体と同じ立体を上に重ね
ると，円柱ができる**んだ。

　この立体と同じ立体を重ねてできた円柱の高さ
は，6＋3＝9（cm）だね。この立体の体積は，底面
の半径が 2 cm で，高さが 9 cm の円柱の体積の半
分だから，次のように求めることができる。

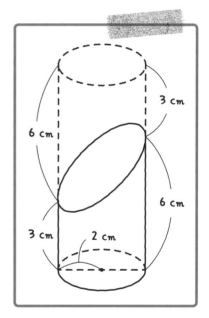

3 cm
6 cm
6 cm
3 cm   2 cm

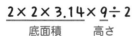

$$\underset{\text{底面積}}{2 \times 2 \times 3.14} \times \underset{\text{高さ}}{9} \div 2$$

$$＝18 \times 3.14$$
$$＝56.52 \,(\text{cm}^3)$$

56.52 cm³ … 答え [例題]5-6

Check 60

つまずき度 😖😖😑😑😑　　　➡解答は別冊 p.72 へ

次の 図1 と 図2 の立体について，下の問いに答えなさい。

図1 　三角柱

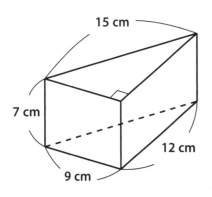

図2 　直方体を組み合わせた立体

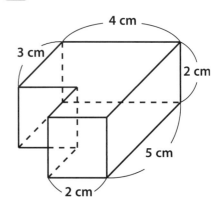

(1) 体積は，それぞれ何 cm³ ですか。
(2) 表面積は，それぞれ何 cm² ですか。

Check 61

つまずき度 😖😖😑😑😑　　　➡解答は別冊 p.73 へ

右の図は，底面の直径が 10 cm で，高さが 15 cm の
円柱です。

この円柱について，次の問いに答えなさい。ただし，
円周率は 3.14 とします。

(1) この円柱の体積は何 cm³ ですか。
(2) この円柱の表面積は何 cm² ですか。

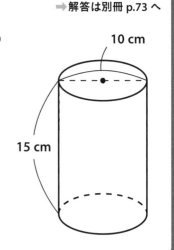

つまずき度 😵😵😵😑😵 　　　　　➡解答は別冊 p.73 へ

　右の図は，底面の半径が 3 cm の円柱を，ななめに切ってできた立体です。

　この立体の体積は何 cm³ ですか。ただし，円周率は 3.14 とします。

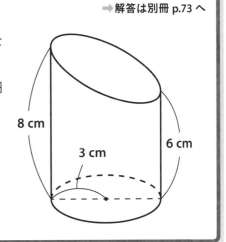

8 cm

3 cm

6 cm

5 | 03 すい体の体積と表面積

パーティーのときにかぶるとんがりぼうし，あの形は……。

説明の動画は
こちらで見られます

図1 **三角すい**
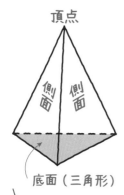

図2 **四角すい**
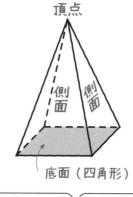

図3 **五角すい**
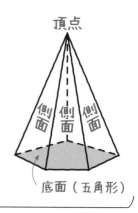

角すい

図4 **円すい**

上の 図1 から 図4 のような立体を，**すい体**というよ。すい体にも，頂点に対する面である**底面**と，周りの面である**側面**がある。また，次の 図5 ，図6 のように，**すい体の頂点から，底面に垂直に引いた線の長さを，高さ**というよ。

図5 四角すい

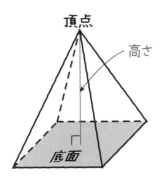

図6 円すい

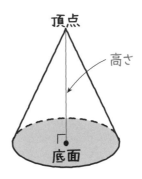

そして，すい体には，大きく分けて，角すいと円すいの2種類がある。

 「角すいと円すいは，どうちがうんですか？」

図1 から **図3** のように，**底面の形が多角形であるすい体を，角すいという**よ。一方，**図4** のように，**底面の形が円であるすい体を，円すいという**んだ。

 「柱体と同じように，底面の形によって分けるのね。」

そう，その通り。そして，角すいは，底面が三角形なら三角すい，底面が四角形なら四角すい，底面が五角形なら五角すい，……というように，**底面が□角形ならば，□角すいという**んだ。

 「角柱と同じように，よび方を区別するんですね。」

うん，そうだね。それで，このすい体の体積の求め方なんだけど，**すい体の体積は，「底面積×高さ×$\frac{1}{3}$」で求めることができる。**柱体の体積は，「底面積×高さ」で求めることができたね。だから，**すい体の体積は，底面積と高さが同じ柱体の体積の$\frac{1}{3}$になる**ということなんだ。**すい体の体積を求めるときは，$\frac{1}{3}$をかけ忘れないように注意しよう。**

 「$\frac{1}{3}$をかけるのを，忘れないようにするわ。じゃあ，すい体の表面積は，どうやって求めるのかしら？」

柱体は，底面が2つあったね。一方，**すい体は底面が1つしかない。**だから，**すい体の表面積は，「底面積＋側面積」で求められる**んだ。

> **Point** **すい体(角すいと円すい)の体積と表面積の求め方**
>
> ●すい体の体積＝底面積×高さ×$\frac{1}{3}$　　●すい体の表面積＝底面積＋側面積
>
>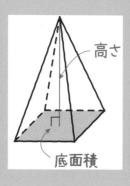
>
>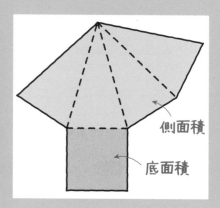

110 説明の動画は
こちらで見られます

では，すい体の体積や表面積を求める問題を解いていこう。

[例題]5-7 **つまずき度** 😣😣😵😵😵

右の図は，底面が1辺18cmの正方形で，高さが12cmの四角すいです。また，4つの側面は，すべて合同な二等辺三角形です。

この四角すいについて，次の問いに答えなさい。

(1) この四角すいの体積は何cm³ですか。

(2) この四角すいの表面積は何cm²ですか。

図中のラベル：高さ 12cm，15cm，18cm，18cm

では，(1)からいこう。この四角すいの体積を求める問題だね。

「すい体の体積＝底面積×高さ×$\frac{1}{3}$」 の公式を使って体積を求めよう。底面が1辺18cmの正方形で，高さが12cmだから，次のように計算して求めることができる。

これを忘れないように！

$$18 \times 18 \times 12 \boxed{\times \frac{1}{3}} = 1296 \, (\text{cm}^3)$$

底面積　　　　　高さ

1296 cm³ … 答え [例題]5−7 (1)

(2)にいこう。この四角すいの表面積を求める問題だ。この四角すいの底面は，正方形だね。そして，4つの側面は，すべて合同な二等辺三角形だ。では，1つの側面の面積は，どういう式で求められるかな？

「えーっと，1つの側面の二等辺三角形は，底辺が18cmで，高さが15cmだから，面積は，18×15÷2の式で求められます。」

そうだね。1つの側面の二等辺三角形の面積は，18×15÷2の式で求められる。合同な側面が4つあるから，側面積は，18×15÷2×4で求められるということだ。**「すい体の表面積＝底面積＋側面積」** だから，この四角すいの表面積は，次のように計算して求めることができるよ。

側面1つの面積　　　　4つ

$$18 \times 18 + \boxed{18 \times 15 \div 2} \times \boxed{4} = 324 + 540$$
$$= 864 \, (\text{cm}^2)$$

底面積　　　　側面積

864 cm² … 答え [例題]5−7 (2)

この例題に出てきた四角すいは，底面が正方形（正四角形）で，4つの側面は，すべて合同な二等辺三角形だったね。このような四角すいを，**正四角すい**というよ。同じように，底面が正三角形で，3つの側面がすべて合同な二等辺三角形である三角すいは**正三角すい**，底面が正五角形で，5つの側面がすべて合同な二等辺三角形である五角すいは**正五角すい**という。もし問題で，何の説明もなしに「正□角すい」と出てきたら，その角すいは，底面が正□角形で，側面はすべて合同な二等辺三角形でできているということだ。参考までにおさえておこう。

説明の動画は
こちらで見られます

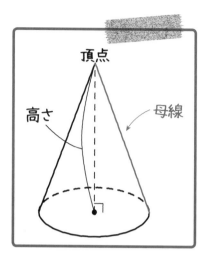

　次は，円すいの体積と表面積を求める例題を解いていくんだけど，その前に，円すいについて説明しておくね。
　円すいの頂点と，底面の円周上の 1 点を結ぶ線を，母線というから覚えておこう。

円すいの高さと母線はちがうから注意しよう。そして，円すいの展開図は，次のようになる。

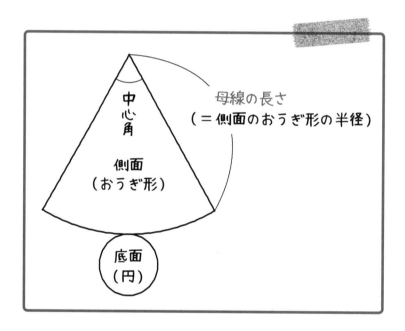

　「円すいの展開図は，おうぎ形と円からできているんですね！」

　その通り。円すいの展開図は，側面がおうぎ形で，底面が円なんだ。また，**側面のおうぎ形の半径は，円すいの母線の長さと同じ**だから，おさえておこう。そして，展開図から実際に円すいを組み立てるとき，側面のおうぎ形の弧が，底面の円周に巻きついて，円すいができる。だから，**側面のおうぎ形の弧の長さは，底面の円周の長さに等しい**んだ。

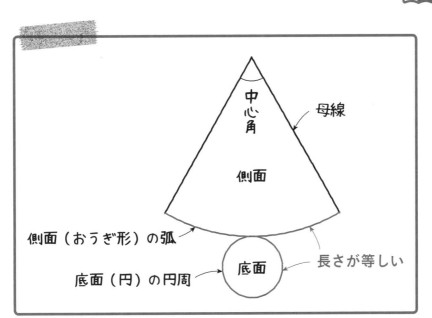

　また, 円すいの展開図について, 母線(の長さ), (底面の)半径, (側面のおうぎ形の)中心角には, 次のような関係があるんだ。

$$\frac{半径}{母線} = \frac{中心角}{360}$$

　これは, 円すいの展開図に関する問題を解くときに, とても役に立つ大事な公式だから, 必ずおさえよう。

Point **円すいの展開図の公式**

　　母線(の長さ), (底面の)半径, (側面のおうぎ形の)中心角の間には, 次の関係がある。

$$\frac{半径}{母線} = \frac{中心角}{360}$$

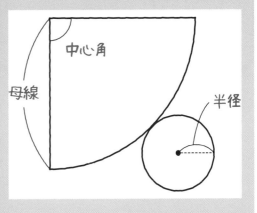

また，円すいの側面積を求めるときに，次の公式が役に立つので，これも必ずおさえよう。

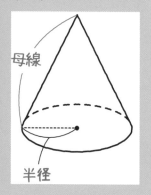

> **Point** **円すいの側面積を求める公式（円周率が3.14の場合）**
>
> ●円すいの側面積＝母線(の長さ)×(底面の)半径×3.14
> 　　　　　　　　　(ハハ)　　　　　　　(ハン)　(サン)
>
> 「**ハハハンサン**」とゴロで覚えよう。
>
> ※円すいの側面積は，
> 　高さがわからなくても，
> 　母線の長さと底面の半径がわかっていれば，
> 　求められる。

この公式は，円すいの「**側面積**」を求めるためのものであって，表面積を求めるものではないことに注意しよう。円すいの表面積を求めるときは，この公式で側面積を求めて，それに底面積をたす必要があるんだ。

　「『ハハハンサン』とゴロで覚えるっていうのは，どういうことかしら。」

これは，ぼくが考えた覚え方なんだけど，母線の「母」の訓読みは「ハハ」だよね。そして，半径の半「ハン」。それから，3.14 の 3「サン」。これらを続けて，「**ハハハンサン**」というゴロで覚えると，円すいの側面積を求める公式が覚えやすいんだ。

　「『円すいの側面積＝母線(ハハ)×半径(ハン)×3.14(サン)』ですね！」

その通り。これら 2 つの公式がなぜ成り立つかは，p.341 のコラムで説明するよ。では，これをふまえて，次の例題を解いてみよう。

112 説明の動画は
こちらで見られます

[例題]5-8 つまずき度 😖😖😖😖😖

右の図のような円すいがあります。

この円すいについて，次の問いに答えなさ
い。ただし，円周率は 3.14 とします。

(1) この円すいの体積は何 cm³ ですか。

(2) この円すいの表面積は何 cm² ですか。

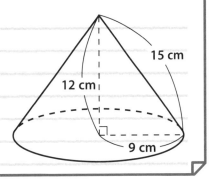

では，(1)からいこう。この円すいの体積を求める問題だ。

「『すい体の体積＝底面積×高さ×$\frac{1}{3}$』の公式を使えばいいのかしら。」

その通り。この公式を使えば，この円すいの体積は求められる。この円すいは，
底面が半径 9 cm の円で，高さは 12 cm だ。だから，次の式で体積が求められるよ。

これを忘れないように！

$$\underset{\text{底面積}}{9×9×3.14}×\underset{\text{高さ}}{12}×\boxed{\frac{1}{3}}=324×3.14 \quad \leftarrow \text{×3.14は最後に計算}$$

$$=1017.36 \text{（cm}^3\text{）}$$

1017.36 cm³ … 答え [例題]5-8 (1)

(2)にいこう。この円すいの表面積を求める問題だね。
「すい体の表面積＝底面積＋側面積」だから，底面積と側面積の和が答えになる。
底面は半径 9 cm の円だから，底面積は，9×9×3.14 で求められる。では，側面積は，
どうやって求めればいいかな？

「『ハハハンサン』の公式を使うんですね！」

その通り。「**円すいの側面積＝母線（の長さ）×（底面の）半径×3.14**」で求めればいいんだね。ユウトくんが言ってくれた通り，「ハハハンサン」のゴロで覚えた公式だ。この円すいの母線の長さは 15 cm で，底面の半径は 9 cm だから，この円すいの側面積は，15×9×3.14 で求められる。だから，この円すいの表面積を 1 つの式で求めると，次のようになるよ。

$$9×9×3.14+\boxed{15}×\boxed{9}×3.14=(9+15)×9×3.14$$
$$=24×9×3.14=216×3.14$$
$$=678.24\,(\text{cm}^2)$$

母線 → 15　　半径 → 9
底面積　　　　　側面積

いくつかの式に分けて計算するのではなく，1 つの式で，一気に求めることで，3.14 をかける計算が 1 回ですむんだったね。

678.24 cm² … 答え 　［例題］5-8 （2）

では，次の例題にいこう。

113 説明の動画は
こちらで見られます

［例題］5-9　**つまずき度** ✖✖✖✖✖

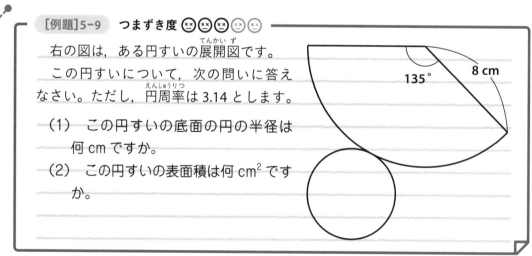

右の図は，ある円すいの展開図です。この円すいについて，次の問いに答えなさい。ただし，円周率は 3.14 とします。

（1）　この円すいの底面の円の半径は何 cm ですか。

（2）　この円すいの表面積は何 cm² ですか。

135°　8 cm

（1）からいこう。この円すいの底面の円の半径を求める問題だ。

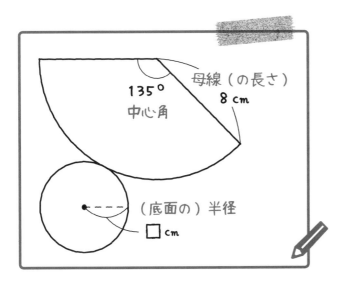

「なんだか解く手がかりが見つからないわ。」

　この問題を解くとき，次の公式を思い出してほしい。円すいの展開図について，母線（の長さ），(底面の)半径，(側面のおうぎ形の)中心角の間には，次のような関係があるんだったね。

$$\frac{半径}{母線} = \frac{中心角}{360}$$

　この公式を使えば，(1)は簡単に解けるよ。この円すいの母線の長さは8cmで，側面のおうぎ形の中心角は135度だ。これを，この公式にあてはめると，次のようになる。

$$\frac{半径}{8} = \frac{135}{360}$$

　$\frac{135}{360}$ を約分すると，$\frac{3}{8}$ になるから，底面の半径は3cmと求められるんだ。

3cm … 答え [例題]5-9 (1)

「はじめは，解く手がかりがないと思ったけど，公式を使うと，簡単に解けるのね。」

うん。では, (2)にいこう。この円すいの表面積を求める問題だ。

「すい体の表面積＝底面積＋側面積」だから, 底面積と側面積の和が答えになる。

そして,「円すいの側面積＝母線(の長さ)×(底面の)半径×3.14」を使って, この円すいの表面積を1つの式で求めると, 次のようになるよ。

$$3 \times 3 \times 3.14 + \boxed{8} \times \boxed{3} \times 3.14 = (3+8) \times 3 \times 3.14$$

母線┐　┌半径

底面積　　　側面積

$$= 11 \times 3 \times 3.14 = 33 \times 3.14$$
$$= 103.62 (cm^2)$$

103.62 cm^2 … 答え ［例題]5-9 (2)

円すいの展開図や表面積の問題を解くとき,「$\dfrac{半径}{母線} = \dfrac{中心角}{360}$」と,

「円すいの側面積＝母線(の長さ)×(底面の)半径×3.14」の2つの公式が, いかに大事かわかってくれたかな。

「はい! すっきり解けますね!」

うん。では, 次の例題にいこう。

 114 説明の動画は
こちらで見られます

［例題]5-10 つまずき度 😫😫😫😫😫

母線の長さが15cmの円すいを, 右の図のように, すべらないように転がしたところ, ちょうど5回転してもとの位置にもどりました。

この円すいの底面の半径は何cmですか。ただし, 円周率は3.14とします。

15cm

この例題は, 円すいを横にして転がす問題だ。

「なんだか難しそうだなぁ。」

　一見難しそうだけど，よく考えると，そうでもないよ。**5回転してもとの位置に
もどってくるということは，この円すいの展開図の側面のおうぎ形を5つはり合わ
せると，半径15cmの円になる**ということだ。

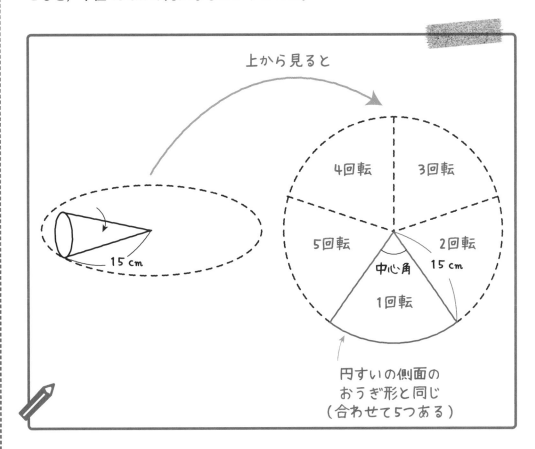

上から見ると

4回転　3回転

5回転　2回転　15cm

中心角

1回転

円すいの側面の
おうぎ形と同じ
（合わせて5つある）

　ということは，この円すいの側面のおうぎ形の中心角は，360÷5＝72（度）だよ。
ここで，「$\dfrac{半径}{母線}＝\dfrac{中心角}{360}$」の公式に，母線の長さ15cmと中心角72度をあてはめ
ると，「$\dfrac{半径}{15}＝\dfrac{72}{360}$」となる。$\dfrac{72}{360}＝\dfrac{3}{15}$だから，円すいの底面の半径は，3cmと
求められるんだ。

<u>3 cm</u> … 答え [例題]5-10

「考え方さえ慣れたら，あとは簡単な計算で求められるのね。」

　その通りだよ。別解もあるから，見ておこう。

別解 ［例題］5-10

　5回転してもとの位置にもどってくるということは，**この円すいの底面の円周の長さの5倍と，半径15 cm の円周の長さが同じになる**ということだ。

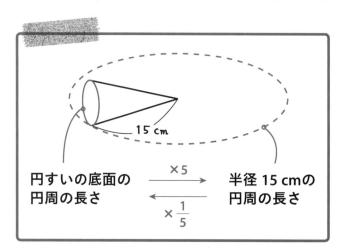

　半径 15 cm の円周の長さは，15×2×3.14＝30×3.14 で求められる。この半径15 cm の円周の長さの $\frac{1}{5}$ が，この円すいの底面の円周の長さだから，この円すいの底面の円周の長さは，30×3.14× $\frac{1}{5}$ ＝6×3.14 だ。つまり，円すいの底面の円の直径が 6 cm ということがわかる。

　「なるほど。だから，この円すいの底面の円の半径は，6÷2＝3(cm) と求められるんですね。」

　うん，そういうことだ。この別解では，例えば，30×3.14＝94.2 の計算をせずに，30×3.14 のまま解いていくと，ラクに解けるよ。

3 cm … 答え ［例題］5-10

　2つの解き方を見てきたけど，どちらの方法でも解けるように練習しよう。

Check 63　つまずき度 😵😵😵😵😵　➡ 解答は別冊 p.73 へ

右の図は，底面が 1 辺 16 cm の正方形で，高さが 6 cm の四角すいです。また，4 つの側面は，すべて合同な二等辺三角形です。

この四角すいについて，次の問いに答えなさい。

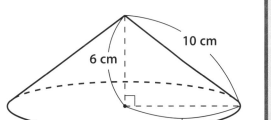

高さ 6 cm　10 cm　16 cm　16 cm

(1) この四角すいの体積は何 cm³ ですか。

(2) この四角すいの表面積は何 cm² ですか。

Check 64　つまずき度 😵😵😵😵😵　➡ 解答は別冊 p.73 へ

右の図のような円すいがあります。

この円すいについて，次の問いに答えなさい。ただし，円周率は 3.14 とします。

10 cm　6 cm　8 cm

(1) この円すいの体積は何 cm³ ですか。

(2) この円すいの表面積は何 cm² ですか。

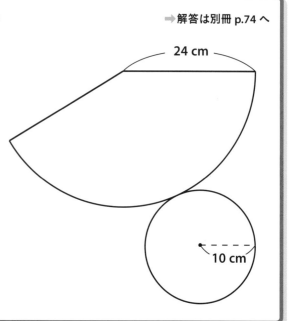

➡ 解答は別冊 p.74 へ

Check 65 つまずき度 😫😫😫😑😑

右の図は，ある円すいの展開図です。

この円すいについて，次の問いに答えなさい。ただし，円周率は 3.14 とします。

(1) 側面のおうぎ形の中心角は何度ですか。

(2) この円すいの表面積は何 cm² ですか。

➡ 解答は別冊 p.74 へ

Check 66 つまずき度 😫😫😫😫😫

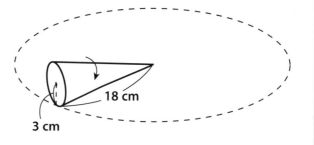

底面の円の半径が 3 cm で，母線の長さが 18 cm の円すいを，右の図のように，すべらないように転がしました。

このとき，この円すいは，何回転してもとの位置にもどってきますか。ただし，円周率は 3.14 とします。

円すいに関する公式が成り立つ理由

※一部，中学数学の範囲をふくみます。

　円すいの展開図において，母線（の長さ），（底面の）半径，（側面のおうぎ形の）中心角には，

$$\frac{半径}{母線} = \frac{中心角}{360}$$

という関係があることを教えました。まず，この公式が成り立つ理由を説明します。

 「お願いします。」

　円すいの展開図において，側面のおうぎ形の弧の長さは，底面の円周の長さに等しいことは，すでに教えました。

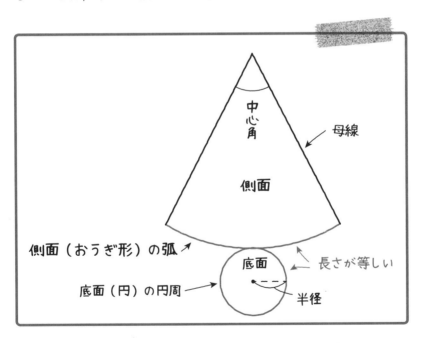

　側面のおうぎ形の弧の長さと，底面の円周の長さは，円周率が 3.14 のとき，それぞれ次の式で求められます。

側面のおうぎ形の弧の長さ＝母線×2×3.14× $\frac{中心角}{360}$

底面の円周の長さ＝半径×2×3.14

この2つは長さが等しいので，等式(イコール「＝」で結ばれた式)で表すと，

$$母線 \times 2 \times 3.14 \times \frac{中心角}{360} = 半径 \times 2 \times 3.14$$

等式の左右(両辺)どちらにも，2×3.14がふくまれているので，両辺を2×3.14でわると，

$$母線 \times \frac{中心角}{360} = 半径$$

ここで，等式の両辺を，「母線」でわると，

$$\frac{中心角}{360} = \frac{半径}{母線}$$

等式は，両辺を入れかえても成り立つので，次のように公式が導けます。

$$\frac{半径}{母線} = \frac{中心角}{360}$$

「なるほど。では，『円すいの側面積＝母線(の長さ)×(底面の)半径×3.14』の公式が成り立つ理由も教えていただけますか。」

はい。「円すいの側面積＝母線(の長さ)×(底面の)半径×3.14」の公式が成り立つ理由ですね。展開図において，円すいの側面の形は，おうぎ形です。おうぎ形の面積を求める公式より，円すいの側面積は，次の式で求められます。

$$円すいの側面積 = 母線 \times 母線 \times 3.14 \times \frac{中心角}{360}$$

ここで「$\frac{中心角}{360} = \frac{半径}{母線}$」の公式から，$\frac{中心角}{360}$は，$\frac{半径}{母線}$におきかえられますから，先ほどの式は，次のように変形できます。

$$\text{円すいの側面積} = \text{母線} \times \text{母線} \times 3.14 \times \frac{\text{中心角}}{360}$$

$$= \overset{1}{\cancel{\text{母線}}} \times \text{母線} \times 3.14 \times \frac{\text{半径}}{\underset{1}{\cancel{\text{母線}}}}$$

$$= \cancel{\text{母線}} \times \text{半径} \times 3.14$$

　これより，「円すいの側面積＝母線（の長さ）×（底面の）半径×3.14」が成り立つというわけです。

 「なるほど。そういうことなんですね。」

5 04 回転体

四角形や三角形のある辺を軸として，くるくる回すとどうなるだろう？

 115 説明の動画は
こちらで見られます

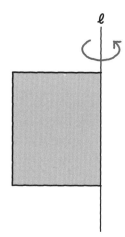

　例えば，右の図のような長方形を，直線 ℓ を軸として1
回転させると，長方形の通った部分は，どんな立体になると
思う？

 「長方形を，直線 ℓ を軸として1回転させると……，円柱になると思うわ。」

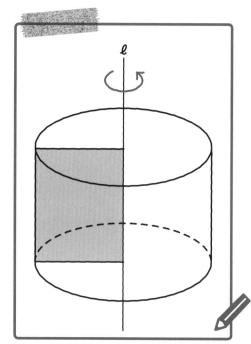

　その通り。右の図のように，円柱になる。

344

では，右の図の直角三角形を，直線 ℓ を軸として 1 回転させると，直角三角形の通った部分は，どんな立体になると思う？

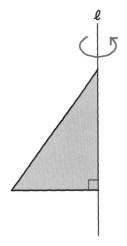

「直角三角形を，直線 ℓ を軸として 1 回転させると……，円すいになるんじゃないかな。」

そうだね。右の図のように，円すいになる。

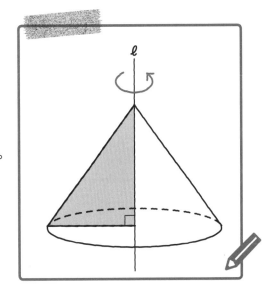

　円柱や円すいのように，**平面図形を，ある直線を軸として 1 回転させてできる立体**を，**回転体**というよ。では，さっそく回転体についての例題を解いていこう。

116　説明の動画は
こちらで見られます

[例題]5-11　つまずき度 😣😣😣😣😣

次の図の四角形 ABCD を，それぞれ直線 ℓ を軸として 1 回転させます。
このときできる立体の体積は，それぞれ何 cm³ ですか。ただし，円周率は3.14
とします。

（1）　四角形 ABCD は長方形　　　（2）　四角形 ABCD は台形

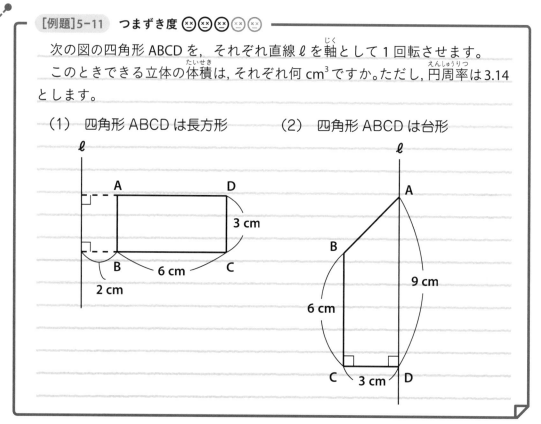

では，(1)からいこう。(1)の長方形 ABCD を，直線 ℓ を軸として 1 回転させると，
次の図のような立体になるよ。

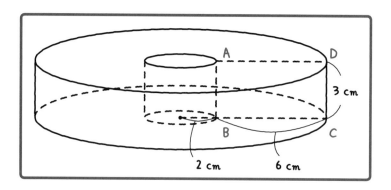

　「ドーナツのような形ね。」

たしかにそうだね。算数のことばで表すと，大きい円柱から小さい円柱をくりぬ
いた立体だ。

「ということは，大きい円柱の体積から，小さい円柱の体積をひけば，この立体の体積が求められるんですね。」

その通り。大きい円柱の底面の半径は，2＋6＝8（cm）で，高さは 3 cm だね。一方，小さい円柱の底面の半径は 2 cm で，高さは 3 cm だ。だから，この立体の体積は，次のように計算して求められる。

$$\underline{8\times8\times3.14}\times\underline{3}-\underline{2\times2\times3.14}\times\underline{3}$$

底面積　　　高さ　　　底面積　　　高さ

大きい円柱の体積　　小さい円柱の体積

$$=（8\times8-2\times2）\times3\times3.14=60\times3\times3.14$$
$$=180\times3.14=565.2（cm^3）$$

565.2 cm³ … 答え ［例題］5-11 （1）

117 説明の動画は
こちらで見られます

では，(2) にいこう。(2) の台形 ABCD を，直線ℓを軸として 1 回転させると，右の図のような立体になるよ。

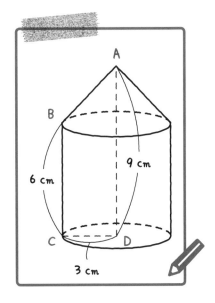

「家のような形だなぁ！」

そのようにも見えるね。この立体の形を算数のことばで表すと，どうなるかな？2 つの立体を組み合わせた立体だよ。

「えーっと……，円すいと円柱を組み合わせた立体ということかしら。」

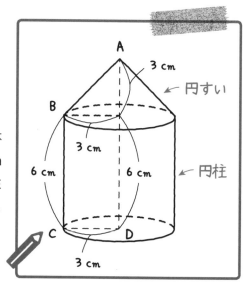

　その通りだよ。上が円すい，下が円柱の，2つの立体を組み合わせた立体だ。だから，円すいと円柱の体積の和が，この立体の体積だよ。まず，円すいの底面の半径は3cmで，高さは，9−6=3（cm）だ。一方，円柱の底面の半径は3cmで，高さは6cmだよ。

　だから，この立体の体積は，次のように計算して求めることができる。

$$\underbrace{\underset{\text{底面積}}{\underline{3 \times 3 \times 3.14}} \times \underset{\text{高さ}}{\underline{3 \times \frac{1}{3}}}}_{\text{円すいの体積}} + \underbrace{\underset{\text{底面積}}{\underline{3 \times 3 \times 3.14}} \times \underset{\text{高さ}}{\underline{6}}}_{\text{円柱の体積}}$$

$$= 3 \times 3 \times 3.14 \times \left(3 \times \frac{1}{3} + 6\right) = 3 \times 3 \times 3.14 \times 7$$

$$= 63 \times 3.14 = 197.82 \,(\text{cm}^3)$$

197.82 cm³ … 答え ［例題］5−11 （2）

118 説明の動画は
こちらで見られます

[例題]5-12 つまずき度 😖😖😖😖😖

右の図の台形 ABCD を，直線 ℓ を軸と
して1回転させます。

このときできる立体について，次の問
いに答えなさい。ただし，円周率は 3.14
とします。

（1） この立体の体積は何 cm³ ですか。

（2） この立体の表面積は何 cm² です
か。

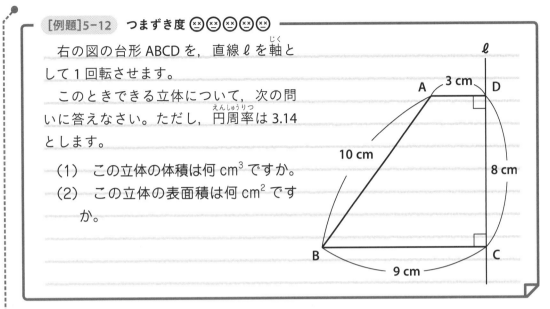

（1）からいこう。台形 ABCD を，直線 ℓ を軸として1回転させると，次のような
立体になる。

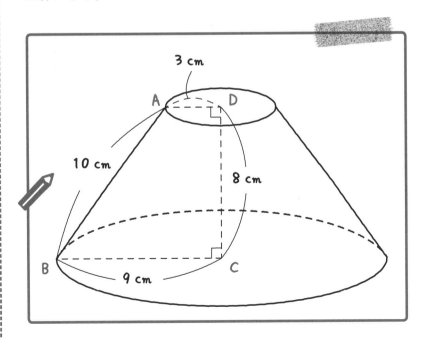

 「プリンのような形ですね！」

そうだね。このような立体を，円すい台というよ。（1）では，この円すい台の体積を求めればいいんだ。**円すい台とは，大きい円すいから小さい円すいを切り取った立体**ということもできる。

 「大きい円すいから小さい円すいを切り取った立体って，どういうこと？」

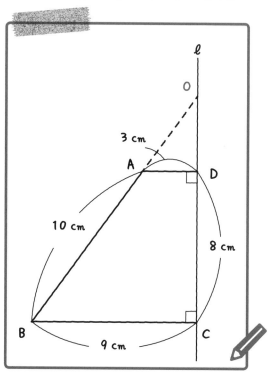

それを，例題を解きながら説明していくよ。まず，回転させる前の，台形 ABCD の辺 BA を A のほうに延長した直線と，直線 ℓ との交点を O としよう。

それで，OA と OD の長さを求めるんだ。どちらの長さも，あとで必要になるからだよ。どうやって求めたらいいと思う？ 「相似」の考え方を使うよ。

 「あっ，三角形 OAD と三角形 OBC は相似ね。」

そうだね。辺 AD と辺 BC は平行だから，**三角形 OAD と三角形 OBC は，ピラミッド形の相似**だ。これを利用して，OA と OD の長さを求めればいい。三角形 OAD と三角形 OBC の相似比は，何対何かな？

 「えーっと，AD：BC＝3：9＝1：3 だから，相似比は 1：3 です。」

その通り。三角形 OAD と三角形 OBC の相似比は，1：3 だ。

ということは，OA：OB も 1：3 になり，OA：AB＝1：(3−1)＝1：2 とわかる。AB は 10 cm だから，OA は，10÷2＝5(cm) だ。

また，OD：OC も 1：3 になり，OD：DC＝1：(3−1)＝1：2 とわかる。DC は 8 cm だから，OD は，8÷2＝4(cm) だ。

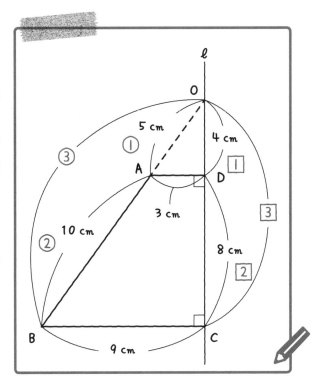

そして，いままで求めた長さをもとに，点 O もふくめて回転体の図をかくと，次のようになる。

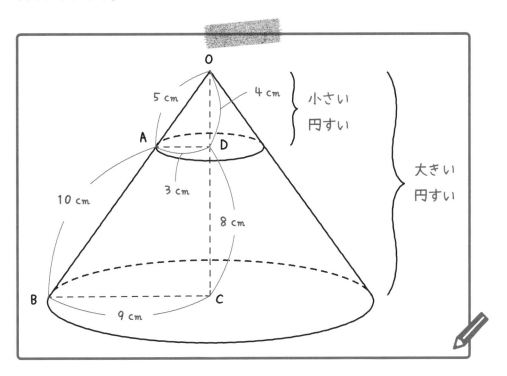

この図から，円すい台とは，大きい円すいから，小さい円すいを切り取った立体であることがよくわかるね。

「はい，わかります。体積も求められそうですね。」

うん。つまり，**大きい円すいの体積から，小さい円すいの体積をひけば，この円すい台の体積が求められる。**大きい円すいの底面の半径は9cmで，高さは，4＋8＝12(cm)だ。一方，小さい円すいの底面の半径は3cmで，高さは4cmだから，円すい台の体積は，次のように計算できる。

$$\underset{\text{底面積}}{\underline{9\times9\times3.14}}\times\underset{\text{高さ}}{\underline{12}}\times\frac{1}{3}-\underset{\text{底面積}}{\underline{3\times3\times3.14}}\times\underset{\text{高さ}}{\underline{4}}\times\frac{1}{3}$$

大きい円すいの体積　　　小さい円すいの体積

$$=(9\times9\times12-3\times3\times4)\times3.14\times\frac{1}{3}=(972-36)\times3.14\times\frac{1}{3}$$

$$=936\times3.14\times\frac{1}{3}=312\times3.14=979.68(\text{cm}^3)$$

979.68 cm³ … 答え [例題]5-12 (1)

この例題では，補助線を引いたり，相似の考え方を使ったりして，難しく感じたんじゃないかな。

「はい，難しく感じました。」

何度も解き直して，自力で解く練習を積み重ねると，少しずつ慣れてくるよ。この例題には別解もあるから，見ていこう。

 説明の動画はこちらで見られます

別解 [例題]5-12 (1)

別解は，**立体の相似の考え方を使う方法**だ。

「立体の相似？　平面図形の相似とはちがうのかしら？」

平面図形の相似は教えたね。**1つの平面図形を，一定の割合に拡大または縮小した図形は，もとの図形と相似**というんだった。じつは，立体図形についても，相似は考えられるんだ。

「立体図形にも相似が考えられるって，どういうことですか？」

　うん。つまり，**1つの立体を，一定の割合に拡大または縮小した立体は，もとの立体と相似**というんだ。この例題の円すい台は，大きい円すいから小さい円すいを切り取った立体だったね。そして，この**大きい円すいと小さい円すいは相似**といえるんだ。ちなみに，大きい円すいの母線の長さは，5＋10＝15（cm）だね。

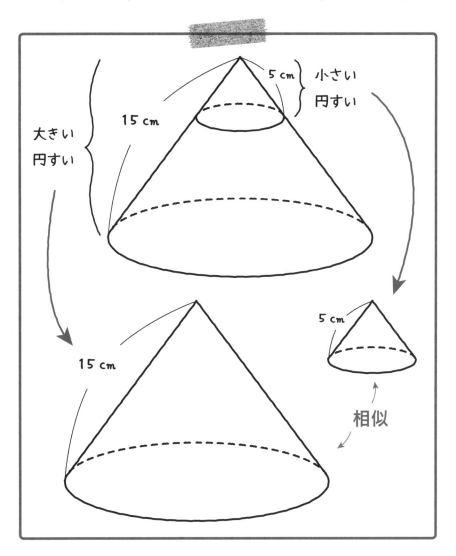

　小さい円すいを，一定の割合に拡大したのが大きい円すいといえるから，相似なんだよ。ところで，**対応する辺の長さの比**を相似比といったね。大きい円すいと小さい円すいの相似比は，何対何になると思う？

「大きい円すいと小さい円すいの相似比は，えーっと……。」

それぞれの母線の長さの比で，比べてみるといいよ。

 「そういうことね。大きい円すいの母線の長さは 15 cm で，小さい円すいの母線の長さは 5 cm だから，大きい円すいと小さい円すいの相似比は，15：5＝3：1 ね。」

その通り。大きい円すいと小さい円すいの相似比は，15：5＝3：1 だ。ここで，大事な性質を教えよう。
「相似比が A：B のとき，体積比は，(A×A×A)：(B×B×B) である」という性質だ。

Point 立体の相似比と体積比

相似比が A：B のとき，体積比は，(A×A×A)：(B×B×B) である。

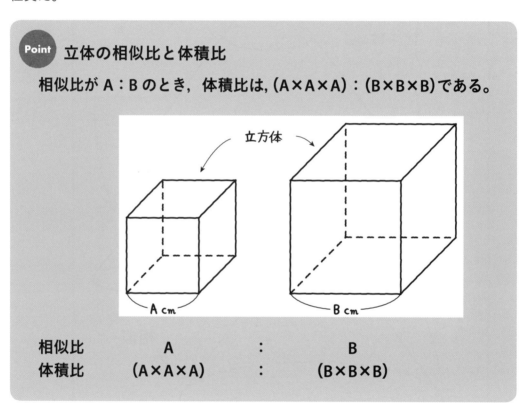

相似比	A	:	B
体積比	(A×A×A)	:	(B×B×B)

なぜ，この性質が成り立つかは，P.359 のコラムで解説するね。大きい円すいと小さい円すいの相似比は，3：1 だった。立体の相似比と体積比の関係から，**大きい円すいと小さい円すいの体積比は，(3×3×3)：(1×1×1)＝27：1 になる**ということだ。

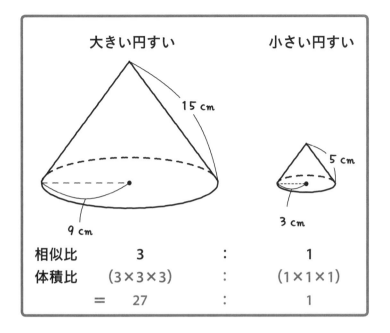

 「体積が何 cm³ か求めなくても，相似比から体積比が求められちゃうんですね！」

そういうことだよ。大きい円すいと小さい円すいの体積比は，
(3×3×3)：(1×1×1)＝27：1 と求められたね。小さい円すいの体積は，大きい円すいの体積の $\frac{1}{27}$ ということだ。円すい台は，大きい円すいから小さい円すいを切り取った立体だから，円すい台の体積は，大きい円すいの体積の，
$1-\frac{1}{27}=\frac{26}{27}$ だね。

 「円すい台の体積が求められそうね。」

うん。大きい円すいの体積は，$9×9×3.14×12×\frac{1}{3}$ で求められるね。円すい台の体積は，大きい円すいの体積の $\frac{26}{27}$ だから，円すい台の体積は，次のように求めることができる。

$$\underbrace{9×9×3.14×12×\frac{1}{3}}_{\text{大きい円すいの体積}}×\frac{26}{27}=312×3.14$$
$$=979.68\,(\text{cm}^3)$$

979.68 cm³ … 答え [例題]5-12 (1)

別解で教えた、立体の相似比と体積比を利用する考え方も大事だ。だから、(1)は、どちらの方法でも解けるように練習しよう。

 説明の動画はこちらで見られます

では、(2)にいくよ。(2)は、この円すい台の**表面積**を求める問題だ。**表面積とは展開図の面積**だから、この円すい台の展開図を見ておこう。

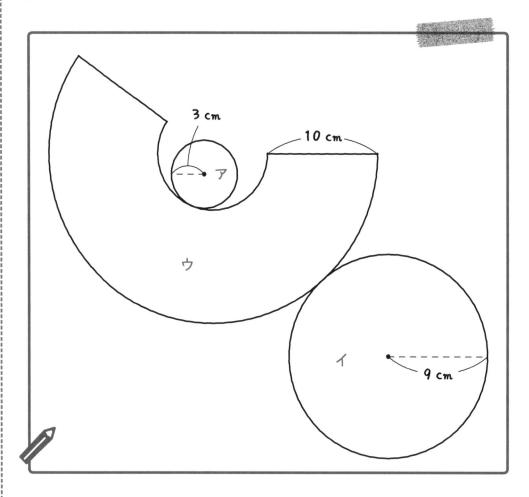

円すい台の展開図は、ア、イ、ウの3つの部分に分けられるね。アは半径3cmの円だから、アの面積は、3×3×3.14で求められる。イは半径9cmの円だから、イの面積は、9×9×3.14で求められるね。

 「アとイはわかるけど、ウの面積はどうやって求めたらいいのかな?」

　ウは，円すい台の側面積だよ。円すい台は，大きい円すいから小さい円すいを切り取った立体だった。だから，**円すい台の側面積は，大きい円すいの側面積から，小さい円すいの側面積をひけば求められる**んだ。
「円すいの側面積＝母線（の長さ）×（底面の）半径×3.14」 で求められるんだったね。

 「『ハハハンサン』で覚えた公式ね。」

　そうだね。大きい円すいの母線の長さは 15 cm，底面の半径は 9 cm，小さい円すいの母線の長さは 5 cm，底面の半径は 3 cm だから，円すい台の側面積は，15×9×3.14－5×3×3.14 で求められる。展開図のア，イ，ウの 3 つの面積の和が，円すい台の表面積だから，次のように求めることができるよ。

$$\underbrace{3×3×3.14}_{\text{アの面積}}+\underbrace{9×9×3.14}_{\text{イの面積}}+\underbrace{\underbrace{15×9×3.14}_{\substack{\text{大きい円すい}\\\text{の側面積}}}-\underbrace{5×3×3.14}_{\substack{\text{小さい円すい}\\\text{の側面積}}}}_{\text{ウの面積（円すい台の側面積）}}$$

$$=(3×3+9×9+15×9-5×3)×3.14$$
$$=(9+81+135-15)×3.14$$
$$=210×3.14=659.4\,(\text{cm}^2)$$

659.4 cm^2 … **答え** ［例題］5-12 （2）

　円すい台の体積や表面積を求める例題だったけど，難しく感じたかもしれないね。でも，このレベルの問題をスムーズに解けるようになれば，かなり力がついているということだから，くり返し練習して，一発で解けるようになろう。

Check 67　つまずき度 😣😣😣😣😣　　　➡解答は別冊 p.74 へ

次の図形を，それぞれ直線 ℓ を軸として 1 回転させます。

このときできる立体の体積は，それぞれ何 cm³ ですか。ただし，円周率は 3.14 とします。

(1)

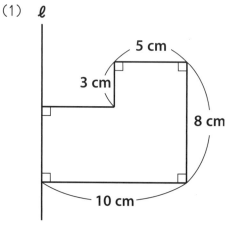

(2)

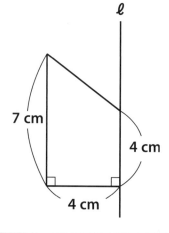

Check 68　つまずき度 😣😣😣😣😣　　　➡解答は別冊 p.75 へ

右の図の台形 ABCD を，直線 ℓ を軸として 1 回転させます。

このときできる立体について，次の問いに答えなさい。ただし，円周率は 3.14 とします。

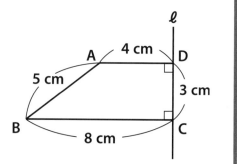

（1）　この立体の体積は何 cm³ ですか。

（2）　この立体の表面積は何 cm² ですか。

立体の相似比と体積比

「『相似比が A：B のとき，体積比は，(A×A×A)：(B×B×B)である』と習いましたけど，どうして体積比は，(A×A×A)：(B×B×B)になるんですか。」

では，それを説明するね。小さい立方体と大きい立方体があって，小さい立方体の1辺を A cm，大きい立方体の1辺を B cm とするよ。

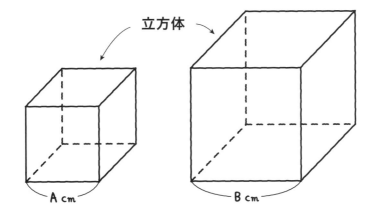

立方体

A cm

B cm

1つの立体を，一定の割合に拡大または縮小した立体は，もとの立体と相似だから，この2つの立方体は相似だ。この2つの立方体の相似比は，何対何かな？

「小さい立方体と大きい立方体の相似比は，A：B です！」

そうだね。小さい立方体と大きい立方体の相似比は，A：B だ。そして，小さい立方体の体積は，A×A×A で求められ，大きい立方体の体積は，B×B×B で求められるから，小さい立方体と大きい立方体の体積比は，(A×A×A)：(B×B×B)だ。だから，「相似比が A：B のとき，体積比は，(A×A×A)：(B×B×B)である」と言えるんだ。

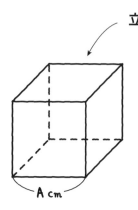
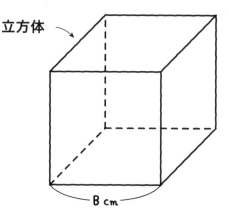

立方体

相似比	A	:	B
体積比	(A×A×A)	:	(B×B×B)

「そういうことなんですね。でも，先生。これは，立方体以外の立体でも成り立つのかしら？」

　うん。「相似比がA：Bのとき，体積比は，(A×A×A)：(B×B×B)である」という性質は，立方体以外の立体でも成り立つよ。この性質が使える問題では，積極的に使っていこう。

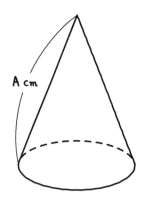
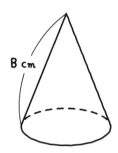

A cm

B cm

相似比	A	:	B
体積比	(A×A×A)	:	(B×B×B)

展開図が正方形である特別な三角すい

正方形の折り紙を 3 回折るだけで，三角すいがつくれる？

121 | 説明の動画は
こちらで見られます

今回は，正方形の折り紙で，三角すいをつくってみよう。

「えっ，折り紙で三角すいを？」

うん，そうだよ。折り紙に，右の図の
ように 3 本の直線 AE，EF，FA を引いて
みよう。E は辺 BC の中点（真ん中の点）
で，F は CD の中点だよ。

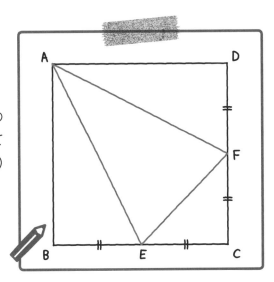

「はい，3 本の直線が引けました！」

うん。次に，3 本の直線を折り目にして折って，組み立ててみよう。どんな立体
ができたかな？

「わぁ，三角すいができたわ。」

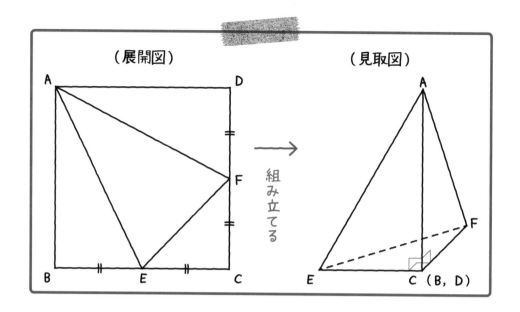

（展開図）　　（見取図）

組み立てる

そうだね。これは，展開図が正方形である，特別な三角すいなんだ。

この三角すいは，下の図のように，底面（直角二等辺三角形）の，直角をはさむ辺の長さの 2 倍が，高さになる。

また，展開図の 4 つに分かれた部分の面積比は，1：2：2：3 になるよ。例えば，展開図の正方形の 1 辺を 2 とすると，三角形 ECF の面積は，$1×1÷2=\frac{1}{2}$，三角形 ABE の面積は，$1×2÷2=1$，三角形 ADF の面積は，$2×1÷2=1$，三角形 AEF の面積は，$2×2-\left(\frac{1}{2}+1+1\right)=\frac{3}{2}$ となる。だから，4 つの三角形の面積比，つまり，

4 つに分かれた部分の面積比は，$\frac{1}{2}：1：1：\frac{3}{2}=1：2：2：3$ になる。

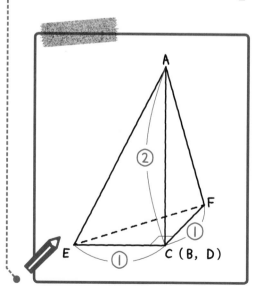

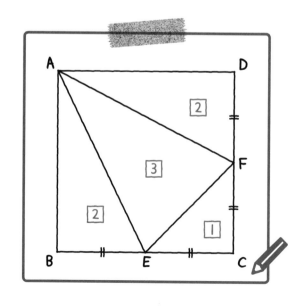

122 説明の動画は
こちらで見られます

では，次の例題を解いていこう。

[例題]5-13　つまずき度 😣😣😣😣😣

右の図のような1辺が24 cmの
正方形の紙があります。この紙を，
図の点線で折って組み立てると，三
角すいができました。

このとき，次の問いに答えなさい。

（1）　できた三角すいの表面積は
何cm²ですか。

（2）　できた三角すいの体積は
何cm³ですか。

（3）　できた三角すいの底面を三角
形ECFとしたとき，高さは
何cmですか。

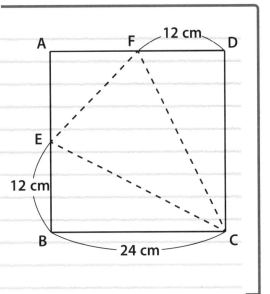

点E，Fは，それぞれの辺の中点だから，「展開図が正方形である，特別な三角す
い」についての問題だね。(1)は簡単だ。「表面積＝展開図の面積」だから，展開図
である正方形の面積を求めればいい。24×24＝576(cm²)と求められるね。

576 cm² … 答え [例題]5-13 （1）

（2）にいこう。この三角すいの体積を求める
問題だね。正方形の展開図を組み立てると，
右の図のような三角すいになる。

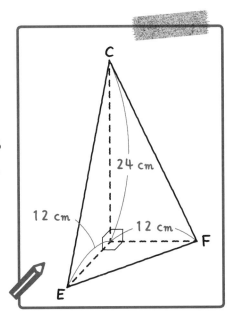

「底面が直角二等辺三角形で，高さが 24 cm の三角すいになるのね。」

そうだね。だから，次のように体積を求めることができる。

$$\underset{\text{底面積}}{\underline{12 \times 12 \div 2}} \times \underset{\text{高さ}}{\underline{24}} \times \frac{1}{3} = 576 \, (\text{cm}^3)$$

576 cm³ … 答え [例題]5-13 (2)

（3）にいくよ。三角形 ECF を底面としたとき，この三角すいの高さは何 cm になるかを求める問題だ。

「三角形 ECF を底面としたときの高さって，どこの部分だろう……？」

高さとは，頂点から底面に垂直に引いた線の長さだから，三角形 ECF を底面としたときの高さは，右の図のようになる。

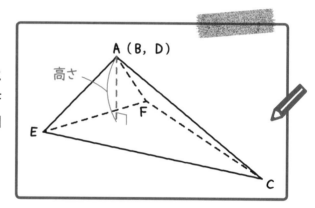

「この長さを求めればいいんですね！　でも，どうやって求めればいいんだろう……？」

三角すいの体積は，「底面積×高さ× $\frac{1}{3}$ 」で求められるね。(2)より，この三角すいの体積は 576 cm³ とわかっているから，次の式が成り立つんだ。

三角形 ECF の面積(底面積)×高さ× $\frac{1}{3}$ ＝576

「ということは，まず，底面である三角形 ECF の面積を求めればいいということかしら。」

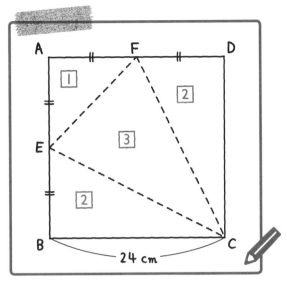

その通り。底面である三角形 ECF の面積がわかれば，高さを求めることができるね。この例題を解く前に，**展開図の4つに分かれた部分の面積比は，1：2：2：3になる**ことを教えたね。

これを利用すると，三角形 ECF の面積は，正方形 ABCD の面積の，

$\dfrac{3}{1+2+2+3}=\dfrac{3}{8}$ であることがわかる。(1)より，正方形 ABCD の面積は 576 cm²

だから，三角形 ECF の面積は，$576 \times \dfrac{3}{8}=216(\text{cm}^2)$ と求められるよ。つまり，

$$216 \times 高さ \times \dfrac{1}{3}=576$$

という式が成り立つんだ。この式から高さを求めると，次のようになる。

$$216 \times 高さ \times \dfrac{1}{3}=576$$
$$72 \times 高さ =576$$
$$高さ =576 \div 72=8(\text{cm})$$

$216 \times \dfrac{1}{3}$ を先に計算

<u>8 cm</u> … 答え [例題]5-13 (3)

ちなみに，正方形 ABCD の面積から，3つの三角形 AEF，EBC，FCD の面積の和をひいて，三角形 ECF の面積を求めることもできるけど，計算が少しめんどうになるよ。三角形 ECF の面積は，正方形 ABCD の面積の $\dfrac{3}{8}$ であることを利用して解いたほうが計算はラクだ。

123 説明の動画は
こちらで見られます

［例題］5-14 つまずき度 😣😣😣😣😣

　右の図は，1辺が 12 cm の立方
体で，点 A, C は，それぞれ立方
体の1辺の中点（真ん中の点）です。

　この立方体を，3点 A, B, C を
通る平面で切ってできる三角すい
について，次の問いに答えなさい。

（1）　この三角すいの体積は
　　　何 cm³ ですか。

（2）　この三角すいの表面積は
　　　何 cm² ですか。

（3）　三角形 ABC の面積は
　　　何 cm² ですか。

12 cm

　この三角すいを見てみると，底面（直角二等辺三角形）の，直角をはさむ辺の長さ
は，12÷2=6（cm）で，その2倍が，高さ 12 cm になっているね。だから，これも
「展開図が正方形である，特別な三角すい」についての問題だよ。

 「へぇー，立方体から特別な三角すいを切り取れるんだぁ！」

　そうだね。**立方体から，特別な三角すいを切り取ることができる。**（1）は，
この三角すいの体積を求める問題だ。この三角すいは，底面が直角二等辺三角形
ADC で，高さが DB の 12 cm だから，次のように，体積を求めることができるよ。

$$\underset{\text{底面積}}{\underline{6 \times 6 \div 2}} \times \underset{\text{高さ}}{\underline{12}} \times \frac{1}{3} = 72 \, (\text{cm}^3)$$

72 cm³ … 答え ［例題］5-14 （1）

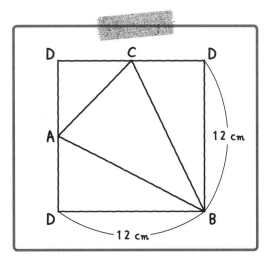

（2）は，この三角すいの表面積を求める問題だ。この三角すいの展開図は，右のように，1辺が 12 cm の正方形になる。だから，この三角すいの表面積は，

$12 \times 12 = 144 (cm^2)$ だ。

144 cm² … 答え ［例題］5-14（2）

ちなみに，**この三角すいの展開図の正方形は，もとの立方体の1つの面の正方形と合同**だよ。

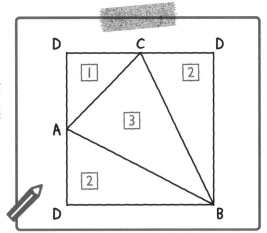

では，（3）にいこう。三角形 ABC の面積を求める問題だね。この三角すいの展開図（正方形）での面積比は，右のようになったね。

だから，三角形 ABC の面積は，正方形の面積の $\dfrac{3}{8}$ だ。正方形の面積は，（2）より，

144 cm² だから，三角形 ABC の面積は， $144 \times \dfrac{3}{8} = 54 (cm^2)$ と求められるよ。

54 cm² … 答え ［例題］5-14（3）

このように，**特別な三角すいが出てきたら，展開図が正方形になる**ことをおさえておこう。ときどき入試問題にも出題されるから，いまのうちに理解しておくことをすすめるよ。ちなみにこの例題は，立方体を切断する問題だったね。立方体の切断については，次の第6章でくわしく説明するよ。

Check 69　つまずき度 😫😫😫😫😫　　　➡解答は別冊 p.76 へ

右の図のような 1 辺が 18 cm の正方形の紙があります。この紙を，図の点線で折って組み立てると，三角すいができました。

このとき，次の問いに答えなさい。

(1)　できた三角すいの表面積は何 cm²ですか。

(2)　できた三角すいの体積は何 cm³ですか。

(3)　できた三角すいの底面を三角形 ECF としたとき，高さは何 cm ですか。

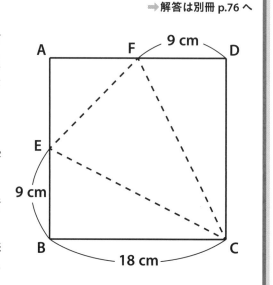

Check 70　つまずき度 😫😫😫😫😫　　　➡解答は別冊 p.77 へ

右の図は，1 辺が 4 cm の立方体で，点 A，C は，それぞれ立方体の 1 辺の中点(真ん中の点)です。

この立方体を，3 点 A，B，C を通る平面で切ってできる三角すいについて，次の問いに答えなさい。

(1)　この三角すいの体積は何 cm³ですか。

(2)　この三角すいの表面積は何 cm²ですか。

(3)　三角形 ABC の面積は何 cm²ですか。

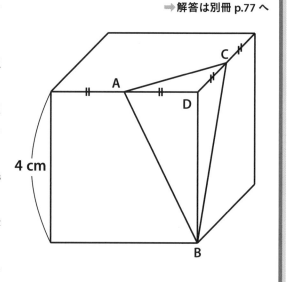

第 6 章

立体図形(2)

展開図, 立方体の問題

　この章では, 立方体を切り開いて展開図にしたり, 立方体を積み重ねたり, 立方体を切断したりする問題などを中心に解いていくよ。

　「切り開いたり, 積み重ねたり, 切断したり……, 立方体はいろいろな形で出題されるんですね。」

　そうだよ。さまざまな形で立方体の問題は出題される。

　「立方体の体積や表面積を求められるだけでは不十分なんですね。」

　そうだね。展開図や立方体について, さまざまな問題を解けるようになっていこうね。

6 01 展開図の問題

展開図を組み立てると，どの点とどの点がくっついて，どの辺とどの辺がくっつく？

124 説明の動画は
こちらで見られます

　まずは，立方体の展開図について見ていくよ。右ページのように，**立方体の展開図は，全部で 11 種類ある**んだ。回転させたり，裏返しにしたりして重なるものは，1 種類と数えるよ。

　「全部でこの 11 種類しかないんですか？」

　うん，この 11 種類しかなく，右ページのように，4 つのパターンに分けられるんだ。

　「この 11 種類は，全部覚えなければいけないんですか？」

　全部覚えられたらいいけど，なかなか大変だね。だから，まず，各パターンの基本の形である①，⑦，⑧，⑪を，しっかりおさえよう。あとは，「1−4−1」タイプの①の上下の 1 個の部分，「1−3−2」タイプの⑧の上の 1 個の部分を変えていくと考えよう。

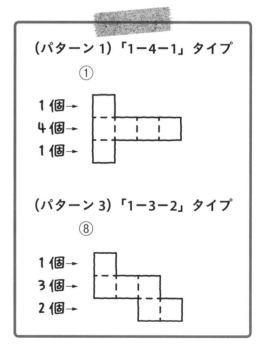

（パターン 1）「1−4−1」タイプ
①
1個→
4個→
1個→

（パターン 3）「1−3−2」タイプ
⑧
1個→
3個→
2個→

〔立方体の展開図ー全11種類〕

(パターン1)「1ー4ー1」タイプ

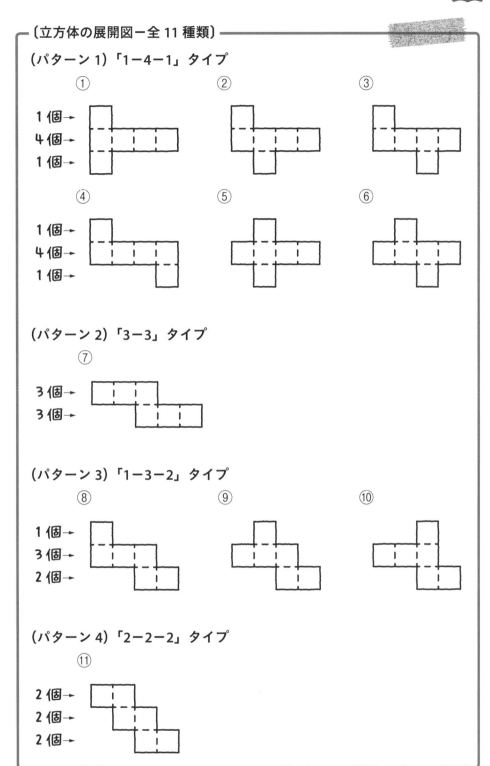

①　②　③

1個→
4個→
1個→

④　⑤　⑥

1個→
4個→
1個→

(パターン2)「3ー3」タイプ

⑦

3個→
3個→

(パターン3)「1ー3ー2」タイプ

⑧　⑨　⑩

1個→
3個→
2個→

(パターン4)「2ー2ー2」タイプ

⑪

2個→
2個→
2個→

では，立方体の展開図について，例題を解いていこう。

説明の動画は
こちらで見られます

[例題]6-1 **つまずき度 😣😣😣😣😣**

図1 のような立方体があり，3点 P，Q，R は，それぞれ各辺の中点（真ん中の点）です。この立方体に，図のようにかげをつけました。そして，この立方体の展開図である **図2** に，かげをつけた部分の一部をうつしました。

図2 に，かげをつけた部分の残りすべてをうつしなさい。

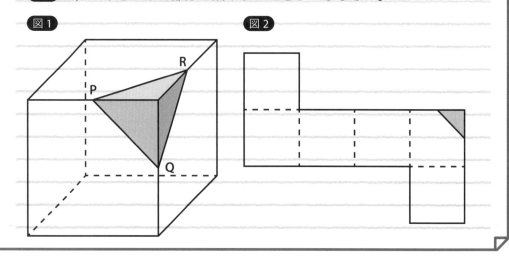

図1 図2

「えーっと……，この点とこの点がくっついて，この辺とこの辺がくっつくから，……。あー，こんがらがってきちゃった。」

この例題を，すべて頭の中で考えて解こうとすると，こんがらがってくるよね。

「何かいい方法はあるのかしら。」

うん。このような問題を解くときは，まず，**図1** の見取図（立体全体の形がわかるようにかいた図）の各頂点に，A から順にアルファベットの記号を書きこむといいよ。別にアルファベットではなく，ア，イ，ウ，……などの文字でもいいんだけどね。ここでは，右の図のように，A から H までを書きこむよ。

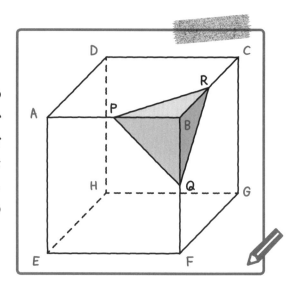

見取図の各頂点に A 〜 H を書きこんだら，次は，図2 の展開図の 6 つの正方形の各頂点が A 〜 H のどれになるか，すべて書きこんでいこう。まずは，展開図の 6 つの正方形のうち，かげがつけられた正方形の各頂点に書きこんでいくよ。

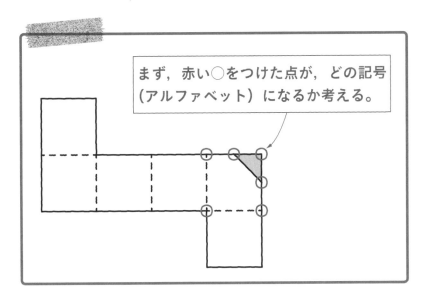

まず，赤い○をつけた点が，どの記号（アルファベット）になるか考える。

ところで，見取図のかげがつけられた部分は，3 つの直角二等辺三角形からできているね。右の図を見てみよう。

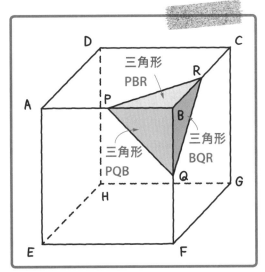

展開図のかげがつけられた直角二等辺三角形を，見取図のどの直角二等辺三角形と対応させるか，これをまず決める必要があるんだ。この例題では，見取図の三角形 PQB と，展開図の直角二等辺三角形の向きが同じだから，まず，この 2 つを対応させよう。展開図のかげがつけられた直角二等辺三角形に，3 点 P，Q，B を書きこむんだ。三角形 PQB をふくむ正方形 AEFB の各頂点も書きこもう。

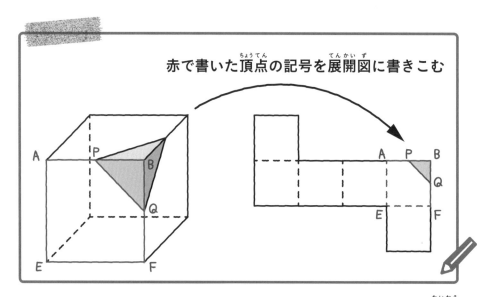

赤で書いた頂点の記号を展開図に書きこむ

※かげがつけられた三角形として, 他の三角形(三角形 QBR など)を対応させても解けるが, 今回は三角形 PQB を対応させて解いていく。

 「ここまではわかったけど, 展開図の他の頂点はどうなるのかしら?」

たしかにここからがなやみどころだよね。そこで, 1 つのコツを教えよう。

展開図に頂点の記号を書きこむコツ(その1)

見取図の立方体で最もはなれた 2 点は, 展開図の正方形 2 つからなる長方形の対角線でつながる 2 点である。

 「なんだか難しいなぁ。どういうことだろう?」

説明するよ。見取図の立方体で, 例えば, 点 A から最もはなれているのは, 点 G だね。

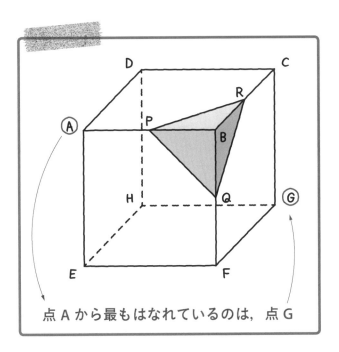

点 A から最もはなれているのは，点 G

　見取図で，点 A から最もはなれているのが点 G であることをおさえたら，次は展開図に目を向けよう。立方体の展開図で，**正方形を 2 つをならべた形は長方形にな**るね。例えば，次の図のように，赤で囲んだ部分（正方形 2 つ）は長方形だ。

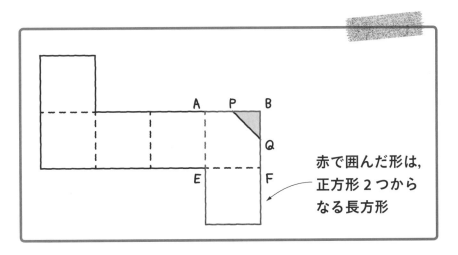

赤で囲んだ形は，
正方形 2 つから
なる長方形

　そして，この（正方形 2 つでできた）長方形の点 A から対角線を引いてみると，対角線で 2 点がつながるね。

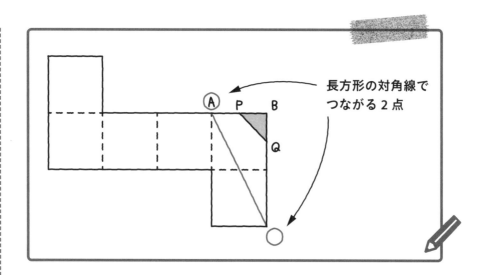

長方形の対角線で
つながる2点

　対角線でつながった2点のうち，1つが点Aで，もうひとつの点の記号がわかっていない。ここでコツを思い出そう。**「見取図の立方体で最もはなれた2点（点Aと点G）は，展開図の正方形2つからなる長方形の対角線でつながる2点である」**というコツだった。これより，展開図で，点Aと長方形の対角線でつながれている点が，点Gとわかるんだ。

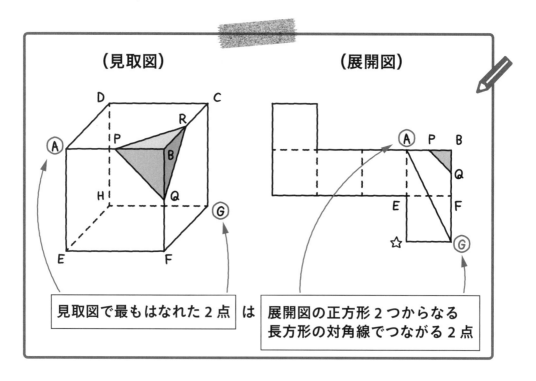

（見取図）　　　　　　　　　（展開図）

見取図で最もはなれた2点 は 展開図の正方形2つからなる
長方形の対角線でつながる2点

　次に，上の図で，☆印をつけた頂点の記号を調べてみよう。この頂点は，展開図の正方形2つからなる長方形の対角線で，点Bとつながっている。つまり，この頂点は，見取図の立方体で，点Bと最もはなれた点だから，点Hとわかる。

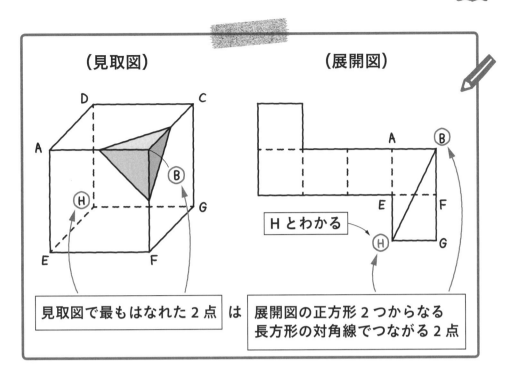

（見取図）　　　　　　　（展開図）

H とわかる

| 見取図で最もはなれた 2 点 | は | 展開図の正方形 2 つからなる
長方形の対角線でつながる 2 点 |

「そうやって，順番に点を決めていくのね。」

そう。見取図の立方体で，点 B と最もはなれた点を探せば，点 H とわかるね。

 126　説明の動画は
こちらで見られます

ところで，この頂点を点 H と知るための方法は，他にもあるんだ。

「どんな方法ですか。」

それは，次のコツを使う方法だよ。

 コツ

展開図に頂点の記号を書きこむコツ（その2）

展開図の 1 つの面の 3 つの頂点がわかると，残り 1 つの頂点もわかる。

　立方体の展開図の 1 つの面は正方形だね。正方形には 4 つの頂点があるから，展開図の 1 つの面の 3 つの頂点がわかると，残り 1 つの頂点がわかるんだ。さっきの例では，正方形の 4 つの頂点のうち，点 E，点 F，点 G の 3 点がすでにわかっていたね。見取図で，この 3 点をふくむ面を探すと，次の面が見つかる。

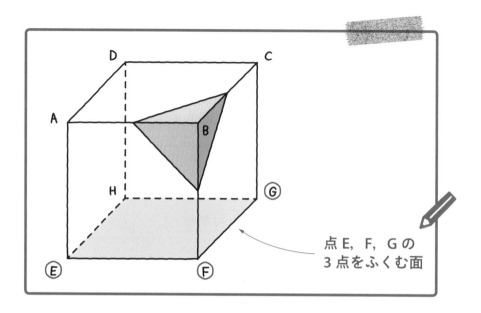

点 E，F，G の
3 点をふくむ面

見取図の，面 EFGH が，点 E，F，G の 3 点をふくむ面だ。面 EFGH で，点 E，F，G 以外の頂点は，点 H だ。だから，残りの点は，点 H とわかるんだよ。

では次に，右の展開図で，○をつけた部分の頂点の記号を調べよう。

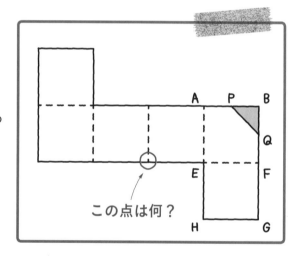

この点は何？

この頂点は，コツ（その 1）からもわかるけど，次のコツを使うと，簡単に調べられる。

展開図に頂点の記号を書きこむコツ（その3）
展開図の外に，四分円の弧をえがける 2 点は，同じ記号である。

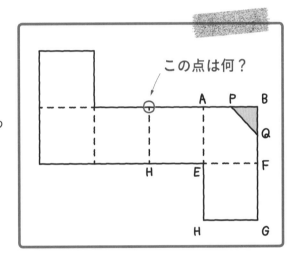

右の図のように，展開図の外に，四分円の弧をえがける場合がある。

四分円の弧をえがける

このように，**四分円の弧をえがける場合，弧でつながった2点は，同じ記号**なんだ。だから，知りたい頂点は，点Hだとわかる。

この点は何？

では次に，右の展開図で，○をつけた部分の頂点の記号を調べよう。

この頂点は，次のコツを使うとわかるよ。

コツ

展開図に頂点の記号を書きこむコツ（その4）

　見取図で，1つの頂点のとなりには，3つの頂点がある。だから，展開図のある頂点のとなり合う3つの頂点のうち，2つの頂点の記号がわかれば，残り1つの頂点の記号がわかる。

このコツがどういう意味か説明するね。例えば, 点Aのとなりには, 点B, D, Eの3つの頂点があることが, 見取図からわかる。

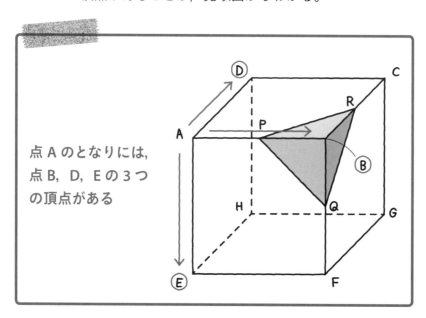

点Aのとなりには,
点B, D, Eの3つ
の頂点がある

一方, 展開図で, 点Aのとなりには, 点BとEがあり, 調べたい残り1つの頂点がわからない。見取図で, 点Aのとなりには, 点B, D, Eの3点があるから, 残り1つは, 点Dだとわかるんだ。

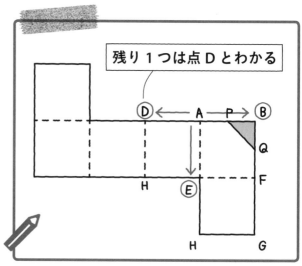

残り1つは点Dとわかる

コツ(その1)や(その2)を使って, 点Dだと知ることもできるけど, (その4)のコツもおさえておくといいよ。

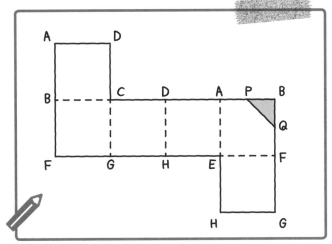

コツ（その 1）から（その 4）を使って，残りの頂点も調べていくと，右の図のように，展開図のすべての頂点に書きこむことができる。

ここまでできたら，かげがつけられた部分の残りを，展開図にうつそう。

「見取図のかげがつけられた部分は，3 つの直角二等辺三角形からできているから……，残り 2 つの直角二等辺三角形をうつせばいいのね。」

その通り。まずは，直角二等辺三角形 PBR を，展開図にうつしてみよう。見取図で，直角二等辺三角形 PBR は，面 ABCD 上にあるよね。だから，展開図でも面 ABCD 上にうつせばいいことがわかる。

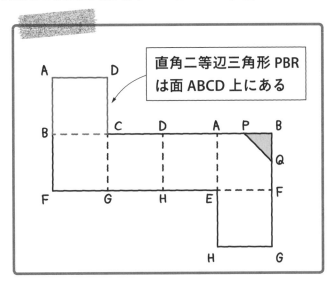

直角二等辺三角形 PBR は面 ABCD 上にある

点PとRは, それぞれ辺ABとBCの中点(真ん中の点)だから, 点PとRの位置がわかる。そして, 点PとRを線で結び, 直角二等辺三角形PBRにかげ(色)をつけると, 右の図のようになる。

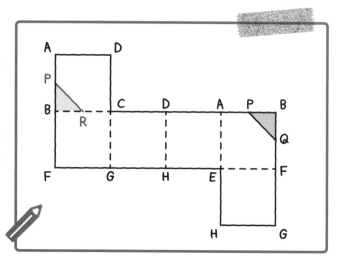

次に, 直角二等辺三角形BQRを展開図にうつそう。見取図で, 直角二等辺三角形BQRは, 面BFGC上にあるから, 同じように考えて, 直角二等辺三角形BQRにかげ(色)をつけると, 右の図のようになり, 図が完成するんだ。

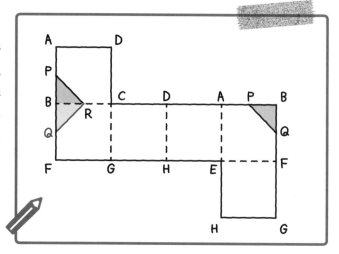

これで, 答えが求められたね。

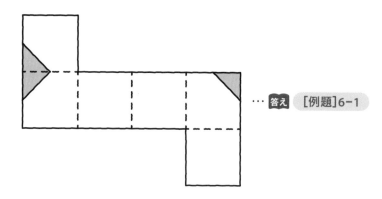

… **答え** [例題]6-1

「なんだか大変に感じました。」

　たしかに，コツがいくつか出てくるし，ケアレスミスをしないように慎重に解く必要があるから，大変に感じたかもしれないね。でも，コツを使いこなして，正しい解き方を身につければ，スイスイ解けるようになるよ。展開図に頂点の記号を書きこむコツをまとめておくね。

展開図に頂点の記号を書きこむコツ（まとめ）

（その1）　見取図の立方体で最もはなれた2点は，展開図の正方形2つからなる長方形の対角線でつながる2点である。

（その2）　展開図の1つの面の3つの頂点がわかると，残り1つの頂点もわかる。

（その3）　展開図の外に，四分円の弧をえがける2点は，同じ記号である。

（その4）　見取図で，1つの頂点のとなりには，3つの頂点がある。だから，展開図のある頂点のとなり合う3つの頂点のうち，2つの頂点の記号がわかれば，残り1つの頂点の記号がわかる。

　これらのコツを使わずに，頭の中で展開図を組み立てて考えようとするのは，ミスをするもとだから，おすすめしないよ。コツを使って，解くようにしよう。では，次の例題にいくよ。

127　説明の動画は
こちらで見られます

[例題]6-2　つまずき度 😣😣😣😣😣

　右の図のように，直方体の表面に，点 A から辺 BF を通り，点 G まで糸をかけます。

　糸の長さを最も短くするとき，PF の長さは何 cm ですか。

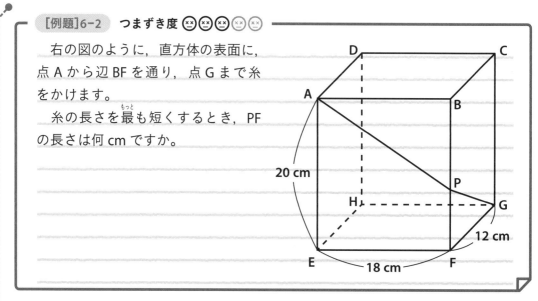

　直方体の表面に，点 A から辺 BF を通り，点 G まで糸をかける問題だけど，「糸の長さを最も短くする」という条件がついているね。

 「どこを通れば，糸の長さが最も短くなるのかしら？」

　どこを通れば，糸の長さが最も短くなるのか考えていこう。直方体の面のうち，糸の通り道になるのは，面 AEFB と面 BFGC の 2 つだ。この例題では，**糸の通り道である 2 つの面だけの展開図をかいて考えるのがコツ**だよ。

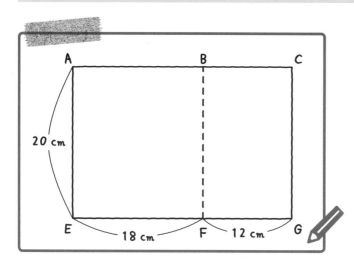

　糸の通り道である 2 つの面の展開図がかけたね。次に，展開図の点 A と G を直線で結ぼう。この直線と BF との交点が，点 P になる。

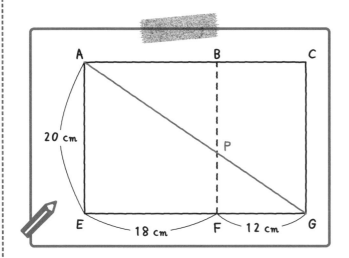

　展開図の点 A と G を結んだこの直線が，糸の長さを最も短くするときの糸の通り道なんだ。

 「直線で結んだときが，最も短くなるんですね。」

　そうだよ。このとき，PF の長さが何 cm か求めればいいんだ。**三角形の相似を利用して求める**んだよ。展開図で，相似な三角形を見つけて，PF の長さを求めよう。展開図で，相似な三角形は見つけられるかな？

 「あっ，三角形 APB と三角形 GPF が相似ね。」

　そうだね。三角形 APB と三角形 GPF が，ちょうちょ形の相似だ。
AB：GF＝18：12＝3：2 だから，この 2 つの三角形の相似比は，3：2 であることがわかるね。

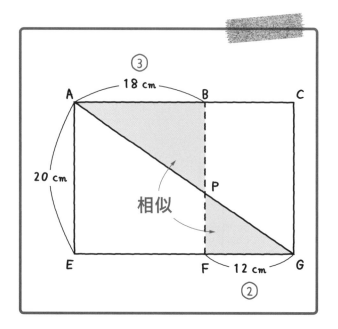

③

A　18 cm　B　　　　C

20 cm

相似

P

E　　　F　12 cm　G

②

　ということは，PB：PF も 3：2 になる。だから，PF＝$20 \times \dfrac{2}{3+2} = 8$（cm）と求められるんだ。

8 cm … 答え ［例題］6-2

別解 ［例題］6-2

　展開図で，三角形 AEG と三角形 PFG が，ピラミッド形の相似であることを利用して解くこともできるよ。

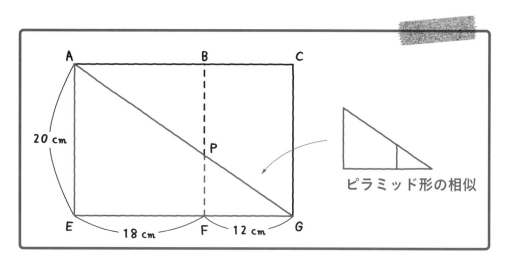

A　　　　　B　　　　C

20 cm

P

ピラミッド形の相似

E　18 cm　F　12 cm　G

　三角形 AEG と三角形 PFG はピラミッド形の相似で，相似比は，

EG：FG＝(18＋12)：12＝30：12＝5：2 だ。AE：PF も 5：2 だから，

PF＝20×$\frac{2}{5}$＝8(cm)と求められる。

8 cm … 答え ［例題］6-2

　［例題］6-2 は，糸の通り道である面だけの展開図をかき，2 点を結ぶ直線の長さが最短距離になることを利用して解く問題だった。では，次の例題にいこう。

 説明の動画は
こちらで見られます

[例題]6-3　つまずき度 😵😵😵😵😵

　右の図のように，底面の円の直径が 10 cm で，母線 OA の長さが 30 cm の円すいがあります。この円すいに，底面の円周上の点 A から，側面を通って点 A まで，糸を巻きつけました。

　糸の長さが最も短くなるとき，糸の長さは何 cm ですか。

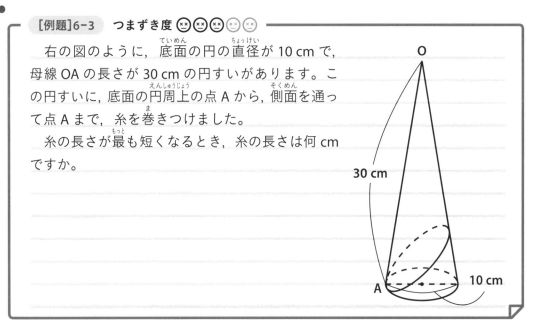

　この例題も，糸の長さが最も短くなるときの長さを求める問題だから，展開図をかいて考えよう。円すいの展開図は，側面がおうぎ形で，底面が円だったね。この円すいの展開図で，**側面を表すおうぎ形の弧の両はしを点 A と考えればいい**んだ。展開図では，一方の点 A を A′ として考えていくよ。

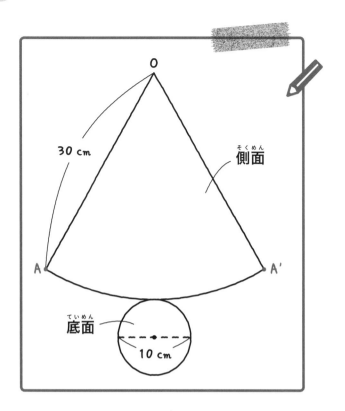

糸の長さが最も短くなるとき，展開図上で，糸の通り道はどうなるかな？

「うーん，どうなるんだろう……？」

1つ前の ［例題］6-2 では，2点を結んだ直線の長さが最短距離になったよね。

「あっ，わかった！　2点A，A′を結んだ直線の長さが，最も短い長さになるんですね。」

その通り。**2点A，A′を結んだ直線の長さが，最短距離になる。**

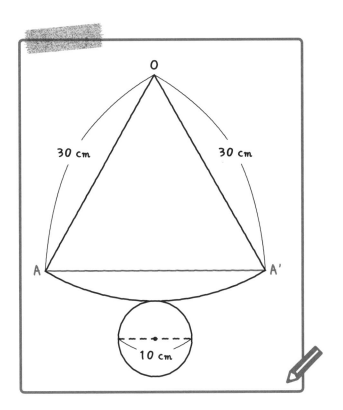

この直線の長さを求めればいいんだ。

 「どうやって求めればいいのかしら……？」

この円すいの展開図で，側面を表すおうぎ形の中心角を求めれば，解くきっかけが見つかるよ。側面を表すおうぎ形の中心角は，どうやって求めるのかな？

 「えーっと……，『$\dfrac{半径}{母線}＝\dfrac{中心角}{360}$』の公式を使うんですね。」

その通り。「$\dfrac{半径}{母線}＝\dfrac{中心角}{360}$」の公式から，中心角を求めることができる。この円すいの母線の長さは 30 cm で，半径は，$10÷2＝5$（cm）だ。これを，この公式にあてはめると，$\dfrac{5}{30}＝\dfrac{中心角}{360}$ となる。

 「$\dfrac{5}{30}＝\dfrac{60}{360}$ だから，中心角は 60 度ですね！」

そうだね。そして，OA，OA′ の長さは，どちらもおうぎ形の半径で 30 cm だ。つまり，三角形 OAA′ は，頂角が 60 度の二等辺三角形だよ。二等辺三角形の底角は等しいから，2 つの底角の大きさは，(180－60)÷2＝60（度）となる。三角形 OAA′ は，3 つの内角が等しいから，正三角形だとわかる。

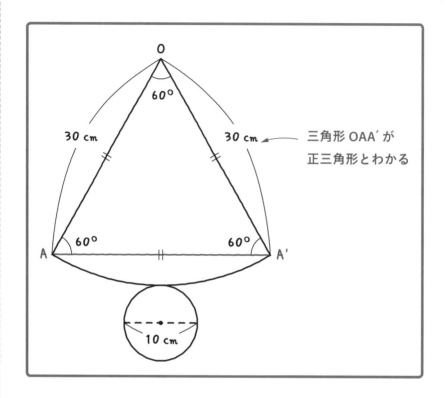

だから，2 点 A，A′ を結んだ直線の長さ，つまり，糸の長さは，おうぎ形の半径と同じ 30 cm と求められるんだ。

30 cm … 答え [例題]6-3

[例題]6-2，[例題]6-3 ともに，立体にかけた糸の最短の長さに関する問題だったけど，**展開図をかいて，2 点を直線で結んで考える**ところが共通していたね。

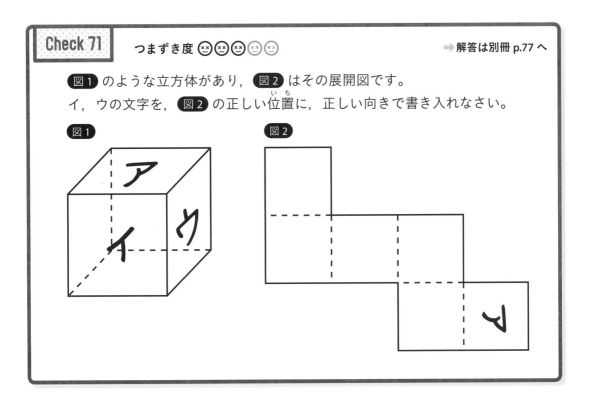

➡ 解答は別冊 p.77 へ

Check 71

つまずき度 😣😣😣😣😣

図1 のような立方体があり，図2 はその展開図です。
イ，ウの文字を，図2 の正しい位置に，正しい向きで書き入れなさい。

図1

図2

Check 72

つまずき度 😣😣😣😣😣

➡ 解答は別冊 p.78 へ

右の図のように，三角柱の表面に，点 A から辺 BE，CF を通り，点 D まで糸をかけます。

糸の長さを最も短くするとき，PE と QF の長さはそれぞれ何 cm ですか。

10 cm

12 cm

6 cm

8 cm

➡ 解答は別冊 p.78 へ

Check 73 つまずき度 😣😣😣😣😣

右の図のように，底面の円の半径が 4 cm で，母線 OA の長さが 16 cm の円すいがあります。この円すいに，底面の円周上の点 A から，側面を通って点 A まで，糸を巻きつけました。

糸の長さが最も短くなるとき，側面の糸から上の部分の面積は何 cm² ですか。

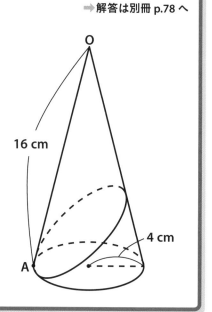

展開図に頂点の記号を書きこむコツ（その1）が成り立つのはナゼ？

[例題]6-1 で，展開図に頂点の記号を書きこむコツ（その1）〜（その4）を教えたよね。(その2)〜(その4)のコツが成り立つ理由はわかると思うんだけど，(その1)のコツが成り立つ理由はわかるかな？　（その1)は，次のようなコツだった。

> （その1)　見取図の立方体で最もはなれた2点は，展開図の正方形2つからなる長方形の対角線でつながる2点である。

「うーん，なぜ成り立つんだろう？」

コツ（その1)がなぜ成り立つかは，言葉で説明するより，実際に紙にかいて，折ってみて試すとわかりやすいよ。

まず，右の図のように，正方形2つでできた長方形をつくってみよう。長方形の対角線でつながる2点には，図のように，赤い印をつけてね。

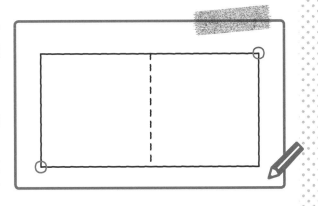

そして，右の図のように直角に折ってみよう。

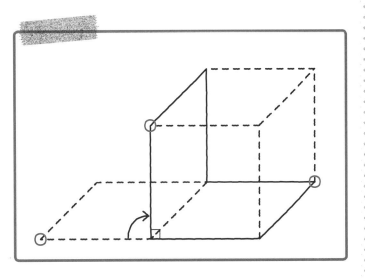

そうすると，長方形の対角線でつながる 2 点は，(立方体で)最もはなれた 2 点になることが，見てわかると思う。展開図の正方形 2 つからなる長方形の対角線でつながる 2 点は，長方形がどんな向きでも，折り曲げてみると，(立方体で)最もはなれた 2 点になるんだよ。

 「たしかに，実際につくって見てみると，理由がわかるわ。」

うん。頭で考えてわからないときは，このように実際につくってみて，それから考えてみるのも 1 つの手だ。テストのときはさすがに無理だけど，家での勉強のときは，使える方法だよ。

積み重ねた立方体の問題

立方体の積み木で，いろいろな形をつくってみると……。

 129 説明の動画は
こちらで見られます

今回は，積み重ねた立方体についての問題を見ていくよ。さっそく例題を解いていこう。

[例題]6-4 　つまずき度 😣😣😣😣😣

次の図は，どちらも1辺が3cmの立方体を積み重ねてつくった立体です。表面積は，それぞれ何cm²ですか。

(1)　　　　　　　　　(2)

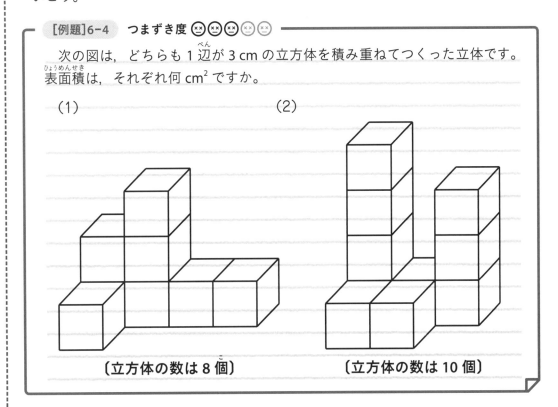

〔立方体の数は8個〕　　　〔立方体の数は10個〕

では，(1)の立体の表面積から求めていこう。立方体の1つの面（正方形）の面積は，3×3＝9（cm²）だね。表面に出ている，この正方形の面がいくつあるか調べて，それを9cm²にかければ，表面積が求められるね。

 「ひゃー，正方形の面がいくつあるか数えるのが大変そう。正方形の面がいくつあるか，力ずくで数えていけばいいのかなぁ。正方形の面の数は，1，2，3，……。」

ユウトくん，力ずくで数えるのは，あまりおすすめできないよ。力ずくで正確に数えることができれば解けるけど，見取図で見えていない面もあるから，数えまちがいをして，ミスにつながってしまう可能性が高いからね。

「力ずくで数えるのでなければ，正方形の面がいくつあるか，どうやって調べるんですか？」

それはね，前後，上下，左右から見た図によって正方形の個数を調べるんだ。

「前後，上下，左右から見た図って，どんな図ですか？」

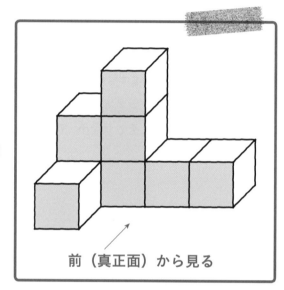

例えば，この立体を，前（真正面）から見ると，右の図の色をつけた面が見えるね。

前（真正面）から見る

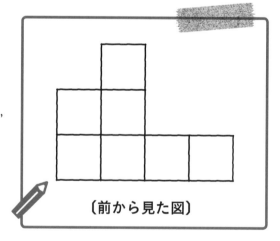

前から見える形を，平面にして表すと，右の図のように見えるということだ。

〔前から見た図〕

つまり，この立体を前から見たときの正方形の個数は，7個ということだよ。そして，ここがポイントなんだけど，この立体をうしろから見ても，同じ7個の正方形が見えるんだ。

396

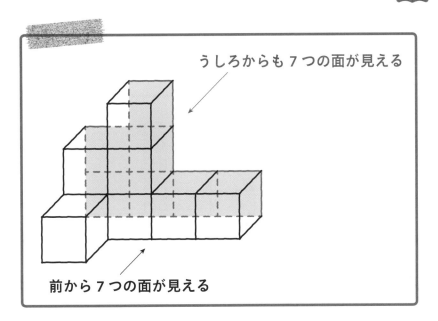

うしろからも 7 つの面が見える

前から 7 つの面が見える

「前から見て，7 個の正方形が見えるのだから，うしろから見ても，7 個の正方形が見えるということですね。」

そういうことだよ。次に，上から見ると，右の図の色をつけた面が見えるね。

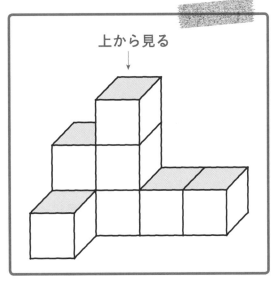

上から見る

上から見える形を，平面にして表すと，右の図のように見えるということだ。

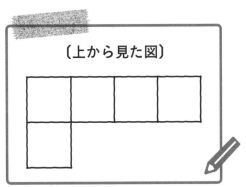

〔上から見た図〕

　つまり, この立体を上から見たときの正方形の個数は, 5個ということだよ。だから, **この立体を下から見ても, 同じ5個の正方形が見える**んだ。

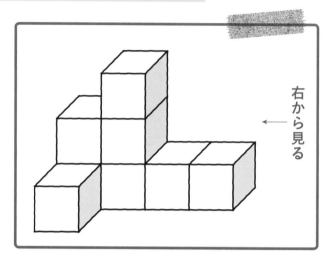

　次に, 右から見ると, 右の図の色をつけた面が見えるね。

右から見る ←

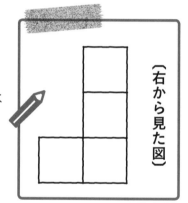

〔右から見た図〕

　右から見える形を, 平面にして表すと, 右の図のように見えるということだ。

　この立体を右から見たときの正方形の個数は, 4個ということだよ。だから, **この立体を左から見ても, 同じ4個の正方形が見える**んだ。まとめると, 次の図のようになる。

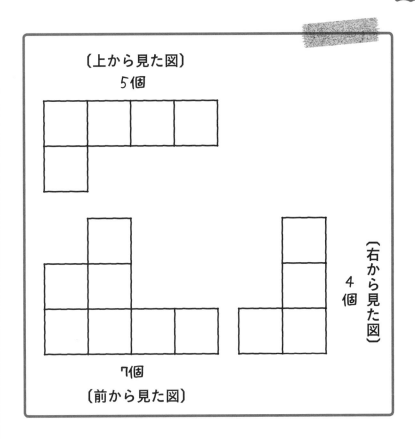

ちなみに，このような前（真正面）から見た図や，上から見た図などを，**投影図**というよ。見える正方形の個数は，前後からはそれぞれ7個，上下からはそれぞれ5個，左右からはそれぞれ4個だから，前後，上下，左右から見える正方形の個数の合計は，(7＋5＋4)×2＝32(個)だ。正方形1つの面の面積は，3×3＝9(cm²)だから，この立体の表面積は，9×32＝288(cm²)と求められる。

288 cm² … [例題]6-4 (1)

 説明の動画は
こちらで見られます

立方体を積み重ねた立体では，**前後，上下，左右から見える正方形の個数の合計を調べて，これを正方形1つの面の面積にかければ，表面積が求められる**ということはわかったね。ただし，次の(2)のような立体の場合は，要注意だ。

 「どこが要注意なんですか？」

それは，あとで説明するね。(2)も，基本的な考え方は，(1)と同じだ。つまり，**前後，上下，左右から見た図によって，正方形の個数を調べていけばいい**んだよ。

まず，この立体を前（真正面）から見ると，次の図の色をつけた面が見えるね。

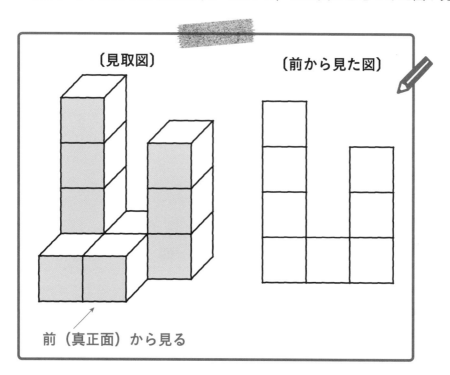

つまり，この立体を前から見たときの正方形の個数は，8個ということだよ。だから，**この立体をうしろから見ても，同じ8個の正方形が見える**んだ。今度は，上から見ると，次の図の色をつけた面が見える。

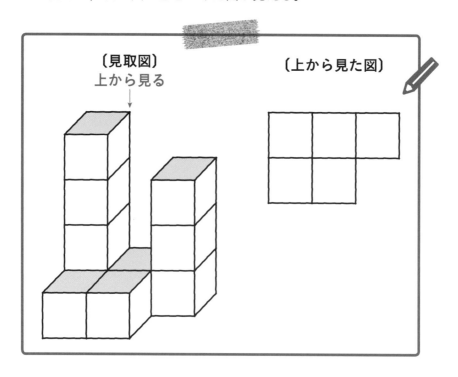

　つまり，この立体を上から見たときの正方形の個数は，5 個ということだよ。だから，**この立体を下から見ても，同じ 5 個の正方形が見える**んだ。最後に，右から見ると，次の図の色をつけた面が見える。

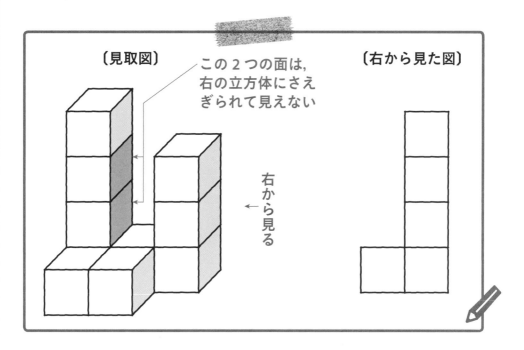

〔見取図〕　この 2 つの面は，右の立方体にさえぎられて見えない　〔右から見た図〕

右から見る←

　かげをつけた 2 つの面は，右の立方体にさえぎられて見えない。だから，この立体を右から見たときの正方形の個数は，5 個ということだ。また，**この立体を左から見ても，同じ 5 個の正方形が見える。**まとめると，次の図のようになるよ。

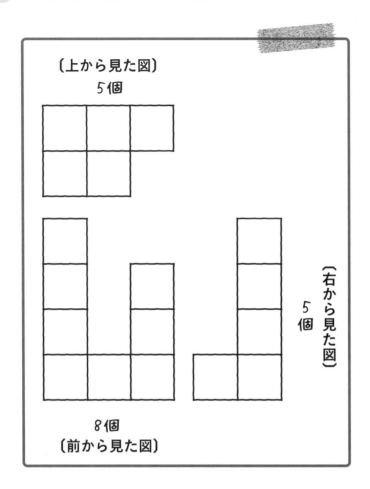

　見える正方形の個数は, 前後からはそれぞれ 8 個, 上下からはそれぞれ 5 個, 左右からはそれぞれ 5 個だから, 前後, 上下, 左右から見える正方形の個数の合計は, (8＋5＋5)×2＝36(個)だ。

「ということは, 正方形 1 つの面の面積 9 cm^2 に, この 36 個をかければ, 表面積が求められるんですね。」

ところが, この立体は, それだけでは表面積を求めることはできないんだ。

「えっ, それだけでは表面積を求められないって, どういうことですか？」

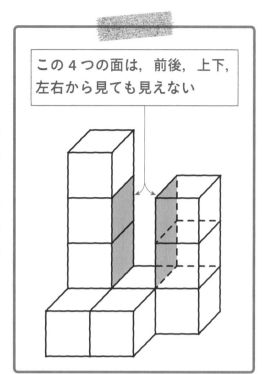

この4つの面は，前後，上下，左右から見ても見えない

（2）の立体には，**前後，上下，左右から見ても見えない面があるから，見えない面の面積もたす必要がある**，ということなんだ。もう一度，この立体を見てみよう。**右の図のかげをつけた4つの面は，前後，上下，左右から見ても見えない**んだ。

 「本当ね。この4つの面は，前後，上下，左右から見ても見えないわ。（2）の説明のはじめに，先生が『要注意だ』と言ったのは，このことね。」

　そうだよ。だから，前後，上下，左右から見える36個の面に，この4つの面をたして，全部で，36＋4＝40（個）あるということなんだ。これより，表面積は，9×40＝360（cm²）と求められるよ。

360 cm² … 答え ［例題］6-4 （2）

　（1）の立体の場合は，前後，上下，左右から見ると，表面に出ている正方形が全部見えた。でも，（2）の立体では，**前後，上下，左右から見ても見えない面があるから，見えない面の面積もたす必要がある**ということなんだ。だから，このような問題を解くとき，見えない面をたすのを忘れないようにしよう。

131 説明の動画は
こちらで見られます

[例題]6-5 つまずき度 😵😵😵😵😵

同じ大きさの立方体を積み重ねて, 立体をつくりました。次の図は, この立体を, 正面, 真上, 左横から見た図です。

立方体の個数は, 最も多くて何個ですか。また, 最も少なくて何個ですか。

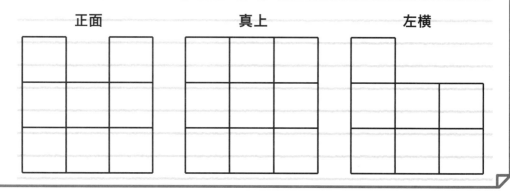

投影図から, 立方体の個数を考える問題だよ。最も多くて何個, 最も少なくて何個か, それぞれ求めればいいんだね。

  「えーっと……, 見取図をかいて考えていけばいいんですか?」

見取図をかいて考えるのは, 手間がかかりすぎる。このような問題では, 「真上から見た図」の 9 マスに, 積み重なった立方体の個数を書きこんでいく方法がおすすめだよ。

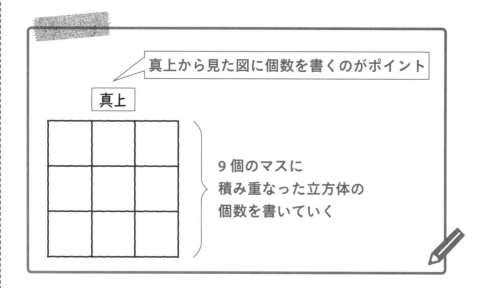

真上から見た図に個数を書くのがポイント

真上

9 個のマスに
積み重なった立方体の
個数を書いていく

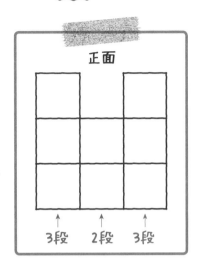

正面

ただし，真上から見た図に立方体の個数を書きこむ前に，準備が必要なんだ。

「どんな準備ですか？」

説明するね。まず，正面から見た図を確認しよう。正面から見た図では，立方体が左から，3段，2段，3段と積み上がっている。

この正面から見た3段，2段，3段を，真上から見た図に，次のように書きこもう。

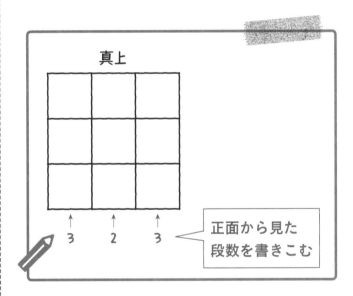

真上

正面から見た
段数を書きこむ

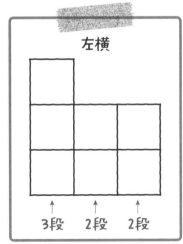

左横

次に，左横から見た図を確認しよう。左横から見た図では，立方体が左から，3段，2段，2段と積み上がっている。

この左横から見た3段, 2段, 2段を, 真上から見た図に, 次のように書きこもう。

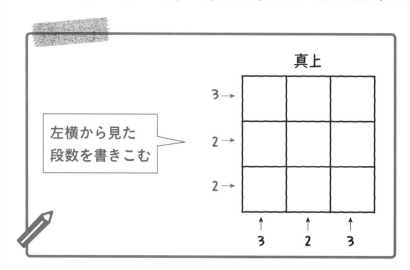

真上から見た図に, 正面と左横から見た図の段数を書きこむことができたね。これで, 準備完了だよ。真上から見た図に, 立方体の個数を書きこんでいこう。まずは, **最も個数が多いとき**を求めていくよ。

「でも, どうやって書きこんでいったらいいんだろう……？」

真上から見た図に, 立方体の個数を書きこむコツがあるから, いままで教えたコツとともにあげておくね。

投影図から立方体の最多と最少の個数を求めるコツ
● 真上から見た図に, 正面と横から見た段数を矢印をつけて書きこんだあと, それぞれのマスに個数を書きこんでいく。
● 正面と横から見た個数が同じマスには, その個数を書きこむ。

ここでは, **「正面と横から見た個数が同じマスには, その個数を書きこむ」**というコツについて説明するよ。例えば, 次の図のかげをつけたマスは, 正面と横から見た個数が, どちらも同じ3個だ。だから, 3を書きこめばいい。

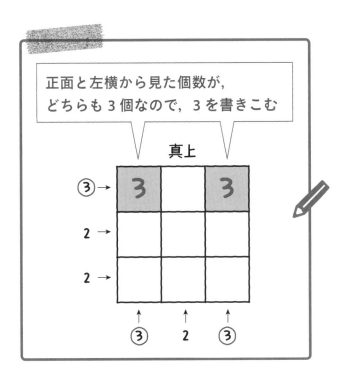

また，次の図のかげをつけたマスは，正面と横から見た個数が，どちらも同じ2個だ。だから，2を書きこめばいい。

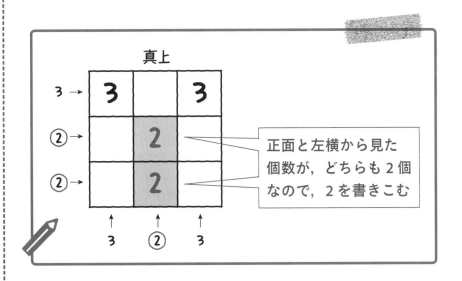

　ここまで書きこんだら，残りのマスを，立方体の個数ができるだけ多くなるように書きこんでいこう。その結果，最も個数が多い場合は，次のようになる。

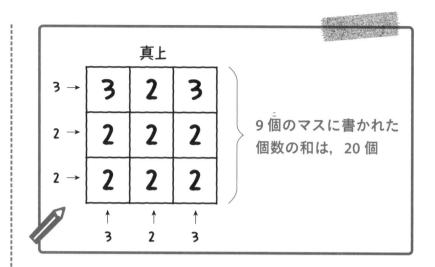

9個のマスに書かれた個数の和を求めると，20個だ。だから，最も多い場合の個数は20個ということだよ。

次に，**最も個数が少ないとき**を求めよう。今回も，「正面と横から見た個数が同じマスには，その個数を書きこむ」コツを使って，右の図のように書きこめる。

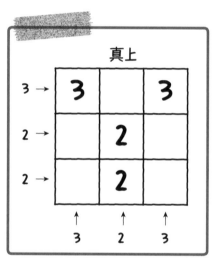

ここまで書きこんだら，残りのマスを，立方体の個数ができるだけ少なくなるように書きこんでいこう。その結果，最も個数が少ない場合は，次のようになる。

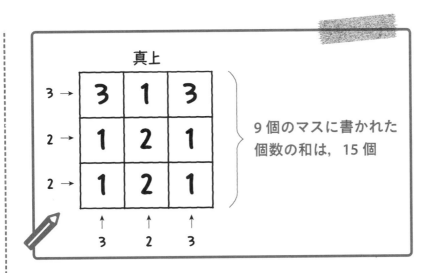

真上

3 → 3 1 3

2 → 1 2 1

2 → 1 2 1

↑ ↑ ↑
3 2 3

9 個のマスに書かれた
個数の和は，15 個

9 個のマスに書かれた個数の和を求めると，15 個だ。だから，最も少ない場合の個数は 15 個ということだよ。

最も多いとき 20 個，最も少ないとき 15 個 … [例題]6-5

教えたコツを使えば，あとはパズル感覚で解ける問題だったね。入試問題の中には，パズルを解くように楽しく取り組める問題があるのが，1 つのおもしろさだと思うんだ。では，次の例題にいこう。

132 説明の動画は
こちらで見られます

[例題]6-6　つまずき度 😠😠😠😣😣

1 辺が 1 cm の白い立方体を 64 個使って，右の図のような大きい立方体をつくりました。この大きい立方体のすべての表面（底の面をふくむ）を赤くぬったあと，ばらばらにしました。

ばらばらになった 1 辺が 1 cm の立方体について，次の個数をそれぞれ求めなさい。

(1)　1 つの面だけが赤い立方体の個数
(2)　2 つの面が赤い立方体の個数
(3)　3 つの面が赤い立方体の個数
(4)　赤い面が 1 つもない立方体の個数

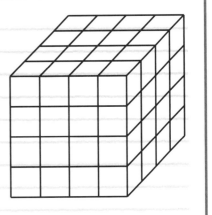

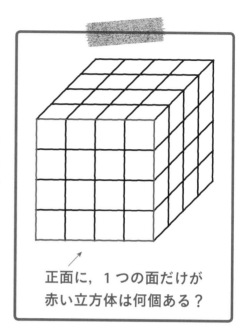

では,⑴からいこう。1つの面だけが赤い立方体の個数を求める問題だ。例えば,大きい立方体の正面の面に注目すると,1つの面だけが赤い立方体は何個あるかな?

正面に,1つの面だけが
赤い立方体は何個ある?

 「1つの面だけが赤い立方体は,真ん中の4個だと思うわ。」

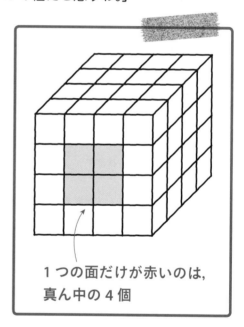

そうだね。大きい立方体の正面の面に注目すると,1つの面だけが赤い立方体は,真ん中の4個だ。

1つの面だけが赤いのは,
真ん中の4個

大きい立方体の他の面についても,やはり1つの面に4個ずつあることがわかる。

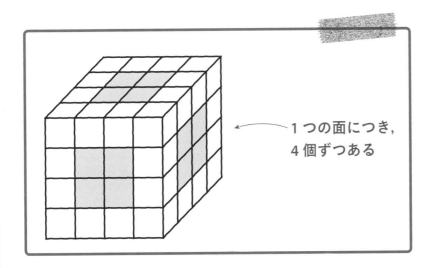

1つの面につき，
4個ずつある

　大きい立方体は，6つの面からできていて，1つの面につき，4個ずつあるから，
1つの面だけが赤い立方体の個数は，全部で，4×6＝24（個）と求められる。

24個 … 答え [例題]6-6 （1）

　(2)にいこう。2つの面が赤い立方体の個数を求める問題だね。**2つの面が赤い立方体は，大きい立方体の1つの辺につき2個ずつある**ことはわかるかな？

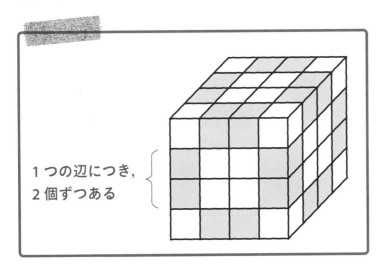

1つの辺につき，
2個ずつある

　「たしかに，2つの面が赤い立方体は，大きい立方体の1つの辺につき，2個ずつありますね。」

　うん。大きい立方体には，辺が12ある。1つの辺につき，2個ずつあるのだから，
2つの面が赤い立方体の個数は，全部で，2×12＝24（個）と求められる。

24個 … 答え [例題]6-6 （2）

「⑵は，『1 つの面につき何個』ではなくて，『1 つの辺につき何個』を考えればいいのね。」

そういうことだよ。では，⑶にいこう。3 つの面が赤い立方体の個数を求める問題だね。**3 つの面が赤い立方体は，大きい立方体の 1 つの頂点につき，1 個ずつあ**るんだ。

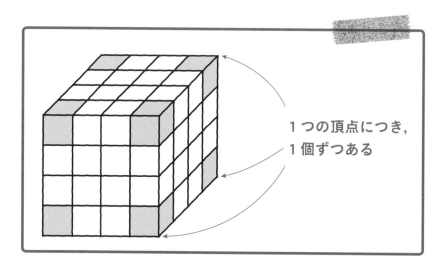

1 つの頂点につき，
1 個ずつある

　大きい立方体には，8 個の頂点がある。1 つの頂点につき，1 個ずつあるのだから，3 つの面が赤い立方体は，全部で 8 個と求められる。

<u>**8 個**</u> … 答え [例題]6-6 ⑶

　⑷にいくよ。赤い面が 1 つもない立方体の個数を求める問題だね。4 つ以上の面がぬられた立方体はないので，小さい立方体の個数の 64 個から，⑴〜⑶の答えの和をひいて，64−(24＋24＋8)＝8(個)と求められる。

<u>**8 個**</u> … 答え [例題]6-6 ⑷

別解 [例題]6-6 (4)

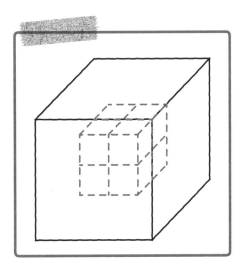

(4) には，別の考え方もあるから，それを教えるね。赤い面が1つもない立方体は，大きい立方体の表面に出ていないから，どの面もぬられていないんだ。つまり，大きい立方体の内部に入っているということだよ。大きい立方体の内部に入っている小さい立方体は，右の図のように表せる。

内部に入っている小さい立方体は，たて2個，横2個，高さ2個でできていることがわかるね。だから，赤い面が1つもない立方体の個数は，全部で，2×2×2＝8(個)と求められるんだ。

8個 … 答え [例題]6-6 (4)

(1)〜(3) では，「1つの面，1つの辺，1つの頂点につき，それぞれ何個あるか」という考え方が大切だったね。力ずくで考えるのは難しいので，この考え方で解くようにしよう。

 説明の動画はこちらで見られます

[例題]6-7 つまずき度 😖😖😖😖😖

1辺が1cmの立方体を64個使って，右の図のような大きい立方体をつくりました。この大きい立方体のかげをつけた部分を，反対側の面までぬき取ります。

このとき，残っている1辺が1cmの小さい立方体は何個ありますか。

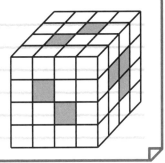

 「えーっと，こっちからぬき取って，さらにこっちからぬき取るから，1，2，3，……。うーん，こんがらがってきそうだわ。」

この問題を頭の中で考えていこうとすると，混乱してくるね。この問題を解くには，次のコツが役に立つよ。

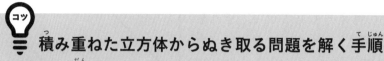

積み重ねた立方体からぬき取る問題を解く手順

【手順①】 段ごとの図をかく。

【手順②】 ①のすべての図で，上からぬき取られた立方体に印をつける。

【手順③】 ①のそれぞれの図で，正面と横からぬき取られた立方体に印をつける。

まず，【手順①】の「段ごとの図をかく」についてだけど，大きい立方体は，4段でできているね。この4段を，上から1段目，2段目，3段目，4段目に分けてかくんだ。

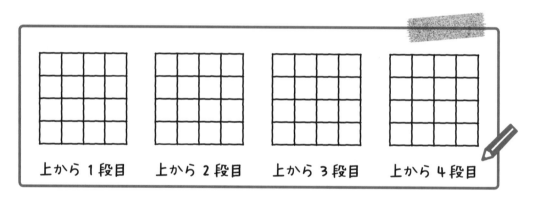

上から1段目　　上から2段目　　上から3段目　　上から4段目

【手順②】の「①のすべての図で，上からぬき取られた立方体に印をつける」に進もう。大きい立方体の上の面からは，2か所がぬき取られている。この2か所は，下までぬき取られているので，いまかいた上から1段目〜4段目のすべての図で，この2か所に印をつけるんだ。ぬき取られた立方体のマスに，○の印をつけよう。

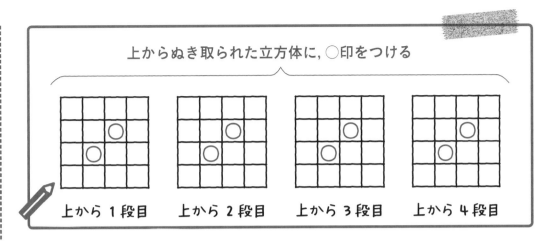

上からぬき取られた立方体に, ○印をつける

上から **1** 段目　上から **2** 段目　上から **3** 段目　上から **4** 段目

【手順③】の「①のそれぞれの図で, 正面と横から
ぬき取られた立方体に印をつける」に進むよ。上から
1段目と4段目は, 正面と横からぬき取られていないので,
そのままでいい。上から2段目は, 正面から1か所, 横
から2か所ぬき取られているので, 右の図のように○を
つけよう。

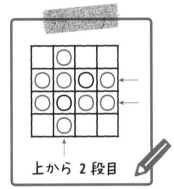

上から **2** 段目

上から3段目は, 正面から1か所, 横から1か所ぬき
取られているので, 右の図のように○をつければいい。

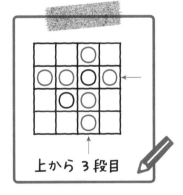

上から **3** 段目

【手順②】, 【手順③】の順に○をつけていくことで, ○のつけ忘れをできるだけ
防ぐことができるんだ。ここまでで, 上から1段目〜4段目の図のぬき取られた
立方体すべてに○の印をつけることができたね。

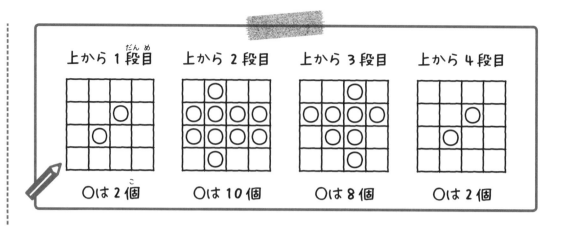

上から **1 段目** 上から **2 段目** 上から **3 段目** 上から **4 段目**

○は **2 個** ○は **10 個** ○は **8 個** ○は **2 個**

　ぬき取られた立方体の個数の和が，2＋10＋8＋2＝22（個）と求められるね。この問題では，残っている立方体の個数を求めればいいので，総数の 64 個から 22 個をひいて，64－22＝42（個）と求められるんだ。

<u>42 個</u> … 答え ［例題］6−7

　教えたコツを使えば，それほど苦戦することなく解ける問題だったね。

Check 74 つまずき度 😵😵😵😓😵 　　　　➡解答は別冊 p.78 へ

次の図は，どちらも 1 辺が 5 cm の立方体を積み重ねてつくった立体です。表面積は，それぞれ何 cm² ですか。

（1）　　　　　　　　　　　　　（2）

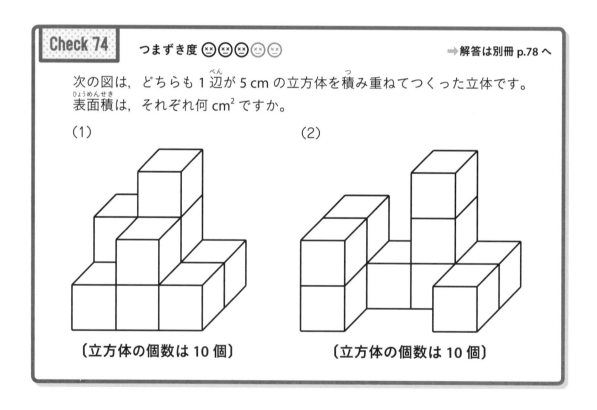

〔立方体の個数は 10 個〕　　〔立方体の個数は 10 個〕

Check 75 つまずき度 😣😣😣😣😣 ➡解答は別冊 p.79 へ

同じ大きさの立方体を積み重ねて，立体をつくりました。次の図は，この立体を，正面，真上，右横から見た図です。

立方体の個数は，最も多くて何個ですか。また，最も少なくて何個ですか。

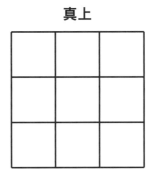
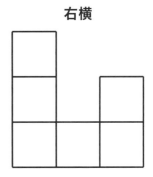

正面　　　　　**真上**　　　　　**右横**

Check 76 つまずき度 😣😣😣😣😣 ➡解答は別冊 p.80 へ

1 辺が 1 cm の白い立方体を 125 個使って，右の図のような大きい立方体をつくりました。この大きい立方体のすべての表面（底の面をふくむ）を黒くぬったあと，ばらばらにしました。

ばらばらになった 1 辺が 1 cm の立方体について，次の個数をそれぞれ求めなさい。

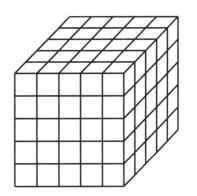

（1）　1 つの面だけが黒い立方体の個数

（2）　2 つの面が黒い立方体の個数

（3）　3 つの面が黒い立方体の個数

（4）　黒い面が 1 つもない立方体の個数

⇒解答は別冊 p.81 へ

Check 77

つまずき度 😵😵😵😵😵

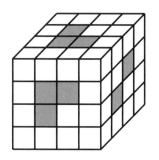

　1 辺が 1 cm の立方体を 64 個使って，右の図のような大きい立方体をつくりました。この大きい立方体のかげをつけた部分を，反対側の面までぬき取ります。

　このとき，残っている 1 辺が 1 cm の小さい立方体は何個ありますか。

6 03 立方体の切断

立方体を，ある平面でスパッと切断。切り口の形は？

 134 説明の動画は
こちらで見られます

[例題]6-8　つまずき度 😣😣😣😣😣

　立方体を，次の(1)〜(9)の3点 A，B，C を通る平面でそれぞれ切ったとき，切り口はどんな形になりますか。できるだけ正確に答えなさい。

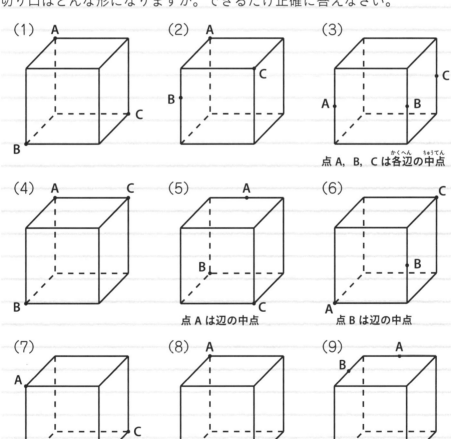

(1)

(2)

(3)
点 A，B，C は各辺の中点

(4)

(5)
点 A は辺の中点

(6)
点 B は辺の中点

(7)

(8)
点 B，C は各辺の中点

(9)
点 A，B，C は各辺の中点

立方体を切断したときの切り口の形を答える問題だよ。

「切り口を，頭の中でイメージするのが難しそうだわ。」

たしかに，切り口を，頭の中でイメージするのは難しいかもしれない。でも，切り口がどのような形になるか知るためのコツがあるから，教えながら進めていくね。では，(1)からいこう。

この立方体を，3点 A, B, C を通る平面で切ったときの切り口の形を，できるだけ正確に答えればいいんだね。ここで，早速，第1のコツを教えよう。

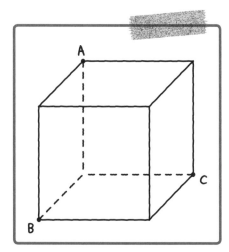

立方体の切断で，切り口の形を知るコツ（その1）
同じ面にある2つの点は直線で結べる。

このコツの使い方を説明するよ。(1)で，点 A と B は同じ面にあるよね。だから，この2つの点は，直線で結んでいいということなんだ。

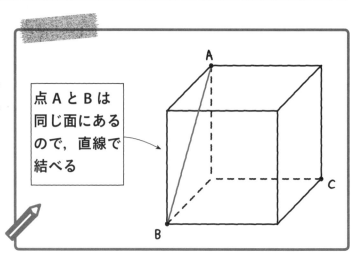

点 A と B は同じ面にあるので，直線で結べる

点BとC，点CとAもそれぞれ同じ面に
あるから，それぞれ直線で結ぶと，右の図
のようになる。

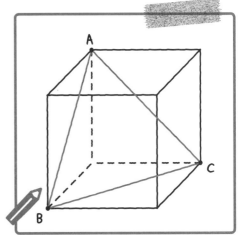

これで，切り口の線をかき入れることができたね。切り口の形は何かな？

 「はい，三角形です。」

そうだね。でも，答えとしては，不十分だ。問題に**「できるだけ正確に」**とあるね。
AB，BC，CAはどれも立方体の面の対角線で，長さが等しいから，三角形ABCは
正三角形だ。だから，できるだけ正確に，「正三角形」と答えなければいけないよ。

正三角形 … 答え [例題]6-8（1）

では，（2）にいこう。（2）も，**「同じ面にあ
る2つの点は直線で結べる」**というコツを
使えばいいんだ。点AとB，点BとC，点C
とAは，それぞれ同じ面にあるから，それ
ぞれ直線で結ぶと，右の図のようになる。

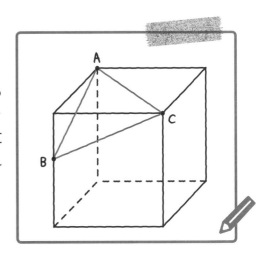

切り口の形は，ABとBCの長さが等しいから，二等辺三角形だね。

二等辺三角形 … 答え [例題]6-8（2）

135 説明の動画は
こちらで見られます

（3）にいくよ。（3）も，**「同じ面にある2つ
の点は直線で結べる」**というコツを使えば
いいよ。つまり，点AとB，点BとCはそ
れぞれ同じ面にあるから，それぞれ直線で
結ぶと，右のようになる。

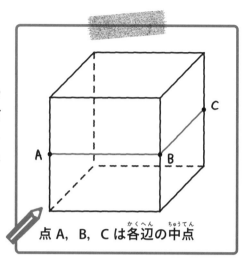

点A，B，Cは各辺の中点

「でも，これじゃ不十分ですよね？」

そうだね。まだ，切り口は完成していない。ちなみに，次のように，点AとC
を直線で結ぶのはまちがいだから，注意しよう。

〔まちがいの例〕

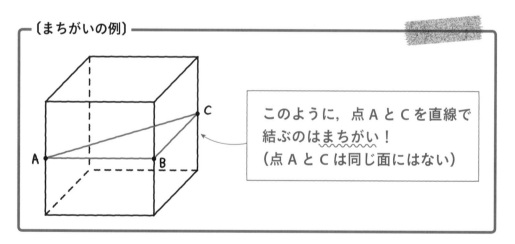

このように，点AとCを直線で
結ぶのはまちがい！
（点AとCは同じ面にはない）

点AとCは同じ面にはないから，直線で結んではいけないんだ。では，切り口を
どのようにかき入れればいいか，ここで，第2のコツを教えるよ。

立方体の切断で，切り口の形を知るコツ（その2）

向かい合う2つの面の切り口は平行になる。

このコツの使い方を説明するね。(3) の立方体で，左の面と右の面は向かい合っているね。

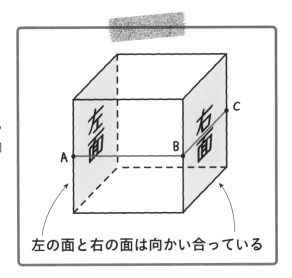

左の面と右の面は向かい合っている

向かい合う2つの面の切り口は平行になるから，右の面の切り口の直線 BC と平行になるように，左の面の点 A を通る切り口の線をかき入れればいいんだ。点 A, B, C は各辺の中点なので，点 A から辺の中点に向かって，直線をひけばいいんだよ。

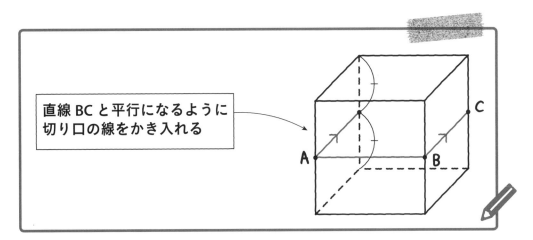

直線 BC と平行になるように
切り口の線をかき入れる

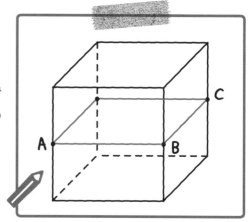

そうすると，うしろの面に2つの点ができたから，それを直線で結ぶと，右の図のようになる。

これで，(3)の切り口の形は，正方形とわかるね。

正方形 … 答え ［例題］6-8 (3)

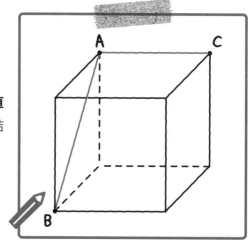

(4)にいこう。**同じ面にある2つの点は直線で結べる**から，点AとB，点AとCは結べる。

点BとCは，同じ面上にはないから結べないね。ここで，コツ（その2）**「向かい合う2つの面の切り口は平行になる」**を使おう。左の面と右の面は向かい合っている。「向かい合う2つの面の切り口は平行になる」から，左の面と右の面の切り口も平行になる。だから，左の面の切り口の直線ABと平行になるように，右の面の点Cを通る切り口を，次の図のようにかき入れればいいんだ。

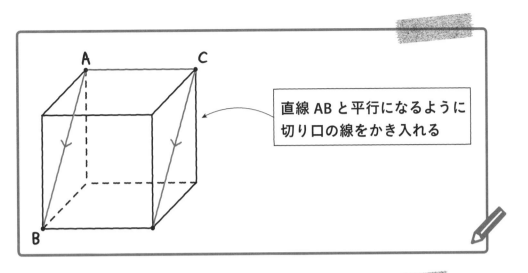

直線 AB と平行になるように
切り口の線をかき入れる

そして，前の面にできた同じ面（辺）上の
2点を結ぶと，切り口が完成する。

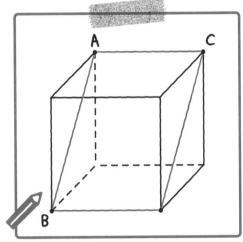

切り口の四角形で，AB と AC は垂直に交わっている。また，AB は正方形の対角
線で，AC は正方形の1辺だから，AB のほうが AC より長い。だから，(4)の切り口は，
長方形とわかるんだ。

長方形 … 答え ［例題］6-8 （4）

136 説明の動画は
こちらで見られます

（5）にいくよ。**同じ面にある 2 つの点は直線で結べる**から，点 A と B，点 B と C は結べる。

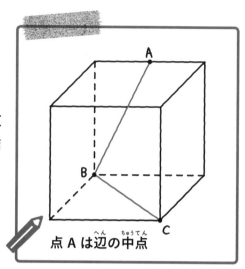

点 A は辺の中点

点 C と A は，同じ面上にはないから結べないね。ここで，コツ（その 2）**「向かい合う 2 つの面の切り口は平行になる」**を使おう。上の面と下の面は向かい合っている。「向かい合う 2 つの面の切り口は平行になる」から，上の面と下の面の切り口も平行になる。だから，下の面の切り口の直線 BC と平行になるように，上の面の点 A を通る切り口を，次のようにかき入れればいい。

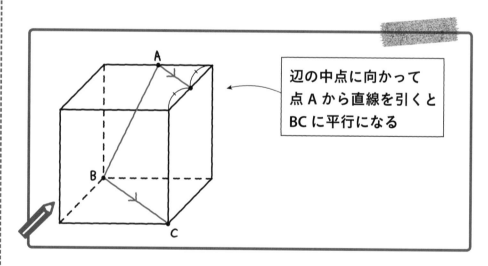

辺の中点に向かって
点 A から直線を引くと
BC に平行になる

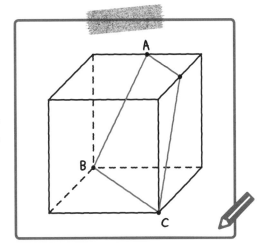

　点 A は辺の中点だから，BC に平行にするためには，新しくとる点も中点になるよ。そして，右の面にできた同じ面上の 2 点を直線で結ぶと，切り口が完成する。

　「切り口の形は，台形ね。」

　たしかに台形なんだけど，この例題（れいだい）は，**「切り口の形をできるだけ正確（せいかく）に答える」**問題だよね。うしろの面の切り口 AB と，右の面の切り口の辺は，どちらも中点から，頂点（ちょうてん）に引かれている。だから，長さが等しいんだ。つまり，この切り口の形をできるだけ正確（せいかく）に答えると，**等脚台形（とうきゃくだいけい）**なんだよ。

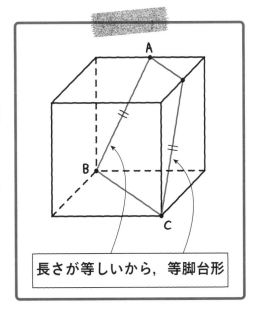

長さが等しいから，等脚台形

等脚台形 … 答え ［例題]6-8 (5)

137 説明の動画は
こちらで見られます

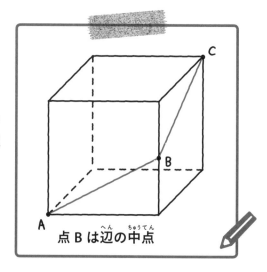

点Bは辺の中点

（6）にいくよ。これもまず，**同じ面にある2つの点は直線で結べる**から，点AとB，点BとCは結べるね。

点CとAは，同じ面上にはないから結べない。どう進めていけばいいかな？

 「**コツ（その2）の『向かい合う2つの面の切り口は平行になる』**を使えばいいんですね！」

その通り。左の面と右の面は向かい合っている。「向かい合う2つの面の切り口は平行になる」から，左の面と右の面の切り口も平行になる。だから，右の面の切り口の直線BCと平行になるように，左の面の点Aを通る切り口の線を，次のようにかき入れればいい。点Cが頂点で，点Bが辺の中点だから，頂点Aから，辺の中点に向けて，線を引こう。

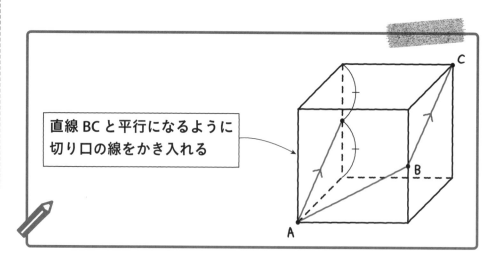

直線BCと平行になるように
切り口の線をかき入れる

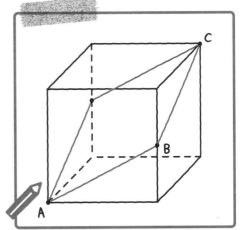

そして，うしろの面にできた同じ面上の2点を直線で結ぶと，切り口が完成する。

切り口の4つの辺は，どれも頂点と中点を結んだ線だから，長さは等しいよ。さて，この切り口の形は何かな？

「4つの辺の長さが等しいってことは，切り口の形は，正方形かしら？」

切り口の形は，正方形ではなく，ひし形なんだ。

「えっ，ひし形なんですか？　なぜかしら。」

正方形も，ひし形も4つの辺が等しい四角形だね。ただ，正方形は対角線の長さが等しいけど，ひし形の対角線の長さは等しくない。

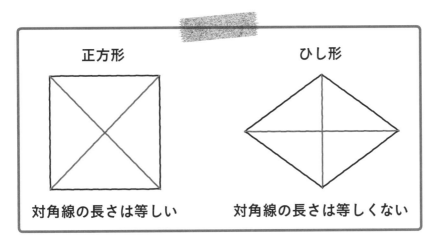

ここで，切り口をもう一度見てみよう。切り口の4つ目の頂点をDとするよ。

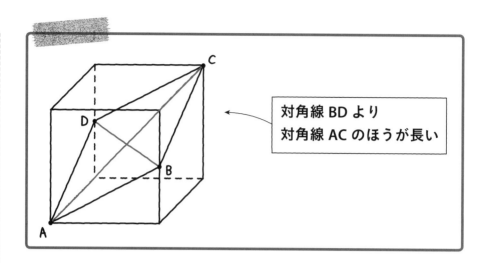

対角線BDより
対角線ACのほうが長い

　切り口の四角形の対角線ACとBDの長さを比べると，ACのほうがBDより長いことがわかる。対角線の長さがちがうということだね。だから，この切り口の形は，正方形ではなく，ひし形なんだ。

ひし形 … 答え [例題]6-8 (6)

　(6)のように，**切り口の形が何か迷ったとき，対角線の長さを比べて判断する方法が役に立つ**ことがあるよ。

 説明の動画は
こちらで見られます

　(7)にいこう。**同じ面にある2つの点は直線で結べる**から，点AとB，点BとCは結べるね。

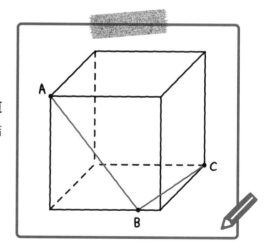

　点CとAは，同じ面上にないので結べない。だから，コツ（その2）**「向かい合う2つの面の切り口は平行になる」**を使おう。上の面と下の面は向かい合っている。「向かい合う2つの面の切り口は平行になる」から，上の面と下の面の切り口も平行になる。だから，下の面の切り口の直線BCと平行になるように，上の面の点Aを通る切り口を，次のようにかき入れればいいんだ。※**印をつけた2つの部分を同じ長さにすると，平行になるよ。**

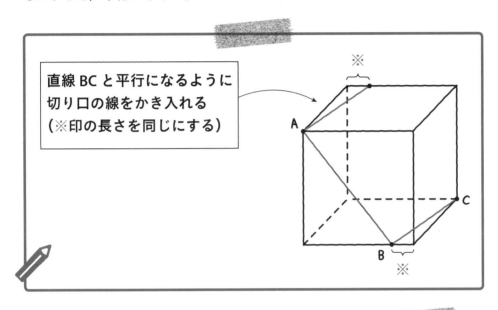

そして，うしろの面にできた同じ面上の2点を直線で結ぶと，切り口が完成するよ。切り口の4つ目の頂点をDとするね。

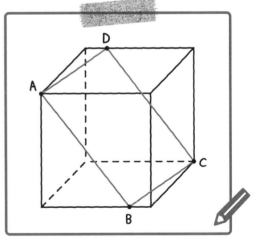

　さて，この切り口の形は何かな？

　「うーん，何だろう……？」

AD と BC の長さは等しく，平行だ。また，AB と DC の長さも等しく，平行だよ。AD と AB の長さはちがうから，切り口の形は，平行四辺形か長方形のどちらかということになる。

「平行四辺形か長方形か，どっちかしら……？」

(6) で教えたように，**対角線の長さを比べる**といいよ。長方形の対角線の長さは等しいけど，平行四辺形の対角線の長さは等しくない。

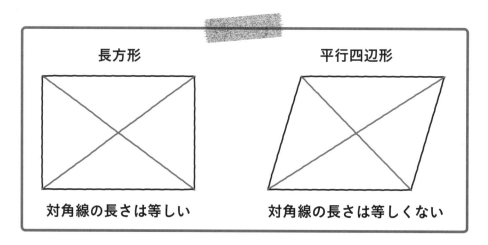

切り口の対角線 AC と BD の長さを比べると，AC のほうが BD より長い。対角線の長さがちがうということだね。

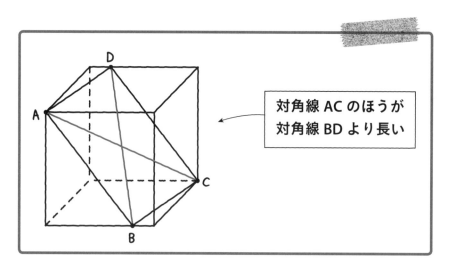

対角線 AC のほうが
対角線 BD より長い

だから，この切り口の形は，長方形ではなく，平行四辺形なんだ。

平行四辺形 … 答え [例題]6-8 （7）

139 説明の動画は
こちらで見られます

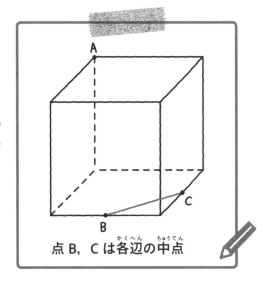

点 B，C は各辺の中点

（8）にいくよ。これもまず，**同じ面にある
2つの点は直線で結べる**から，点 B と C を
結ぼう。

 「次は，コツ（その2）『向かい合う2つの面の切り口は平行になる』を使えば
いいのかしら。」

試してみるといいけど，ここでそのコツを使おうと思っても，使えないんだ。そ
こで，第3のコツを教えよう。

> **コツ**
>
> ## 立方体の切断で，切り口の形を知るコツ（その3）
> 切り口の直線と立方体の辺を延長して，同じ平面上の2点をつくって直線で
> 結ぶ。

「同じ面にある2つの点は直線で結べる」というコツはすでに教えたね。でも，（8）
では，これ以上，同じ面にある2つの点はない。そこで，この第3のコツは，**同じ
平面上の2点をつくって直線で結べばいい**，という考え方なんだ。

 「でも，同じ面にある2点はもうないですよね。それなのに，同じ平面上の
2点をつくるってどういう意味ですか？」

切り口の直線と立方体の辺を延長すればいいんだ。いまのところわかっているのは，切り口の直線 BC だけだから，その BC を B のほうに延長して，立方体の左の面の下の辺も，次の図のように延長すると，交点が見つかるね。

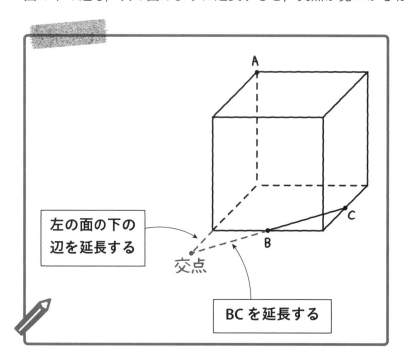

この交点は，点 A と同じ左の面上（左の面を広げた面上）にある。「同じ面にある2 つの点は直線で結べる」から，この交点と点 A を結ぶと，次の図のようになる。

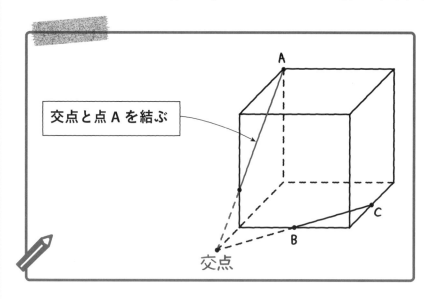

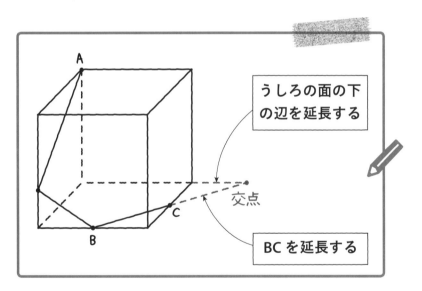

これで，左の面の切り口をかき入れることができたね。「同じ面にある2つの点は直線で結べる」から，前の面の切り口もかき入れると，右の図のようになる。

> 同じ面にある2つの点は
> 直線で結べる

次に，切り口の直線 BC を C のほうに延長し，立方体のうしろの面の下の辺も延長すると，次の図のように交点が見つかるね。

> うしろの面の下
> の辺を延長する

交点

> BC を延長する

この交点は，点 A と同じうしろの面上（うしろの面を広げた面上）にある。「同じ面にある2つの点は直線で結べる」から，この交点と点 A を結ぶと，次の図のようになる。

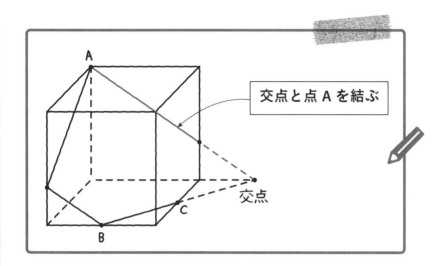

交点と点 A を結ぶ

交点

これで，うしろの面の切り口の線をかき入れることができたね。「同じ面にある2つの点は直線で結べる」から，右の面の切り口の線もかき入れると，次の図のようになる。

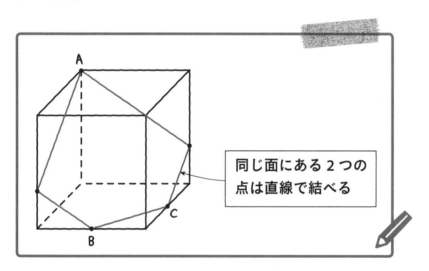

同じ面にある2つの点は直線で結べる

これで，切り口の形が完成したね。

 「切り口の形は，五角形になるのね。」

うん，その通り。五角形だとわかるね。

五角形 … 答え [例題]6-8 （8）

説明の動画は
こちらで見られます

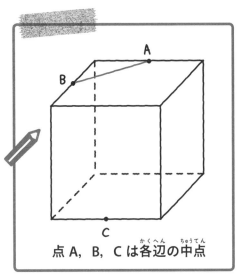

点 A，B，C は各辺の中点

最後，(9) にいこう。**同じ面にある 2 つの点は直線で結べる**から，まず，点 A と B を結ぼう。

「コツ (その 2)『**向かい合う 2 つの面の切り口は平行になる**』を使えば，下の面の切り口の線はかけそうですね！」

うん，よく気づいたね。上の面と下の面は向かい合っている。**「向かい合う 2 つの面の切り口は平行になる」**から，上の面と下の面の切り口も平行になる。

だから，上の面の切り口の直線 BA と平行になるように，下の面の点 C を通る切り口の線を，右の図のようにかき入れればいい。点 A，B，C は各辺の中点だから，点 C から，右の面の下の辺の中点に向けて線を引けば，平行になるよ。

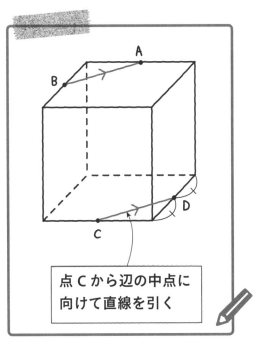

点 C から辺の中点に
向けて直線を引く

前の図のように，新しくできた切り口の頂点を点Dとするよ。コツ(その1)，(その2)を使ってかくことができるのはここまでだから，コツ(その3)**「切り口の直線と立方体の辺を延長して，同じ平面上の2点をつくって直線で結ぶ」**を使って考えよう。切り口の直線ABをBのほうに延長し，立方体の前の面の上の辺も延長すると，次の図のように交点が見つかるね。

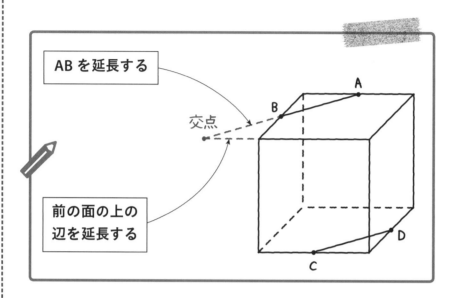

この交点は，点Cと同じ前の面上(前の面を広げた面上)にある。「同じ面にある2つの点は直線で結べる」から，この交点と点Cを直線で結ぶと，次の図のようになる。

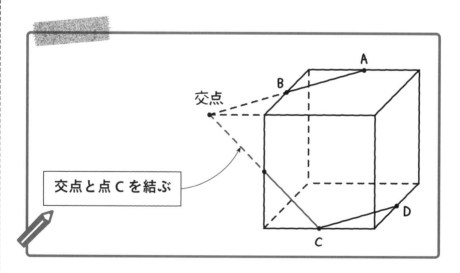

これで，前の面の切り口の線をかくことができたね。「同じ面にある2つの点は直線で結べる」から，左の面の切り口の線もかくと，次の図のようになる。

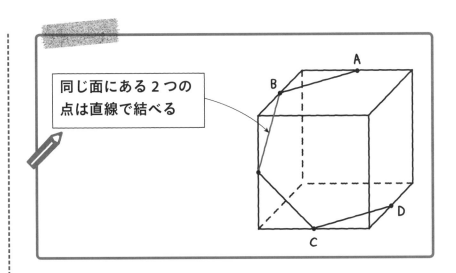

同じ面にある 2 つの
点は直線で結べる

　次に，切り口の直線 AB を A のほうに延長し，立方体の右の面の上の辺も延長すると，次の図のように交点が見つかるよ。

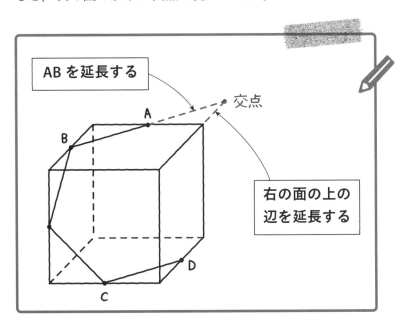

AB を延長する

交点

右の面の上の
辺を延長する

　この交点は，点 D と同じ右の面上（右の面を広げた面上）にある。「同じ面にある 2 つの点は直線で結べる」から，この交点と点 D を結ぶと，次の図のようになる。

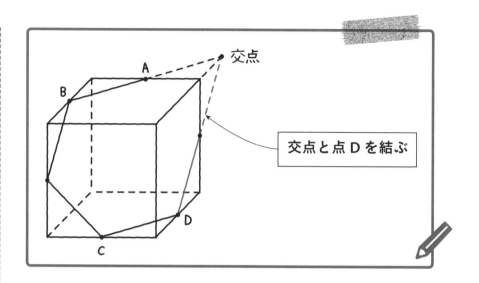

交点

交点と点 D を結ぶ

これで，右の面の切り口の線をかくことができたね。「同じ面にある 2 つの点は直線で結べる」から，うしろの面の切り口の線もかき入れると，次の図のようになる。

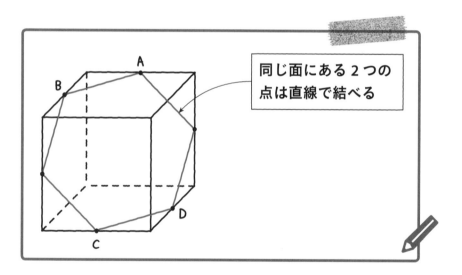

同じ面にある 2 つの点は直線で結べる

これで，切り口の形が完成したね。**切り口の形の 6 つの辺は，すべて立方体の辺の中点を結んだもので長さが等しい。また，辺の交わり方を見ると，6 つの角の大きさもすべて等しいことがわかる。**だから，切り口の形は**正六角形**だ。

正六角形 … 答え [例題]6-8 (9)

立方体の切断で，切り口の形を知る 3 つのコツをまとめておくよ。

立方体の切断で，切り口の形を知るコツ（まとめ）

（その1）　同じ面にある2つの点は直線で結べる。

（その2）　向かい合う2つの面の切り口は平行になる。

（その3）　切り口の直線と立方体の辺を延長して，同じ平面上の2点をつくって直線で結ぶ。

この3つのコツをマスターすれば，立方体の切断の問題を得意にしていけるよ。

　「ところで，先生。[例題]6-8 (9) では，切り口の形が六角形になりましたけど，切り口の形が七角形，八角形，……になることもあるんですか？」

切り口が七角形以上になることはないよ。平面と平面が交わる線は，1本の直線になるんだ。立方体には6つの面があり，6つの面すべてに切り口の辺があったとしても六角形にしかならないからね。

　「七角形以上，つまり，七角形，八角形，……になることはないんですね。」

うん。では，立方体の切断について，例題をもう1つ解いてみよう。

141 説明の動画は
こちらで見られます

[例題]6-9 つまずき度 😣😣😣😣😣

右の図のように，1辺が 12 cm の立方体があります。辺 CD 上の点 P と，辺 BC 上の点 Q は，ともに点 C から 4 cm のところにあります。

このとき，次の問いに答えなさい。

(1) 3点 P, Q, H を通る平面で，この立方体を2つの立体に切り分けるとき，切り口の形をできるだけ正確に答えなさい。

(2) (1)のとき，小さいほうの立体の体積は何 cm³ ですか。

では，(1)から見ていこう。切り口の形を答える問題だね。まず，**同じ面にある2つの点は直線で結べる**から，点 P と Q，点 P と H は直線で結べる。

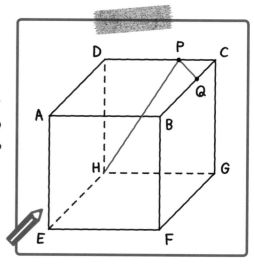

次に，コツ（その2）**「向かい合う2つの面の切り口は平行になる」**を使おう。上の面と下の面は向かい合っている。「向かい合う2つの面の切り口は平行になる」から，上の面と下の面の切り口の線も平行になる。だから，下の面の点Hから点Fに向けて，右の図のように線を引くと，上の面の切り口の線PQと平行になる。PC＝QC，HG＝FGだから，平行になるんだよ。

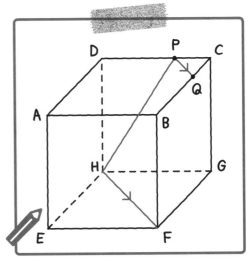

そして，「同じ面にある2つの点は直線で結べる」から，点FとQを結ぶと，切り口の形が完成する。

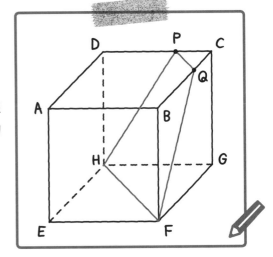

切り口の形は何かな？　できるだけ正確に答えてみて。

「はい。PHとQFの長さが等しいから，等脚台形です。」

その通り。ただの台形ではなく，等脚台形と答えるようにしよう。

等脚台形 … 答え [例題]6-9 （1）

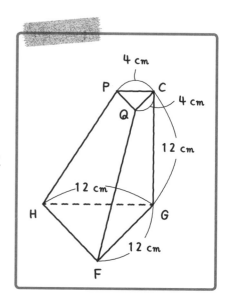

では, (2) にいこう。(1) のとき, 小さいほうの立体の体積を求める問題だ。小さいほうの立体とは, 右の図の立体のことだね。

「こんな形の立体, どうやって体積を求めるんだろう?」

この立体は, **大きい三角すいから小さい三角すいを切り取った形**なんだ。この立体の PH, QF, CG の 3 辺をそれぞれ上に延長すると, 次の図のように, 大小の三角すいができる。三角すいの頂点を点 O とするよ。

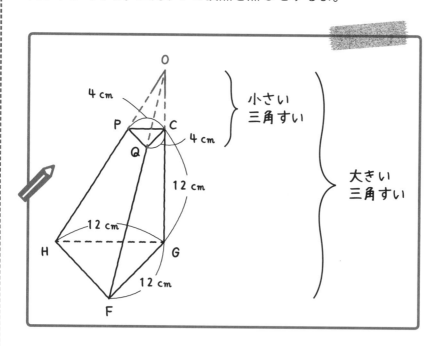

「ということは, この立体の体積は, 大きい三角すいの体積から, 小さい三角すいの体積をひけば, 求められるのね。」

その通り。

「でも，先生。大小の三角すいの高さがどちらもわかっていないので，体積が求められませんよ。」

たしかにそうだね。前の図で，OC の長さがわかれば，大小の三角すいの高さがどちらもはっきりする。OC の長さを求めるために，三角形 OFG に注目しよう。

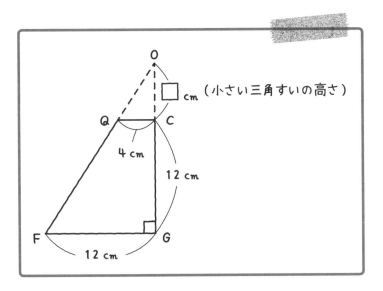

「三角形 OQC と三角形 OFG は，相似なのね。」

そうだね。三角形 OQC と三角形 OFG は，ピラミッド形の相似だ。2 つの三角形が相似であることを利用して，OC の長さを求めよう。三角形 OQC と三角形 OFG の相似比は，

QC：FG＝4：12＝1：3 だから，

OC：OG も 1：3 になる。これより，

OC：CG＝1：（3－1）＝1：2 とわかる。

CG の長さが 12 cm だから，OC の長さは，

12÷2＝6(cm) と求められるんだ。

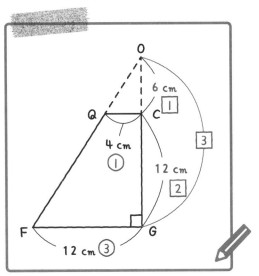

これで，小さい円すいの高さが 6 cm，大きい円すいの高さが，6＋12＝18 (cm)とわかったね。だから，(2)で求めたい立体の体積は，次のように求めることができる。

$$\underset{\substack{\text{底面積}}}{12 \times 12 \div 2} \times \underset{\substack{\text{高さ}}}{18} \times \frac{1}{3} - \underset{\substack{\text{底面積}}}{4 \times 4 \div 2} \times \underset{\substack{\text{高さ}}}{6} \times \frac{1}{3} = 432 - 16 = 416\,(\text{cm}^3)$$

<u>大きい三角すいの体積</u>　<u>小さい三角すいの体積</u>

416 cm³ … 答え　[例題]6-9 （2）

Check 78　つまずき度 😣😣😣😣😣　➡解答は別冊 p.81 へ

立方体を，次の(1)〜(3)の 3 点 A，B，C を通る平面でそれぞれ切ったとき，切り口はどんな形になりますか。できるだけ正確に答えなさい。

(1)

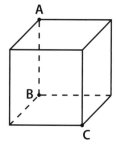

(2)

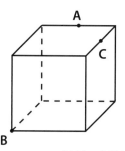

点 A，C は各辺の中点

(3)

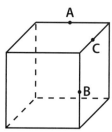

点 A，B，C は各辺の中点

Check 79　つまずき度 😣😣😣😣😣　➡解答は別冊 p.82 へ

右の図のように，1 辺が 15 cm の立方体があります。点 P は辺 BF 上にあり，BP＝6 cm です。

このとき，次の問いに答えなさい。

(1) 3 点 D，E，P を通る平面で，この立方体を 2 つの立体に切り分けるとき，切り口の形をできるだけ正確に答えなさい。

(2) (1)のとき，大きいほうの立体の体積は何 cm³ ですか。

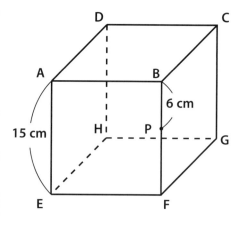

第 7 章

立体図形(3)

水の深さの変化とグラフ

お風呂にお湯をためるとき，じゃ口からお湯を勢いよく出すよね。その様子を見たことはあるかな？

「あるわ。どんどんお湯が深くなって，お風呂にお湯がたまっていくの。」

そうだね。では，お風呂に入るとき，お湯の深さはどうなるかな？

「お湯の深さは深くなります！」

そうだよね。お風呂に入ると，お湯の深さは深くなる。

「お父さんが入ると，お風呂からお湯があふれちゃうこともあります。」

うん。この章では，そのように，容器に水や物を入れたりするときの，水の深さの変化について，問題を解いていくよ。

水の深さの変化

容器に水やおもりを入れたり，容器をかたむけたり……。

142 説明の動画は
こちらで見られます

「容積」ということばを聞いたことはあるかな？

 「『ようせき』，……ですか？」

うん。**「入れ物いっぱいに入る水の体積」を**容積というんだ。

 「ということは，体積と容積って，同じ意味ですか？」

体積と容積の意味はちがうよ。

 「どうちがうんですか？」

では，そのちがいについて，次の例題を解きながら，解説していくね。

[例題]7-1　つまずき度 😣😣😣😣😣

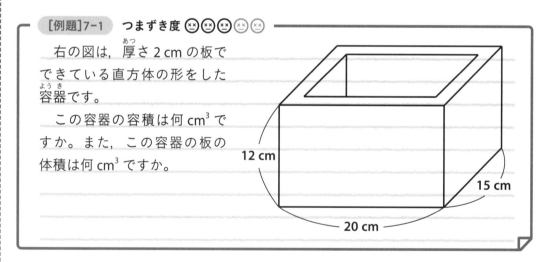

　右の図は，厚さ2cmの板で
できている直方体の形をした
容器です。
　この容器の容積は何cm³で
すか。また，この容器の板の
体積は何cm³ですか。

12 cm

15 cm

20 cm

　この容器の容積と，容器の板の体積を求める問題だけど，まずは，容積から求め
よう。**「容器に入る水の体積」を**容積というんだったね。だから，この容器いっぱ
いに入る水の体積を求めればいいんだ。

448

「この容器いっぱいに入る水の体積か……，どうやって求めればいいんだろう？」

　この容器は，厚さ2cmの板でできているんだね。だから，容器の内側の長さがどうなっているかを考えればいいね。容器の内側の長さを，**内のり**というよ。**容積を求めるには，容器の内のりを考えるといいんだ。**この容器は，直方体の形をしているけど，容器の内側も，次のように直方体の形をしている。

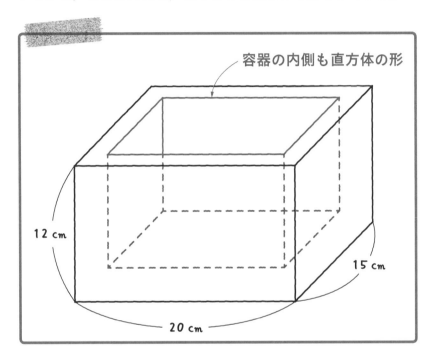

容器の内側も直方体の形

12 cm
15 cm
20 cm

　この容器の内のり，つまり，内側の直方体のたての長さ，横の長さ，高さ（深さ）を知ることができれば，この容器に入る水の体積，すなわち容積が求められるんだ。では，この容器の内のりのたての長さは何cmかな？

「容器のたての長さは15cmで，そこから板の厚さ2cmの2つ分をひけばいいのね。15－2×2＝11(cm)です。」

　その通り。容器のたての長さ15cmから，両側の板の厚さ2×2＝4(cm)をひいて，11cmと求められる。

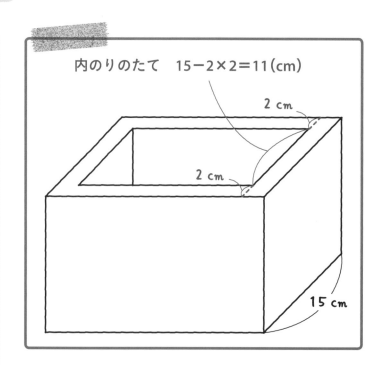

内のりのたて　15－2×2＝11(cm)

2 cm

2 cm

15 cm

　この容器の内のりの横の長さも，同じようにして求めよう。容器の横の長さ20 cm から，両側の板の厚さ 2×2＝4(cm)をひいて，20－4＝16(cm)と求められる。

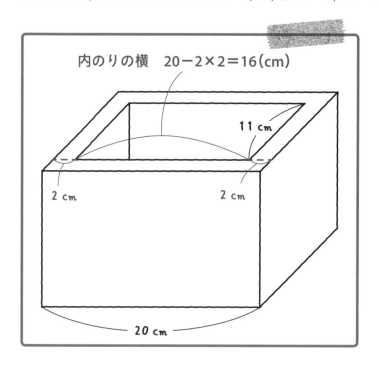

内のりの横　20－2×2＝16(cm)

11 cm

2 cm

2 cm

20 cm

　次に，この容器の内のりの深さは何 cm かな？

　「深さも同じようにして求めればいいんですね。容器の高さ 12 cm から，板の厚さ 2 つ分をひいて，12－2×2＝8(cm)が内のりの深さだと思います。」

本当にそうかな？　ユウトくん，よく図を見てごらん。

 「えっ，ちがうんですか？」

　内のりのたてと横の長さは，容器のたてと横の長さから，それぞれ板の厚さ 2 つ分の 2×2＝4(cm)をひいて求めればよかったね。でも，**内のりの深さは，容器の高さ 12 cm から，板の厚さ 1 つ分の 2 cm をひいて，12－2＝10(cm)となる**んだ。

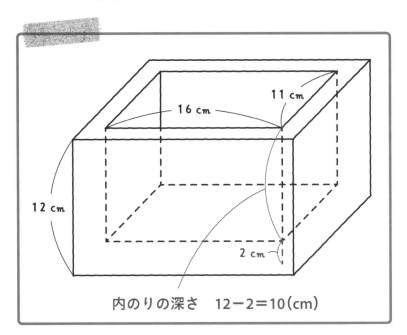

内のりの深さ　12－2＝10(cm)

容器の高さ 12 cm から，底の板の厚さの 2 cm だけをひけば，内のりの深さが求められることが図からわかるね。

 「内のりのたてと横のように，両側に板があるわけではないから，底の板 1 つ分の厚さをひくだけでいいんですね！」

　そういうことだよ。内のりの深さを求めるときは注意しようね。これで，この容器の内のりは，たて 11 cm，横 16 cm，深さ 10 cm と求められた。直方体の体積は，「たて×横×高さ（深さ）」で求められるから，11×16×10＝1760 (cm³) が，この容器の容積だ。

 「この容器には，1760 cm³ の水が入るということね。」

その通り。次に，この容器の板の体積が何 cm³ か求めよう。板の体積は，外側の直方体の体積から，内側の直方体の体積をひけば求められる。つまり，たて 15 cm，横 20 cm，高さ 12 cm の外側の直方体の体積から，内側のたて 11 cm，横 16 cm，高さ 10 cm の直方体の体積(1760 cm³)をひけば，容器の板の体積が求められる。

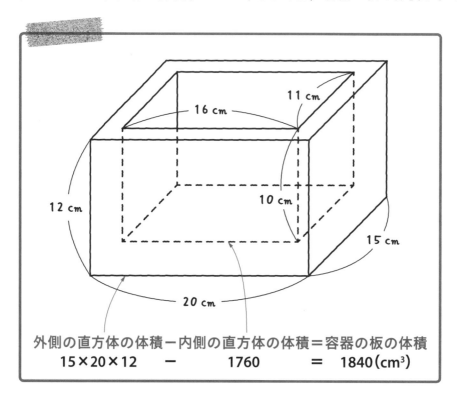

外側の直方体の体積－内側の直方体の体積＝容器の板の体積
15×20×12　　－　　1760　　＝　1840(cm³)

だから，この容器の板の体積は，

15×20×12－1760＝3600－1760＝1840(cm³) と求められるんだよ。

容積 1760 cm³，板の体積 1840 cm³ … 答え [例題]7-1

容積とは，「**容器いっぱいに入る水の体積**」で，体積とは，「**立体の大きさを表す量**」だ。[例題]7-1 の場合，この容器の容積とは，「容器いっぱいに入る水は何 cm³ か」ということで，この容器の体積とは，「容器の板の大きさは何 cm³ か」ということなんだよ。

 「容積と体積は，意味が大きくちがうのね。」

そうだね。[例題]7-1 のように，厚さがある容器で考えると，容積と体積のちがいがはっきりする。実際の入試問題では，容器の厚さを考えない問題のほうが多いんだけどね。ちなみに，[例題]7-2 以降では，容器の厚さは考えないよ。では，次の例題にいこう。

143 説明の動画は
こちらで見られます

[例題]7-2 つまずき度 😣😣😣😣😣

次の図のような，高さの等しい直方体の容器 A，B があり，A には 10 cm，B には 6 cm の深さまで水が入っています。

このとき，下の問いに答えなさい。

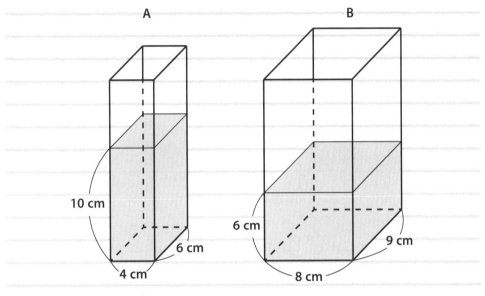

（1）A の水を B に移して水の深さを同じにするとき，水の深さは何 cm になりますか。

（2）（1）のとき，A から B に何 cm³ の水を移せばよいですか。

では，(1)からいこう。まず，A と B に入っている水の体積を，それぞれ求めてくれるかな？

「はい！　A には，$6×4×10＝240$（cm³），B には，$9×8×6＝432$（cm³）の水が入っています。」

そうだね。つまり，A と B には合わせて，$240＋432＝672$（cm³）の水が入っているということだ。この問題は，A の水を B に移して水の深さを同じにするとき，水の深さが何 cm になるかを求めるんだね。結局，(1)は，A と B の水の深さが同じになるのだから，**「A と B の容器を無理やりくっつけたときに，水の深さは何 cm になるか」** という問題と同じなんだ。

「A と B の容器を無理やりくっつけるって，どういうことですか？」

　つまり，次の図のように，A と B を合体させて 1 つの容器にしたときの，水の深さを求めればいいということだよ。

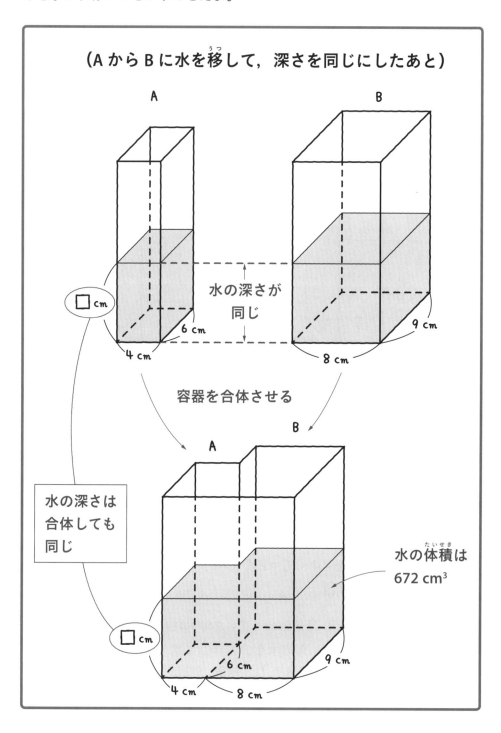

（A から B に水を移して，深さを同じにしたあと）

A

B

水の深さが
同じ

□cm

6 cm

4 cm

9 cm

8 cm

容器を合体させる

A

B

水の深さは
合体しても
同じ

水の体積は
672 cm³

□cm

6 cm

4 cm

8 cm

9 cm

AとBを合体させて1つの容器にすると，できた容器の底面積（AとBの底面積の和）は，
$6×4+9×8＝96（cm^2）$となる。

「柱体の体積＝底面積×高さ」で，「水の体積＝底面積×水の深さ」ともいえるから，柱体の容器では，
「水の深さ＝水の体積÷底面積」
という公式が成り立つ。

水の体積は合わせて 672 cm³ で，底面積は合わせて 96 cm² だから，水の深さは，$672÷96＝7（cm）$と求められるんだ。

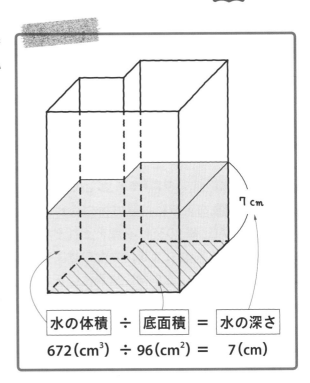

水の体積	÷	底面積	＝	水の深さ
672(cm³)	÷	96(cm²)	＝	7(cm)

7 cm … 答え ［例題］7-2 （1）

では，（2）にいこう。（1）のとき，AからBに何 cm³ の水を移せばいいかを求める問題だね。Aには，もともと深さ 10 cm の水が入っていたけど，水を移したあと，深さが 7 cm になった。

 「$10−7＝3(cm)$だから，深さ 3 cm 分の水を移したんですね。」

そういうことだね。深さ 3 cm 分の水を移したのだから，Aの深さ 3 cm 分の体積の水を容器Bに移したということだ。

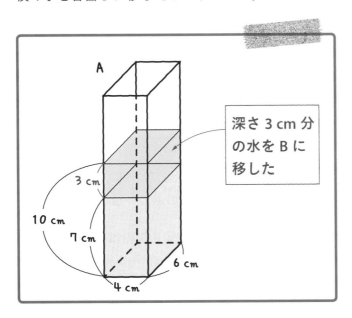

深さ 3 cm 分の水を B に移した

だから，6×4×3＝72（cm³）の水を移せばいいということがわかる。

72 cm³ … 答え 【例題】7-2 （2）

144 説明の動画は
こちらで見られます

【例題】7-3 **つまずき度** 😣😣😣😣😣

図1 のように，直方体の容器に，水が深さ 12 cm まで入っていて，水面と辺 AE，BF の交わる点をそれぞれ P，Q とします。そして，底面の 1 辺 FG をゆかにつけたまま，かたむけていきます。

このとき，次の問いに答えなさい。

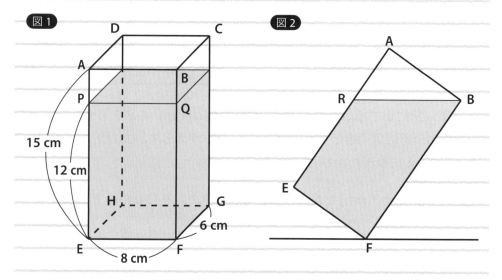

（1） **図2** のように，水がこぼれないようにかたむけたとき，水面と辺 AE が交わる点を R とします。このとき，ER の長さは何 cm ですか。

（2） （1）の状態から，辺 FG をゆかにつけたまま，容器の底面とゆかのつくる角度が 45 度になるように，さらにかたむけます。このとき，水は何 cm³ こぼれますか。

（1）からいこう。水がこぼれないようにかたむけたとき，ER の長さが何 cm かを求める問題だね。まず，**図1** のときと **図2** のときの水の体積は同じだ。

「どちらも水がこぼれてないから，水の体積は同じなのね。」

そういうことだね。 図1 のとき，水の入っている部分は，底面が長方形 PEFQ で，高さが FG（6 cm）の四角柱の形だと考えることができる。一方，図2 のとき，水の入っている部分は，底面が台形 REFB で，高さが FG（6 cm）の四角柱の形をしていることはわかるかな？

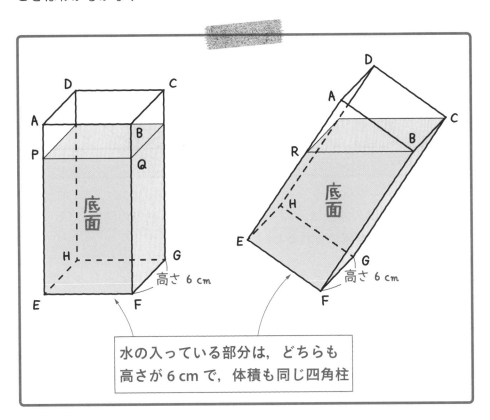

水の入っている部分は，どちらも
高さが 6 cm で，体積も同じ四角柱

 「はい，わかります。 図2 のときは，底面が台形の四角柱ですね。」

うん。つまり，図1 と 図2 の水の入っている部分は，どちらも高さが 6 cm の四角柱ということだ。「底面積＝柱体の体積÷高さ」の公式より，**水の体積が同じで，高さも等しいのだから，図1 と 図2 の水の入っている部分（四角柱）の底面積は等しい**ことがわかる。**長方形 PEFQ の面積と台形 REFB の面積が等しい**ということだね。

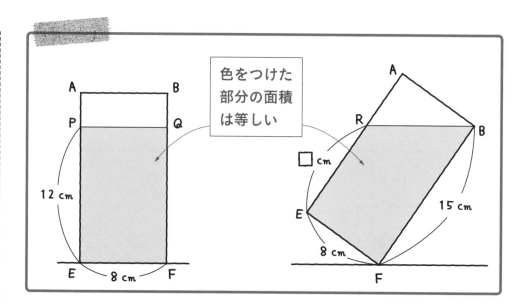

「長方形 PEFQ の面積は，12×8＝96(cm²)ね。台形の面積も 96 cm² だから，ER の長さを求められるわ。」

面積を求めてから ER の長さを求めることもできるんだけど，もっと簡単な方法を教えよう。**長方形 PEFQ は，上底と下底がどちらも 12 cm で，高さが 8 cm の台形と考えることができる。**一方，台形 REFB は，上底が ER，下底が 15 cm，高さが 8 cm だ。

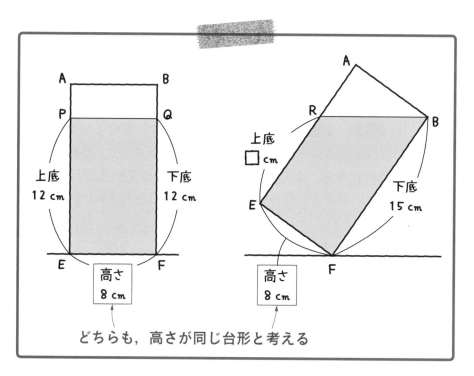

つまり，どちらも高さが 8 cm の台形と考えることができるよ。2 つの台形は，面積も高さも等しいのだから，上底と下底の和が等しいことがわかる。

「『台形の面積＝（上底＋下底）×高さ÷2』だから，面積と高さが等しければ，上底と下底の和が等しい，ということですか？」

ユウトくん，そういうことだよ。台形（長方形）PEFQ の上底と下底の和は，12×2＝24（cm）だ。台形 REFB の上底と下底の和も 24 cm だから，ER の長さは，24－15＝9（cm）と求められるよ。

9 cm … 答え ［例題］7-3 （1）

(1)は結局，12×2＝24，24－15＝9 という 2 つの式だけで求められるんだ。

「考え方さえ理解すれば，とても簡単な式で解くことができるのね。」

 145 説明の動画は
こちらで見られます

では，(2) にいこう。(1)の状態から，辺 FG をゆかにつけたまま，容器の底面とゆかのつくる角度が 45 度になるようにさらにかたむけると，水が何 cm³ こぼれるかを求める問題だね。

「こぼれた水の量なんて求められるのかなぁ？」

うん，順序よく考えていけば，求められるよ。容器の底面とゆかのつくる角度が 45 度になるようにかたむけたとき，容器の面 AEFB を正面から見た図は，右のようになる。説明のために，水面と辺 AE の交わる点を S として，ゆかの左右をそれぞれ T，U とするよ。

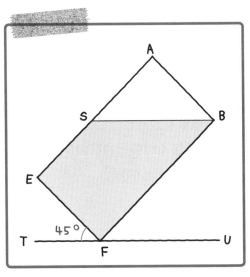

容器の底面とゆかのつくる角度が45度ということは，角EFTが45度ということだ。そうすると，角BFUも，180－(45＋90)＝45(度)になる。ここで，水面SBとゆかTUは平行で，平行線の錯角は等しいから，角SBFも45度とわかる。だから，角ABSも，90－45＝45(度)となり，角ASBも，180－(45＋90)＝45(度)になる。これより，**三角形ASBが直角二等辺三角形である**ことがわかるよ。

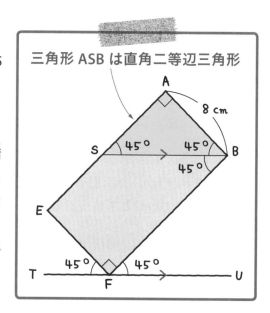

三角形ASBは直角二等辺三角形

だから，ASの長さはABの長さと同じく8cmなんだ。(1)のとき，ARの長さは，15－9＝6(cm)だったけど，(2)のとき，ASの長さは8cmなんだね。だから，こぼれた水の部分に色をつけると，右の図のようになる。図のRBは，水がこぼれる前，つまり，(1)のときの水面を表しているよ。

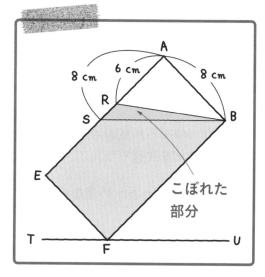

こぼれた部分

上の図の三角形SBRの部分の水がこぼれたと考えられるね。だから，この部分の体積を求めればいいんだ。この**こぼれた水の部分は，底面が三角形SBRで，高さがBC(6cm)の三角柱の形をしている。**三角形SBRは，底辺SRが，8－6＝2(cm)で，高さABが8cmだ。「柱体の体積＝底面積×高さ」だから，次のように求めることができる。

$$\underline{2} \times \underline{8} \div 2 \times 6 = 48(\text{cm}^3)$$

底辺SR　高さAB

底面積(三角形SBRの面積)　高さBC

48 cm³ … 答え [例題]7-3 (2)

146 説明の動画は
こちらで見られます

[例題]7-4 つまずき度 😵😵😵😵😵

次の図のように, 底面積が 60 cm² で, 高さが 12 cm の直方体の容器に, 深さ 4 cm まで水が入っています。

この中に, 底面積が 36 cm² で, 高さが 12 cm の直方体のおもりを底まで垂直に入れると, 水の深さは何 cm になりますか。

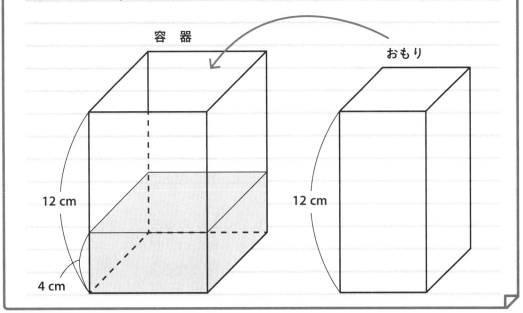

容器　　　　　　　　　　　　おもり

12 cm　　　　　　　　　　　12 cm

4 cm

底面積が 60 cm² の直方体の容器に, 深さ 4 cm まで水が入っているのだから, 水の体積は, 60×4＝240（cm³）と求められるね。**おもりを入れる前後で, 水の量は変わらない**ので, おもりを入れたあとも, 水の体積は 240 cm³ だ。

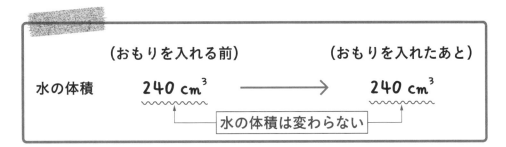

	（おもりを入れる前）	（おもりを入れたあと）
水の体積	240 cm³ ――――――→	240 cm³
	水の体積は変わらない	

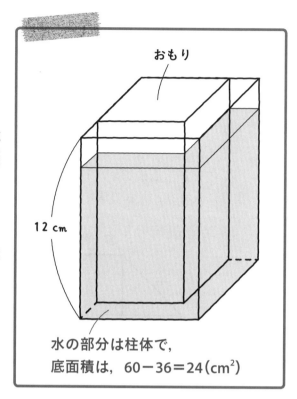

水の部分は柱体で，
底面積は，60－36＝24(cm²)

おもりを容器に入れると，水の部分は柱体になる。この水の部分の底面積は，容器の底面積 60 cm² から，おもりの底面積 36 cm² をひいた，60－36＝24(cm²)になる。だから，水の深さは，240÷24＝10(cm)と求めることができるんだ。

ここで1つ，確認しなければならないことがあるんだ。求めた答え 10 cm は，容器の深さ 12 cm より低いから，水はあふれない。だから，答えはこれでいい。でも，もし，求めた答えが 14 cm だったら，どうなる？

 「水が，容器からこぼれるわ。」

そうだね。水が容器からこぼれて，水の深さは容器の深さと同じ 12 cm となる。まぁ，水が容器からこぼれるような問題設定は，それほど多くはないけど，おさえておこう。

10 cm … 答え [例題]7-4

[例題]7-4 のように，水が入った容器に，おもりを出し入れする問題は，よく出題される。「(水がこぼれないとき)**おもりを入れる前後で，水の体積は変わらない**」ことを利用して解くことが多いから，おさえておこう。

147 説明の動画は
こちらで見られます

[例題]7-5 つまずき度 😵😵😵😵😵

　図1 のように，直方体の容器に水が入っています。この容器の底に， **図2**
の直方体のおもり1本をまっすぐ立てると，水の深さが 12 cm になりました。
　このとき，次の問いに答えなさい。

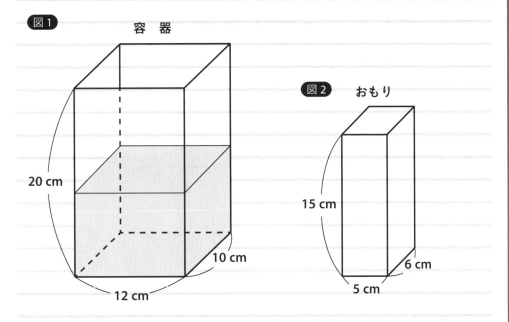

（1）　おもりを入れる前， **図1** の容器には，深さ何 cm まで水が入っていま
　　　したか。

（2）　容器の底におもり1本をまっすぐ立てたあと，このおもりを何 cm か
　　　まっすぐ引き上げたら，水の深さは 10 cm になりました。おもりを
　　　何 cm 引き上げましたか。

（3）　**図2** のおもり2本を， **図1** の容器の底にまっすぐ立てると，水の深
　　　さは何 cm になりますか。

　（1）からいこう。おもりを入れる前， **図1** の容器には，深さ何 cm まで水が入っ
ていたかを求める問題だね。 **図1** の容器の底に， **図2** のおもりをまっすぐ立てる
と，水の深さが 12 cm になったことから，まず，**水の体積を求めることができるん
だ**。水の体積がわかれば，水の体積を容器の底面積でわって，水の深さを求めるこ
とができる。

　「どうすれば，水の体積を求めることができるのかしら？」

図1 の容器の底に，図2 のおもりをまっすぐ立てると，水の部分は柱体になる。この柱体（水の部分）の底面積は，容器の底面積から，おもりの底面積をひけば求められる。だから，この柱体（水の部分）の底面積は，$10×12−6×5＝90 (cm^2)$ だ。そして，水の深さは 12 cm だから，水の体積は，$90×12＝1080 (cm^3)$ と求められるよ。

 「おもりを入れる前の水の体積も 1080 cm^3 ですね！」

その通り。**おもりを入れる前後で，水の体積は変わらない**から，おもりを入れる前の水の体積も 1080 cm^3 だ。図1 の容器の底面積は，$10×12＝120 (cm^2)$ で，水の体積を底面積でわれば，水の深さが求められるから，水の深さは，$1080÷120＝9 (cm)$ と求められる。

9 cm … 答え [例題]7-5 (1)

別解 [例題]7-5 (1)

[例題]7-5 (1) には別解があるから見ておこう。**面積図を使って解く方法**だ。まず，おもりを入れる前の 図1 の容器を正面から見た図をかこう。ただし，**横の長さは 12 cm ではなく，底面積である $10×12＝120 (cm^2)$ とするのがポイント**だ。水面も大体でいいのでかいておこう。

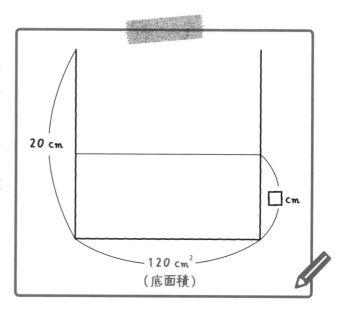

これで，おもりを入れる前のようすをかくことができた。次に，この図に，おもりを入れたあとの様子もかき入れよう。考えやすくするために，**おもりを容器のはしにくっつけてかくことがポイント**だよ。おもりの底面積は，$6×5＝30 (cm^2)$ だから，それも書き入れよう。また，おもりを入れると，水の深さが 12 cm になったのだから，おもりを入れたあとの水面もかこうね。

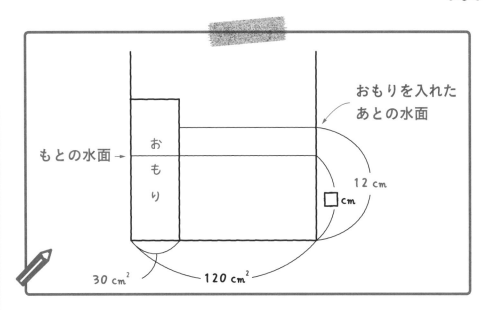

これで，面積図は完成だ。そして，次の図を見てみよう。おもりを入れることで，**もともとAの部分にあった水がおしのけられて，Bの部分に移動した**と考えることができるんだ。ちなみに，Bの部分の底面積は，120－30＝90（cm²）だから，それも書きこもうね。

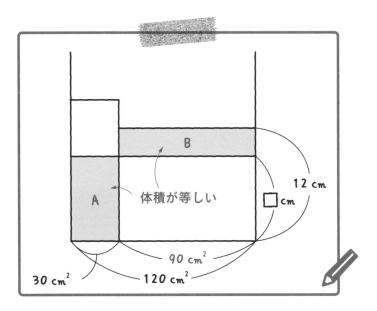

 「おもりが入ることで，水がAにいられなくなって，Bに移動したって考えればいいのかしら。」

そうだよ。だから，**A の部分と B の部分の体積は等しい**。つまり，面積図では，**A と B の長方形の面積が等しい**といえるんだ。A と B の長方形の横の長さの比は，30：90＝1：3 だ。**A と B の長方形の面積が等しいから，たての長さの比は，横の長さの比の逆比になる。**だから，A と B の長方形のたての長さの比は，3：1 だ。

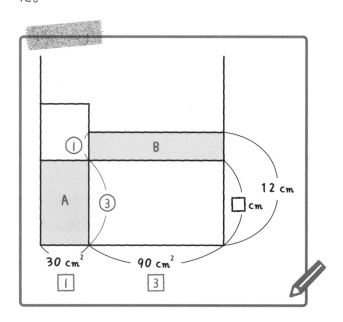

たての長さの比を③：① とすると，③＋①＝④ が 12 cm ということになる。だから，①＝12÷4＝3(cm)だ。おもりを入れる前の水の深さは③だから，3×3＝9(cm)と求めることができる。

9 cm … 答え ［例題］7-5 (1)

面積図をかいたり，逆比を考えたりと，少しややこしく感じたかもしれない。でも，**容器におもりを出し入れする問題では，この面積図をかくことで解ける問題が多いんだ。**

　「じゃあ，この解き方をマスターしていかないといけませんね！」

その通り。容器におもりを出し入れする問題を苦手にしている人は多いんだけど，面積図で考える方法をマスターすれば，このような問題を得意にしていけるんだ。ぜひ，身につけてほしい方法だよ。この方法では，**変化する前後の水面をどちらもかくこともポイント**だから，おさえておこう。

　「まだ慣れてないけど，がんばって身につけなくちゃ。」

148 説明の動画は
こちらで見られます

では，(2)にいこう。1本のおもりを容器の底に立てたあと，このおもりを何cmかまっすぐ引き上げると，水の深さは10cmになったんだね。このとき，おもりを何cm引き上げたかを求める問題だ。

 「(2)も面積図を使って解けるんですか？」

そうだよ。(2)のような問題では，面積図が力を発揮する。さっき，**「変化する前後の水面をどちらもかくことがポイント」**と言ったね。(2)では，おもりを容器の底に立てたときの水面と，おもりを引き上げたあとの水面をどちらもかくようにしよう。おもりを容器の底に立てたときの水の深さは何cmかな？

 「12cmと問題に書いてあるわ。」

そうだね。おもりを容器の底に立てたときの水の深さは12cmだ。そして，おもりを何cmか引き上げると，水の深さは10cmになった。この2つの水面もふくめて面積図をかくと，次のようになる。容器の底面積120cm²，おもりの底面積30cm²，その差の90cm²も，面積図に書きこもう。

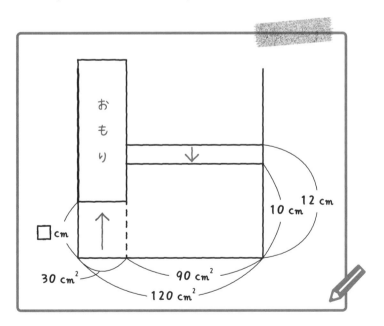

　　そして次に考えてほしいのは，「面積図のどの部分の体積とどの部分の体積が等しいか」ということなんだ。(1)の別解でもそうだったけど，**体積が等しい部分を見つけるのが，解くカギになる**んだよ。

　「うーん，どの部分の体積が等しいんだろう……。」

　　次の図を見てくれるかな？　水の深さが下がった部分 D の体積に注目するといいよ。**なぜ，水の深さが 12 cm から 10 cm に下がったか**を考えればいいんだ。おもりを容器の底に立てたとき，C の部分では，水がおもりにおしのけられていたね。でも，おもりを引き上げることで，C の部分に水が流れこみ，その分，D の部分の水の深さが下がったんだ。

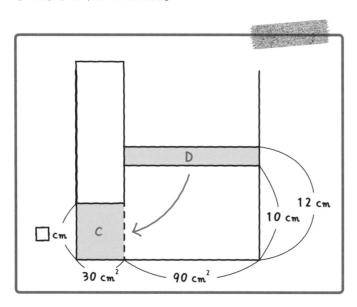

　「あっ！　ということは，C の部分と D の部分の体積が等しいんですね！」

　　その通り。もともとおもりにおしのけられていた C の部分に，D の部分の水が流れこんで，水の深さが下がったと考えられるから，C と D の体積は等しいんだ。D の体積は，$90 \times (12 - 10) = 180$（cm³）だ。だから，C の体積も 180 cm³ だね。C の底面積は 30 cm² だから，おもりを引き上げた長さ（図の□ cm）は，$180 \div 30 = 6$（cm）と求められる。

6 cm … 答え ［例題］7-5（2）

　　このように，面積図をかいて，「**面積図のどの部分の体積とどの部分の体積が等しいか**」を考えることで，解くきっかけがつかめるんだ。

149 説明の動画は
こちらで見られます

では，(3)にいこう。**図2**のおもり2本を，**図1**の容器の底にまっすぐ立てると，水の深さは何 cm になるかを求める問題だね。

 「(3)も面積図を使って求めるんですか？」

結論から言うと，(3)は面積図を使わずに解くこともできるんだけど，試しに面積図で表してみようか。容器の底面積は 120 cm²，おもりの底面積は 30 cm² だから，容器の底面積から，おもり2本の底面積をひくと，120−30×2＝60（cm²）になる。変化する前後の水面をどちらもかくのが基本だけど，今回は，おもり2本を入れたあとの水面だけをかこう。

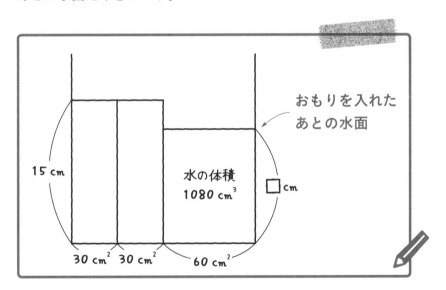

（1）で求めたように，水の体積は 1080 cm³ だ。おもり2本を入れても，水の体積は 1080 cm³ のまま変わらない。だから，水の体積 1080 cm³ を，60 cm² でわれば，水の深さが求められるはずだ。試しにわってみると，1080÷60＝18（cm）となる。

 「ということは，答えは 18 cm ということですか？」

答えは 18 cm ではないんだ。面積図では，おもりの高さ 15 cm より，水の深さが低くかかれているね。でも，水の深さが 18 cm ということは，おもりの高さ 15 cm より高いということになる。

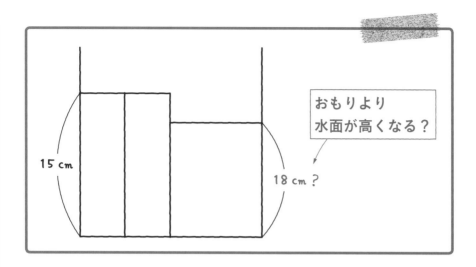

　水の深さがおもりの高さより高くなるということは，2 本のおもりは完全に水に<ruby>かんぜん</ruby>しずんでしまうということなんだ。ということは，さっきの面積図<ruby>めんせきず</ruby>では，水の深さは求められないんだよ。<ruby>もと</ruby>

　「じゃあ，どうやって水の深さを求めればいいんですか？」

　おもりが完全に水にしずむ場合は，しずんだおもり 2 本と同じ体積分の水が増え<ruby>ふ</ruby>たと考えればいいんだ。おもりが完全に水にしずむのだから，しずんだおもりを水に置きかえても同じだからだよ。<ruby>お</ruby>

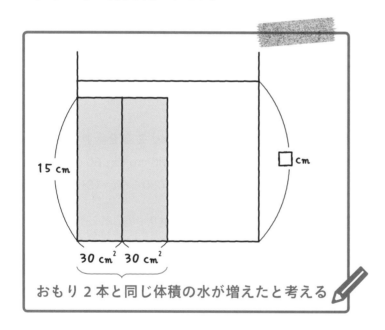

おもり2本の体積は，$30 \times 15 \times 2 = 900 \, (\text{cm}^3)$ だ。$900 \, \text{cm}^3$ 分の水が増えたと考えればいいのだから，水の体積は，$1080 + 900 = 1980 \, (\text{cm}^3)$ になったと考えられる。容器の底面積は $120 \, \text{cm}^2$ だから，体積を底面積でわって，水の深さは，$1980 \div 120 = 16.5 \, (\text{cm})$ と求められる。

16.5 cm … 答え ［例題］7-5 （3）

このように，**容器におもりを出し入れする問題では，おもりの一部が水面の上に出る場合と，おもりが水に完全にしずむ場合で解き方がちがう**ので，どちらのパターンか見きわめて，注意して解くようにしよう。

Check 80　つまずき度 😣😣😣😣😣　→解答は別冊 p.83 へ

右の図は，厚さ3cmの板でできている直方体の形をした容器です。

この容器の容積は何Lですか。また，この容器の板の体積は何 cm^3 ですか。

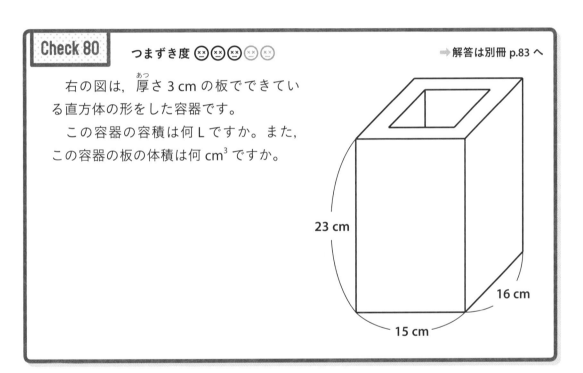

23 cm

16 cm

15 cm

Check 81　つまずき度 😕😕😕😕😕　　　➡解答は別冊 p.84 へ

　次の図のように，円柱の形をした 2 つの容器 A，B があります。底面の半径が 4 cm の A には 6 cm まで水が入っていて，底面の半径が 2 cm の B には 3 cm まで水が入っています。

　このとき，下の問いに答えなさい。ただし，円周率は 3.14 とします。

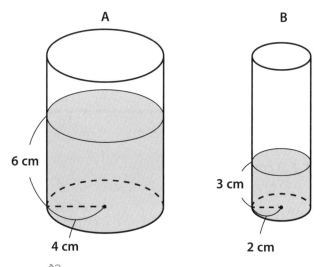

（1）　A の水を B に移して水の深さを同じにするとき，水の深さは何 cm になりますか。

（2）　(1)のとき，A から B に何 cm³ の水を移せばよいですか。

➡ 解答は別冊 p.84 へ

Check 82　つまずき度 😣😣😊😣😑

図1 のように，直方体の容器に，水が深さ 16 cm まで入っていて，水面と辺 AE，BF の交わる点をそれぞれ P，Q とします。そして，底面の 1 辺 FG をゆかにつけたまま，かたむけていきます。

このとき，下の問いに答えなさい。

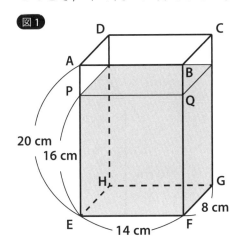

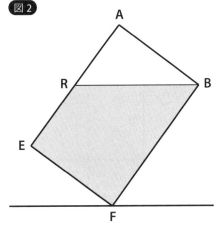

(1)　**図2** のように，水がこぼれないようにかたむけたとき，水面と辺 AE が交わる点を R とします。このとき，ER の長さは何 cm ですか。

(2)　(1)の状態から，辺 FG をゆかにつけたまま，容器の底面とゆかのつくる角度が 45 度になるように，さらにかたむけます。このとき，水は何 cm³ こぼれますか。

Check 83　つまずき度 😣😣😣😣😣　　　→解答は別冊 p.85 へ

　次の図のように，底面積が 70 cm² で，高さが 10 cm の直方体の容器に，深さ 5 cm まで水が入っています。

　この中に，底面積が 20 cm² で，高さが 10 cm の直方体のおもりを底まで垂直に入れると，水の深さは何 cm になりますか。

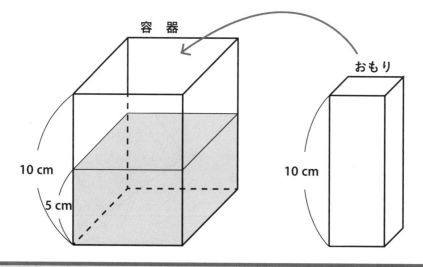

容　器

おもり

10 cm

5 cm

10 cm

Check 84　つまずき度 😣😣😣😣😣　　　　　　　➡解答は別冊 p.85 へ

　図1 のような，底面が正方形で，高さが 25 cm の直方体の容器に，深さ 12 cm まで水が入っています。この容器に，**図2** の直方体のおもりをまっすぐ立てると，水の深さが 15 cm になりました。

　このとき，下の問いに答えなさい。

図1　容　器

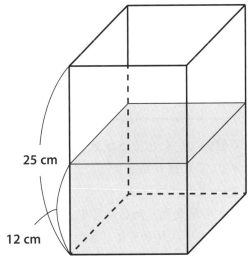

25 cm

12 cm

図2　おもり

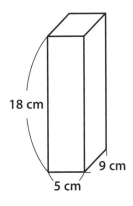

18 cm

5 cm

9 cm

(1)　**図1** の容器の底面の 1 辺の長さは何 cm ですか。

(2)　1 本のおもりを容器の底に立てたあと，このおもりを何 cm かまっすぐ引き上げると，水の深さは 14 cm になりました。おもりを何 cm 引き上げましたか。

(3)　**図2** のおもり 2 本を，**図1** の容器の底にまっすぐ立てると，水の深さは何 cm になりますか。

7 | 02　水の深さの変化とグラフ

グラフの読み取りを，確実にできるようになろう。

説明の動画は
こちらで見られます

水の深さの変化の問題は，グラフといっしょに出題されることが多い。早速，次の例題を解いてみよう。

[例題]7-6　つまずき度 😖😖😣😑😖

水を入れる A 管，B 管と，水を出す C 管のついた水そうがあります。はじめ，A 管だけを開いて水を入れ，しばらくして C 管も開きました。その後，A 管を閉じると同時に，B 管を開きました。次のグラフは，水そうに水を入れ始めてからの時間と，水そうにたまった水の量を表したものです。

A 管，B 管からは，それぞれ毎分何 L の水が入りますか。また，C 管からは，毎分何 L の水が出ますか。

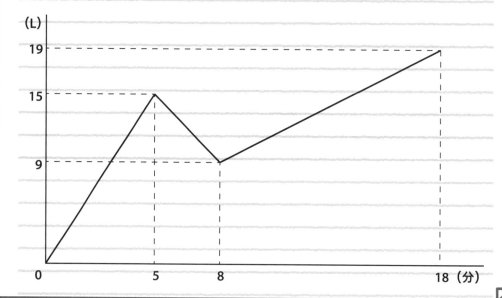

この問題では，**グラフを正しく読み取ることが大切**だよ。このようなグラフを読み取るときに大事なポイントは，グラフのかたむきが変わっている点に注目することなんだ。この例題では，次の2か所で，グラフのかたむきが変わっている。

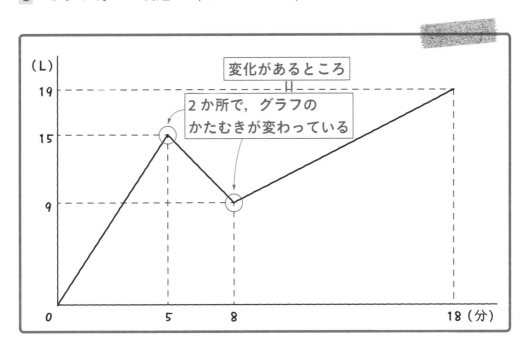

「**グラフのかたむきが変わっている点で，変化がある**」ことをおさえよう。

「変化がある？」

うん。この例題を読むと，次のように，2回の変化がある。

　　A管だけを開く
　　　↓　変化（1回目）
　　C管も開く（＝A管とC管だけが開いている）
　　　↓　変化（2回目）
　　A管を閉じると同時に，B管を開く（＝B管とC管だけが開いている）

この2回の変化が，グラフの2か所のかたむきが変わっている点に対応しているんだ。2回目の変化の「A管を閉じると同時に，B管を開く」というのは，言いかえると，「B管とC管だけが開いている」ということだ。この様子をグラフに書きこむと，次のようになるよ。

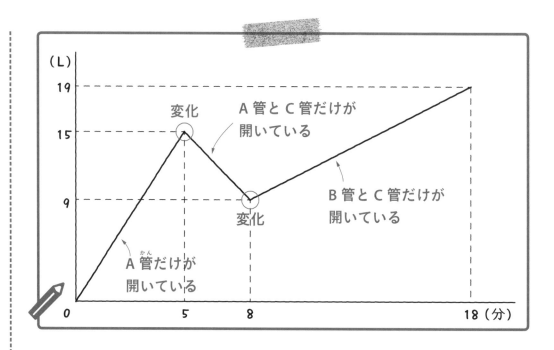

これを表にまとめると，次のようになる。

水を入れ始めてからの時間	開いている管
5分後まで	A管だけ
5分後から8分後まで	A管とC管だけ
8分後から18分後まで	B管とC管だけ

　グラフをこのように読み取ることができれば，問題は解きやすくなる。まず，水を入れ始めてからの5分間は，A管だけで15L入れているね。ということは，A管からは，毎分何Lの水が入るのかな？

 「A管は，5分間で15Lの水を入れるのだから，1分間では，15÷5＝3(L)の水を入れます！」

　そうだね。A管からは，毎分3Lの水が入る。次に，水を入れ始めて5分後から8分後までに注目しよう。この時間はA管とC管だけを開いているんだね。グラフを見ると，8－5＝3(分間)で，15－9＝6(L)減っている。6÷3＝2だから，毎分2Lずつ水が減っているということだね。

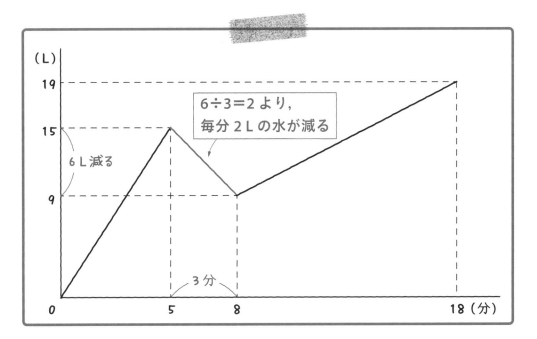

「あれ，A管で毎分3Lの勢いで水を入れているのに，減っているのね。」

「A管で水を入れているけど，C管の水を出す勢いのほうが強いから，減っているんじゃないかな？」

　ユウトくん，よく気づいたね。水を入れ始めて5分後から8分後では，全体としては，水が減っている。これは，**A管の水を入れる量より，C管の水を出す量のほうが多い**からなんだ。A管で，毎分3Lずつ水を入れているのに，全体として毎分2Lずつ水が減っているということは，3＋2＝5より，C管が毎分5Lの水を出しているということだよ。

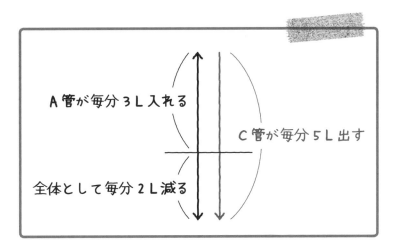

　次に，水を入れ始めて8分後から18分後までに注目しよう。この時間はB管とC管だけを開いているんだね。グラフを見ると，18－8＝10(分間)で，19－9＝10(L)増えている。10÷10＝1より，毎分1Lずつ水が増えているということだね。

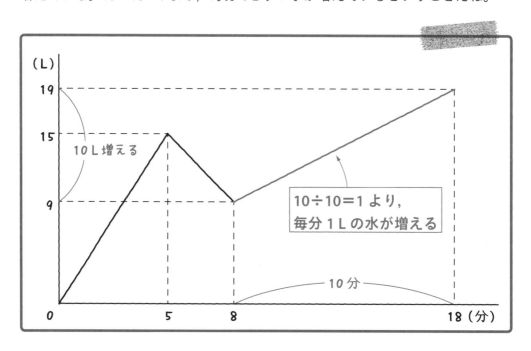

　C管で，毎分5Lの水を出しているのに，全体として毎分1Lずつ水が増えているということは，5＋1＝6より，B管が毎分6Lの水を入れているということだ。

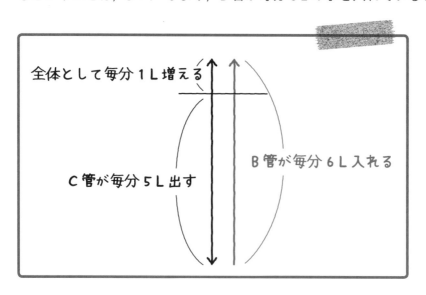

　これで，答えがすべて求められたね。

A管…毎分3L，B管…毎分6L，C管…毎分5L … 答え ［例題］7-6

[例題]7-6 のように，グラフを読み取る問題では，**グラフのかたむきが変わっている点で変化が起こっていることに注目し，正しくグラフを読み取ることが必要**だよ。では，次の例題にいこう。

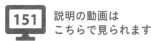

説明の動画は
こちらで見られます

[例題]7-7　つまずき度 😣😣😣😣😣

　図1 のような水そうに，一定の割合で水を入れました。**図2** のグラフは，水を入れ始めてからの時間と水の深さの関係を表したものです。

　このとき，下の問いに答えなさい。

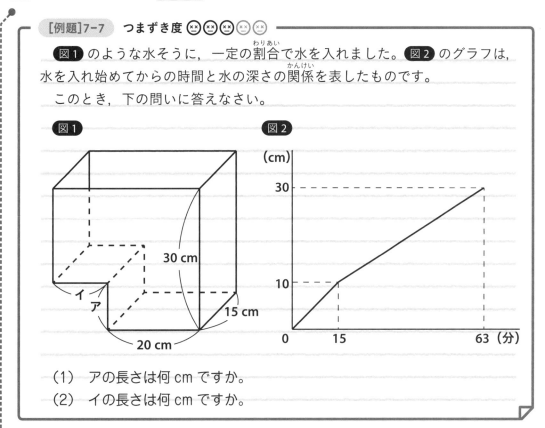

（1）　アの長さは何 cm ですか。
（2）　イの長さは何 cm ですか。

　「一定の割合で水を入れる」とは，この問題では，「毎分同じ量の水を入れる」ということだよ。では，(1)からいこう。アの長さを求める問題だね。この例題でも，**「グラフのかたむきが変わっている点で，変化がある」**ことをもとに考えていこう。**図2** のグラフでは，次の部分でグラフのかたむきが変わっている。

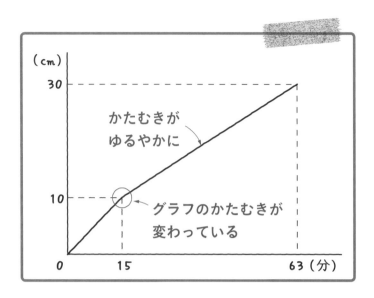

　入れ始めてから 15 分後をさかいにして，グラフのかたむきがゆるやかになっているね。なぜ，グラフのかたむきがゆるやかになるかというと，**入れ始めてから15 分後に，水が入る部分の底面積が大きくなるから**なんだ。

「水が入る部分の底面積が大きくなるって，どういうことかしら？」

　水を入れ始めるとき，次の部分が底面になる。

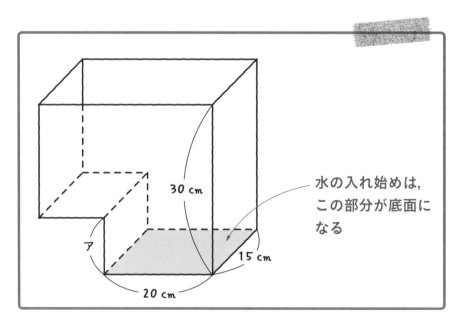

　そして，下の部分に水を入れ終わって上の部分に水を入れるとき，次の部分が底面になるんだ。水を入れる部分の底面積が大きくなるよ。

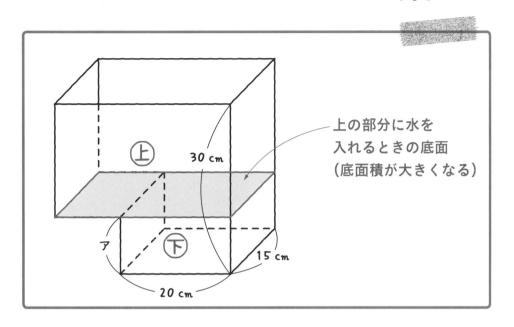

上の部分に水を
入れるときの底面
（底面積が大きくなる）

　つまり，水を入れ始めてから15分後に，水を入れる部分の底面積が大きくなるから，グラフのかたむき（水の深さの上昇のぐあい）がゆるやかになるんだ。そして，**図2** のグラフから，水を入れ始めて15分後の水の深さは10cmであることが読み取れる。だから，この10cmが，**図1** のアの長さになるんだ。水の深さが10cmになったときをさかいに，底面積が大きくなるということだよ。

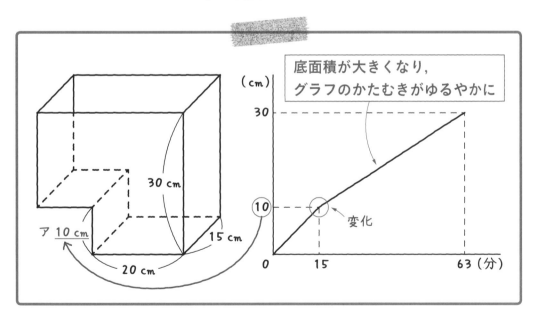

底面積が大きくなり，
グラフのかたむきがゆるやかに

10cm … 答え　[例題]7-7（1）

152 説明の動画は
こちらで見られます

（2）にいこう。イの長さを求める問題だね。ところで， 図1 の水そうは，次の図のように，上の直方体の部分と下の直方体の部分に分けられる。

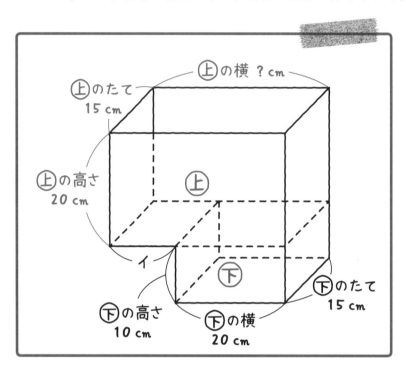

上の直方体のたての長さは 15 cm で，高さは，30－10＝20（cm）だね。ただ，横の長さはわかっていない。横の長さがわかれば，イの長さを求めることができる。上の直方体は，たての長さと高さがどちらもわかっているので，上の直方体の体積がわかれば，横の長さを求められるよ。

 「上の直方体の体積を求めることを考えればいいんですね。」

そうだよ。そして，上の直方体の体積を求めるために，**「毎分何 cm³ の水を入れているか」を，まず求めよう。** それがわかれば，上の直方体に水を満たす時間をもとにして，上の直方体の体積が求められるからね。

 「毎分何 cm³ の水を入れているか，どうやって求めればいいのかしら？」

それを求めるために，下の直方体に注目しよう。下の直方体は，たて，横，高さがどれもわかっているから，体積が求められる。また，下の直方体に水を入れるのにかかった時間は，**図2**のグラフより15分間だから，毎分何cm³の水を入れているかは，次のように求められるんだ。

$$\underset{\text{下の直方体の体積}}{\underline{15\times20\times10}} \div \underset{\text{入れるのにかかった時間}}{\underline{15}} = \underset{\text{1分間に入る水の量}}{200\,(\text{cm}^3)}$$

これより，毎分200cm³の水を入れていることがわかったね。次に，上の直方体の体積を求めよう。上の直方体は，何分間で水を満たしたかな？

 「**図2**のグラフを見ればいいんですね。上の直方体に水を入れたのは，水を入れ始めて15分後から63分後だから……，63−15＝48(分間)ですね！」

その通り。48分間で，上の直方体に水を満たしたんだ。毎分200cm³の水を入れていて，満たすのに48分間かかったのだから，上の直方体の体積は，200×48＝9600(cm³)と求められる。上の直方体のたての長さは15cmで，高さは20cmだから，上の直方体の横の長さは，9600÷(15×20)＝32(cm)だ。これより，イの長さは，32−20＝12(cm)と求められるよ。

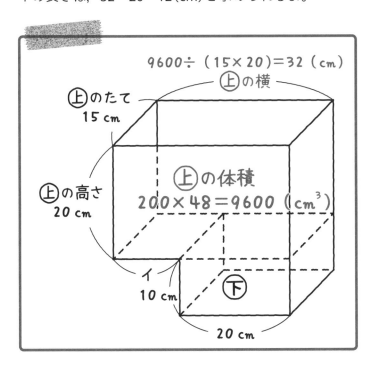

12 cm … **答え** [例題]7-7 (2)

（2）で，答えを求(もと)めるために，上の直方体の横の長さ，さらには体積(たいせき)を求める必要があったね。また，上の直方体の体積を求めるために，1 分間に入る水の量(りょう)を求める必要もあった。

このように，**答えから逆(ぎゃく)に考えていけば，まず，何を求めればいいかがわかる**よ。「答えから逆に考える」ことは，算数では，とっても大事な考え方なんだ。

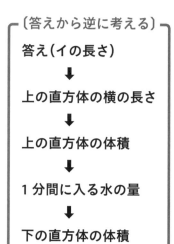

〔答えから逆に考える〕

答え（イの長さ）
↓
上の直方体の横の長さ
↓
上の直方体の体積
↓
1 分間に入る水の量
↓
下の直方体の体積

153 説明の動画は
こちらで見られます

[例題]7-8 つまずき度 😵😵😵😵😵

図1 のような水そうに，一定の割合(わりあい)で水を入れました。**図2** のグラフは，水を入れ始めてからの時間と水の深さの関係(かんけい)を表したものです。

このとき，下の問いに答えなさい。

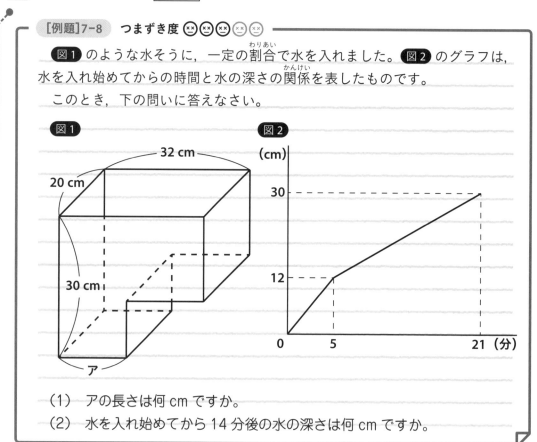

図1

図2

32 cm

20 cm

30 cm

ア

（cm）

30

12

0　　5　　　　　21（分）

（1） アの長さは何 cm ですか。

（2） 水を入れ始めてから 14 分後の水の深さは何 cm ですか。

(1)からいくよ。**図1** の水そうは，次のように，上の直方体の部分と下の直方体の部分に分けられる。**図2** のグラフより，下の直方体の高さは 12 cm で，上の直方体の高さは，30−12＝18（cm）だ。

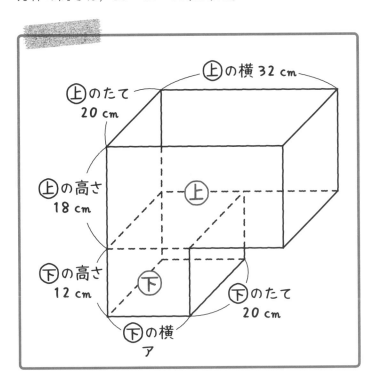

アの長さを求めるためには，下の直方体の体積を知る必要がある。それを知るために，「毎分何 cm³ の水を入れているか」を求めたいから，まず，上の直方体に注目しよう。上の直方体は，たて，横，高さがすべてわかっているので，体積が求められる。ハルカさん，上の直方体の体積はどういう式で求められるかな？

 「上の直方体は，たて 20 cm，横 32 cm，高さ 18 cm だから，体積は，20×32×18 で求められるわ。」

そうだね。上の直方体の体積は，20×32×18 で求められるね。**図2** のグラフより，上の直方体だけを水で満たすのにかかった時間は，21−5＝16（分）だ。だから，1 分間に入る水の量は，体積を時間でわって，20×32×18÷16＝720（cm³）と求められる。次に，下の直方体を水で満たすのに，何分かかったかな？

 「**図2** のグラフを見ればいいんですね。下の直方体を水で満たすのにかかった時間は，5 分です。」

そうだね。下の直方体を水で満たすのに，毎分 720 cm³ で 5 分間，水を入れたのだから，下の直方体の体積は，720×5 で求められるよ。下の直方体は，たて 20 cm，高さ 12 cm だから，横の長さ，つまり，アの長さは，
720×5÷(20×12)＝15(cm) と求められる。

15 cm … 答え　[例題]7-8 （1）

では，(2)にいこう。水を入れ始めてから 14 分後の水の深さを求める問題だ。下の直方体を水で満たすのに 5 分かかるから，上の直方体に水を入れ始めてから，14－5＝9（分後）の水の深さを求めればいい。9 分間で入る水の体積を求める式を言ってくれるかな？

「毎分 720 cm³ で 9 分間，水を入れるから，9 分間で入る水の体積は，720×9 で求められるわ。」

そうだね。上の直方体の部分に，720×9 (cm³) の水が入るということだ。上の直方体は，たて 20 cm，横 32 cm だから，水の深さは次のように求められる。

$$\underbrace{\underset{\text{9 分間に入る水の体積}}{720\times9}\div\underbrace{(\underset{\text{たて}}{20}\times\underset{\text{横}}{32})}_{\text{上の直方体だけに入る水の深さ}}}+\underset{\text{下の直方体の高さ}}{12}$$

$$=\frac{720\times9}{20\times32}+12=\frac{81}{8}+12=10\frac{1}{8}+12=22\frac{1}{8}\,(cm)$$

$22\frac{1}{8}$ cm （22.125 cm） … 答え　[例題]7-8 （2）

別解　[例題]7-8 （2）

(2)には，別解があるよ。**図2 のグラフだけを使って解く方法**だ。水を入れ始めてから 14 分後の水の深さを求めるのだから，**図2** のグラフでいうと，次の□の長さを求めればいいということだよ。

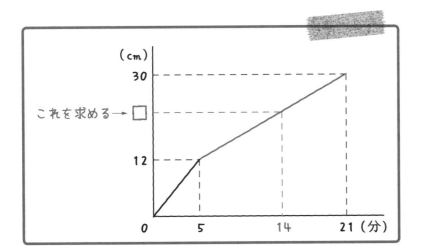

上のグラフの赤い実線の部分では，21－5＝16（分間）で，水の深さが，30－12＝18（cm）増えているのがわかる。

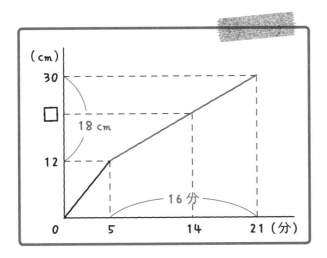

つまり，1分間では，水の深さが，18÷16＝$\frac{9}{8}$（cm）増えるということだ。上の直方体の部分に水を入れ始めてから，14－5＝9（分後）の水の深さを求めればいいのだから，次のように求められる。

$$\underset{\substack{1\,分間に増す水の深さ}}{\frac{9}{8}} \times \underset{9\,分間}{9} + \underset{下の直方体の高さ}{12} = \frac{81}{8}+12 = 10\frac{1}{8}+12 = 22\frac{1}{8}\,(\text{cm})$$

上の直方体だけに入る水の深さ

$22\frac{1}{8}$ cm （22.125 cm）… 答え ［例題］7-8 （2）

　このように，(2)は，体積などを求めなくても，グラフだけからでも解くことができる。けっこう使える方法なので，どちらの解き方でも解けるように練習しよう。

説明の動画は
こちらで見られます

[例題]7-9　つまずき度 😵😵😵😣😐

　図1 のような，しきりのついた水そうがあります。この水そうのAの側に，一定の割合で水を入れました。図2 のグラフは，水を入れ始めてからの時間と，Aの部分の水の深さの関係を表したものです。

　このとき，下の問いに答えなさい。

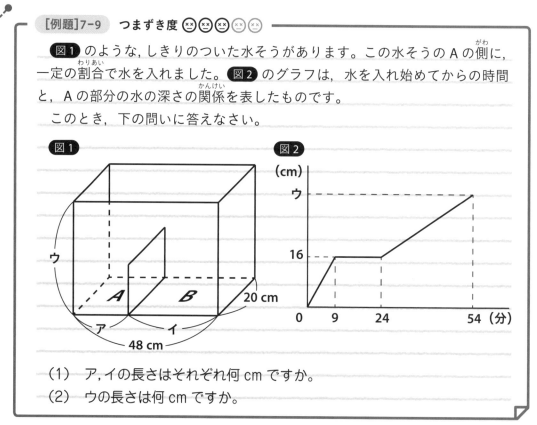

（1）　ア，イの長さはそれぞれ何 cm ですか。

（2）　ウの長さは何 cm ですか。

　(1)からいこう。この例題のように，しきりのある水そうの問題を解くとき，**比を使って解くと，計算がラクになり，速く解ける場合が多い。**この例題では，比を使わずに解くこともできるけど，比を使ったほうがスムーズに解けるので，その解き方を教えるね。

「比を使う解き方って，どんな方法だろう？」

　それはあとで説明するね。まず，図1 のしきりのある水そうを正面から見た図（図3 ）をかき，次のように，P，Q，Rの3つの部屋に分けて考えよう。

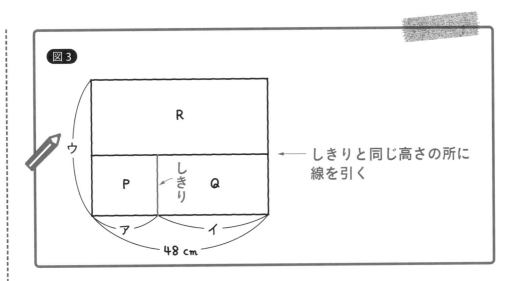

次に, 図2 のグラフを見てほしい。水を入れ始めてから9分後までは, グラフが右上がりになっている。つまり, 図1 のAの部分の水が深くなっていっているんだね。ところが, 9分後から24分後までは, 水の深さが16cmのままになっている。

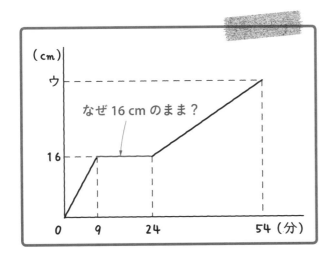

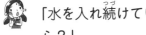「水を入れ続けているのに, どうして, 水の深さが16cmのままなのかしら?」

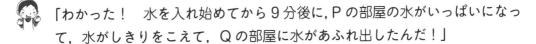「わかった! 水を入れ始めてから9分後に, Pの部屋の水がいっぱいになって, 水がしきりをこえて, Qの部屋に水があふれ出したんだ!」

　ユウトくん，その通りだよ。まず，Pの部屋に水を入れ始めてから，Aの部分の水は深くなっていく。そして9分後に，図3のPの部屋の水がいっぱいになり，水がQの部屋にあふれ出すんだ。**Pの部屋からQの部屋に水があふれ出している間は，Aの部分の水の深さは16cmのまま**なんだよ。だから，**しきりの高さが16cm**であることもわかるね。

〔9分後から24分後までの図〕

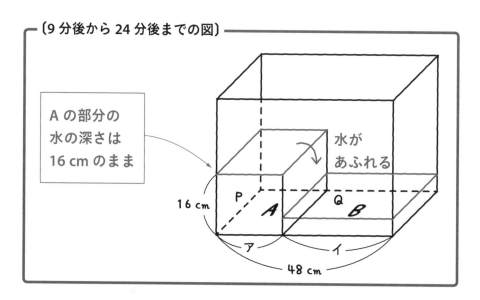

　9分後から24分後まで，Qの部屋に水があふれる。そして，24分後にQの部屋がいっぱいになり，24分後からRの部屋に水が入り始めるんだ。図2のグラフを見ると，24分後から，またグラフが右上がりになっているね。Rの部屋の底面は，AとBを合わせた部分だから，**Rの部屋に水が入ると，Aの部分の水も深くなっていく**んだよ。

〔24分後以降の図〕

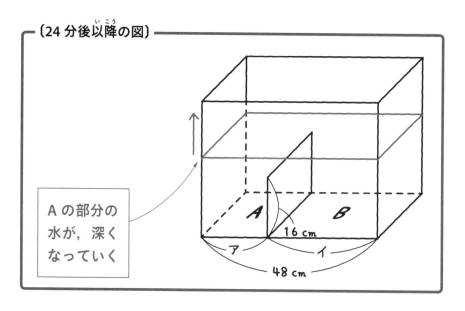

さらに，**図2** のグラフを見ると，水を入れ始めてから 54 分後に，水の深さが，この水そうの深さ「ウ」になっているね。これはつまり，54 分後に，水そうが水でいっぱいになったことを表しているよ。水を入れ始めてからの流れを整理すると，次のようになる。

水を入れ始めてからの時間	水が入る部屋
9 分後まで	P の部屋
9 分後から 24 分後まで	Q の部屋
24 分後から 54 分後まで	R の部屋（54 分後に水そうが水でいっぱいになる）

さて，これでグラフを読み取ることができた。では，比で解く方法を教えていくよ。P の部屋には 9 分間で，Q の部屋には，24－9＝15（分間）で水を入れたんだね。つまり，P の部屋と Q の部屋に水を入れた時間の比は，9：15＝3：5 だ。**結果からいうと，(1)で求めたいアとイの長さの比も 3：5 になる**んだよ。

「えっ！　どうして，ア：イ＝3：5 になるのかしら？」

P の部屋と Q の部屋に水を入れた時間の比は，3：5 だね。一定の割合で水を入れるのだから，**水を入れる時間と水の体積は比例**する。だから，P の部屋と Q の部屋の体積比も，3：5 なんだ。

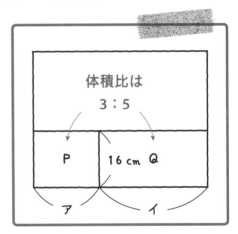

Pの部屋とQの部屋は，どちらも直方体の形をしている。そして，P，Qの直方体はどちらも，たての長さが20cmで，高さが16cmだ。たての長さと高さが同じなのだから，P，Qの直方体の横の長さの比ア：イは，体積比3：5と同じになるんだよ。だから，ア：イ＝3：5とわかるんだ。

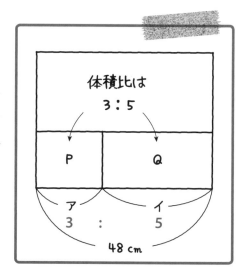

ア：イ＝3：5で，アとイの長さの和が48cmだから，アの長さは，

$48 \times \dfrac{3}{3+5} = 18$(cm)と求められる。イの長さは，48－18＝30(cm)だ。

<u>ア…18 cm，イ…30 cm</u> … 答え [例題]7-9 (1)

結局，アの長さを求めるために必要だったのは，次の2つの式だけだよ。

$$9 : 15 = 3 : 5$$
$$48 \times \dfrac{3}{3+5} = 18 \, (cm)$$

これを，比を使わずに体積などを求めながら解こうとすると，けっこうややこしい計算になって時間がかかるし，そのぶんミスもしやすくなる。

 「比で解く方法を練習しようっと！」

うん。比で解く方法の考え方は，少し難しく感じたかもしれないけど，マスターすれば，ラクな計算で，速く解くことができるよ。

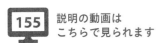

155 説明の動画は
こちらで見られます

では, (2)にいこう。ウの長さを求め
ればいいんだね。(2)も, 比を使って
解いていくよ。図1 を正面からみた
図を, もう一度見てみよう。

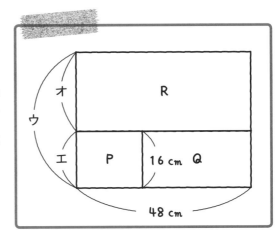

説明のために, エとオを新たにつけ加えたよ。エの長さは 16 cm だね。エとオ
の長さの比を求めて, オの長さを知ることができれば, ウの長さもわかる。だから,
エとオの長さの比を求めることを考えよう。(1)では, 2 つの直方体 P, Q に注目
して解いたけど, (2)でも, エ:オの比を求めるために, 2 つの直方体に注目しよう。

「2 つの直方体?　どの直方体とどの直方体に注目すればいいのかしら?」

エとオをそれぞれ高さにもつ直方体を比べればいいんだ。 つまり, P と Q の部屋
を合わせた直方体と, R の部屋の直方体を比べればいい。

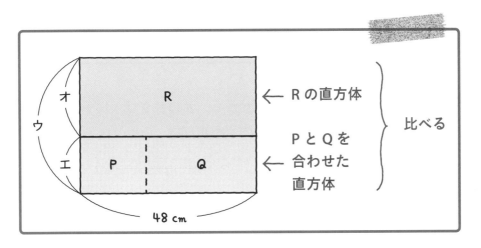

図2 のグラフから, P と Q を合わせた部屋には 24 分間, R の部屋には,
54－24＝30(分間) 水を入れたことがわかる。つまり, P と Q を合わせた部屋と R
の部屋に水を入れた時間の比は, 24:30＝4:5 だ。**水を入れる時間と水の体積は
比例する**から, P と Q を合わせた部屋と R の部屋の体積比も, 4:5 だよ。

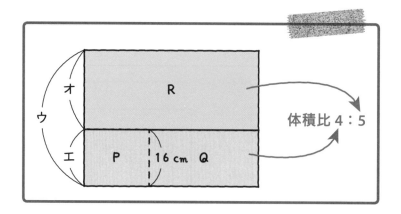

　PとQを合わせた部屋とRの部屋は，どちらも直方体の形をしている。そして，PとQを合わせた直方体とRの直方体はどちらも，たての長さが20 cmで，横の長さが48 cmだ。たてと横の長さが同じなのだから，PとQを合わせた直方体とRの直方体の高さの比エ：オは，体積比4：5と同じになるんだよ。エ：オ＝4：5ということだね。

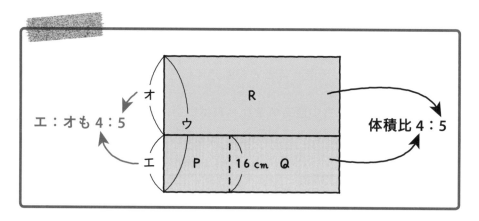

　エの長さは16 cmで，エ：オ＝4：5だから，オの長さは，16÷4×5＝20（cm）とわかる。だから，ウの長さは，16＋20＝36（cm）だ。

36 cm … 答え [例題]7-9 （2）

　(2)も，比を使わずに解くことはできるけど，比を使ったほうが，すばやく確実に解くことができる。比を使って解くことをおすすめするよ。

　水を入れる A 管, B 管と, 水を出す C 管のついた水そうがあります。はじめ, A 管と B 管だけを開いて水を入れ, しばらくして C 管も開きました。その後, A 管だけを閉じました。次のグラフは, 水そうに水を入れ始めてからの時間と, 水そうにたまった水の量を表したものです。

　A 管, B 管からは, それぞれ毎分何 L の水が入りますか。また, C 管からは, 毎分何 L の水が出ますか。

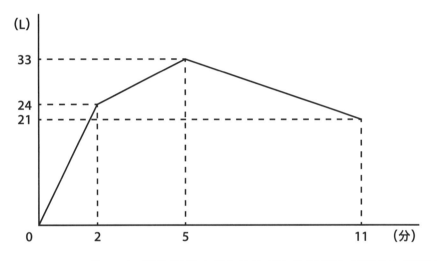

Check 86 つまずき度 😵😵😵😑😑   ➡解答は別冊 p.87 へ

図1 のような水そうに，一定の割合で水を入れました。図2 のグラフは，水を入れ始めてからの時間と水の深さの関係を表したものです。

このとき，下の問いに答えなさい。

図1

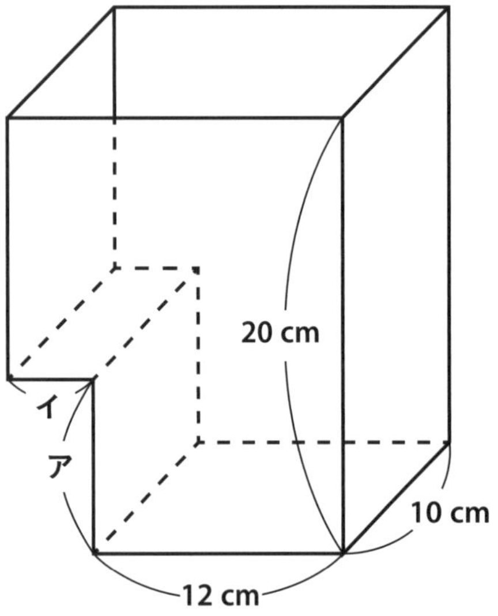

20 cm

10 cm

12 cm

イ

ア

図2

(cm)

20

8

0   6   18 (分)

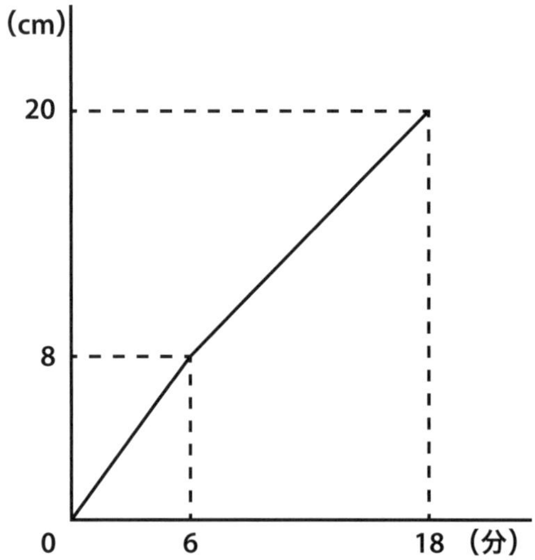

(1) アの長さは何 cm ですか。

(2) イの長さは何 cm ですか。

➡解答は別冊 p.87 へ

Check 87　つまずき度 😫😫😫😣😣

図1 のような水そうに，一定の割合で水を入れました。図2 のグラフは，水を入れ始めてからの時間と水の深さの関係を表したものです。

このとき，下の問いに答えなさい。

図1

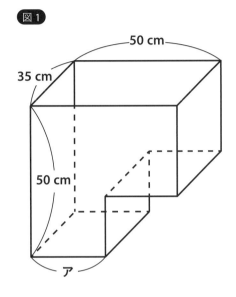

図2

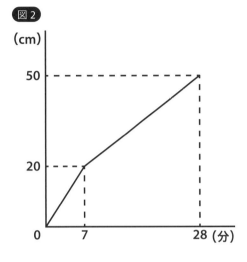

（1）　アの長さは何 cm ですか。

（2）　水を入れ始めてから 12 分後の水の深さは何 cm ですか。

Check 88 つまずき度 😫😫😫😐😐 ➡解答は別冊 p.88 へ

図1 のような，しきりのついた水そうがあります。この水そうの A の側(がわ)に，一定の割合(わりあい)で水を入れました。図2 のグラフは，水を入れ始めてからの時間と，A の部分の水の深さの関係(かんけい)を表したものです。

このとき，下の問いに答えなさい。

図1

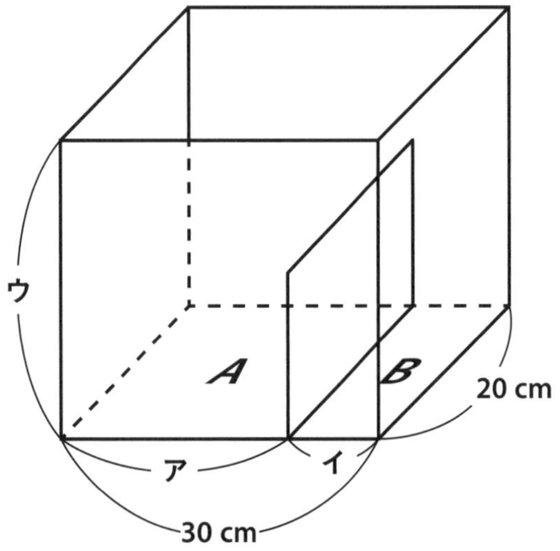

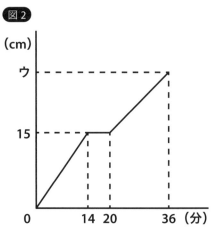

図2

（1） ア，イの長さはそれぞれ何 cm ですか。

（2） ウの長さは何 cm ですか。

直線のグラフの数値を求める方法

　[例題]7-8 (2)の 別解 で教えたように，直線のグラフの数値を求める方法は大事だから，新しい問題を使って，もう一度復習しておこう。理科のグラフの問題でも，この方法が使えることがあるから，ぜひマスターしておきたい方法だよ。

　問題 ある直方体の容器に，はじめ，水が 3 cm の深さまで入っていました。次のグラフは，この容器に，さらに一定の割合で水を入れたときの，水を入れ始めてからの時間と水の深さの関係を表しています。ただし，水を入れ始めてから 14 分後からは，一定の割合で水を容器の外に出していきます。

　このとき，グラフの（ア）と（イ）にあてはまる数を，それぞれ求めなさい。

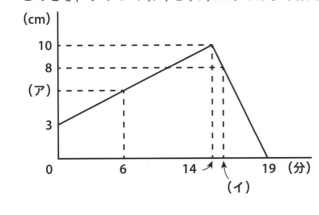

　では，（ア）から求めよう。次のグラフで，赤い実線の部分では，14 分間で，水の深さが，10−3＝7(cm)上がっている。

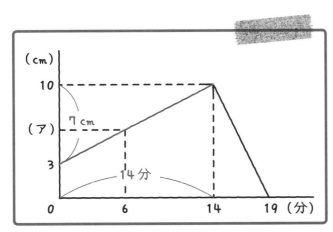

「1 分間で，水の深さは，7÷14＝0.5(cm)上がるんですね。」

　その通り。6 分後の水の深さを求めればいいのだから，(ア)は，0.5×6＋3＝6(cm)と求められる。

　次に，(イ)を求めよう。次のグラフで，赤い実線の部分では，19－14＝5(分間)で，水の深さは 10 cm 下がっている。

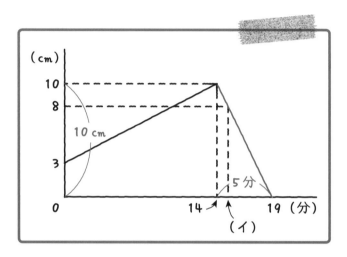

「1 分間で，水の深さは，10÷5＝2(cm)下がるのね。」

　その通り。1 分間で水の深さが 2 cm 下がるのだから，水の深さが，10－8＝2(cm)下がったのは，水を入れ始めて 14 分後から，さらに 1 分後とわかる。だから，(イ)は，14＋1＝15(分後)と求められる。

(ア)6, (イ)15 … 答え

　このように，直線のグラフから，グラフの数値を求める方法に慣れておくと，算数や理科のグラフの問題で，ラクに解けることがあるよ。

「スムーズに解けるように練習しようっと！」

「私も練習するわ。」

これで，中学入試の「図形編」の授業はおしまいだよ。授業をしっかり聞いてくれてありがとう！

「これで，本当におしまいなんですね!?」

　うん，「計算・文章題」と，この「図形編」で完結だ。全2冊でかなりのボリュームだったけど，2人とも本当によくがんばったね。

「わぁーい！　やったぁー！　算数に自信がついてきたわ。」

「ぼくも，苦手だった算数が好きになってきました！」

　とてもいいことだね。ただ，最後に2人に聞いてほしいことがあるんだ。

「はい。何でしょう??」

　それは，「本当の理解」を目指してほしいということだよ。

「ほんとうのりかい？」

　うん。人って，1回習っただけでは，なかなか理解できないものなんだ。「わかったつもり」になっていて，いざテストで出ると，まちがってしまうこともある。

「私も同じ経験があるわ。」

　そうだよね。だから，とくに苦手な単元は，わからなくなったら何度も読み返してほしい。そうすれば「本当の理解」に，どんどん近づいてくるよ。

「はい！」

　入試算数のそれぞれの単元について，「本当の理解」を深めていこう。そうすれば，わかることが増えていって，成績が上がる。そしてそれは，君たちの第一志望校合格に近づいていくことを意味するんだ。

「よし，本当に理解できるまでがんばるぞ！」

「私も負けないわ！」

うん，その意気だ。では，「図形編」はここまでにしよう。これからの2人の努力を心から応援しているよ。おつかれさま！

 「ありがとうございました！」

さくいん

ま

や

ら

―「本当の理解」を目指して―

「計算・文章題編」と、この「図形編」で、『中学入試　三つ星の授業あります。算数』は，完結となります。

　この本をはじめて見て、「なんて分厚いんだ！」と思われた方もいるでしょう。これだけのボリュームになったのは、読者の方に、入試算数の各分野について、「本当の理解」をしてもらえるよう、わかりやすさに徹底的にこだわったからです。

　「本当の理解」ができることによって、家で解けている問題の類題がテストで出題されても、スラスラ解けるようになります。また、応用問題にも対応できるようになってきます。

　では、「本当の理解」とは何でしょうか？　それは、算数の問題を、論理的かつ緻密に説明できるということです。言いかえると、論理的に飛躍することなく、「AだからB→BだからC→Cだから……」というように、理路整然と人に教えられるくらいに理解しているということです。

　このような意味で、入試算数について、「本当の理解」ができてこそ、問題が解けるようになっていき、結果として成績が上がっていきます。これこそが、算数の実力を伸ばす方法だともいえるでしょう。結果的に、かなりのページ数になりましたが，読者のみなさまに、「本当の理解」をしてもらえる1冊になったと自負しております。

最後になりましたが、Gakken の宮﨑純氏に、心から感謝を申し上げます。数々の有意なアドバイスをいただき、わかりやすい本になるよう、多大なるご尽力をしていただきました。また、この本の製作に関わっていただいたすべての方々、誠にありがとうございました。

　そして、誰よりも、この本を読んで学んでくださったみなさま、本当にありがとうございます。本書が、子どもたちの中学入試合格のためにお役に立てれば、こんなにうれしいことはありません。さらには、その先の幸せな人生のために、子どもたちの学力を伸ばすことに貢献できれば、著者として、さらに喜ばしい限りです。

東大卒プロ算数講師　　　小杉　拓也

中学入試
三つ星の授業あります。
算数【図形】

著者　　　　　　　　小杉 拓也

動画授業講師　　　　栗原 慎（市進学院）

カバーデザイン　　　AFTERGLOW

カバーイラスト　　　安田 剛士

本文デザイン　　　　ホリウチ ミホ（ニクスインク）

キャラクターイラスト　池田 圭吾

データ作成　　　　　株式会社 四国写研

編集協力　　　　　　佐々木 豊（編集工房 SATTO）

校正　　　　　　　　澤田 裕子
　　　　　　　　　　杉本 丈典
　　　　　　　　　　林 千珠子
　　　　　　　　　　持田 洋美

企画・編集　　　　　宮﨑 純

別冊問題集

（check問題と解答・解説）

Gakken

角度と図形の性質

Check 1　つまずき度 😖😖😖😖😖　　　　　　　　　➡解答は p.48 へ

下の図で，角アの大きさはそれぞれ何度ですか。

(1)　　　　　　　　　　(2)　　　　　　　　　　(3)

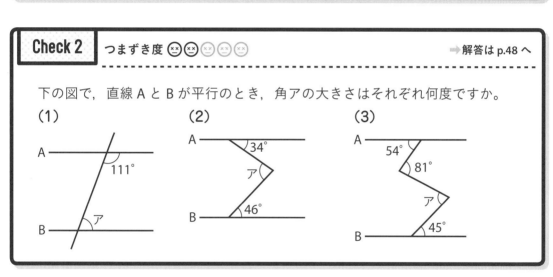

Check 2　つまずき度 😖😖😖😖😖　　　　　　　　　➡解答は p.48 へ

下の図で，直線 A と B が平行のとき，角アの大きさはそれぞれ何度ですか。

(1)　　　　　　　　　　(2)　　　　　　　　　　(3)

Check 3 つまずき度 😣😣😵😵😵 ➡解答は p.49 へ

下の図で，角アの大きさはそれぞれ何度ですか。

(1)　　　　　　　　　　　　　　(2)

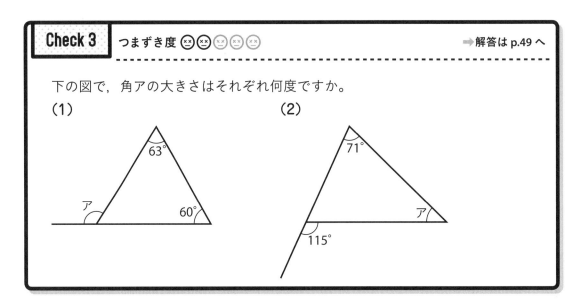

Check 4 つまずき度 😣😣😣😣😣 ➡解答は p.49 へ

　右の図で，角ア〜角オの 5 つの角の大きさの和は
何度ですか。

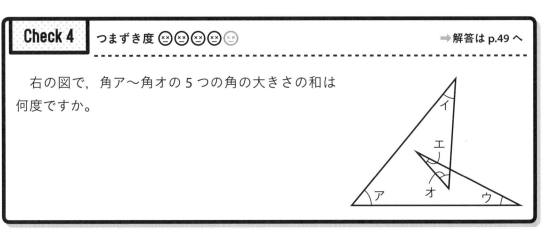

Check 5 つまずき度 😣😵😵😵😵 ➡解答は p.49 へ

下の図で，AB＝AC のとき，角アの大きさはそれぞれ何度ですか。

(1)　　　　　　　　　　　　　　(2)

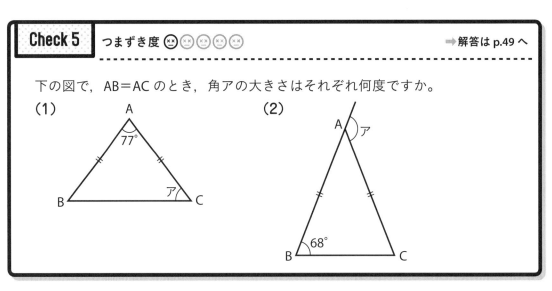

Check 6　つまずき度 😣😣😣😣😣　　　　　　➡解答は p.49 へ

下の図で，OA＝AB＝BC＝CD のとき，角アの大きさは何度ですか。

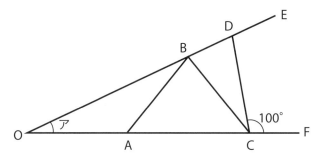

Check 7　つまずき度 😣😣😣😣😣　　　　　　➡解答は p.50 へ

　右の図は，1組の三角定規（さんかくじょうぎ）を組み合わせたものです。角アの大きさは何度ですか。

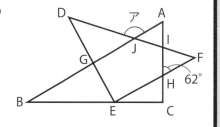

Check 8　つまずき度 😣😣😣😣😣　　　　　　➡解答は p.50 へ

　次の(1)〜(3)のそれぞれにあてはまる四角形を，下のア〜オからすべて選び，記号で答えなさい。

（1）　向かい合った辺（へん）が1組だけ平行な四角形
（2）　対角線がそれぞれの真ん中の点で交わる四角形
（3）　対角線が垂直（すいちょく）に交わる四角形

　ア　台形　　イ　平行四辺形　　ウ　ひし形　　エ　長方形　　オ　正方形

3

➡解答は p.50 へ

Check 9　つまずき度 😵😵😵😐😐

次の問いに答えなさい。

（1）　十一角形の内角の和は何度ですか。

（2）　内角の和が 2160 度である多角形は何角形ですか。

（3）　右の図で, 角ア〜角オの大きさの和は何度ですか。

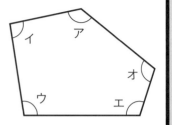

Check 10　つまずき度 😵😵😵😐😐

➡解答は p.50 へ

次の問いに答えなさい。

（1）　正二十角形の 1 つの外角の大きさは何度ですか。

（2）　1 つの内角の大きさが 135 度である正多角形は, 正何角形ですか。

（3）　正九角形の 1 つの内角の大きさは何度ですか。2 通りの方法で求めなさい。

Check 11　つまずき度 😵😵😵😐😐

➡解答は p.51 へ

次の問いに答えなさい。

（1）　八角形には, 対角線が全部で何本ありますか。

（2）　十八角形には, 対角線が全部で何本ありますか。

第 **2** 章　平面図形(2) **面積と長さ**

Check 12　つまずき度 😣😣😣😶😶　　　　　　　➡解答は p.51 へ

下の図で，□にあてはまる数を求めなさい。

(1)　正方形(面積 64 cm²)

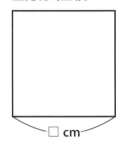
□ cm

(2)　長方形(面積 56 cm²)

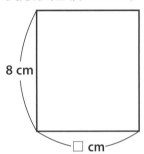
8 cm
□ cm

(3)　平行四辺形(面積 12 cm²)

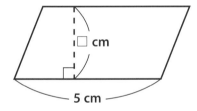
□ cm
5 cm

(4)　ひし形(面積 30 cm²)

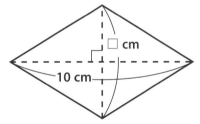
□ cm
10 cm

(5)　正方形(面積 72 cm²)

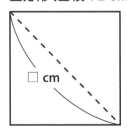
□ cm

(6)　四角形(面積 36 cm²)

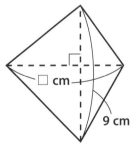
□ cm
9 cm

(7)　台形(面積 324 cm²)

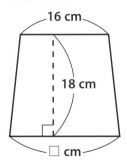
16 cm
18 cm
□ cm

5

下の図で, □にあてはまる数を求めなさい。

(1)　面積は 27 cm²　　　　　(2)　面積は 9 cm²

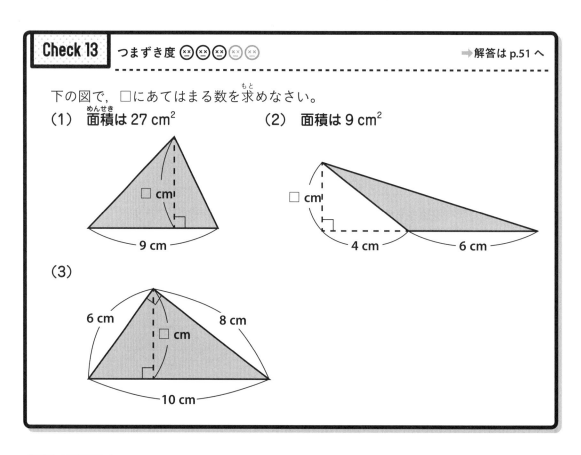

(3)

下の図で, かげをつけた部分の面積を求めなさい。

(1)　　　　　　　　　　　　　　(2)

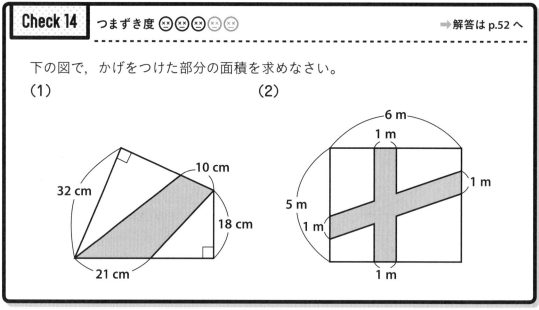

⇒解答は p.52 へ

Check 15 つまずき度 😖😖😖😖😖

右の図の長方形 ABCD で，かげをつけた
部分の面積の和を求めなさい。

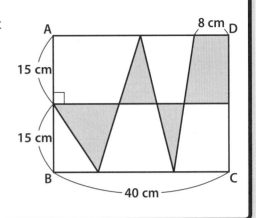

⇒解答は p.53 へ

Check 16 つまずき度 😖😖😖😖😖

右の図で，かげをつけた部分の面積を求
めなさい。

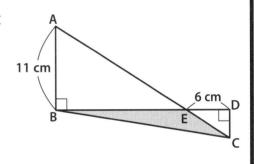

⇒解答は p.53 へ

Check 17 つまずき度 😖😖😖😖😖

右の図の長方形 ABCD で，かげをつけた部分
の面積を求めなさい。

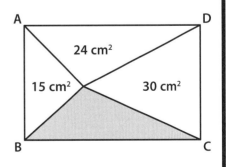

次の□にあてはまる数を求めなさい。

（1）

（2）

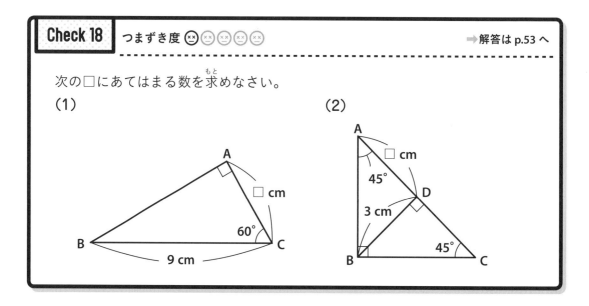

下の図形の面積を求めなさい。

（1）

（2） 平行四辺形

（3）

（4） AB＝BC

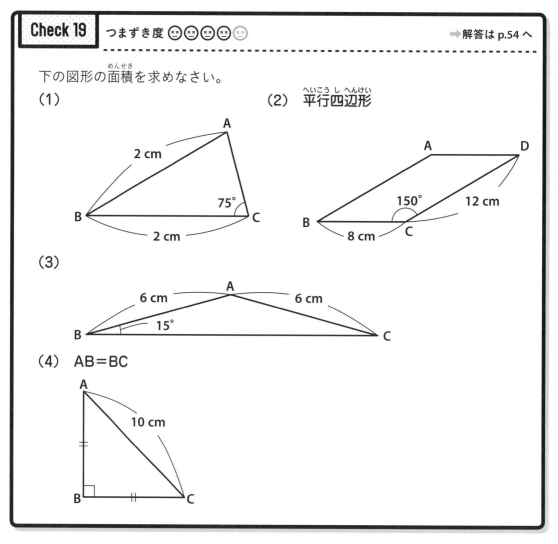

➡解答は p.55 へ

Check 20 つまずき度 😖😣😣😣😣

右の図のような円について，次の問いに答えなさい。
ただし，円周率(えんしゅうりつ)は 3.14 とします。

(1) この円の，円周の長さは何 cm ですか。
(2) この円の面積(めんせき)は何 cm² ですか。

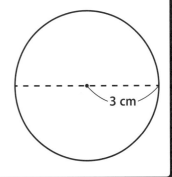

3 cm

➡解答は p.55 へ

Check 21 つまずき度 😣😣😣😣😣

右の図のようなおうぎ形について，次の問いに答
えなさい。ただし，円周率は 3.14 とします。

(1) このおうぎ形の周(まわ)りの長さは何 cm ですか。
(2) このおうぎ形の面積は何 cm² ですか。

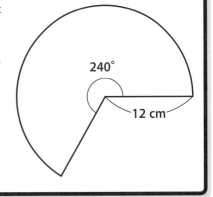

240°

12 cm

➡解答は p.55 へ

Check 22 つまずき度 😣😣😣😣😣

次の問いに答えなさい。ただし，円周率は 3.14 とします。

(1) 円周の長さが 50.24 cm の円の面積は何 cm² ですか。
(2) 中心角が 90 度で，弧(こ)の長さが 9.42 cm のおうぎ形の面積は何 cm² ですか。
(3) 半径が 15 cm で，弧の長さが 18.84 cm のおうぎ形の中心角は何度ですか。

工夫して, 次の計算をしなさい。

(1) $9 \times 2 \times 3.14 - 5 \times 2 \times 3.14$

(2) $6 \times 6 \times 3.14 \times \dfrac{1}{2} - 4 \times 4 \times 3.14 \times \dfrac{1}{2} + 2 \times 2 \times 3.14 \times \dfrac{1}{4}$

　右の図は, 大, 中, 小 3 つの半円を組み合わせた図形で, 大きい半円の半径は 10 cm, 小さい半円の半径は 4 cm です。

　このとき, かげをつけた部分の周りの長さと面積を求めなさい。ただし, 円周率は 3.14 とします。

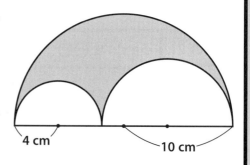

　次の **図1** と **図2** について, 下の問いに答えなさい。ただし, 円周率は 3.14 とします。

図1　長方形と 3 つのおうぎ形　　**図2**　正方形と 2 つのおうぎ形

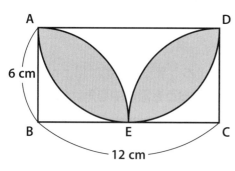

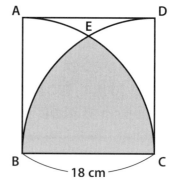

(1)　**図1** のかげをつけた部分の周りの長さを求めなさい。

(2)　**図1** のかげをつけた部分の面積を求めなさい。

(3)　**図2** のかげをつけた部分の周りの長さを求めなさい。

Check 26　つまずき度 😣😣😣😣😣　→解答は p.57 へ

　右の図は，半円と直角三角形を組み合わせたものです。かげをつけた部分アとイの面積が等しいとき，□にあてはまる数を求めなさい。ただし，円周率は3.14とします。

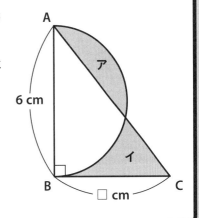

Check 27　つまずき度 😣😣😣😣😣　→解答は p.57 へ

　右の図のように，半径8cmの四分円の中に，正方形 ABOC がぴったり入っています。このとき，かげをつけた部分の面積は何cm²ですか。ただし，円周率は3.14とします。

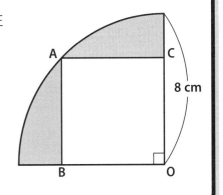

Check 28　つまずき度 😣😣😣😣😣　→解答は p.58 へ

　右の図のように，円の中に，1辺が10cmの正方形ABCDがぴったり入っています。このとき，かげをつけた部分の面積は何cm²ですか。ただし，円周率は3.14とします。

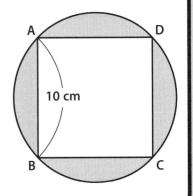

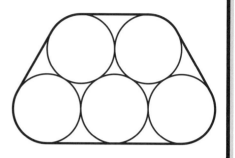

右の図のように，半径 6 cm の円を 5 つならべて，周りにひもをかけました。このとき，ひも（太線）の長さは何 cm ですか。ただし，円周率は 3.14 とし，ひもの太さは考えないものとします。

Check 30　つまずき度 😫😫😫😫😫　　　　　　　　　　⇒解答は p.58 へ

次の図について，下の問いに答えなさい。

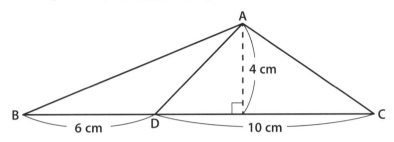

（1）　三角形 ABD と三角形 ADC の面積は，それぞれ何 cm² ですか。

（2）　三角形 ABD と三角形 ADC の面積比を求めなさい。

（3）　三角形 ABD と三角形 ADC の面積比と底辺比 BD：DC を比べると，どうなっていますか。

Check 31　つまずき度 😫😫😫😫😫　　　　　　　　　　⇒解答は p.59 へ

右の図のような三角形 ABC があり，
BD：DC＝3：5 です。

このとき，次の問いに答えなさい。

（1）　三角形 ADC の面積が 25 cm²
のとき，三角形 ABD の面積は
何 cm² ですか。

（2）　三角形 ABC の面積が 56 cm²
のとき，三角形 ADC の面積は
何 cm² ですか。

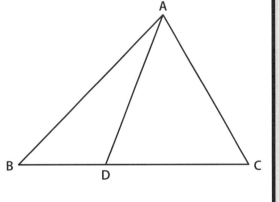

つまずき度 😣😣😑😊😊　　　　　　　　　➡解答は p.59 へ

右の図のような三角形 ABC があり，
BD：DC＝4：1，AE：EC＝5：4 です。
三角形 EDC の面積めんせきが 4 cm² のとき，三角形
ABC の面積は何 cm² ですか。

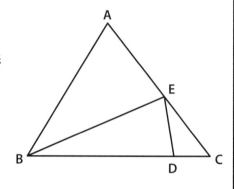

つまずき度 😣😣😣😑😑　　　　　　　　　➡解答は p.59 へ

右の図は，三角形 ABC を 4 本の直線によっ
て，面積が等しい 5 つの三角形に分けたも
のです。
このとき，次の問いに答えなさい。
（1）　AF：FC を求めなさい。もと
（2）　BD：DE：EC を求めなさい。

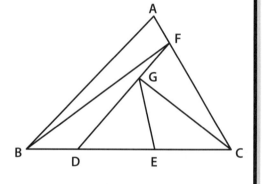

つまずき度 😣😣😣😣😣　　　　　　　　　➡解答は p.60 へ

右の図の三角形 ABC で，AD：DB＝5：1，
BE：EC＝1：3，AF：FC＝1：2 です。
三角形 DEF の面積が 39 cm² のとき，三
角形 ABC の面積は何 cm² ですか。

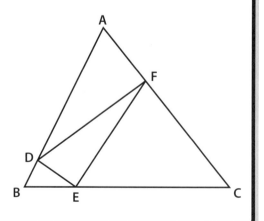

➡解答は p.60 へ

Check 35 つまずき度 😣😣😣😣😣

下の図は，三角形 ABC の 3 つの辺を延長して，三角形 DEF をつくったもので，AB：BE＝3：2，BC：CF＝1：3，CA：AD＝1：1 です。

このとき，三角形 DEF の面積は三角形 ABC の面積の何倍ですか。

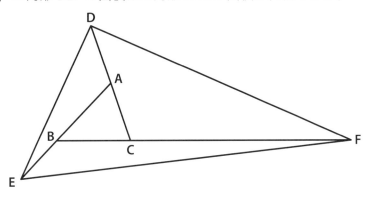

Check 36 つまずき度 😣😣😣😣😣

➡解答は p.60 へ

右の図のような三角形 ABC があり，BE：EC＝1：2，AF：FC＝4：3 です。

このとき，次の問いに答えなさい。

(1)　AD：DB を求めなさい。

(2)　DG：GC を求めなさい。

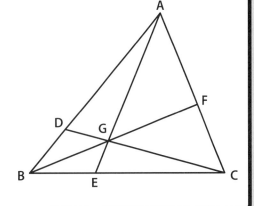

➡解答は p.61 へ

Check 37　つまずき度 😣😣😣😣😣

右の図のような正六角形 ABCDEF があります。
AG：GB＝3：1，AH：HF＝2：1 のとき，面積比
ア：イ：ウを求めなさい。

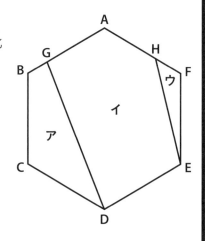

➡解答は p.62 へ

Check 38　つまずき度 😣😊😊😊😊

次の図のように，三角形 ABC と三角形 DEF があります。
2 つの三角形が相似であるとき，下の問いに答えなさい。

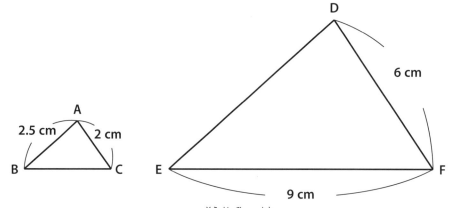

（1）　三角形 ABC と三角形 DEF の相似比を求めなさい。
（2）　辺 BC の長さは何 cm ですか。
（3）　辺 DE の長さは何 cm ですか。

Check 39

つまずき度 ●●○○○

➡解答は p.62 へ

次のそれぞれの図で，AB と CD は平行です。x の長さはそれぞれ何 cm ですか。

(1)

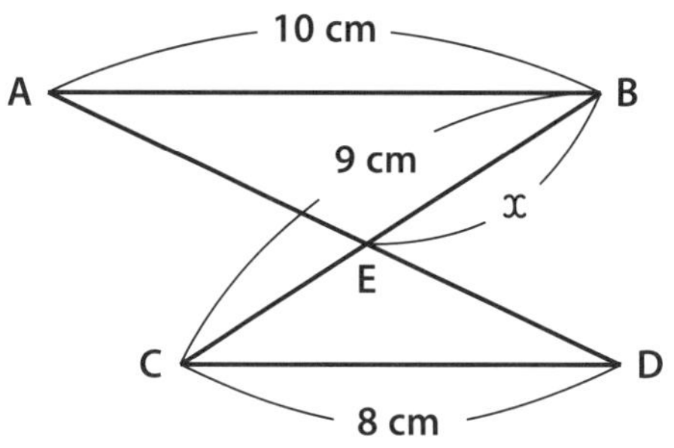
10 cm
A
B
9 cm
x
E
C
D
8 cm

(2)

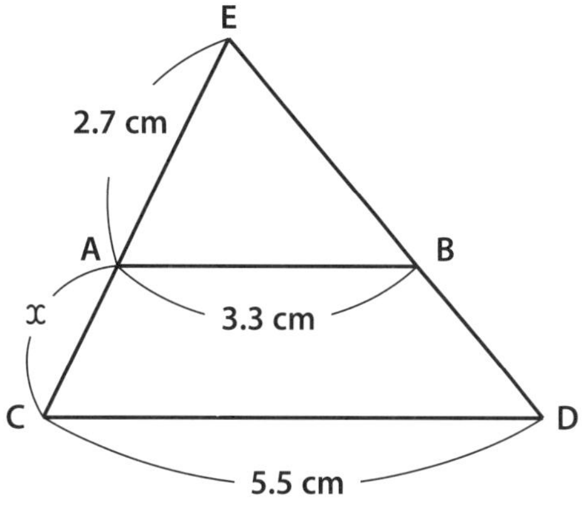
E
2.7 cm
A
B
x
3.3 cm
C
D
5.5 cm

Check 40

つまずき度 ●●●○○

➡解答は p.62 へ

右の図の四角形 ABCD で，AD と EF と BC が平行のとき，次の問いに答えなさい。

(1) AE の長さは何 cm ですか。

(2) BC の長さは何 cm ですか。

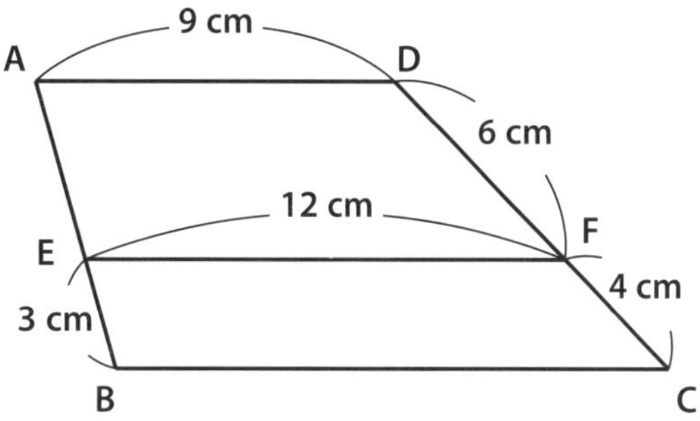
9 cm
A
D
6 cm
12 cm
F
E
4 cm
3 cm
B
C

右の図で，DE と FG と BC は平行です。

このとき，三角形ア，四角形イ，四角形ウの面積比を求めなさい。

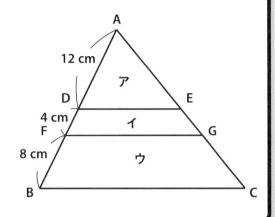

右の図のような三角形 ABC があり，DE と BC は平行です。

DE：BC＝4:5 のとき，5 つの三角形ア，イ，ウ，エ，オの面積比を求めなさい。

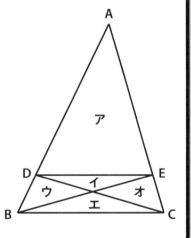

縮尺 50000 分の 1 の地図があります。

この地図について，次の問いに答えなさい。

(1)　この地図上で 3 cm の長さは，実際には何 km ありますか。

(2)　実際の距離が 3.6 km の道のりは，この地図上では何 cm ですか。

(3)　この地図上で面積が 6 cm^2 の土地の，実際の面積は何 km^2 ですか。

　ある時刻に，地面に垂直に立てた長さ
50 cm の棒の影の長さが 60 cm のとき，次
の問いに答えなさい。

(1)　同じ時刻における身長 1.7 m の人
　　　の影の長さは何 m ですか。

(2)　右の図のように，同じ時刻に，かべ
　　　に木の影 CD ができています。この
　　　木の高さ AB は何 m ですか。

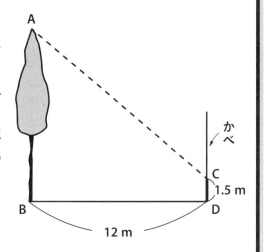

　右の図のような平行四辺形 ABCD があり
ます。

　AE：EB＝1：2，BF：FC＝1：3 のとき，
次の問いに答えなさい。

(1)　三角形 AEG と三角形 CDG の面積
　　　比を求めなさい。

(2)　AG：GH：HC を求めなさい。

(3)　平行四辺形 ABCD と三角形 DGH
　　　の面積比を求めなさい。

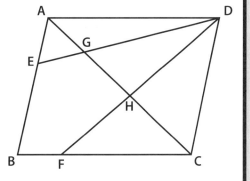

　右の図のような平行四辺形 ABCD があり，
AE：EB＝3：4，BF＝FC，DG＝GC です。
　このとき，AH：HI：IC を求めなさい。

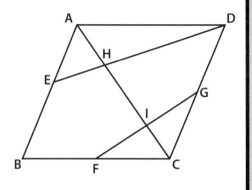

Check 47　つまずき度 😣😣😣😣😣　　　　　　　　➡解答は p.66 へ

次の図のように，正方形アと直角二等辺三角形イがあります。アは，毎秒 1 cm の速さで，矢印の方向に動きます。

このとき，下の問いに答えなさい。

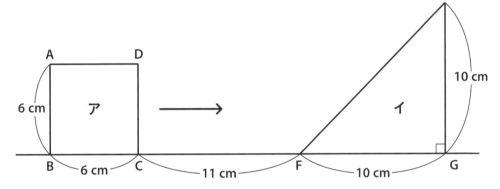

（1）　アとイが重なっているのは何秒間ですか。

（2）　アが動き始めてから 18 秒後の, アとイの重なった部分の面積は何 cm² ですか。

（3）　アとイの重なった部分の面積が, アの面積の半分になるのは, アが動き始めてから何秒後と何秒後ですか。

Check 48　つまずき度 😣😣😣😣😣　　　　　　　　➡解答は p.66 へ

右の図は，直径 9 cm の半円を，点 A を中心として 40 度回転させたものです。

かげをつけた部分の面積は何 cm² ですか。ただし，円周率は 3.14 とします。

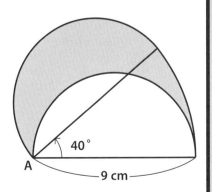

Check 49 つまずき度 😣😣😣😣😣 　　　　　　　　　　　　　　➡解答は p.67 へ

右の図は，直角三角形 ABC を，点 C を中心として 90 度回転させて，三角形 A´B´C に移したものです。

このとき，かげをつけた部分の面積は何 cm² ですか。ただし，円周率は 3.14 とします。

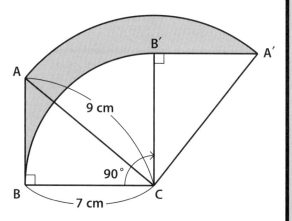

Check 50 つまずき度 😣😐😣😣○😐 　　　　　　　　　　　　　　➡解答は p.68 へ

右の図のような長方形 ABCD があります。この長方形の外側を，点 O を中心とする半径 1 cm の円が，辺にそって 1 周します。

このとき，次の問いに答えなさい。ただし，円周率は 3.14 とします。

（1） 円の中心 O がえがく線の長さは何 cm ですか。

（2） 円が通った部分の面積は何 cm² ですか。

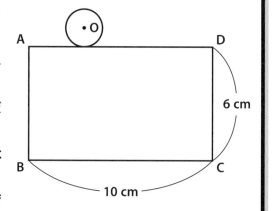

つまずき度 😣😣😣😣😐 ➡解答は p.68 へ

　右の図のような長方形 ABCD があり
ます。この長方形の内側を，点 O を中
心とする半径 2 cm の円が，辺にそっ
て 1 周します。
　このとき，次の問いに答えなさい。
ただし，円周率は 3.14 とします。

（1）　円の中心 O がえがく線の長さ
　　　は何 cm ですか。

（2）　円が通った部分の面積は
　　　何 cm² ですか。

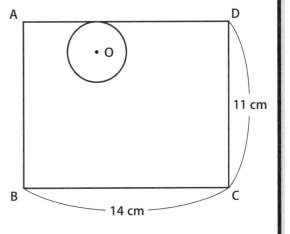

Check 52 つまずき度 😣😣😣😐😣 ➡解答は p.69 へ

　次の図のように，1 辺が 12 cm の正三角形 ABC があります。この正三角形が，
直線上をすべらないように，アの位置からウの位置まで転がるとき，点 B が動いた
長さは何 cm ですか。ただし，円周率は 3.14 とします。

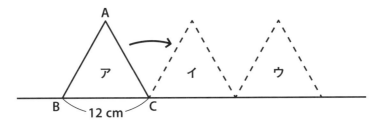

Check 53 つまずき度 😵😵😵😵😵　　　　　　　　　　　➡解答は p.69 へ

　次の図のような長方形 ABCD があります。この長方形を，直線 ℓ 上をすべらない
ように転がします。この長方形をアの位置からエの位置まで転がすとき，下の問い
に答えなさい。ただし，円周率は 3.14 とします。

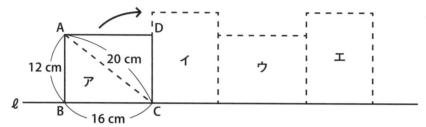

（1）　点 B が動いた長さは何 cm ですか。
（2）　点 B が動いた線と直線 ℓ で囲まれた部分の面積は何 cm² ですか。

Check 54 つまずき度 😵😵😵😵😵　　　　　　　　　　　➡解答は p.70 へ

　次の図のように，半径 12 cm，中心角 30 度のおうぎ形 OAB があります。このお
うぎ形が，直線 ℓ 上を，アの位置からイの位置まですべることなく転がります。こ
のとき，下の問いに答えなさい。ただし，円周率は 3.14 とします。

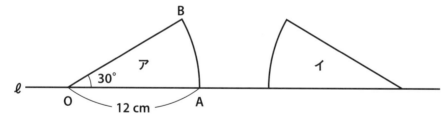

（1）　点 O が動いた長さは何 cm ですか。
（2）　点 O が動いた線と直線 ℓ で囲まれた部分の面積は何 cm² ですか。

Check 55 つまずき度 😣😣😣😐😣 ➡解答は p.70 へ

右の図のように，1辺が 12 cm の正方形 ABCD があります。この正方形の辺上を，点 P は A から毎秒 2 cm の速さで，点 Q は B から毎秒 1 cm の速さで動きます。

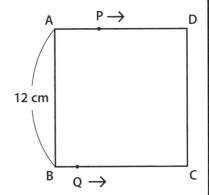

点 P と点 Q がそれぞれ矢印の方向に同時に出発するとき，次の問いに答えなさい。

(1) 点 P と点 Q がはじめて出会うのは，2 点が出発してから何秒後ですか。

(2) 点 P と点 Q が 20 回目に出会うのは，2 点が出発してから何分何秒後ですか。

Check 56 つまずき度 😣😐😣😣😐 ➡解答は p.71 へ

右の図のような長方形 ABCD があります。点 P は A を出発して，毎秒 4 cm の速さで辺 AD 上を往復します。また，点 Q は点 P と同時に B を出発して，毎秒 3 cm の速さで辺 BC 上を往復します。

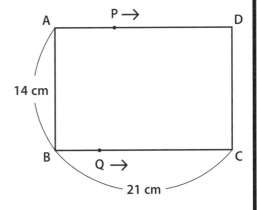

このとき，次の問いに答えなさい。

(1) 直線 PQ が辺 AB とはじめて平行になるのは，2 点が出発してから何秒後ですか。

(2) 四角形 ABQP の面積がはじめて長方形 ABCD の面積の半分になるのは，2 点が出発してから何秒後ですか。

第 5 章　立体図形(1)　体積と表面積

Check 57　つまずき度 😖😖😶😖　　　　　　　　　　　⇒解答は p.71 へ

次の **図1** の立方体と **図2** の直方体について，下の問いに答えなさい。

図1　立方体

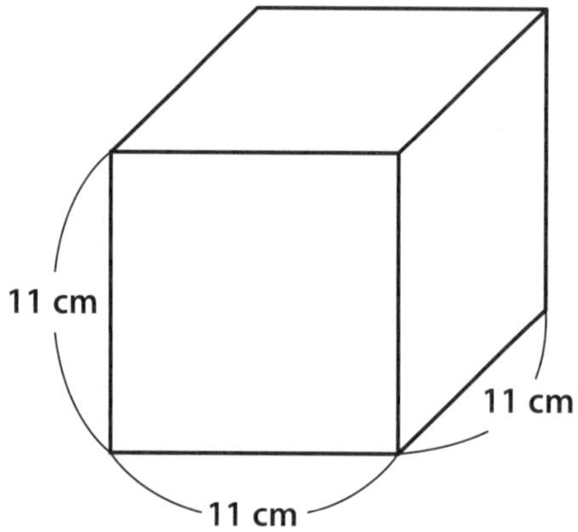

11 cm
11 cm
11 cm

図2　直方体

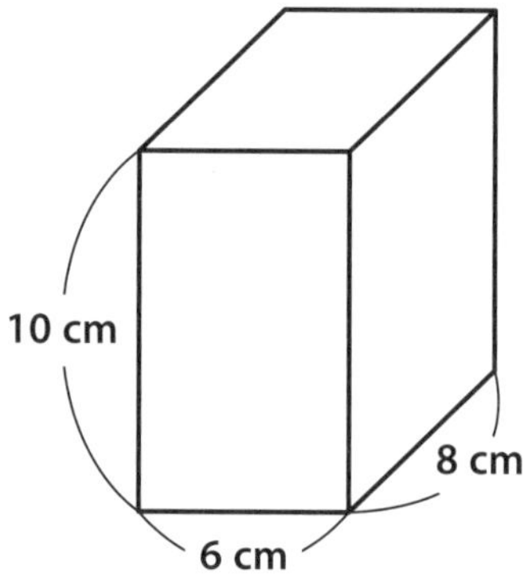

10 cm
6 cm
8 cm

(1)　体積は，それぞれ何 cm³ ですか。
(2)　表面積は，それぞれ何 cm² ですか。

Check 58　つまずき度 😖😖😖😶😶　　　　　　　　　　　⇒解答は p.72 へ

右の図は，たて 6 cm，横 7 cm，高さ 5 cm の直方体から，1 辺が 3 cm の立方体をくりぬいたものです。

この立体について，次の問いに答えなさい。

(1)　この立体の体積は何 cm³ ですか。

(2)　この立体の表面積は何 cm² ですか。

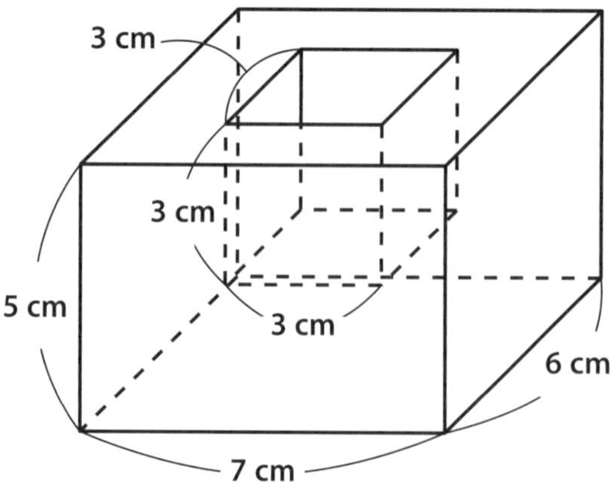

3 cm
3 cm
3 cm
5 cm
6 cm
7 cm

右の図は，直方体をななめに切ってできた立体です。

この立体について，次の問いに答えなさい。

（1）　BF の長さは何 cm ですか。

（2）　この立体の体積は何 cm³ ですか。

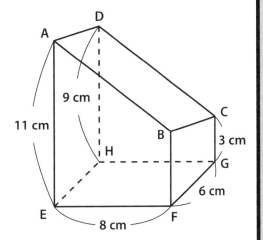

次の **図1** と **図2** の立体について，下の問いに答えなさい。

図1 三角柱

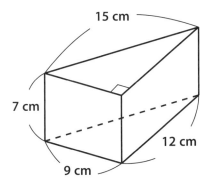

図2 直方体を組み合わせた立体

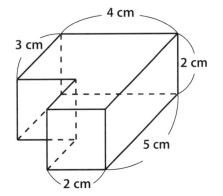

（1）　体積は，それぞれ何 cm³ ですか。

（2）　表面積は，それぞれ何 cm² ですか。

Check 61　つまずき度 😖😖😣😣😣

➡解答は p.73 へ

　右の図は，底面の直径が 10 cm で，高さが 15 cm の円柱です。

　この円柱について，次の問いに答えなさい。ただし，円周率は 3.14 とします。

（1）　この円柱の体積は何 cm³ ですか。

（2）　この円柱の表面積は何 cm² ですか。

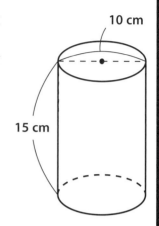

Check 62　つまずき度 😖😣😣😖😣

➡解答は p.73 へ

　右の図は，底面の半径が 3 cm の円柱を，ななめに切ってできた立体です。

　この立体の体積は何 cm³ ですか。ただし，円周率は 3.14 とします。

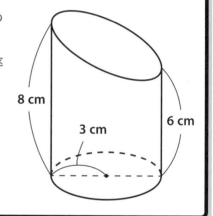

　右の図は，底面が 1 辺 16 cm の正方形で，高さが 6 cm の四角すいです。また，4 つの側面は，すべて合同な二等辺三角形です。

　この四角すいについて，次の問いに答えなさい。

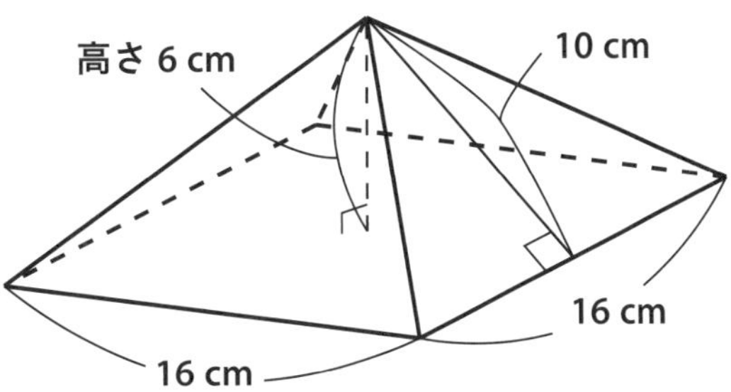

（1）　この四角すいの体積は何 cm³ ですか。

（2）　この四角すいの表面積は何 cm² ですか。

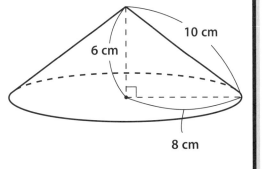

高さ 6 cm　　10 cm　　16 cm　　16 cm

　右の図のような円すいがあります。

　この円すいについて，次の問いに答えなさい。ただし，円周率は 3.14 とします。

（1）　この円すいの体積は何 cm³ ですか。

（2）　この円すいの表面積は何 cm² ですか。

6 cm　　10 cm　　8 cm

右の図は，ある円すいの展開図です。

この円すいについて，次の問いに答え
なさい。ただし，円周率は 3.14 とします。

(1) 側面のおうぎ形の中心角は何度
ですか。

(2) この円すいの表面積は何 cm² で
すか。

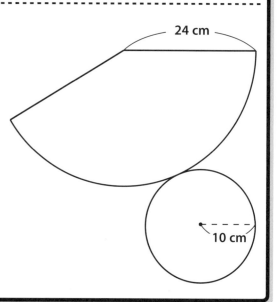

底面の円の半径が 3 cm で，母線
の長さが 18 cm の円すいを，右の
図のように，すべらないように転が
しました。

このとき，この円すいは，何回転
してもとの位置にもどってきます
か。ただし，円周率は 3.14 とします。

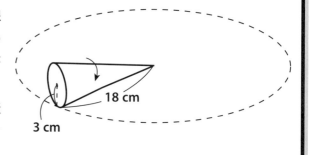

➡解答は p.74 へ

Check 67　つまずき度 😣😣😣😐😐

次の図形を，それぞれ直線 ℓ を軸として 1 回転させます。

このときできる立体の体積は，それぞれ何 cm³ ですか。ただし，円周率は 3.14 とします。

（1）

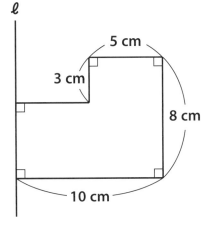

（2）

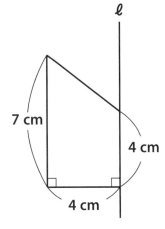

➡解答は p.75 へ

Check 68　つまずき度 😣😣😣😣😣

右の図の台形 ABCD を，直線 ℓ を軸として 1 回転させます。

このときできる立体について，次の問いに答えなさい。ただし，円周率は 3.14 とします。

（1）　この立体の体積は何 cm³ ですか。

（2）　この立体の表面積は何 cm² ですか。

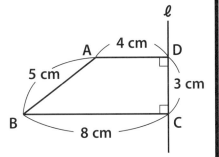

Check 69　つまずき度 ☹☹☹☺☺　　　　　　　　➡解答は p.76 へ

　右の図のような 1 辺が 18 cm の正方形の
紙があります。この紙を，図の点線で折っ
て組み立てると，三角すいができました。

　このとき，次の問いに答えなさい。

（1）　できた三角すいの表面積は何 cm^2
ですか。

（2）　できた三角すいの体積は何 cm^3 で
すか。

（3）　できた三角すいの底面を三角形
ECF としたとき，高さは何 cm ですか。

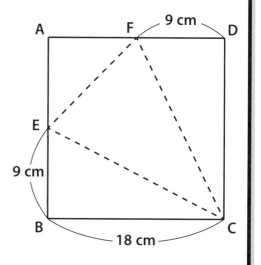

Check 70　つまずき度 ☹☺☹☹☺　　　　　　　　➡解答は p.77 へ

　右の図は，1 辺が 4 cm の立方体で，点
A, C は，それぞれ立方体の 1 辺の中点(真
ん中の点)です。

　この立方体を，3 点 A，B，C を通る平
面で切ってできる三角すいについて，次
の問いに答えなさい。

（1）　この三角すいの体積は何 cm^3 で
すか。

（2）　この三角すいの表面積は何 cm^2
ですか。

（3）　三角形 ABC の面積は何 cm^2 で
すか。

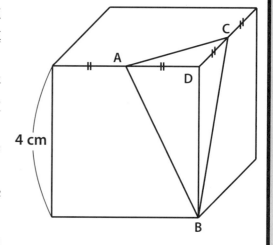

Check 71　つまずき度 ☹☹☹☹☹　　　　　　　⮕解答は p.77 へ

図1 のような立方体があり，図2 はその展開図です。

イ，ウの文字を，図2 の正しい位置に，正しい向きで書き入れなさい。

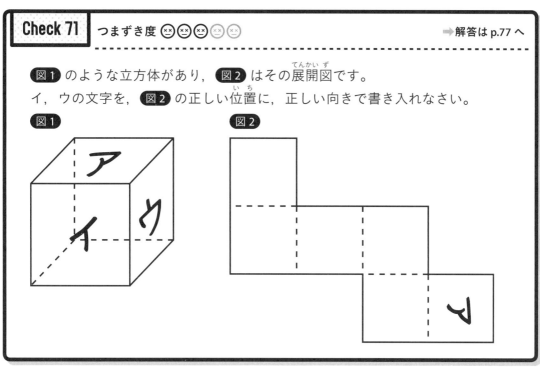

図1

図2

Check 72　つまずき度 ☺☺☺☹☹　　　　　　　⮕解答は p.78 へ

右の図のように，三角柱の表面に，点 A から辺 BE，CF を通り，点 D まで糸をかけます。

糸の長さを最も短くするとき，PE と QF の長さはそれぞれ何 cm ですか。

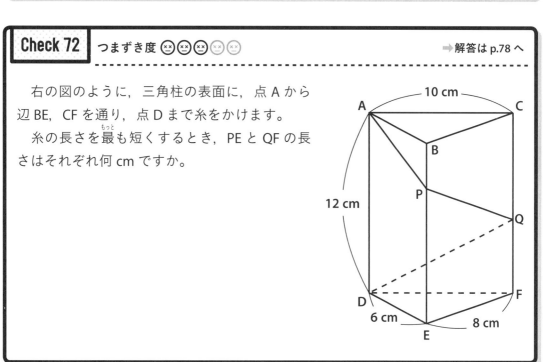

Check 73 つまずき度 😖😖😖😣😣 　　　　　　　　　➡解答は p.78 へ

　右の図のように，底面の円の半径が 4 cm で，母線 OA の長さが 16 cm の円すいがあります。この円すいに，底面の円周上の点 A から，側面を通って点 A まで，糸を巻きつけました。

　糸の長さが最も短くなるとき，側面の糸から上の部分の面積は何 cm² ですか。

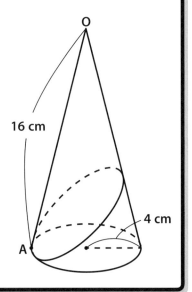

Check 74 つまずき度 😖😖😖😣😣 　　　　　　　　　➡解答は p.78 へ

　次の図は，どちらも 1 辺が 5 cm の立方体を積み重ねてつくった立体です。表面積は，それぞれ何 cm² ですか。

（1）

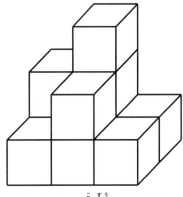

〔立方体の個数は 10 個〕

（2）

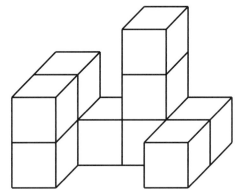

〔立方体の個数は 10 個〕

　同じ大きさの立方体を積み重ねて，立体をつくりました。次の図は，この立体を，正面，真上，右横から見た図です。

　立方体の個数は，最も多くて何個ですか。また，最も少なくて何個ですか。

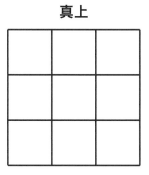

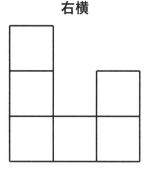

　1辺が1cmの白い立方体を125個使って，右の図のような大きい立方体をつくりました。この大きい立方体のすべての表面（底の面をふくむ）を黒くぬったあと，ばらばらにしました。

　ばらばらになった1辺が1cmの立方体について，次の個数をそれぞれ求めなさい。

（1）　1つの面だけが黒い立方体の個数

（2）　2つの面が黒い立方体の個数

（3）　3つの面が黒い立方体の個数

（4）　黒い面が1つもない立方体の個数

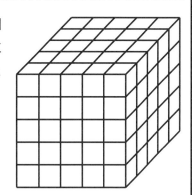

Check 77 つまずき度 ☹☹☹☹☺ ➡解答は p.81 へ

1辺が1cmの立方体を64個使って，右の図のような大きい立方体をつくりました。この大きい立方体のかげをつけた部分を，反対側の面までぬき取ります。

このとき，残っている1辺が1cmの小さい立方体は何個ありますか。

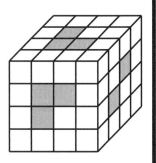

Check 78 つまずき度 ☹☹☹☹☺ ➡解答は p.81 へ

立方体を，次の(1)～(3)の3点 A，B，C を通る平面でそれぞれ切ったとき，切り口はどんな形になりますか。できるだけ正確に答えなさい。

(1)

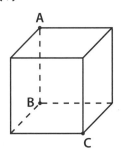

(2)

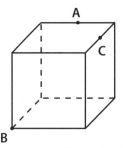

点 A，C は各辺の中点

(3)

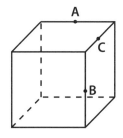

点 A，B，C は各辺の中点

Check 79 つまずき度 😵😵😵😵😵 ➡解答は p.82 へ

右の図のように，1 辺が 15 cm の立方体があります。点 P は辺 BF 上にあり，BP＝6 cm です。

このとき，次の問いに答えなさい。

(1)　3 点 D，E，P を通る平面で，この立方体を 2 つの立体に切り分けるとき，切り口の形をできるだけ正確に答えなさい。

(2)　(1)のとき，大きいほうの立体の体積（たいせき）は何 cm^3 ですか。

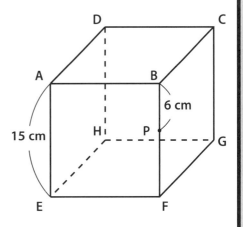

Check 80　つまずき度 😵😵😵😵😵　　　➡解答は p.83 へ

　右の図は，厚さ 3 cm の板でできている直
方体の形をした容器です。

　この容器の容積は何 L ですか。また，この
容器の板の体積は何 cm³ ですか。

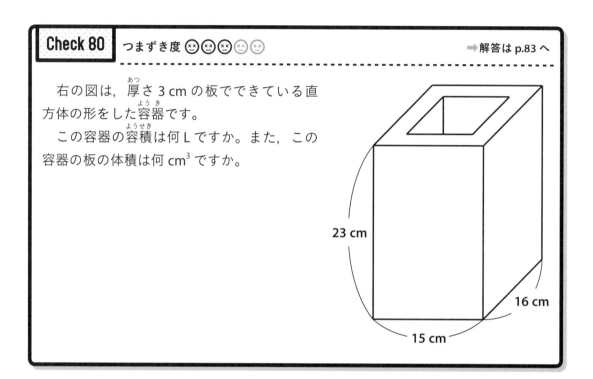

次の図のように，円柱の形をした 2 つの容器 A，B があります。底面の半径が 4 cm の A には 6 cm まで水が入っていて，底面の半径が 2 cm の B には 3 cm まで水が入っています。

このとき，下の問いに答えなさい。ただし，円周率は 3.14 とします。

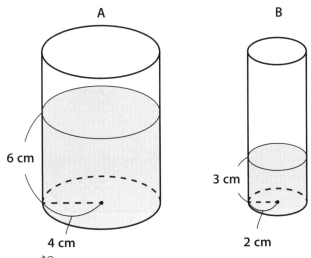

A

B

6 cm

3 cm

4 cm

2 cm

（1） A の水を B に移して水の深さを同じにするとき，水の深さは何 cm になりますか。

（2） （1）のとき，A から B に何 cm³ の水を移せばよいですか。

図1 のように，直方体の容器に，水が深さ 16 cm まで入っていて，水面と辺 AE，BF の交わる点をそれぞれ P，Q とします。そして，底面の 1 辺 FG をゆかにつけたまま，かたむけていきます。

このとき，下の問いに答えなさい。

図1
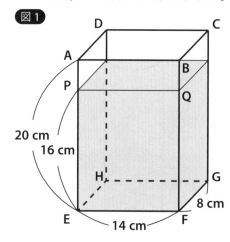

図2
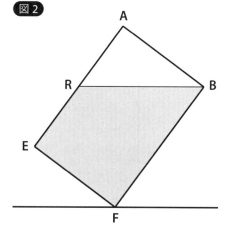

（1） **図2** のように，水がこぼれないようにかたむけたとき，水面と辺 AE が交わる点を R とします。このとき，ER の長さは何 cm ですか。

（2） （1）の状態から，辺 FG をゆかにつけたまま，容器の底面とゆかのつくる角度が 45 度になるように，さらにかたむけます。このとき，水は何 cm³ こぼれますか。

次の図のように，底面積が 70 cm² で，高さが 10 cm の直方体の容器に，深さ 5 cm まで水が入っています。

この中に，底面積が 20 cm² で，高さが 10 cm の直方体のおもりを底まで垂直に入れると，水の深さは何 cm になりますか。

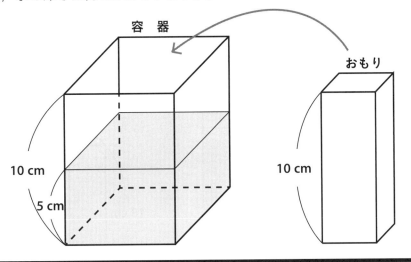

図1 のような，底面が正方形で，高さが 25 cm の直方体の容器に，深さ 12 cm まで水が入っています。この容器に，図2 の直方体のおもりをまっすぐ立てると，水の深さが 15 cm になりました。

このとき，下の問いに答えなさい。

図1 容 器

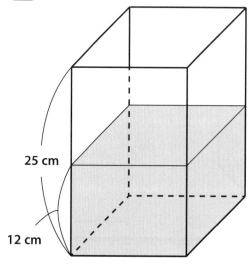

25 cm

12 cm

図2 おもり

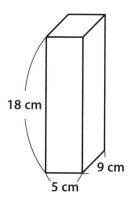

18 cm

5 cm

9 cm

（1） 図1 の容器の底面の 1 辺の長さは何 cm ですか。

（2） 1 本のおもりを容器の底に立てたあと，このおもりを何 cm かまっすぐ引き上げると，水の深さは 14 cm になりました。おもりを何 cm 引き上げましたか。

（3） 図2 のおもり 2 本を，図1 の容器の底にまっすぐ立てると，水の深さは何 cm になりますか。

水を入れる A 管，B 管と，水を出す C 管のついた水そうがあります。はじめ，A 管と B 管だけを開いて水を入れ，しばらくして C 管も開きました。その後，A 管だけを閉じました。次のグラフは，水そうに水を入れ始めてからの時間と，水そうにたまった水の量を表したものです。

A 管，B 管からは，それぞれ毎分何 L の水が入りますか。また，C 管からは，毎分何 L の水が出ますか。

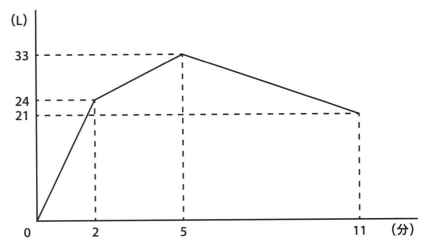

図1 のような水そうに，一定の割合で水を入れました。図2 のグラフは，水を入れ始めてからの時間と水の深さの関係を表したものです。

このとき，下の問いに答えなさい。

図1

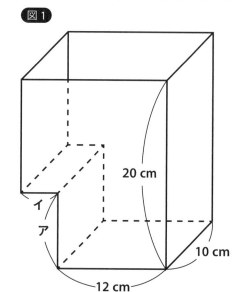

図2

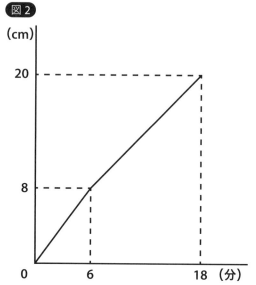

（1）アの長さは何 cm ですか。

（2）イの長さは何 cm ですか。

　図1 のような水そうに，一定の割合で水を入れました。図2 のグラフは，水を入れ始めてからの時間と水の深さの関係を表したものです。

　このとき，下の問いに答えなさい。

図1

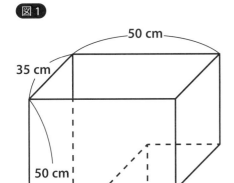

図2

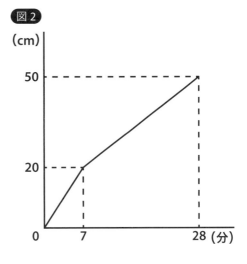

（1）　アの長さは何 cm ですか。

（2）　水を入れ始めてから 12 分後の水の深さは何 cm ですか。

図1 のような，しきりのついた水そうがあります。この水そうの A の側(がわ)に，一定の割合(わりあい)で水を入れました。図2 のグラフは，水を入れ始めてからの時間と，A の部分の水の深さの関係(かんけい)を表したものです。

このとき，下の問いに答えなさい。

図1

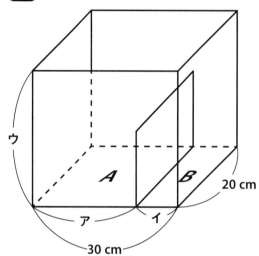

図2

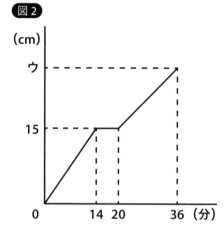

（1） ア,イの長さはそれぞれ何 cm ですか。

（2） ウの長さは何 cm ですか。

次ページから解答です➡

第 1 章 平面図形(1) 角度と図形の性質

Check 1

(1) 対頂角は等しいから, 角アも 121 度。

121 度 答え

(2) 150 度の角に注目すると, 対頂角は等しいから, 次の図のようになる。

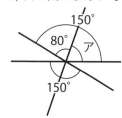

角ア＝150－80＝70(度)

70 度 答え

(3) 91 度の角に注目すると, 対頂角は等しいから, 次の図のようになる。

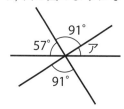

一直線の角度は 180 度だから,
角ア＝180－(57＋91)＝32(度)

32 度 答え

Check 2

(1) 直線 A と B は平行だから, 同位角は等しい。同位角(111 度)をかくと, 次の図のようになる。

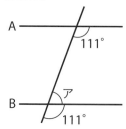

一直線の角度は 180 度だから,
角ア＝180－111＝69(度)

69 度 答え

別 解 一直線の角度は 180 度だから, 111 度の角のとなりの角は,

180－111＝69(度)

これより, 次の図のようになる。

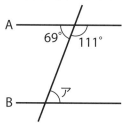

角アと 69 度の角は錯角で, 2 つの直線が平行ならば, 錯角は等しいから,
角ア＝69 度

69 度 答え

(2) 次の図のように, 直線 A と B に平行な補助線を引く。

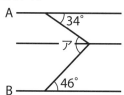

2 つの直線が平行ならば, 錯角は等しいから, 次の図のようになる。

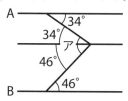

角ア＝34＋46＝80(度)

80 度 答え

(3) 次の図のように, 直線 A と B に平行な補助線 C と D を引く。

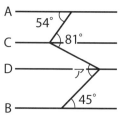

2 つの直線が平行ならば, 錯角は等しいから, 次の図のようになる。

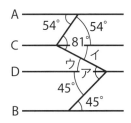

角イ＝81－54＝27（度）
直線 C と D は平行で, 2 つの直線が平行ならば, 錯角は等しいから,
　　角ウ＝角イ＝27 度
　　角ア＝27＋45＝72（度）

72 度 答え

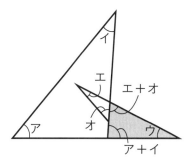

これより, 角ア～角オが, 1 つの三角形の内角に集められた。
　三角形の内角の和は 180 度だから, 角ア～角オの 5 つの角の和は 180 度である。

180 度 答え

Check 3

（1）　外角の性質「三角形の 1 つの外角は, それととなり合わない 2 つの内角の和に等しい」より, 63 度と 60 度の和が, 外角アの大きさになるから,
　　角ア＝63＋60＝123（度）

123 度 答え

（2）　外角の性質「三角形の 1 つの外角は, それととなり合わない 2 つの内角の和に等しい」より, 71 度と角アの和が, 外角の 115 度になるから,
　　角ア＝115－71＝44（度）

44 度 答え

Check 4

　まず, 次のように補助線を引いて, 三角形をつくる。

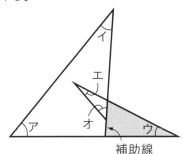

補助線

　外角の性質「三角形の 1 つの外角は, それととなり合わない 2 つの内角の和に等しい」より, 次のようになる。

Check 5

（1）　二等辺三角形の底角は等しいので, 角 B と角アの大きさは等しい。
　　角ア＝（180－77）÷2＝51.5（度）

51.5 度 答え

（2）　二等辺三角形の底角は等しいので, 角 B と角 C の大きさは同じで, それぞれ 68 度である。
　外角の性質「三角形の 1 つの外角は, それととなり合わない 2 つの内角の和に等しい」より,
　　角ア＝68＋68＝136（度）

136 度 答え

Check 6

　AO＝AB より, 三角形 AOB は二等辺三角形で, 底角は等しいから,
　　角ア＝角 ABO
　また, 三角形 AOB において, 外角の性質より,
　　角ア＋角 ABO＝角 BAC
　よって, 角 BAC は, 角ア 2 つ分の大きさである。
　BA＝BC より, 三角形 BAC は二等辺三角形で, 底角は等しいから,
　　角 BAC＝角 BCA（＝角ア 2 つ分）
　次に, 三角形 BOC において, 外角の性質より,

角 BOC（角ア 1 つ分）＋角 BCO（角ア 2 つ分）
＝角 DBC（角ア 3 つ分）
　CB＝CD より, 三角形 CBD は二等辺三角
形で, 底角は等しいから,
　　角 CBD＝角 CDB（＝角ア 3 つ分）
　三角形 DOC において, 外角の性質より,
　　角 DOC（角ア 1 つ分）＋角 ODC（角ア 3 つ分）
＝角 DCF（角ア 4 つ分）＝100 度
　角 DCF は, 角ア 4 つ分の大きさで, それが
100 度なのだから,
　　角ア＝100÷4＝25（度）
　角ア 1 つ分の大きさを黒丸（●）を使って
表すと, 次の図のようになる。

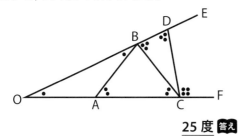

25 度 答え

Check 7

　三角形 ABC は, 60 度, 30 度, 90 度の角
でできた三角定規である。三角形 DEF は,
45 度, 90 度, 45 度の角でできた三角定規
である。
　まず, 三角形 IHF に注目する。角 IHF は 62
度, 角 F は 45 度で, 三角形の内角の和は 180
度だから,
　　角 HIF＝180－（62＋45）＝73（度）
　角 HIF と角 AIJ は対頂角で等しいから,
　　角 AIJ＝角 HIF＝73 度
　次に, 三角形 AJI に注目する。角 AIJ は 73
度, 角 A は 60 度で, 外角の性質より, 73 度
（角 AIJ）と 60 度（角 A）をたしたものが, 角ア
（外角 AJD）の大きさになるから,
　　角ア＝73＋60＝133（度）

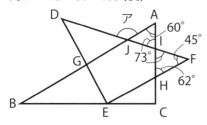

133 度 答え

Check 8

(1)　「向かい合った辺が 1 組だけ平行な四
　　角形」は, アの台形だけである。

ア 答え

(2)　「対角線がそれぞれの真ん中の点で交
　　わる四角形」は, イの平行四辺形, ウのひ
　　し形, エの長方形, オの正方形である。
　　※　ひし形, 長方形, 正方形はどれも, 特
　　　別な平行四辺形で, 平行四辺形の性質
　　　を合わせ持っている。

イ, ウ, エ, オ 答え

(3)　「対角線が垂直に交わる四角形」は, ウ
　　のひし形, オの正方形である。
　　※　正方形は, ひし形の性質を合わせ
　　　持っている。

ウ, オ 答え

Check 9

(1)　□角形の内角の和＝180×（□－2）
　　で求められるから,
　　　180×（11－2）＝1620（度）

1620 度 答え

(2)　□角形の内角の和＝180×（□－2）
　　で求められるから,
　　　180×（□－2）＝2160（度）
　　　□－2＝2160÷180＝12
　　　□＝12＋2＝14

十四角形 答え

(3)　図形は五角形なので, 五角形の内角の
　　和を求めればよい。
　　　180×（5－2）＝540（度）

540 度 答え

Check 10

(1)　多角形の外角の和は 360 度だから,
　　　360÷20＝18（度）

18 度 答え

(2)　1 つの内角の大きさは 135 度だから,
　　1 つの外角の大きさは,

$180-135=45$（度）

多角形の外角の和は 360 度だから，

$360÷45=8$

正八角形 答え

(3) 内角の和を利用する方法と，外角の和を利用する方法がある。

（解き方その 1）

□角形の内角の和＝$180×(□-2)$

だから，九角形の内角の和は，

$180×(9-2)=1260$（度）

$1260÷9=140$（度）

140 度 答え

（解き方その 2）

多角形の外角の和は 360 度だから，正九角形の 1 つの外角は，

$360÷9=40$（度）

1 つの内角と 1 つの外角の和は 180 度だから，1 つの内角の大きさは，

$180-40=140$（度）

140 度 答え

Check 11

(1) □角形の対角線の本数

＝$(□-3)×□÷2$

の公式で求める。

八角形の対角線の本数は，

$(8-3)×8÷2=20$（本）

20 本 答え

(2) □角形の対角線の本数

＝$(□-3)×□÷2$

の公式で求める。

十八角形の対角線の本数は，

$(18-3)×18÷2=135$（本）

135 本 答え

第 **2** 章　平面図形(2)　**面積と長さ**

Check 12

(1) 「正方形の面積＝1 辺×1 辺」だから，

$□×□=64$

2 回かけて 64 になる数は，8 である。

8 答え

---

(2) 「長方形の面積＝たて×横」だから，

$8×□=56$

$□=56÷8=7$

7 答え

(3) 「平行四辺形の面積＝底辺×高さ」

だから，

$5×□=12$

$□=12÷5=2.4$

2.4 答え

(4) ひし形の対角線は垂直に交わる。

「対角線が垂直に交わる四角形の面積

＝対角線×対角線÷2」だから，

$□×10÷2=30$

$□=30×2÷10=6$

6 答え

(5) 正方形の対角線は垂直に交わる。

「対角線が垂直に交わる四角形の面積

＝対角線×対角線÷2」だから，

$□×□÷2=72$

$□×□=72×2=144$

2 回かけて 144 になる数は，12 である。

12 答え

(6) 図の四角形は，対角線が垂直に交わっている。

「対角線が垂直に交わる四角形の面積

＝対角線×対角線÷2」だから，

$9×□÷2=36$

$□=36×2÷9=8$

8 答え

(7) 「台形の面積＝（上底＋下底）×高さ÷2」

だから，

$(16+□)×18÷2=324$

$16+□=324×2÷18=36$

$□=36-16=20$

20 答え

Check 13

(1) 「三角形の面積＝底辺×高さ÷2」

だから，

$9×□÷2=27$

$□=27×2÷9=6$

6 答え

(2)　この三角形は, 底辺が 6 cm で, 高さが
　　□ cm である。
　　「三角形の面積＝底辺×高さ÷2」
　　だから,
　　　　6×□÷2＝9
　　　　□＝9×2÷6＝3

<u>3</u> 答え

(3)　この三角形の底辺を 6 cm の辺と考え
　　ると, 高さは 8 cm である。
　　「三角形の面積＝底辺×高さ÷2」
　　だから, この三角形の面積は,
　　　　6×8÷2＝24(cm²)
　　　次に, この三角形の底辺を 10 cm の辺
　　と考えると, 高さは□ cm である。
　　　また, 面積は 24 cm² だから,
　　「三角形の面積＝底辺×高さ÷2」より,
　　　　10×□÷2＝24
　　　　□＝24×2÷10＝4.8

<u>4.8</u> 答え

(1)　次の図のように補助線を引くと, ①と
　　②の三角形に分けられる。

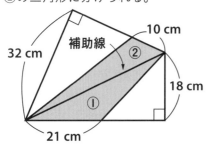

　　①の三角形の底辺は 21 cm, 高さは
　　18 cm だから, 面積は,
　　　　21×18÷2＝189(cm²)
　　　②の三角形の底辺は 10 cm, 高さは
　　32 cm だから, 面積は,
　　　　10×32÷2＝160(cm²)
　　　①と②の三角形の面積をたすと,
　　　　189＋160＝349(cm²)

<u>349 cm²</u> 答え

(2)　かげをつけた部分は, 次の図のよう
　　に, はしによせることができる。

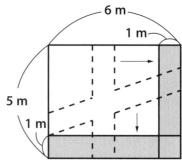

　　かげをつけた部分の面積は,
　　　　1×6＋(5−1)×1＝10(m²)

<u>10 m²</u> 答え

※　1×6＋5×1＝11(m²) としないように。
　　重なっている右下の正方形の面積
　　1×1＝1(m²) をひくのを忘れないように
　　注意する。

　まず, 下の 2 つの三角形を, 次の図のよう
に上に移す。

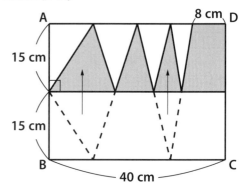

　そして, 左の 3 つの三角形を右によせる
と, 次の図のような台形になる。

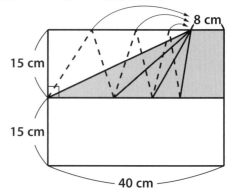

この台形の上底は 8 cm, 下底は 40 cm, 高

52

さは 15 cm だから, 面積は,

$$(8+40)\times15\div2=360\,(\text{cm}^2)$$

360 cm² 答え

Check 16

辺 AB と辺 CD はどちらも直線 BD に垂直だから, 辺 AB と辺 CD は平行である。

補助線 AD を引くと, 三角形 ABD と三角形 ABC は, 底辺も高さも等しいから, 面積も等しい。

三角形 ABD と三角形 ABC から, 重なっている部分 (三角形 ABE) を引いた面積も等しいから, 三角形 AED と三角形 BEC (かげをつけた部分) の面積は等しい。

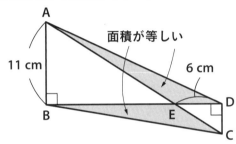

三角形 AED は, 底辺が 6 cm で, 高さが 11 cm だから, 面積は,

$$6\times11\div2=33\,(\text{cm}^2)$$

よって, 三角形 BEC (かげをつけた部分) の面積も 33 cm² である。

33 cm² 答え

Check 17

2 本の補助線を引くと, 長方形は 8 つの三角形に分けられる。

面積の等しい三角形をア, イ, ウ, エを使って表すと, 次のようになる。

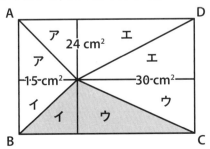

15 cm² の三角形と 30 cm² の三角形の面積の和 15＋30＝45 (cm²) は, ア＋イ＋ウ＋エとなり, 24 cm² の三角形とかげをつけた部分の三角形の面積の和も, ア＋イ＋ウ＋エとなる。

つまり, かげをつけた部分の面積は,

$$15+30-24=21\,(\text{cm}^2)$$

21 cm² 答え

別解 15 cm² の三角形と 30 cm² の三角形を, 次の図のように等積変形する。

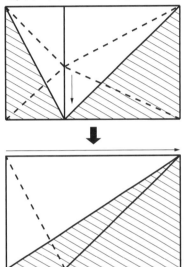

そうすると, 15 cm² の三角形と 30 cm² の三角形の面積の和 15＋30＝45 (cm²) が, 長方形の面積の半分であることがわかる。

24 cm² の三角形とかげをつけた部分の三角形の面積の和も, 長方形の面積の半分の 45 cm² ということである。

よって, かげをつけた部分の面積は,

$$45-24=21\,(\text{cm}^2)$$

21 cm² 答え

Check 18

(1) 三角形 ABC は, 30 度, 60 度, 90 度の直角三角形だから, 最も長い辺と最も短い辺の長さの比は, 2：1 である。

最も長い辺 BC と最も短い辺 AC の長さの比が 2：1 だから, 辺 AC の長さは,

$$9\div2=4.5\,(\text{cm})$$

（2）　三角形 ADB は直角二等辺三角形だから，AD＝DB＝3 cm

<u>4.5</u> 答え

<u>3</u> 答え

Check 19

（1）　三角形 ABC は，BA＝BC＝2 cm の二等辺三角形である。

　　　二等辺三角形の底角は等しいから，
　　　　角 A＝角 C＝75 度
　　　三角形の内角の和は 180 度だから，
　　　　角 B＝180－75×2＝30（度）
　　　頂点 A から辺 BC に垂直な直線を引き，辺 BC との交点を D とすると，次の図のようになる。

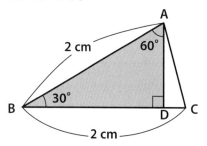

　　　三角形 ABD は，30 度，60 度，90 度の直角三角形で，最も長い辺 AB と最も短い辺 AD の長さの比は 2：1 だから，
　　　　AD＝2÷2＝1（cm）
　　　三角形 ABC の底辺を辺 BC とすると，高さは AD だから，三角形 ABC の面積は，
　　　　2×1÷2＝1（cm^2）

<u>1 cm^2</u> 答え

（2）　辺 BC を C のほうに延長した直線に，頂点 D から垂直な直線を引き，その交点を E とすると，次の図のようになる。

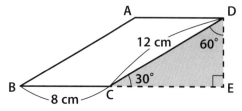

　　　角 DCE＝180－150＝30（度）
　　　三角形 DCE は，30 度，60 度，90 度

の直角三角形で，最も長い辺 DC と最も短い辺 DE の長さの比は 2：1 だから，
　　　　DE＝12÷2＝6（cm）
　　　平行四辺形 ABCD の底辺を辺 BC とすると，高さは DE だから，平行四辺形 ABCD の面積は，
　　　　8×6＝48（cm^2）

<u>48 cm^2</u> 答え

（3）　三角形 ABC は，AB＝AC＝6 cm の二等辺三角形である。

　　　二等辺三角形の底角は等しいから，
　　　　角 B＝角 C＝15 度
　　　辺 AB を A のほうに延長した直線に，頂点 C から垂直な直線を引き，その交点を D とすると，次の図のようになる。

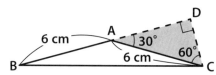

　　　三角形の外角の性質により，
　　　　角 CAD＝15＋15＝30（度）
　　　三角形 DAC は，30 度，60 度，90 度の直角三角形で，最も長い辺 AC と最も短い辺 CD の長さの比は 2：1 だから，
　　　　CD＝6÷2＝3（cm）
　　　三角形 ABC の底辺を辺 AB とすると，高さは CD だから，三角形 ABC の面積は，
　　　　6×3÷2＝9（cm^2）

<u>9 cm^2</u> 答え

（4）　三角形 ABC は直角二等辺三角形で，最も長い辺を底辺にしたとき，底辺と高さの比は 2：1 だから，辺 AC を底辺にすると，高さは，
　　　　10÷2＝5（cm）

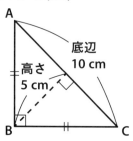

　　　三角形 ABC の面積は，

$$10 \times 5 \div 2 = 25(\text{cm}^2)$$

25 cm² 答え

Check 20

(1) この円の直径は,
$$3 \times 2 = 6(\text{cm})$$
「円周の長さ＝直径×円周率(3.14)」
だから, この円の円周の長さは,
$$6 \times 3.14 = 18.84(\text{cm})$$

18.84 cm 答え

(2) 「円の面積＝半径×半径×円周率
(3.14)」だから, この円の面積は,
$$3 \times 3 \times 3.14 = 28.26(\text{cm}^2)$$

28.26 cm² 答え

Check 21

(1) このおうぎ形の半径は 12 cm で, 中心
角は 240 度である。
「おうぎ形の弧の長さ
＝半径×2×円周率(3.14)×$\dfrac{\text{中心角}}{360}$」
だから, このおうぎ形の弧の長さは,
$$12 \times 2 \times 3.14 \times \dfrac{240}{360}$$
$$= 16 \times 3.14 = 50.24(\text{cm})$$
このおうぎ形の周りの長さは, 弧の長
さに, 半径 2 つ分をたして,
$$50.24 + 12 \times 2 = 74.24(\text{cm})$$

74.24 cm 答え

(2) 「おうぎ形の面積
＝半径×半径×円周率(3.14)×$\dfrac{\text{中心角}}{360}$」
だから, このおうぎ形の面積は,
$$12 \times 12 \times 3.14 \times \dfrac{240}{360}$$
$$= 96 \times 3.14 = 301.44(\text{cm}^2)$$

301.44 cm² 答え

Check 22

(1) この円の直径は,
$$50.24 \div 3.14 = 16(\text{cm})$$

半径は,
$$16 \div 2 = 8(\text{cm})$$
面積は,
$$8 \times 8 \times 3.14 = 200.96(\text{cm}^2)$$

200.96 cm² 答え

(2) このおうぎ形の半径を□ cm とする
と,
$$□ \times 2 \times 3.14 \times \dfrac{90}{360} = 9.42$$
$$□ \times 2 \times \dfrac{1}{4} = 9.42 \div 3.14 = 3$$
$$□ \times \dfrac{1}{2} = 3$$
$$□ = 3 \div \dfrac{1}{2} = 6$$
半径が 6 cm だから, 面積は,
$$6 \times 6 \times 3.14 \times \dfrac{1}{4}$$
$$= 9 \times 3.14 = 28.26(\text{cm}^2)$$

28.26 cm² 答え

(3) このおうぎ形の中心角を□度とする
と,
$$15 \times 2 \times 3.14 \times \dfrac{□}{360} = 18.84$$
$$15 \times 2 \times \dfrac{□}{360} = 18.84 \div 3.14 = 6$$
$$30 \times \dfrac{□}{360} = 6$$
$$\dfrac{□}{360} = 6 \div 30 = \dfrac{1}{5}$$
$$\dfrac{1}{5} = \dfrac{72}{360} \text{ だから,}$$
$$□ = 72$$

72 度 答え

Check 23

(1) $$9 \times 2 \times 3.14 - 5 \times 2 \times 3.14$$
$$= (9 - 5) \times 2 \times 3.14 = 4 \times 2 \times 3.14$$
$$= 8 \times 3.14$$
$$= 25.12$$

25.12 答え

(2)　$6×6×3.14×\dfrac{1}{2}-4×4×3.14×\dfrac{1}{2}$

$\qquad +2×2×3.14×\dfrac{1}{4}$

$\quad =\left(6×6×\dfrac{1}{2}-4×4×\dfrac{1}{2}+2×2×\dfrac{1}{4}\right)$

$\qquad ×3.14$

$\quad =(18-8+1)×3.14=11×3.14=34.54$

34.54 答え

Check 24

　大, 中, 小 3 つの半円が組み合わさった図形である。

　かげをつけた部分の周りの長さは, 大, 中, 小 3 つの半円の弧の長さの和である。

　大の半円の直径は,

　　$10×2=20(cm)$

　中の半円の直径は,

　　$20-4×2=12(cm)$

　小の半円の直径は,

　　$4×2=8(cm)$

「おうぎ形の弧の長さ

$=直径×円周率(3.14)×\dfrac{中心角}{360}$」

だから, かげをつけた部分の周りの長さ（大, 中, 小 3 つの半円の弧の長さの和）は,

　　$20×3.14×\dfrac{1}{2}+12×3.14×\dfrac{1}{2}$

　　$\quad +8×3.14×\dfrac{1}{2}$

　　$=(20+12+8)×3.14×\dfrac{1}{2}$

　　$=40×3.14×\dfrac{1}{2}=20×3.14=62.8(cm)$

　かげをつけた部分の面積は, 大の半円の面積から, 中の半円の面積と小の半円の面積をひけば求められる。

　大, 中, 小の半円の半径は, それぞれ

　　$10\ cm$,　$12÷2=6(cm)$,　$4\ cm$

「おうぎ形の面積

$=半径×半径×円周率(3.14)×\dfrac{中心角}{360}$」

だから, かげをつけた部分の面積は,

$\qquad 10×10×3.14×\dfrac{1}{2}-6×6×3.14×\dfrac{1}{2}$

$\qquad -4×4×3.14×\dfrac{1}{2}$

$\quad =(10×10-6×6-4×4)×3.14×\dfrac{1}{2}$

$\quad =48×3.14×\dfrac{1}{2}$

$\quad =24×3.14=75.36(cm^2)$

周りの長さ 62.8 cm, 面積 75.36 cm^2 答え

Check 25

（1）　かげをつけた部分の周りの長さは, 半径 6 cm の四分円の弧の長さ 2 つ分と, 半径 6 cm の半円の弧の長さ 1 つ分の和で求められる。

　それらを合わせると, 半径 6 cm の円の円周の長さと同じになるから,

　　$6×2×3.14=37.68(cm)$

37.68 cm 答え

（2）　葉っぱ形の 2 つの図形の面積の和を求めればよい。

　補助線 AE を引き, B を中心とした四分円に注目すると, 四分円の面積から, 直角二等辺三角形 ABE の面積をひけば, 葉っぱ形の図形の半分の面積が求められる。

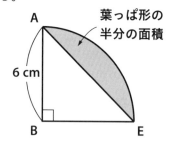

葉っぱ形の半分の面積

　葉っぱ形の図形の半分の面積は,

　　$6×6×3.14×\dfrac{1}{4}-6×6÷2$

　　$=9×3.14-18=28.26-18$

　　$=10.26(cm^2)$

　この $10.26\ cm^2$ が 4 つで, かげをつけた部分の面積（葉っぱ形 2 つ分）になるから,

　　$10.26×4=41.04(cm^2)$

$$\underline{\textbf{41.04 cm}^2}\ \text{答え}$$

別解　長方形の左半分に注目すると，1辺が 6 cm の正方形の中に，2 つの四分円が入っている形になる。

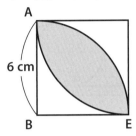

このような図形で，円周率が 3.14 の場合，「葉っぱ形の図形の面積は，正方形の面積の 0.57 倍になる」から，葉っぱ形の図形の面積は，

$$6×6×0.57＝20.52\,(\text{cm}^2)$$

かげをつけた部分の面積（葉っぱ形の図形の面積 2 つ分）は，

$$20.52×2＝41.04\,(\text{cm}^2)$$

$$\underline{\textbf{41.04 cm}^2}\ \text{答え}$$

(3)　補助線 BE と EC を引くと，BE と EC はともに，四分円の半径となり，

$$BE＝EC＝18\ \text{cm}$$

三角形 EBC の 3 辺はすべて 18 cm となり，三角形 EBC が正三角形であることがわかる。

正三角形の 1 つの角は 60 度なので，それを図に表すと，次のようになる。

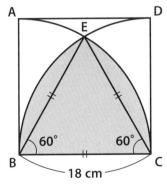

かげをつけた部分の周りの長さは，半径 18 cm，中心角 60 度のおうぎ形の弧の長さ 2 つ分と，辺 BC の長さの和だから，

$$18×2×3.14×\frac{1}{6}×2＋18$$
$$＝12×3.14＋18＝37.68＋18$$
$$＝55.68\,(\text{cm})$$

$$\underline{\textbf{55.68 cm}}\ \text{答え}$$

Check 26

半円の半径は，

$$6÷2＝3\,(\text{cm})$$

次の図のように，かげをつけていない部分の面積をウとする。

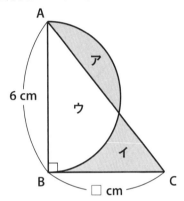

アとイの面積が等しいのだから，ア＋ウ（半径 3 cm の半円）とイ＋ウ（直角三角形 ABC）の面積も等しい。

半径 3 cm の半円の面積は，

$$3×3×3.14×\frac{1}{2}＝14.13\,(\text{cm}^2)$$

直角三角形 ABC の面積も 14.13 cm^2 だから，

$$□×6÷2＝14.13$$
$$□＝14.13×2÷6＝4.71$$

$$\underline{\textbf{4.71}}\ \text{答え}$$

Check 27

半径 8 cm の四分円の面積から，正方形 ABOC の面積をひけば，かげをつけた部分の面積が求められる。

正方形 ABOC の面積は，「対角線×対角線÷2」で求められる。

正方形 ABOC の対角線 AO は，四分円の半径の長さと等しく 8 cm だから，かげをつけ

た部分の面積は,

$$8 \times 8 \times 3.14 \times \frac{1}{4} - 8 \times 8 \div 2$$
$$= 50.24 - 32$$
$$= 18.24 \, (\text{cm}^2)$$

18.24 cm² 答え

Check 28

円の中心を O とする。

次の図のように, 補助線を引き, 新しく頂点 E をとり, 円の半径を 1 辺とした正方形 AEBO をつくる。

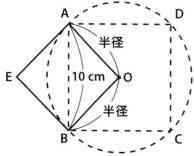

正方形 AEBO の対角線 AB の長さは 10 cm である。

正方形の面積は, 「対角線 × 対角線 ÷ 2」で求められるから, 正方形 AEBO の面積は,

$$10 \times 10 \div 2 = 50 \, (\text{cm}^2)$$

一方, 正方形の面積は, 「1 辺 × 1 辺」でも求めることができ, 正方形 AEBO の 1 辺は, 円の半径と同じだから,

「半径 × 半径 = 50」ということである。

「円の面積 = 半径 × 半径 × 3.14」だから, 円の面積は 50 × 3.14 で求められる。

かげをつけた部分の面積は, 円の面積から, 正方形 ABCD の面積をひけば求められるから,

$$50 \times 3.14 - 10 \times 10$$
$$= 157 - 100$$
$$= 57 \, (\text{cm}^2)$$

57 cm² 答え

Check 29

次の図のように補助線を引くと, ひもの部分を, おうぎ形の弧の部分と直線部分に

分けることができる。　　　**※は直線部分**

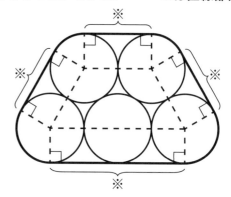

おうぎ形の弧の部分の長さの和は, 1 つの円の円周と同じになり, 直線部分の長さの和は, 6 × 2 × 5 で求められるから, ひもの長さは,

$$6 \times 2 \times 3.14 + 6 \times 2 \times 5$$
$$= 37.68 + 60$$
$$= 97.68 \, (\text{cm})$$

97.68 cm 答え

第 3 章　平面図形(3)　平面図形と比

Check 30

(1)　三角形 ABD は, 底辺 BD が 6 cm, 高さが 4 cm だから, 面積は,

$$6 \times 4 \div 2 = 12 \, (\text{cm}^2)$$

三角形 ADC は, 底辺 DC が 10 cm, 高さが 4 cm だから, 面積は,

$$10 \times 4 \div 2 = 20 \, (\text{cm}^2)$$

三角形 ABD…12 cm²,
三角形 ADC…20 cm² 答え

(2)　三角形 ABD と三角形 ADC の面積比は,

$$12 : 20 = 3 : 5$$

3 : 5 答え

(3)　三角形 ABD と三角形 ADC の面積比は, (2)より, 3 : 5

底辺比 BD : DC は,

$$6 : 10 = 3 : 5$$

よって, 面積比と底辺比は等しい。

等しい 答え

Check 31

(1)　高さが等しい三角形の底辺比と面積
　　比は等しいから，三角形 ABD と三角形
　　ADC の面積比は，
　　　　BD：DC＝3：5
　　と同じになる。
　　　三角形 ADC の面積が 25 cm² だから，
　　　三角形 ABD：25＝3：5
　　　よって，三角形 ABD の面積は，
　　　25÷5×3＝15(cm²)

　　　　　　　　　　15 cm² 📖答え

(2)　三角形 ABC と三角形 ADC の底辺比
　　BC：DC は，
　　　　(3＋5)：5＝8：5
　　　高さが等しい三角形の底辺比と面積
　　比は等しいから，三角形 ABC と三角形
　　ADC の面積比は，
　　　　BC：DC＝8：5
　　と同じになる。
　　　三角形 ABC の面積が 56 cm² だから，
　　　56：三角形 ADC＝8：5
　　　よって，三角形 ADC の面積は，
　　　56÷8×5＝35(cm²)

　　　　　　　　　　35 cm² 📖答え

Check 32

　　高さが等しい三角形の底辺比と面積比は
等しいから，三角形 EBD と三角形 EDC の面
積比は，
　　　　BD：DC＝4：1
と同じになる。
　　三角形 EDC の面積が 4 cm² だから，三角
形 EBD の面積は，
　　　　4×4＝16(cm²)
　　よって，三角形 EBC の面積は，
　　　　16＋4＝20(cm²)
　　高さが等しい三角形の底辺比と面積比は
等しいから，三角形 ABE と三角形 EBC の面
積比は，
　　　　AE：EC＝5：4
と同じになる。
　　三角形 EBC の面積が 20 cm² だから，
　　　三角形 ABE：20＝5：4

よって，三角形 ABE の面積は，
　　20÷4×5＝25(cm²)

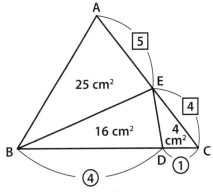

　　三角形 ABC
　　＝三角形 ABE＋三角形 EBC
　　＝25＋20＝45(cm²)

　　　　　　　　　　45 cm² 📖答え

Check 33

(1)　三角形 ABF と三角形 FBC の面積比は，
　　1：4 である。
　　　高さが等しい三角形の底辺比と面積
　　比は等しいから，AF：FC も 1：4 であ
　　る。

　　　　　　　　　　1：4 📖答え

(2)　三角形 FBD と三角形 FDC の面積比は
　　1：3 である。
　　　高さが等しい三角形の底辺比と面積
　　比は等しいから，◯を使って表すと，
　　BD：DC も ①：③ である。
　　　三角形 GDE と三角形 GEC の面積比は
　　1：1 である。
　　　高さが等しい三角形の底辺比と面積
　　比は等しいから，DE：EC も 1：1 であ
　　る。
　　　DC の長さの比は③で，DE：EC は
　　1：1 だから，DE と EC はそれぞれ，
　　　　③÷2＝①.5
　　よって，
　　　BD：DE：EC＝①：①.5：①.5
　　　　　　　　　　＝2：3：3

　　　　　　　　　　2：3：3 📖答え

<table>
<tr></tr>
</table>

Check 34

本誌 p.180 の「富士山の公式」を使う。

三角形 ABC の面積を 1 とすると，富士山の公式より，三角形 ADF の面積は，

$$\frac{5}{5+1} \times \frac{1}{1+2} = \frac{5}{18}$$

三角形 DBE の面積は，

$$\frac{1}{5+1} \times \frac{1}{1+3} = \frac{1}{24}$$

三角形 FEC の面積は，

$$\frac{2}{1+2} \times \frac{3}{1+3} = \frac{1}{2}$$

よって，三角形 DEF の面積は，

$$1 - \left(\frac{5}{18} + \frac{1}{24} + \frac{1}{2} \right) = \frac{13}{72}$$

三角形 DEF の面積は 39 cm² で，これは三角形 ABC の面積の $\frac{13}{72}$ にあたるから，三角形 ABC の面積は，

$$39 \div \frac{13}{72} = 216 (cm^2)$$

216 cm² 答え

Check 35

小さい三角形 ABC の 3 つの頂点から，大きい三角形 DEF の 3 つの頂点に 3 本の補助線 AF，BD，CE を引く。そして，補助線によってできる 7 つの三角形を，次の図のようにア〜キとする。

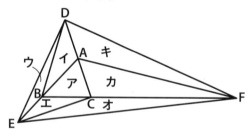

三角形 ABC の面積を ③ とおく。

※三角形 ABC の面積を ① とおいても解けるが，分数が出てくるので，ここでは ③ とおいて解く。

アとイの底辺比 CA：AD＝1：1 に注目すると，イの面積は ③ と求められる。

イとウの底辺比 AB：BE＝3：2 に注目すると，ウの面積は ② と求められる。

アとエの底辺比 AB：BE＝3：2 に注目すると，エの面積は ② と求められる。

エとオの底辺比 BC：CF＝1：3 に注目すると，オの面積は ⑥ と求められる。

アとカの底辺比 BC：CF＝1：3 に注目すると，カの面積は ⑨ と求められる。

カとキの底辺比 CA：AD＝1：1 に注目すると，キの面積は ⑨ と求められる。

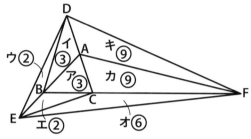

よって，三角形 DEF の面積は，

③＋③＋②＋②＋⑥＋⑨＋⑨＝㉞

三角形 DEF の面積 ㉞ は，三角形 ABC の面積 ③ の，

$$34 \div 3 = \frac{34}{3} = 11\frac{1}{3} (倍)$$

$11\frac{1}{3}$ 倍 答え

Check 36

(1) 本誌 p.188 の Point「三角形の面積比」の方法を使う。

次の図のように，3 つの三角形 ABG（ア），三角形 GBC（イ），三角形 AGC（ウ）に分けて考える。

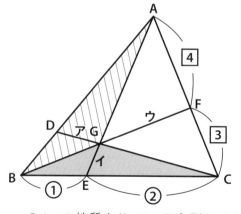

Point の性質より，アの三角形とイの

60

三角形の面積比は，AF：FC と等しい。つまり，アの三角形とイの三角形の面積比は，4：3 である。

また，アの三角形とウの三角形の面積比は，BE：EC と等しい。つまり，アの三角形とウの三角形の面積比は，1：2 である。

ア：イ＝4：3，ア：ウ＝1：2 より，連比にすると，次のようになる。

$$
\begin{array}{ccc}
ア & イ & ウ \\
4 & : & 3 \\
\end{array}
$$

$$\times 4 \left(\dfrac{1}{4} : \dfrac{2}{3} : \dfrac{2}{8} \right) \times 4$$

ア：イ：ウ＝4：3：8 で，求めたい AD：DB は，ウ：イ と等しいから，

AD：DB＝8：3

8：3 答え

(2)　三角形 ADG と三角形 AGC の面積比を求めれば，底辺比の DG：GC がわかる。

(1)より，ア：ウ＝1：2 である。

AD：DB＝8：3 だから，三角形 ADG の面積は三角形 ABG（ア）の面積の，

$$\dfrac{8}{8+3} = \dfrac{8}{11}(倍)$$

よって，

三角形 ADG：三角形 AGC

$$= \left(1 \times \dfrac{8}{11} \right) : 2 = 4 : 11$$

高さが等しい三角形の底辺比と面積比は等しいから，

DG：GC＝4：11

4：11 答え

Check 37

次の図のように，3 本の補助線 BD，AD，AE を引いて考える。

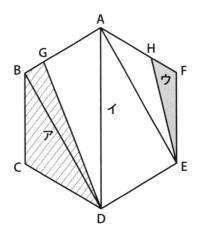

三角形 BCD の面積は，正六角形の面積の $\dfrac{1}{6}$ である。

四角形 ABCD の面積は，正六角形の面積の $\dfrac{1}{2}$ だから，三角形 BDA の面積は，正六角形の面積の，$\dfrac{1}{2} - \dfrac{1}{6} = \dfrac{1}{3}$ である。

三角形 BDG の面積は，三角形 ABD の，$\dfrac{1}{3+1} = \dfrac{1}{4}$ だから，三角形 BDG の面積は，正六角形の，$\dfrac{1}{3} \times \dfrac{1}{4} = \dfrac{1}{12}$ である。

よって，

アの四角形＝三角形 BCD＋三角形 BDG

$$= \dfrac{1}{6} + \dfrac{1}{12} = \dfrac{1}{4}$$ と求められる。

また，ウの三角形の面積は，三角形 AEF の面積の，$\dfrac{1}{2+1} = \dfrac{1}{3}$ である。三角形 AEF の面積は，正六角形の面積の $\dfrac{1}{6}$ である。

よって，ウの三角形の面積は，正六角形の面積の，

$$\dfrac{1}{6} \times \dfrac{1}{3} = \dfrac{1}{18}$$

と求められる。

また，イの五角形の面積は，正六角形の面積から，アの四角形とウの三角形の面積の和をひいたものだから，

$$1 - \left(\dfrac{1}{4} + \dfrac{1}{18} \right) = \dfrac{25}{36}$$

と求められる。

よって, 面積比ア：イ：ウは,

$$\frac{1}{4} : \frac{25}{36} : \frac{1}{18} = 9 : 25 : 2$$

9：25：2 答え

Check 38

(1) 相似比とは, 対応する辺の長さの比である。

　　長さ 2 cm の辺 AC と長さ 6 cm の辺 DF が対応する辺なので, 相似比は,

　　　2：6＝1：3

1：3 答え

(2) 相似な図形では, 対応する辺の長さの比はすべて等しいので, BC：EF も 1：3 である。

　　BC：9 cm＝1：3 だから,

　　BC＝9÷3＝3（cm）

3 cm 答え

(3) 相似な図形では, 対応する辺の長さの比はすべて等しいので, AB：DE も 1：3 である。

　　2.5 cm：DE＝1：3 だから,

　　DE＝2.5×3＝7.5（cm）

7.5 cm 答え

Check 39

(1) AB と CD は平行だから, 三角形 ABE と三角形 DCE はちょうちょ形の相似で, 相似比は,

　　AB：DC＝10：8＝5：4

　　相似な図形では, 対応する辺の長さの比はすべて等しいから, BE：CE も 5：4 である。

　　BC の長さが 9 cm で, BC を 5：4 に分けたうちの 5 のほうが BE, すなわち x の長さだから,

　　$x = 9 \times \dfrac{5}{5+4} = 5 \,(\text{cm})$

5 cm 答え

(2) AB と CD は平行だから, 三角形 EAB と三角形 ECD はピラミッド形の相似で, 相似比は,

AB：CD＝3.3：5.5＝3：5

　　相似な図形では, 対応する辺の長さの比はすべて等しいから, EA：EC も 3：5 である。

　　EA の長さが 2.7 cm だから,

　　2.7：EC＝3：5

　　EC＝2.7÷3×5＝4.5（cm）

AC, すなわち x の長さは,

　　x＝EC－EA＝4.5－2.7＝1.8（cm）

1.8 cm 答え

Check 40

(1) 点 A を通って, 辺 DC に平行な補助線を引き, 補助線と EF, BC との交点をそれぞれ G, H とする。

　　四角形 AGFD と四角形 GHCF はともに平行四辺形となり, 平行四辺形の 2 組の向かい合う辺の長さはそれぞれ等しいから, AG＝DF＝6 cm, GH＝FC＝4 cm である。

　　また,

　　AD＝GF＝HC＝9 cm

　　EG＝EF－GF＝12－9＝3（cm）

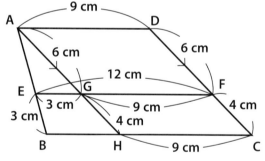

ここで, EG と BH は平行なので, 三角形 AEG と三角形 ABH はピラミッド形の相似で, 相似比は,

　　AG：AH＝6：（6＋4）＝3：5

　　相似な図形では, 対応する辺の長さの比はすべて等しいから, AE：AB も 3：5 である。

　　よって,

　　AE：EB＝3：（5－3）＝3：2

　　AE：3 cm＝3：2 だから,

　　AE＝3÷2×3＝4.5（cm）

4.5 cm 答え

（2）　三角形 AEG と三角形 ABH の相似比は
3：5 だから，EG と BH の比も 3：5 であ
る。
$$EG＝3 cm より，$$
$$3 cm：BH＝3：5，BH＝5 cm$$
$$BC＝BH＋HC＝5＋9＝14（cm）$$

14 cm 答え

Check 41

　DE と FG と BC は平行なので，三角形 ADE
と三角形 AFG と三角形 ABC は，ピラミッド
形の相似である。
　三角形 ADE と三角形 AFG と三角形 ABC
の相似比は，
$$AD：AF：AB$$
$$＝12：（12＋4）：（12＋4＋8）$$
$$＝12：16：24＝3：4：6$$
だから，三角形 ADE と三角形 AFG と三角形
ABC の面積比は，
$$（3×3）：（4×4）：（6×6）＝9：16：36$$
　よって，三角形ア：四角形イ：四角形ウの
面積比は，
　　三角形 ADE
　　：（三角形 AFG－三角形 ADE）
　　：（三角形 ABC－三角形 AFG）
$$＝9：（16－9）：（36－16）$$
$$＝9：7：20$$

9：7：20 答え

Check 42

　DE と BC は平行で，DE：BC＝4：5 だか
ら，イとウとエとオの面積比は，
$$（4×4）：（4×5）：（5×5）：（4×5）$$
$$＝16：20：25：20$$
　この比に丸をつけて，比の和を求めると，
$$⑯＋⑳＋㉕＋⑳＝㊹$$
となり，㊹が台形 DBCE の面積比になる。
　三角形 ADE と三角形 ABC はピラミッド
形の相似で，相似比は DE：BC＝4：5 だか
ら，面積比は，
$$（4×4）：（5×5）＝16：25$$

　よって，台形 DBCE の面積比は，
$$25－16＝9$$
　この比の 9 が ㊹ にあたるから，比の 1
は，
$$㊹÷9＝⑨$$
　三角形 ADE（ア）は，比の 16 だから，丸で
表すと，
$$⑨×16＝⑭⑷$$
　よって，
　　ア：イ：ウ：エ：オ
$$＝144：16：20：25：20$$

144：16：20：25：20 答え

Check 43

（1）　3 cm×50000
$$＝150000 cm＝1500 m＝1.5 km$$

1.5 km 答え

（2）　3.6km＝3600 m＝360000 cm
$$360000 cm×\frac{1}{50000}＝7.2 cm$$

7.2 cm 答え

（3）　面積なので，50000 を 2 回かける必要
がある。
$$10000 cm^2＝1 m^2，$$
$$1000000 m^2＝1 km^2 だから，$$
$$6 cm^2×50000×50000$$
$$＝15000000000 cm^2＝1500000 m^2$$
$$＝1.5 km^2$$

1.5 km² 答え

Check 44

（1）　地面に垂直に立てた長さ 50 cm
（＝0.5 m）の棒とその影 60 cm（＝0.6 m）
がつくる直角三角形と，身長 1.7 m の人
とその影がつくる直角三角形は相似に
なる。

63

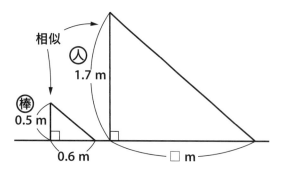

相似

人 1.7 m

棒 0.5 m

0.6 m ─ □ m

2つの直角三角形の相似比は、
　（棒の長さ）：（人の身長）
＝0.5：1.7＝5：17
影の長さも5：17になるから、
　0.6：（人の影の長さ）＝5：17
よって、
　（人の影の長さ）＝0.6÷5×17
　　　　　　　　　　＝2.04（m）

2.04 m 答え

(2)　かげの先の点Cから DB に平行な補助
　線を引き、補助線と木 AB との交点を E
　とする。
　　地面に垂直に立てた長さ0.5 m の棒
　とその影（0.6 m）がつくる直角三角形
　と、直角三角形 AEC は相似になり、EC の
　長さは BD の長さと同じく12 mである。

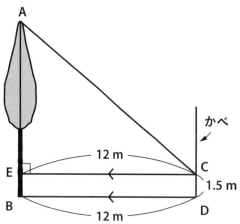

A

E

12 m

かべ

C

1.5 m

B　　12 m　　D

この2つの直角三角形の相似比は、
　（棒の影の長さ）：EC
＝0.6：12＝1：20で、
（棒の長さ）：AE も1：20になるから、
　0.5：AE＝1：20
　AE＝0.5×20＝10（m）
よって、

（木の高さ AB）＝AE＋EB
＝10＋1.5＝11.5（m）

11.5 m 答え

Check 45

(1)　三角形 AEG と三角形 CDG は、ちょう
　ちょ形の相似で、
　　AE：EB＝1：2
　だから、相似比は、
　　AE：CD＝1：（1＋2）＝1：3
　　よって、三角形 AEG と三角形 CDG の
　面積比は、
　　（1×1）：（3×3）＝1：9

1：9 答え

(2)　(1)より、三角形 AEG と三角形 CDG は
　相似で、相似比は1：3だから、
　　AG：GC＝1：3
　　また、三角形 AHD と三角形 CHF も、
　ちょうちょ形の相似で、
　　BF：FC＝1：3
　だから、相似比は、
　　AD：CF＝（1＋3）：3＝4：3
　　よって、
　　AH：HC＝AD：CF＝4：3

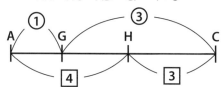

① ③
A　G　　H　　C
4 3

AG：GC＝1：3で、比の和は、
　1＋3＝4
AH：HC＝4：3で、比の和は、
　4＋3＝7
比の和を4と7の最小公倍数28に合
わせると、次のようになる。

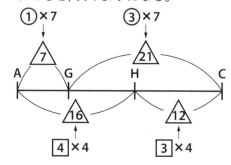

①×7 ③×7
7 21
A　G　　H　　C
16 12
4×4 3×4

よって,
　　AG：GH：HC
　　＝7：(16−7)：12＝7：9：12

7：9：12 答え

(3)　三角形 ACD と三角形 DGH は, 高さが
　　等しい三角形で, 高さが等しい三角形の
　　底辺比と面積比は等しいから, 三角形
　　ACD と三角形 DGH の面積比は, 底辺比
　　AC：GH と等しくなる。
　　　ここで, (2)より,
　　　AG：GH：HC＝7：9：12
　　だから,
　　　AC：GH＝(7＋9＋12)：9＝28：9
　　　よって, 三角形 ACD と三角形 DGH の
　　面積比も, 28：9 となる。

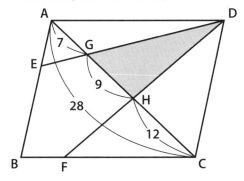

　　三角形 ACD の面積は, 平行四辺形

ABCD の面積の $\frac{1}{2}$ だから, 平行四辺形

ABCD の面積を比で表すと,
　　　28×2＝56
　　　よって, 平行四辺形 ABCD と三角形
　　DGH の面積比は, 56：9 である。

56：9 答え

Check 46

　　三角形 AEH と三角形 CDH は, ちょうちょ
形の相似で, AE：EB＝3：4 だから, 相似比
は,
　　　AE：CD＝3：(3＋4)＝3：7
　　よって, AH：CH も 3：7 である。
　　次に, AD を D のほうにのばした補助線
と, FG を G のほうにのばした補助線を引
き, その交点を J とする(角出し)。

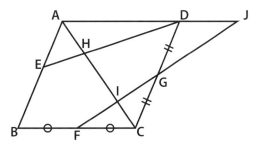

　　ここで, 三角形 DGJ と三角形 CGF も, ちょ
うちょ形の相似で, 相似比は,
DG：CG＝1：1 だから, FC：JD も 1：1
で, FC＝JD である。
　　また, 三角形 AIJ と三角形 CIF も, ちょう
ちょ形の相似で, BF＝FC, FC＝JD だから,
　　　AJ：CF＝(1＋1＋1)：1＝3：1
　　これより, 三角形 AIJ と三角形 CIF の相似
比は 3：1 だから, AI：CI も 3：1 である。

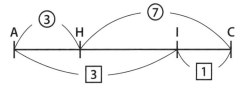

　AH：CH＝3：7 で, 比の和は,
　　3＋7＝10
　AI：CI＝3：1 で, 比の和は,
　　3＋1＝4
　比の和を 10 と 4 の最小公倍数 20 に合わ
せると, 次のようになる。

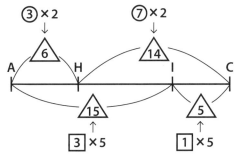

　よって,
　　AH：HI：IC＝6：(15−6)：5
　　　　　　　＝6：9：5

6：9：5 答え

Check 47

(1) 次の図のように，重なり始めから重なり終わりまでに，点Cは，

$$10+6=16(cm)$$

動いている。

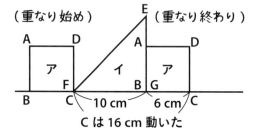

（重なり始め）　　　　（重なり終わり）

C は 16 cm 動いた

よって，アとイが重なっているのは，

$$16÷1=16(秒間)$$

16 秒間 答え

(2) アが動き始めてから 18 秒後は，次の図のようになり，かげをつけた部分が，アとイの重なった部分である。

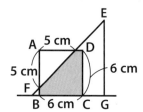

よって，重なった部分の面積は，

$$6×6-5×5÷2=23.5(cm^2)$$

**23.5 cm² ** 答え

(3) 1 回目に，重なった部分の面積が，アの面積の半分になるのは，次の図のようになったときである。

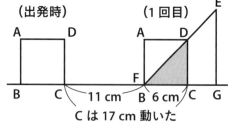

（出発時）　　　　（1 回目）

C は 17 cm 動いた

点 C は，アが動き始めてから，

$$11+6=17(cm)$$

動いているから，1 回目は，

$$17÷1=17(秒後)$$

2 回目に，重なった部分の面積が，アの面積の半分になるのは，次の図のようになったときである。

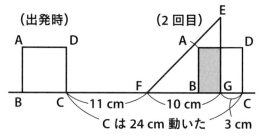

（出発時）　　　　（2 回目）

C は 24 cm 動いた

点 C は，アが動き始めてから，

$$11+10+3=24(cm)$$

動いているから，2 回目は，

$$24÷1=24(秒後)$$

17 秒後と 24 秒後 答え

Check 48

かげをつけた部分の面積は，全体（直径 9 cm の半円＋半径 9 cm，中心角 40 度のおうぎ形）の面積から，白い部分（直径 9 cm の半円）の面積をひいたものである。

全体から白い部分をひくと，半円の面積が消されて，かげをつけた部分の面積は，半径 9 cm，中心角 40 度のおうぎ形の面積に等しいことがわかる。

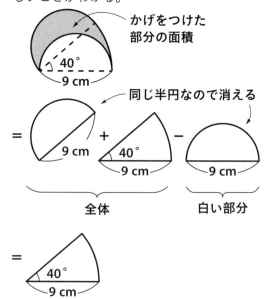

$$9 \times 9 \times 3.14 \times \frac{40}{360} = 9 \times 3.14$$
$$= 28.26 \, (\text{cm}^2)$$

28.26 cm² 答え

Check 49

かげをつけた部分の一部を, 次のように移動する。

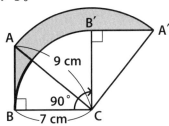

↓ 太く囲んだ部分を移動する

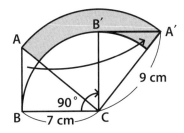

すると, かげをつけた部分の面積は, 半径9cmの四分円の面積から, 半径7cmの四分円の面積をひいたものであることがわかる。

$$9 \times 9 \times 3.14 \times \frac{1}{4} - 7 \times 7 \times 3.14 \times \frac{1}{4}$$

$$= (9 \times 9 - 7 \times 7) \times 3.14 \times \frac{1}{4}$$

$$= 32 \times 3.14 \times \frac{1}{4}$$

$$= 8 \times 3.14 = 25.12 \, (\text{cm}^2)$$

25.12 cm² 答え

別解 かげをつけた部分の面積は, 全体(三角形ABC＋半径9cmの四分円)の面積から, 白い部分(半径7cmの四分円＋三角形A'B'C)の面積をひいたものである。

全体から白い部分をひくと, 三角形ABCと三角形A'B'Cの面積が消される。

よって, かげをつけた部分の面積は, 半径9cmの四分円の面積から, 半径7cmの四分円の面積をひけば求められる。

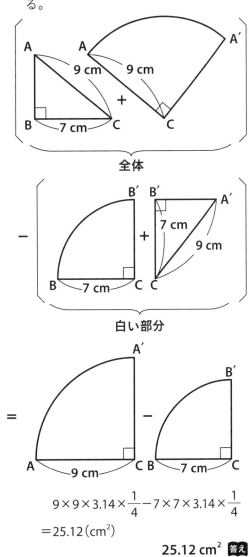

$$9 \times 9 \times 3.14 \times \frac{1}{4} - 7 \times 7 \times 3.14 \times \frac{1}{4}$$

$$= 25.12 \, (\text{cm}^2)$$

25.12 cm² 答え

（1）　円の中心Oがえがく線は, 次の図のようになる。

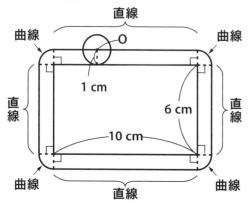

　円の中心Oがえがく線は, 直線部分と曲線部分からできている。

　円の中心Oがえがく線の直線部分の長さの和は, 長方形の周りの長さと同じだから,

$$(6+10)×2＝32(cm)$$

　円の中心Oがえがく線の曲線部分は, 1つ1つが四分円の弧で, それが4つあるから, 半径1cmの円周の長さと等しくなる。

　だから, 円の中心Oがえがく線の曲線部分の長さの和は,

$$1×2×3.14＝6.28(cm)$$

　よって, 円の中心Oがえがく線の長さは,

$$32＋6.28＝38.28(cm)$$

38.28 cm 答え

（2）　円が通った部分にかげをつけると, 次の図のようになる。

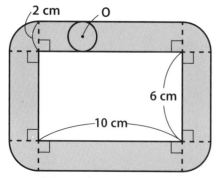

　円が通った部分の形は, 4つの長方形と, 4つの四分円でできている。

　4つの長方形の面積の和は, 長方形ABCDの周りの長さに, 円の直径2cmをかければ求められる。

　（1）から, 長方形の周りの長さは32cmだから, 4つの長方形の面積の和は,

$$32×2＝64(cm^2)$$

　4つの四分円を合わせると, 半径2cmの1つの円になるから, 4つの四分円の面積の和は,

$$2×2×3.14＝12.56(cm^2)$$

　よって, 円が通った部分の面積は,

$$64＋12.56＝76.56(cm^2)$$

76.56 cm^2 答え

（1）　円の中心Oがえがく線は, 次の図のようになる。

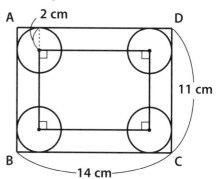

　円の中心Oは, 長方形をえがく。

　円の中心Oがえがいた長方形のたての長さは,

$$11－2×2＝7(cm)$$

　一方, 横の長さは,

$$14－2×2＝10(cm)$$

　よって, 円の中心Oがえがく線の長さは,

$$(7＋10)×2＝34(cm)$$

34 cm 答え

（2）　円が通った部分にかげをつけると, 次の図のようになる。

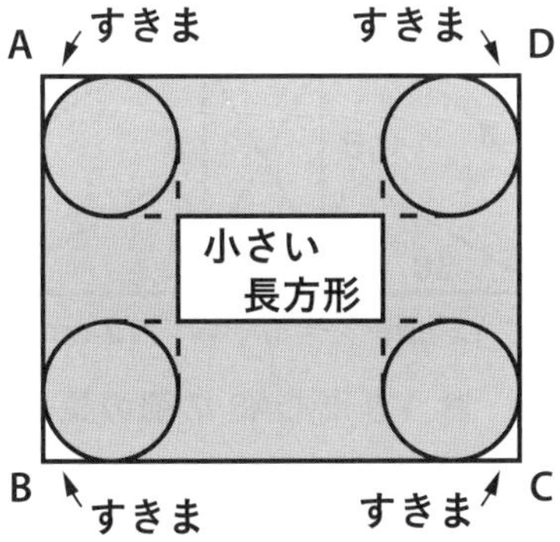

円が通った部分の面積は，長方形ABCDの面積から，内側の小さい長方形の面積と，4すみのすきまの面積の和をひけば求められる。

内側の小さい長方形のたての長さは，

11－4×2＝3(cm)

横の長さは，

14－4×2＝6(cm)

よって，面積は，

3×6＝18(cm^2)

4すみのすきまの面積の和は，1辺が4cmの正方形の面積から，半径2cmの円の面積をひけば求められる。

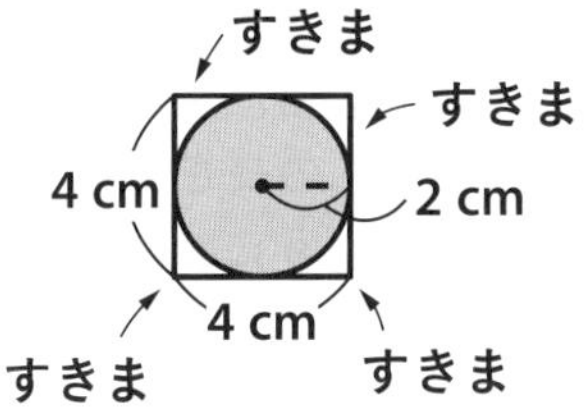

4すみのすきまの面積の和は，

4×4－2×2×3.14＝3.44(cm^2)

円が通った部分の面積は，長方形ABCDの面積から，内側の小さい長方形の面積と，4すみのすきまの面積の和をひけば求められるから，

11×14－(18＋3.44)

＝132.56(cm^2)

132.56 cm^2 答え

Check 52

正三角形が，アの位置からウの位置まで転がるとき，点Bが動いたあとは，次の図のようになる。

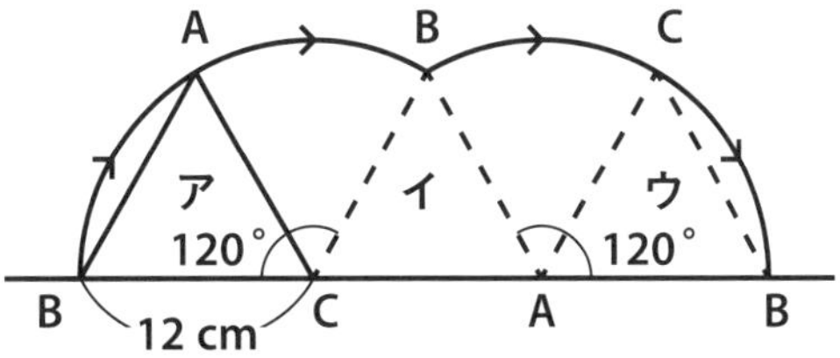

180－60＝120(度)

より，点Bが動いたあとは，半径が12cmで，中心角が120度のおうぎ形の弧2つ分である。

よって，点Bが動いた長さは，

$12 \times 2 \times 3.14 \times \frac{1}{3} \times 2 = 16 \times 3.14$

＝50.24(cm)

50.24 cm 答え

Check 53

(1) 長方形ABCDを，アの位置からエの位置まで転がすとき，点Bが動いたあとは，次の図のようになる。

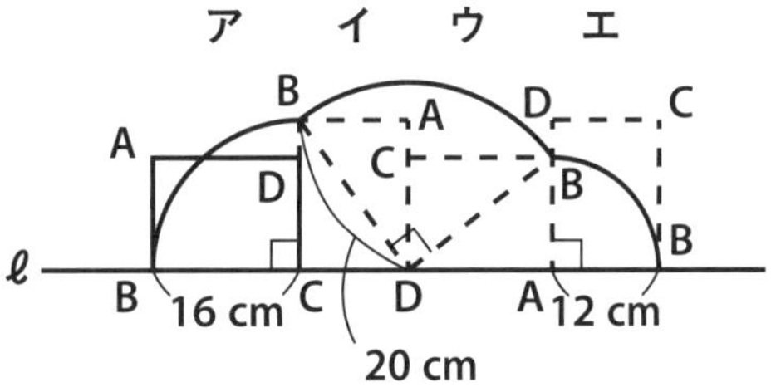

点Bの動きは，3つの四分円の弧に分けられる。

アの位置からイの位置まで

➡ 半径がBC(＝16 cm)の四分円の弧

イの位置からウの位置まで

➡ 半径がBD(＝20 cm)の四分円の弧

ウの位置からエの位置まで

➡ 半径がAB(＝12 cm)の四分円の弧

よって，3つの四分円の弧の長さの和を求めれば，点Bが動いた長さが何cmか求められる。

$$16 \times 2 \times 3.14 \times \frac{1}{4}$$

$$+20 \times 2 \times 3.14 \times \frac{1}{4}$$

$$+12 \times 2 \times 3.14 \times \frac{1}{4}$$

$$=(16+20+12) \times 2 \times 3.14 \times \frac{1}{4}$$

$$=24 \times 3.14$$

$$=75.36 \text{(cm)}$$

<u>**75.36 cm**</u> 答え

(2) 点 B が動いた線と直線 ℓ で囲まれた部分は，3 つの四分円と，2 つの直角三角形でできている。

2 つの直角三角形を合わせると，長方形 ABCD になる。

よって，点 B が動いた線と直線 ℓ で囲まれた部分の面積は，3 つの四分円の面積と長方形 ABCD の面積の和である。

$$16 \times 16 \times 3.14 \times \frac{1}{4}$$

$$+20 \times 20 \times 3.14 \times \frac{1}{4}$$

$$+12 \times 12 \times 3.14 \times \frac{1}{4}$$

$$+12 \times 16$$

$$=(16 \times 16+20 \times 20+12 \times 12) \times 3.14$$

$$\times \frac{1}{4}+192$$

$$=800 \times 3.14 \times \frac{1}{4}+192$$

$$=200 \times 3.14+192$$

$$=628+192$$

$$=820 \text{(cm}^2)$$

<u>**820 cm^2**</u> 答え

Check 54

(1) おうぎ形 OAB が，アの位置からイの位置まで転がる様子と，点 O の動きは，次の図のようになる。

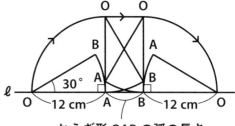

おうぎ形 OAB の弧の長さ

点 O が動いたあとの線は，半径 12 cm の四分円の弧の長さ 2 つ分と，おうぎ形 OAB（半径 12 cm，中心角 30 度）の弧の長さの和である。

$$12 \times 2 \times 3.14 \times \frac{1}{4} \times 2$$

$$+12 \times 2 \times 3.14 \times \frac{30}{360}$$

$$=(12+2) \times 3.14=14 \times 3.14$$

$$=43.96 \text{(cm)}$$

<u>**43.96 cm**</u> 答え

(2) 点 O が動いた線と直線 ℓ で囲まれた部分の面積は，半径 12 cm の四分円の面積 2 つ分と，長方形の面積の和である。

長方形の部分のたての長さは，おうぎ形 OAB の半径に等しいから，12 cm。

一方，長方形の部分の横の長さは，おうぎ形 OAB の弧の長さに等しい。

よって，次のように求めればよい。

$$\underbrace{12 \times 12 \times 3.14 \times \frac{1}{4} \times 2}_{\text{半径 12 cm の四分円の面積 2 つ分}}$$

$$\underbrace{+\underbrace{12}_{\text{長方形のたて}} \times \underbrace{12 \times 2 \times 3.14 \times \frac{30}{360}}_{\text{長方形の横（＝弧 AB の長さ）}}}$$

$$=(72+24) \times 3.14=96 \times 3.14$$

$$=301.44 \text{(cm}^2)$$

<u>**301.44 cm^2**</u> 答え

Check 55

(1) 点 P と点 Q は，出発するときに，

$$12 \times 3=36 \text{(cm)}$$

はなれている。

点 P と点 Q は，1 秒間に，

$$2+1=3 \text{(cm)}$$

ずつ近づいていくから, はじめて出会う
のは, 2点が出発してから,

　　36÷3＝12(秒後)

12秒後 答え

(2)　2点がはじめて出会ってから, 2点が
合わせて正方形の1周分の長さだけ進
んだときに, 2回目に出会う。

　　つまり, はじめて出会ってから, 2点
で合わせて,

　　12×4＝48(cm)

進んだときに, 2回目に出会う。

　　2点は1秒間に, 合わせて3cm進むか
ら, 合わせて48cm進むのは,

　　48÷3＝16(秒後)

で, その後も16秒ごとに2点は出会う。

　　(1)より, はじめは12秒後に出会っ
て, そのあとの,

　　20－1＝19(回)

は16秒ごとに出会うから, 20回目に出
会うのは, 2点が出発してから,

　　12＋16×19＝316(秒後)

　　つまり, 5分16秒後である。

5分16秒後 答え

Check 56

(1)　点PがDで折り返してAに向かう途
中で, 次の図のように, 直線PQが辺AB
とはじめて平行になる。

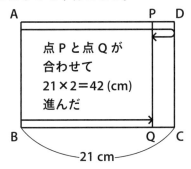

このとき, 2点は, 合わせて,

　　21×2＝42(cm)

進んでいる。

　　2点は1秒間に, 合わせて,

　　4＋3＝7(cm)

進むから, 直線PQが辺ABとはじめて平

行になるのは, 2点が出発してから,

　　42÷7＝6(秒後)

6秒後 答え

(2)　四角形ABQPの面積が, はじめて長方
形ABCDの面積の半分になるのは, 次の
図のようなときである。

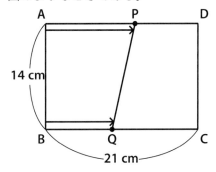

　　長方形ABCDを, 上底21cm, 下底
21cmの台形と考えると, 面積は,

　　(21＋21)×14÷2＝42×14÷2

で求められる。

　　また, 台形ABQPの上底はAPで, 下底
はBQである。

　　台形ABQPの面積は,

　　(AP＋BQ)×14÷2

で求められる。

　　台形ABQPの面積が長方形ABCDの面
積の半分になるとき, AP＋BQが42cm
の半分の21cmになる。

　　よって, 2点が合わせて21cm進む
のが何秒後か求めればよい。

　　2点は1秒間に, 合わせて7cm進むか
ら, 四角形ABPQの面積がはじめて長方
形ABCDの半分になるのは, 2点が出発
してから,

　　21÷7＝3(秒後)

3秒後 答え

---

^第 **5** ^章　**立体図形(1)　体積と表面積**

Check 57

(1)　「立方体の体積＝1辺×1辺×1辺」だ
から, 図1の立方体の体積は,

　　11×11×11＝1331(cm³)

　　「直方体の体積＝たて×横×高さ」だ

から, **図2** の直方体の体積は,

$$8×6×10=480(cm^3)$$

図1 **1331 cm³**, **図2** **480 cm³** 答え

(2) 1辺が 11 cm の正方形の面が 6 つある
から, **図1** の立方体の表面積は,

$$11×11×6=726(cm^2)$$

図2 の直方体は, 面積が,

$8×6(cm^2)$, $6×10(cm^2)$, $10×8(cm^2)$

の面がそれぞれ 2 つずつあるから,

図2 の直方体の表面積は,

$$(8×6+6×10+10×8)×2$$
$$=376(cm^2)$$

図1 **726 cm²**, **図2** **376 cm²** 答え

Check 58

(1) この 立 体 の 体 積 は, たて 6 cm, 横
7 cm, 高さ 5 cm の直方体の体積から, 1
辺が 3 cm の立方体の体積をひけばよい
から,

$$6×7×5−3×3×3$$
$$=210−27=183(cm^3)$$

183 cm³ 答え

(2) 次の図のかげをつけた部分の面積は
同 じ だ か ら, たて 6 cm, 横 7 cm, 高 さ
5 cm の直方体の表面積に, 1 辺が 3 cm
の正方形の面積 4 つ分をたせば, この立
体の表面積が求められる。

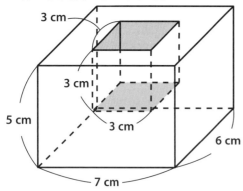

よって, この立体の表面積は,

$$(6×7+7×5+5×6)×2+3×3×4$$
$$=214+36=250(cm^2)$$

250 cm² 答え

Check 59

(1) AE+CG=BF+DH だから,

$$BF+9=11+3=14(cm)$$
$$BF=14−9=5(cm)$$

5 cm 答え

(2) 同じ立体を上下に 2 つ重ねると, 高さ
が 14 cm の直方体になる。

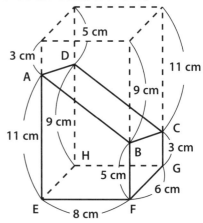

この立体の体積は, できた直方体の体
積の半分だから,

$$6×8×14÷2=336(cm^3)$$

336 cm³ 答え

Check 60

(1) **図1** の三角柱の底面積は,

$$9×12÷2=54(cm^2)$$

「柱体の体積＝底面積×高さ」だから,
図1 の三角柱の体積は,

$$54×7=378(cm^3)$$

図2 の立体の底面積は,

$$3×4+(5−3)×2=16(cm^2)$$

「柱体の体積＝底面積×高さ」だから,
図2 の立体の体積は,

$$16×2=32(cm^3)$$

図1 **378 cm³**, **図2** **32 cm³** 答え

(2) 「柱体の側面積＝底面の周りの長さ×
高さ」だから, **図1** の三角柱の側面積
は,

$$(9+12+15)×7=252(cm^2)$$

「柱体の表面積＝底面積×2＋側面積」
だから, **図1** の三角柱の表面積は,

$$54×2+252=108+252$$

＝360（cm²）

　図2 の立体の底面の周りの長さは，たて 5 cm，横 4 cm の長方形の周りの長さと同じだから，

　　（5＋4）×2＝18（cm）

　「柱体の側面積＝底面の周りの長さ×高さ」だから，図2 の立体の側面積は，

　　18×2＝36（cm²）

　「柱体の表面積＝底面積×2＋側面積」だから，図2 の立体の表面積は，

　　16×2＋36＝32＋36＝68（cm²）

図1 **360 cm²**，　図2 **68 cm²** 答え

Check 61

（1）　この円柱の底面の半径は，

　　10÷2＝5（cm）

　「柱体の体積＝底面積×高さ」だから，この円柱の体積は，

　　5×5×3.14×15＝375×3.14

　　＝1177.5（cm³）

1177.5 cm³ 答え

（2）　「柱体の側面積＝底面の周りの長さ×高さ」だから，この円柱の側面積は，

　　10×3.14×15

で求められる。

　「柱体の表面積＝底面積×2＋側面積」だから，この円柱の表面積は，次のように求められる。

　　$\underline{5×5×3.14×2}$
　　　　底面積

　　$+\underline{10×3.14×\underline{15}}$　←側面積
　　　　　　　　　↑高さ

　　↑底面の周りの長さ

　　＝（5×5×2＋10×15）×3.14

　　＝（50＋150）×3.14＝200×3.14

　　＝628（cm²）

628 cm² 答え

Check 62

　同じ立体を上下に 2 つ重ねると，次の図のように円柱になり，その高さは，

　　8＋6＝14（cm）

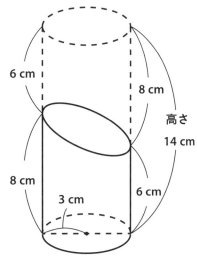

　この立体の体積は，できた円柱の体積の半分だから，

　　3×3×3.14×14÷2＝63×3.14

　　＝197.82（cm³）

197.82 cm³ 答え

Check 63

（1）　この四角すいの底面積は，

　　16×16＝256（cm²）

　「すい体の体積＝底面積×高さ×$\frac{1}{3}$」

だから，この四角すいの体積は，

　　256×6×$\frac{1}{3}$＝512（cm³）

512 cm³ 答え

（2）　「すい体の表面積＝底面積＋側面積」だから，この四角すいの表面積は，

　　256＋16×10÷2×4

　　＝256＋320＝576（cm²）

576 cm² 答え

Check 64

（1）　「すい体の体積＝底面積×高さ×$\frac{1}{3}$」

だから，この円すいの体積は，

　　8×8×3.14×6×$\frac{1}{3}$

　　＝128×3.14＝401.92（cm³）

401.92 cm³ 答え

(2) 「すい体の表面積＝底面積＋側面積」

　　この円すいの底面積は，

　　　8×8×3.14 (cm²)

　　この円すいの側面積は，

　　「母線×半径×3.14」の公式を使うと，

　　　10×8×3.14 (cm²)

　　よって，この円すいの表面積は，

　　　8×8×3.14＋10×8×3.14

　　＝(8＋10)×8×3.14

　　＝144×3.14＝452.16 (cm²)

452.16 cm² 答え

Check 65

(1) $\dfrac{半径}{母線}＝\dfrac{中心角}{360}$ の公式を使う。

　　母線の長さ 24 cm と，底面の半径 10 cm をこの公式にあてはめると，

　　　$\dfrac{10}{24}＝\dfrac{中心角}{360}$

　　$\dfrac{10}{24}＝\dfrac{150}{360}$ だから，中心角は 150 度

150 度 答え

(2) 「すい体の表面積＝底面積＋側面積」

　　この円すいの底面は，半径 10 cm の円だから，底面積は，

　　　10×10×3.14 (cm²)

　　この円すいの母線の長さは 24 cm，底面の半径は 10 cm だから，側面積は，

　　「母線×半径×3.14」の公式を使うと，

　　　24×10×3.14 (cm²)

　　よって，この円すいの表面積は，

　　　10×10×3.14＋24×10×3.14

　　＝(10＋24)×10×3.14

　　＝340×3.14＝1067.6 (cm²)

1067.6 cm² 答え

Check 66

　まず，$\dfrac{半径}{母線}＝\dfrac{中心角}{360}$ の公式から，円すいの展開図の側面を表すおうぎ形の中心角を求める。

　この円すいの母線の長さは 18 cm で，底

面の半径は 3 cm だから，公式より，

　　　$\dfrac{3}{18}＝\dfrac{中心角}{360}$

　　$\dfrac{3}{18}＝\dfrac{60}{360}$ だから，円すいの展開図の側面を表すおうぎ形の中心角は 60 度。

　もとの位置にもどってくるということは，360 度回転するということだから，それまでの回転数は，

　　　360÷60＝6 (回転)

6 回転 答え

別解　半径 18 cm の円周の長さは，

　　　18×2×3.14＝36×3.14 (cm)

　また，円すいの底面の円周の長さは，

　　　3×2×3.14＝6×3.14 (cm)

　もとの位置にもどってくるまでに何回転したかは，半径 18 cm の円周の長さが，円すいの底面の円周の長さの何倍か求めればよいから，

　　　(36×3.14)÷(6×3.14)＝6 (回転)

6 回転 答え

Check 67

(1) 直線 ℓ を軸として 1 回転させると，次の図のような立体になる。

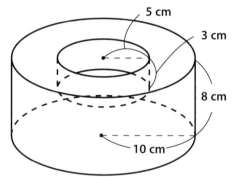

　できる立体は，底面が半径 10 cm の円で，高さが 8 cm の円柱から，底面が半径 10－5＝5 (cm) の円で，高さが 3 cm の円柱をくりぬいた立体である。

　よって，この立体の体積は，

　　　10×10×3.14×8－5×5×3.14×3

　　＝(10×10×8－5×5×3)×3.14

　　＝725×3.14＝2276.5 (cm³)

<u>**2276.5 cm³**</u> 答え

(2) 直線 ℓ を軸として 1 回転させると，次の図のような立体になる。

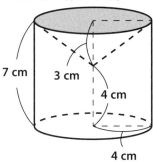

できる立体は，底面が半径 4 cm の円で，高さが 7 cm の円柱から，底面が半径 4 cm の円で，高さが 7−4＝3(cm) の円すいをくりぬいた立体である。

よって，この立体の体積は，

$4×4×3.14×7$

$-4×4×3.14×3×\dfrac{1}{3}$

$=4×4×3.14×\left(7-3×\dfrac{1}{3}\right)$

$=96×3.14＝301.44(cm^3)$

<u>**301.44 cm³**</u> 答え

Check 68

(1) 台形 ABCD を，直線 ℓ を軸として 1 回転させると，次のような円すい台になる。

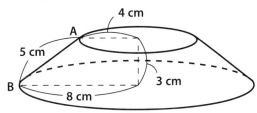

次の図のように，回転させる前の台形 ABCD の辺 BA を A のほうに延長した直線と，直線 ℓ との交点を O とする。

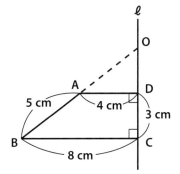

上の図で，辺 AD と辺 BC は平行だから，三角形 OAD と三角形 OBC は，ピラミッド形の相似で，相似比は，

AD：BC＝4：8＝1：2

これより，OA：OB も 1：2 になり，

OA：AB＝1：(2−1)＝1：1

だから，OA は 5 cm である。

また，OD：OC も 1：2 になり，

OD：DC＝1：(2−1)＝1：1

だから，OD は 3 cm である。

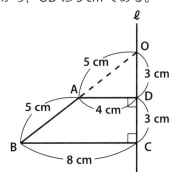

よって，この円すい台の体積は，底面の半径が 8 cm で，高さが，3＋3＝6(cm) の円すいの体積から，底面の半径が 4 cm で，高さが 3 cm の円すいの体積をひけばよい。

$8×8×3.14×6×\dfrac{1}{3}$

$-4×4×3.14×3×\dfrac{1}{3}$

$=(8×8×6-4×4×3)×3.14×\dfrac{1}{3}$

$=112×3.14＝351.68(cm^3)$

<u>**351.68 cm³**</u> 答え

別解 体積を求めたい円すい台は，大きい円すいから小さい円すいを切り取っ

た立体である。

　そして，大きい円すいと小さい円すい
は相似である。

　それぞれの母線の長さから，大きい円
すいと小さい円すいの相似比は，

　　　$(5+5):5=10:5=2:1$

　「相似比が A：B のとき，体積比は，
$(A×A×A):(B×B×B)$」だから，大きい
円すいと小さい円すいの体積比は，

　　　$(2×2×2):(1×1×1)=8:1$

　つまり，小さい円すいの体積は，大き
い円すいの体積の $\dfrac{1}{8}$ ということであ
る。

　体積を求めたい円すい台は，大きい円
すいから小さい円すいを切り取った立
体だから，円すい台の体積は，大きい円
すいの体積の $1-\dfrac{1}{8}=\dfrac{7}{8}$ ということで
ある。

　よって，円すい台の体積は，

　　　$8×8×3.14×6×\dfrac{1}{3}×\dfrac{7}{8}$

　　$=112×3.14=351.68(cm^3)$

　　　　　　　　351.68 cm³ 答え

(2)　求めたい円すい台の表面積は，半径
4 cm の円の面積と，半径 8 cm の円の面
積と，円すい台の側面積の和である。

　円すい台の側面積は，大きい円すいの
側面積から，小さい円すいの側面積をひ
けば求められる。

　大きい円すいの母線の長さは 10 cm，
底面の半径は 8 cm，小さい円すいの母
線の長さは 5 cm，底面の半径は 4 cm だ
から，円すい台の側面積は，

　　　$10×8×3.14-5×4×3.14$

で求められる。

　よって，この円すい台の表面積は，

　　　$4×4×3.14$　←半径 4 cm の円の面積

　　　$+8×8×3.14$　←半径 8 cm の円の面積

　　　$+10×8×3.14$　←大きい円すいの側面積

　　　$-5×4×3.14$　←小さい円すいの側面積

　　$=(4×4+8×8+10×8-5×4)$

　　　　$×3.14$

　　　$=140×3.14=439.6(cm^2)$

　　　　　　　　439.6 cm² 答え

Check 69

(1)　「表面積＝展開図の面積」だから，この
三角すいの表面積は，展開図である正方
形の面積を求めて，

　　　$18×18=324(cm^2)$

　　　　　　　　324 cm² 答え

(2)　正方形の展開図を組み立てると，次の
図のように，底面が直角二等辺三角形
で，高さが 18 cm の三角すいになる。

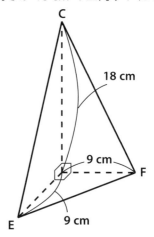

　よって，この三角すいの体積は，

　　　$9×9÷2×18×\dfrac{1}{3}=243(cm^3)$

　　　　　　　　243 cm³ 答え

(3)　この三角すいの体積は $243\ cm^3$ だか
ら，

　　三角形 ECF（底面積）×高さ×$\dfrac{1}{3}=243$

という式が成り立つ。

　三角形 ECF の面積は，正方形 ABCD の
面積（(1)より，$324\ cm^2$）の，

　　　$\dfrac{3}{1+2+2+3}=\dfrac{3}{8}$

　これより，三角形 ECF の面積は，

　　　$324×\dfrac{3}{8}=121.5(cm^2)$

　つまり，

　　　$121.5×高さ×\dfrac{1}{3}=243$

よって, 求める高さは,
243×3÷121.5=6(cm)

6 cm 答え

Check 70

（1）　この三角すいは, 底面が直角二等辺三角形 ADC で, 高さが DB で 4 cm だから, 体積は,

$$2×2÷2×4×\frac{1}{3}=\frac{8}{3}=2\frac{2}{3}(cm^3)$$

$2\frac{2}{3}$ **cm³** 答え

（2）　この三角すいの展開図は, 1 辺が 4 cm の正方形になるから, 表面積は,
4×4=16(cm²)

16 cm² 答え

（3）　三角形 ABC の面積は, 展開図である 1 辺が 4 cm の正方形の面積の $\frac{3}{8}$ だから,

$$16×\frac{3}{8}=6(cm^2)$$

6 cm² 答え

第 **6** 章　立体図形(2)　**展開図, 立方体の問題**

Check 71

まず, **図1** の立方体の各頂点に, 次のように, A ～ H を書きこむ。

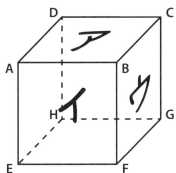

見取図から,「ア」の文字をふくむ面は面 ABCD であることがわかる。「ア」の向きに気をつけながら, 展開図の「ア」の文字をふくむ正方形に頂点を書きこむと, 次のよう

になる。

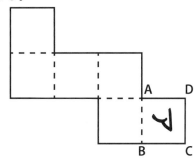

本誌 p.383 の「展開図に頂点の記号を書きこむコツ（まとめ）」にしたがって, 展開図の各頂点を決めていくと, 次のようになる。

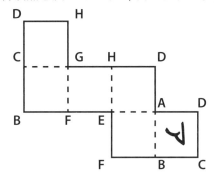

見取図から,「イ」の文字をふくむ面は面 AEFB で,「ウ」の文字をふくむ面は面 BFGC だから, 向きに気をつけながら, それぞれの文字を展開図に書きこむと, 次のようになる。

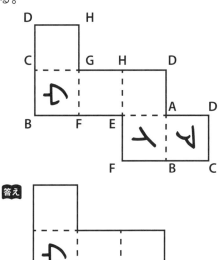

答え

77

糸が通る3つの面だけの展開図をかいて, 点 A と D(次の図では D′)をつなぐと, その直線が, 糸の通り道である。

※次の図で, 点 A と A′, 点 D と D′は, それぞれ組み立てると重なる点だが, 解説の都合上, 区別する。

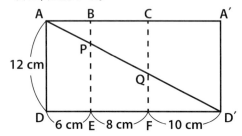

展開図で, 三角形 APB と三角形 D′PE は, ちょうちょ形の相似で,

AB : D′E＝6 : (8＋10)
　　　　＝6 : 18＝1 : 3

だから, PB : PE も 1 : 3 である。

　よって,

$$PE＝12×\frac{3}{1+3}＝12×\frac{3}{4}＝9(cm)$$

三角形 AQC と三角形 D′QF も, ちょうちょ形の相似で,

AC : D′F＝(6＋8) : 10
　　　　＝14 : 10＝7 : 5

だから, QC : QF も 7 : 5 である。

　よって,

$$QF＝12×\frac{5}{7+5}＝12×\frac{5}{12}＝5(cm)$$

PE＝9 cm, QF＝5 cm 答え

別解　展開図で, 三角形 ADD′と三角形 PED′は, ピラミッド形の相似で,

DD′ : ED′＝(6＋8＋10) : (8＋10)
　　　　　＝24 : 18＝4 : 3

だから, AD : PE も 4 : 3 である。

　よって,

$$PE＝12×\frac{3}{4}＝9(cm)$$

　また, 三角形 ADD′と三角形 QFD′も, ピラミッド形の相似で,

DD′ : FD′＝24 : 10＝12 : 5

だから, AD : QF も 12 : 5 である。

よって,

$$QF＝12×\frac{5}{12}＝5(cm)$$

PE＝9 cm, QF＝5 cm 答え

Check 73

この円すいの母線の長さは 16 cm で, 底面の円の半径は 4 cm である。

これを, 「$\frac{半径}{母線}＝\frac{中心角}{360}$」の公式にあてはめると,

$$\frac{4}{16}＝\frac{中心角}{360}$$

$\frac{4}{16}＝\frac{1}{4}＝\frac{90}{360}$ だから, 円すいの展開図で, 側面を表すおうぎ形の中心角は 90 度とわかる。

そして, 展開図で, 2つの点 A を結んだ直線の長さが, 最短距離になる。

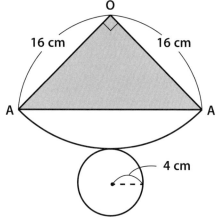

側面の糸から上の部分の面積は, 上の図のかげをつけた部分(直角二等辺三角形)だから, その面積は,

$$16×16÷2＝128(cm^2)$$

128 cm² 答え

Check 74

(1)　この立体を前, 上, 右から見ると, それぞれ次の図のようになる。

〔上から見た図〕

6個

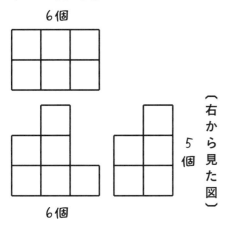

〔右から見た図〕

5個

6個

〔前から見た図〕

　見える正方形の個数は，前後からはそれぞれ6個，上下からはそれぞれ6個，左右からはそれぞれ5個だから，前後，上下，左右から見える正方形の個数の合計は，

　　（6＋6＋5）×2＝34（個）

　正方形1つの面の面積は，

　　5×5＝25（cm²）

だから，この立体の表面積は，

　　25×34＝850（cm²）

<u>**850 cm²**</u> 答え

(2)　この立体を前，上，右から見ると，それぞれ次の図のようになる。

〔上から見た図〕

6個

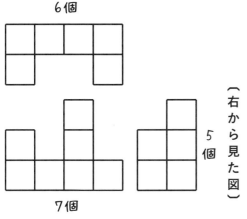

〔右から見た図〕

5個

7個

〔前から見た図〕

　見える正方形の個数は，前後からはそれぞれ7個，上下からはそれぞれ6個，左右からはそれぞれ5個だから，前後，上

下，左右から見える正方形の個数の合計は，

　　（7＋6＋5）×2＝36（個）

　また，次の図で，かげをつけた4つの面は，前後，上下，左右から見ても見えない。

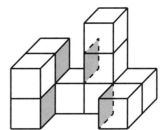

　この立体の表面の正方形の個数は，前後，上下，左右から見える36個に，かげをつけた4個をたして，

　　36＋4＝40（個）

　正方形1つの面の面積は，　25 cm²

だから，この立体の表面積は，

　　25×40＝1000（cm²）

<u>**1000 cm²**</u> 答え

Check 75

　真上から見た図に，正面と右横から見た段数を，矢印をつけて書きこむと，次の図のようになる。

真上

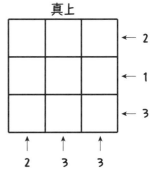

　　　　← 2

　　　　← 1

　　　　← 3

↑　　↑　　↑
2　　3　　3

「正面と横から見た個数が同じマスには，その個数を書きこむことができる」ので，次の図のようになる。

真上

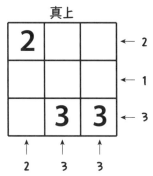

この図をもとに, 最多になる場合と最少
になる場合を考えると, それぞれ次の図の
ようになる。

真上

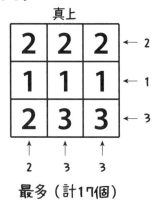

最多（計17個）

真上

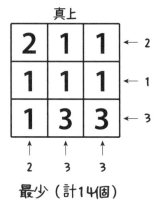

最少（計14個）

最も多いとき 17 個,

最も少ないとき 14 個 答え

Check 76

（1）　1 つの面だけが黒い立方体の個数は,
大きい立方体の 1 つの面につき,
$$3×3＝9(個)$$
ずつある。

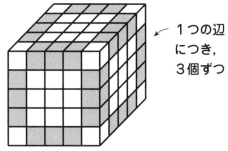

大きい立方体には面が 6 つあり, 1 つ
の面につき 9 個ずつあるから, 全部で,
$$9×6＝54(個)$$

54 個 答え

（2）　2 つの面が黒い立方体は, 大きい立方
体の 1 つの辺につき, 3 個ずつある。

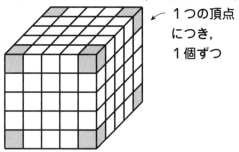

大きい立方体には辺が 12 あり, 1 つ
の辺につき 3 個ずつあるから, 全部で,
$$3×12＝36(個)$$

36 個 答え

（3）　3 つの面が黒い立方体は, 大きい立方
体の 1 つの頂点につき, 1 個ずつある。

1 つの頂点
につき,
1 個ずつ

大きい立方体には頂点が 8 個があり,
1 つの頂点につき 1 個ずつあるから, 全
部で, 8 個ある。

8 個 答え

（4）　小さい立方体の個数の 125 個から,
（1）～（3）の答えの和をひいて,
$$125－(54＋36＋8)＝27(個)$$

27 個 答え

別解 黒い面が 1 つもない立方体は, 1 辺
が 3 個の立方体をつくっているから,
　　　3×3×3＝27（個）

27 個 答え

Check 77

　段ごとの図をかき, まず, 上からぬき取ら
れた立方体に, ○の印をつける。

上から 1 段目　　　上から 2 段目

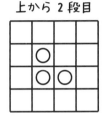

上から 3 段目　　　上から 4 段目

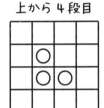

　さらに, 正面と横からぬき取られた立方
体に○をつけると, 次の図のようになる。

上から 1 段目　　　上から 2 段目

○は 3 個　　　　　○は 10 個

上から 3 段目　　　上から 4 段目

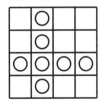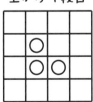

○は 7 個　　　　　○は 3 個

　ぬき取られた立方体の個数の和は,
　　　3＋10＋7＋3＝23（個）
　残っている立方体の個数は, 総数の 64 個
から 23 個をひいて,
　　　64－23＝41（個）

41 個 答え

Check 78

（1）「同じ面にある 2 つの点は直線で結べ
る」ので, 点 A と B, 点 B と C を直線で結
ぶ。

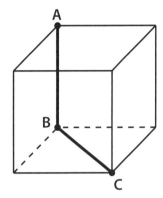

　「向かい合う 2 つの面の切り口は平行
になる」ので, 直線 BC と平行になるよう
に, 点 A から線を引き, 新しくできた点
と点 C を直線で結ぶ。

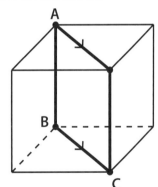

　この切り口の形は, 長方形である。

長方形 答え

（2）「同じ面にある 2 つの点は直線で結べ
る」ので, 点 A と C を直線で結ぶ。

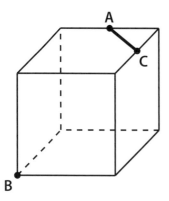

「切り口の直線と立方体の辺を延長して、同じ平面上の2点をつくって結ぶ」コツと「同じ面にある2つの点は直線で結べる」コツを使って、切り口の線をかき入れると、次の図のようになる。

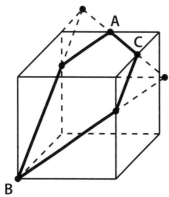

この切り口の形は、五角形である。

五角形 答え

（3）「同じ面にある2つの点は直線で結べる」ので、点AとC、点CとBを直線で結ぶ。

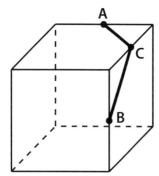

「切り口の直線と立方体の辺を延長して、同じ平面上の2点をつくって結ぶ」コツと「同じ面にある2つの点は直線で結べる」コツを使って、切り口の線をかき入れると、次の図のようになる。

き入れると、次の図のようになる。

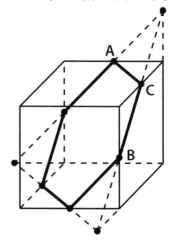

この切り口の形は、正六角形である。

正六角形 答え

Check 79

（1）「同じ面にある2つの点は直線で結べる」ので、点DとE、点EとPを直線で結ぶ。

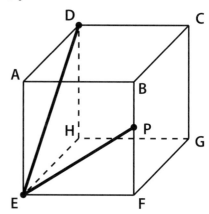

「向かい合う2つの面の切り口は平行になる」ので、DEと平行になるように、点Pから、辺BCに向かって線を引き、新しくできた点と点Dを直線で結ぶ。

新しくできた点を点Qとすると、
BQ＝BP＝6 cm

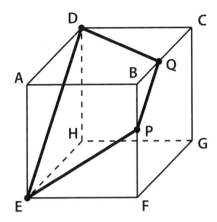

DQ＝EP なので，この切り口の形は，等脚台形である。

等脚台形 答え

(2) まず，小さいほうの立体の体積を求めて，それを 1 辺が 15 cm の立方体の体積からひき，大きいほうの立体の体積を求める。

この立体の AB，DQ，EP の 3 辺をそれぞれ右のほうに延長すると，次の図のように，大小の三角すいができる。

三角すいの頂点を点 O とする。

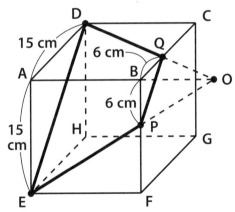

小さいほうの立体は，大きい三角すいから小さい三角すいを切り取った形である。

小さい三角すいの高さ OB を求めるため，三角形 OAE に注目する。

三角形 OBP と三角形 OAE は，ピラミッド形の相似で，三角形OBP と三角形 OAE の相似比は，

BP：AE＝6：15＝2：5

だから，OB：OA も 2：5 になる。

これより，

OB：BA＝2：(5－2)＝2：3

BA の長さは 15 cm だから，

$$OB = 15 \times \frac{2}{3} = 10(cm)$$

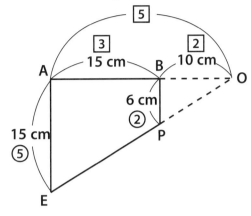

大きい三角すいの高さは，

10＋15＝25(cm)

小さい三角すいの高さは 10 cm だから，小さいほうの立体の体積は，次のように求めることができる。

$$\underbrace{15 \times 15 \div 2}_{底面積} \times \underbrace{25}_{高さ} \times \frac{1}{3} \quad \leftarrow \begin{array}{l}大きい三角\\すいの体積\end{array}$$

$$-\underbrace{6 \times 6 \div 2}_{底面積} \times \underbrace{10}_{高さ} \times \frac{1}{3} \quad \leftarrow \begin{array}{l}小さい三角\\すいの体積\end{array}$$

＝937.5－60

＝877.5(cm³)

1 辺が 15 cm の立方体の体積から，小さいほうの立体の体積をひけば，大きいほうの立体の体積が求められるから，大きいほうの立体の体積は，

15×15×15－877.5

＝3375－877.5

＝2497.5(cm³)

2497.5 cm³ 答え

第 **7** 章　立体図形(3)　**水の深さの変化とグラフ**

Check 80

この容器の内のりのたての長さは，

16－3×2＝10(cm)

内のりの横の長さは，

15−3×2＝9(cm)
内のりの深さは,
　23−3＝20(cm)

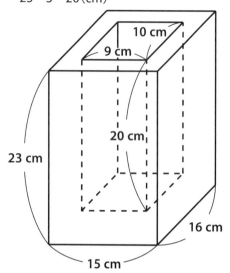

よって, この容器の容積は,
　10×9×20＝1800(cm³) ➡ 1.8 L
　この容器の板の体積は, たて 16 cm, 横 15 cm, 高さ 23 cm の外側の直方体の体積から, 内側のたて 10 cm, 横 9 cm, 高さ 20 cm の直方体の体積(1800 cm³)をひけば求められる。
　よって, この容器の板の体積は,
　16×15×23−1800
　＝5520−1800＝3720(cm³)
容積 1.8 L, 板の体積 3720 cm³ 答え

Check 81
(1)　容器 A に入っている水の体積は,
　　4×4×3.14×6＝96×3.14(cm³)
　容器 B に入っている水の体積は,
　　2×2×3.14×3＝12×3.14(cm³)
　2 つの容器に入っている水の体積は, 合わせて,
　　96×3.14＋12×3.14
　　＝(96＋12)×3.14
　　＝108×3.14(cm³)
　容器 A と B の底面積の和は,
　　4×4×3.14＋2×2×3.14
　　＝(4×4＋2×2)×3.14
　　＝20×3.14(cm²)

「水の深さ＝水の体積÷底面積」だから, 水の深さは,
　　(108×3.14)÷(20×3.14)
　　＝108÷20＝5.4(cm)
5.4 cm 答え
※最終的に 3.14 は消えるので, 3.14 をかける計算をしないまま進めていくと, 計算がラクである。
(2)　容器 A には, はじめ, 深さ 6 cm まで水が入っていて, 水を移すと, 深さが 5.4 cm になるのだから, 容器 A の深さ
　　6−5.4＝0.6(cm)
分の水を, 容器 B に移せばよい。
　よって, 移す水の体積は,
　　4×4×3.14×0.6＝9.6×3.14
　　＝30.144(cm³)
30.144 cm³ 答え

Check 82
(1)　図1 のときと 図2 のときの水の体積は同じで, 高さ(FG)も等しいから, 図1 と 図2 の水の部分(四角柱)の底面積は等しい。
　つまり, 長方形 PEFQ の面積と台形 REFB の面積は等しい。
　長方形 PEFQ は, 上底と下底がどちらも 16 cm で, 高さが 14 cm の台形と考えることができる。
　一方, 台形 REFB は, 上底が ER, 下底が 20 cm, 高さが 14 cm である。
　2 つの台形は, 面積も高さも等しいから, 上底と下底の和は等しい。
　よって, ER の長さは,
　　16×2−20＝12(cm)
12 cm 答え
(2)　容器の底面とゆかのつくる角度が 45 度になるようにかたむけたとき, 容器の面 AEFB を正面から見たときの図は, 次のようになる。
　水面と辺 AE の交わる点を S として, ゆかの左右をそれぞれ T, U とする。

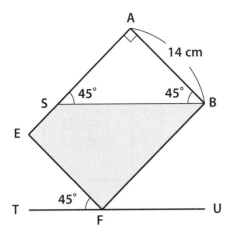

このとき, 三角形 ASB は直角二等辺三角形となるので,

AS＝AB＝14 cm

(1)のとき, AR＝20－12＝8(cm)

だから, こぼれた水の部分を斜線で表すと, 次の図のようになる。

※ RB は, 水がこぼれる前の水面である。

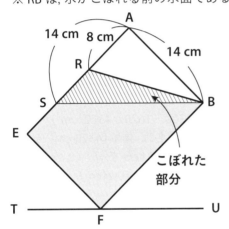

上の図の三角形 SBR の部分の水がこぼれたと考えられる。

このこぼれた水の部分は, 底面が三角形 SBR で, 高さが BC＝8 cm の三角柱の形をしている。

三角形 SBR の底辺は,

SR＝14－8＝6(cm)

高さは, AB＝14 cm

「柱体の体積＝底面積×高さ」だから, こぼれた水の体積は,

6×14÷2×8＝336(cm³)

336 cm³ 答え

底面積が 70 cm² の直方体の容器に, 深さ5 cm まで水が入っているから, 水の体積は,

70×5＝350(cm³)

おもりを入れる前後で, 水の量は変わらないので, おもりを入れたあとも, 水の体積は 350 cm³ である。

おもりを容器に入れると, 水の部分は柱体になる。

この柱体(水の部分)の底面積は, 容器の底面積 70 cm² から, おもりの底面積 20 cm²をひいて,

70－20＝50(cm²)

よって, 水の深さは,

350÷50＝7(cm)

7 cm 答え

(1) おもりの底面積は,

9×5＝45(cm²)

おもりを入れて上がった水面は,

15－12＝3(cm)

おもりを入れる前と入れたあとの水面の様子を図に表すと, 次のようになる。

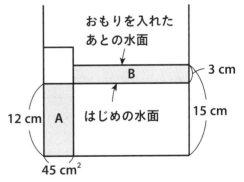

はじめ, A の部分にあった水がおしのけられて, B の部分に移動したと考えられるので, A と B の体積は等しい。

A の体積は,

45×12＝540(cm³)

B の体積も 540 cm³ だから, B の部分の底面積は,

$540 \div 3 = 180 (cm^2)$

よって，図1の容器の底面積は，

$45 + 180 = 225 (cm^2)$

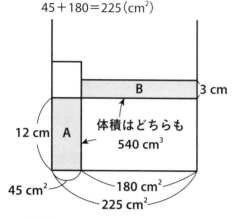

図1の容器の底面は正方形であり，

$225 = 15 \times 15$

より，底面の1辺の長さは15 cm

15 cm 答え

(2) おもりをまっすぐ何 cm か引き上げたとき，その前後の水面のようすを図に表すと，次のようになる。

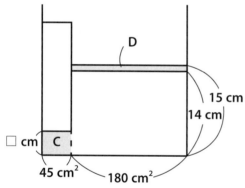

はじめ，おもりにおしのけられていた C の部分に，D の部分の水が流れこんで水の深さが下がったと考えられるから，C と D の体積は等しい。

D の体積は，

$180 \times (15 - 14) = 180 (cm^3)$

だから，C の体積も 180 cm³ である。

C の底面積は 45 cm² だから，おもりを引き上げた長さ（図の □ cm）は，

$180 \div 45 = 4 (cm)$

4 cm 答え

(3) 水の体積は，

$225 \times 12 = 2700 (cm^3)$

試しに，次の面積図で考えてみる。

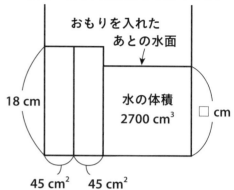

そうすると，水面の高さは，

$2700 \div (225 - 45 \times 2) = 20 (cm)$

となり，おもりの高さ 18 cm をこえてしまう。

これより，2本のおもりは完全に水にしずむことがわかる。

おもりが完全に水にしずむ場合は，しずんだおもり2本と同じ体積分の水が増えたと考えればよい。

おもり2本の体積は，

$45 \times 18 \times 2 = 1620 (cm^3)$

1620 cm³ 分の水が増えたと考えればいいのだから，その体積は，

$2700 + 1620 = 4320 (cm^3)$

水の深さは，体積（4320 cm³）を底面積（225 cm²）でわって，

$4320 \div 225 = 19.2 (cm)$

19.2 cm 答え

Check 85

グラフから，水を入れ始めてから2分後までは，A管とB管を開き，2分後から5分後までは，A管とB管とC管を開き，5分後から11分後までは，B管とC管を開いていたことがわかる。

水を入れ始めてから2分後までは，24 L の水を入れているから，A管とB管で1分間に入れた水の量は，合わせて，

$24 \div 2 = 12 (L)$

2分後から5分後までは，

$5 - 2 = 3 (分)$で，$33 - 24 = 9 (L)$

の水を入れているから，A管とB管とC管

を開いたとき，1分間に，
$$9 \div 3 = 3(L)$$
の水が入る。

　よって，C管から1分間に出る水の量は，
$$12 - 3 = 9(L)$$
　次に，5分後から11分後までは，
$$11 - 5 = 6(分)で，33 - 21 = 12(L)$$
の水が減っている。

　B管とC管を開いたとき，1分間に，
$$12 \div 6 = 2(L)$$
の水が出るということである。

　よって，B管が1分間に入れる水の量は，
$$9 - 2 = 7(L)$$
　A管とB管で，1分間に合わせて12Lの水を入れるから，A管が1分間に入れる水の量は，
$$12 - 7 = 5(L)$$

A管…毎分5L,
B管…毎分7L,
C管…毎分9L 答え

Check 86

(1) 「グラフのかたむきが変わっている点で，変化がある」ことをもとに考える。

　入れ始めてから6分後までは，たて10cm，横12cm，高さアの直方体の部分に水が入ることがわかる。

　だから，グラフより，アは8cmである。

8 cm 答え

(2) 次の図のように，水そうを，上の直方体の部分と下の直方体の部分に分けて考える。

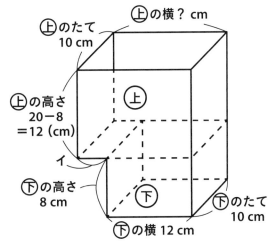

　下の直方体に，6分で水を入れたのだから，1分間に入れた水の量は，
$$10 \times 12 \times 8 \div 6 = 160(cm^3)$$
　上の直方体には，グラフより，
$$18 - 6 = 12(分)$$
で水を入れたことがわかる。

　毎分160 cm³の割合で，12分間，水を入れたのだから，上の直方体の体積は，
$$160 \times 12(cm^3)$$
　上の直方体は，たて10 cm，高さ12 cmだから，横の長さは，
$$160 \times 12 \div (10 \times 12) = 16(cm)$$
　よって，イの長さは，
$$16 - 12 = 4(cm)$$

4 cm 答え

Check 87

(1) 次の図のように，水そうを，上の直方体の部分と下の直方体の部分に分けて考える。

　グラフより，下の直方体の高さは20 cmで，上の直方体の高さは，
$$50 - 20 = 30(cm)$$

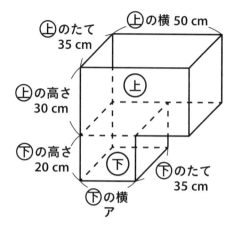

上の直方体の体積は，
$$35 \times 50 \times 30\,(\text{cm}^3)$$
グラフより，上の直方体だけを満たすのにかかった時間は，
$$28 - 7 = 21\,(\text{分})$$
だから，1分間に入る水の量は，
$$35 \times 50 \times 30 \div 21 = 2500\,(\text{cm}^3)$$
グラフより，下の直方体を満たすのに7分かかったことがわかる。

下の直方体を満たすために，毎分 $2500\,\text{cm}^3$ の割合で水を入れて，7分かかったのだから，下の直方体の体積は，
$$2500 \times 7\,(\text{cm}^3)$$
下の直方体は，たて35 cm，高さ20 cm だから，横（ア）の長さは，
$$2500 \times 7 \div (35 \times 20) = 25\,(\text{cm})$$

25 cm 答え

(2)　下の直方体を満たすのに7分かかるから，上の直方体に水が入り始めてから，
$$12 - 7 = 5\,(\text{分後})$$
の水の深さを求めればよい。

毎分 $2500\,\text{cm}^3$ の割合で5分間，水を入れるから，5分間で入る水の体積は，
$$2500 \times 5\,(\text{cm}^3)$$
上の直方体は，たて35 cm，横50 cm だから，水の深さは，次のように求められる。

$$\underset{\substack{\text{5分間に入る}\\\text{水の体積}}}{\underline{2500 \times 5}} \div (\underset{\text{たて}}{\underline{35}} \times \underset{\text{横}}{\underline{50}}) + \underset{\substack{\text{下の直方体の}\\\text{高さ}}}{\underline{20}}$$

$$= \frac{2500 \times 5}{35 \times 50} + 20 = \frac{50}{7} + 20$$

$$= 27\frac{1}{7}\,(\text{cm})$$

$$\underline{27\frac{1}{7}\ \text{cm}}\ \text{答え}$$

(2)の 別解

グラフから求める。

下のグラフで，□を求めればよい。

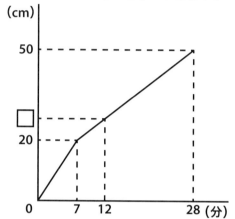

水を入れ始めて7分後から28分後では，
$$28 - 7 = 21\,(\text{分})\ \text{で，}$$
$$50 - 20 = 30\,(\text{cm})$$
水面が高くなっている。

つまり，1分間では，
$$30 \div 21 = \frac{10}{7}\,(\text{cm})$$
水面が高くなる。

上の直方体に水が入り始めてから，
$$12 - 7 = 5\,(\text{分後})$$
の水の深さを求めればいいのだから，次のように求められる。

$$\underset{\substack{\text{1分で上がる}\\\text{水面の高さ}}}{\underline{\frac{10}{7}}} \times \underset{\text{5分}}{\underline{5}} + \underset{\substack{\text{下の直方体の}\\\text{高さ}}}{\underline{20}}$$

$$= \frac{50}{7} + 20 = 27\frac{1}{7}\,(\text{cm})$$

$$\underline{27\frac{1}{7}\ \text{cm}}\ \text{答え}$$

Check 88

(1)　グラフより，しきりの高さは15 cm で

ある。

しきりのある水そうを正面から見た，次の図（P, Q, R の 3 つの部屋に分ける）をもとに考える。

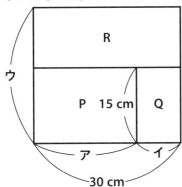

グラフより，水を入れ始めてから 14 分後までは，P の部屋に水が入り，14 分後から 20 分後までは，Q の部屋に水が入り，20 分後から 36 分後までは，R の部屋に水が入ることがわかる。

P の部屋と Q の部屋に水を入れた時間の比は，

14：（20−14）＝14：6＝7：3

水を入れる時間と水の体積は比例するから，P と Q の体積比も 7：3 になる。

直方体 P と直方体 Q は，たての長さと高さが等しいので，横の長さの比ア：イも 7：3 である。

ア：イ＝7：3 で，アとイの長さの和が 30 cm だから，アの長さは，

$$30 \times \frac{7}{7+3} = 21 \,(\text{cm})$$

イの長さは，

30−21＝9（cm）

ア…21 cm, イ…9 cm 答え

(2) （1）の正面から見た図に，説明のため，エとオをつけ加える。

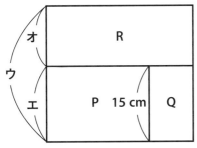

P と Q の部屋を合わせた直方体と，R の部屋の直方体を比べる。

グラフから，P と Q を合わせた部屋には 20 分，R の部屋には，36−20＝16（分）で水を入れたことがわかる。

これより，P と Q を合わせた部屋と R の部屋に水を入れた時間の比は，

20：16＝5：4

水を入れる時間と水の体積は比例するから，P と Q を合わせた部屋と R の部屋の体積比も 5：4 になる。

P と Q を合わせた直方体と R の直方体は，たての長さと横の長さが等しい。だから，P と Q を合わせた直方体と R の直方体の高さの比エ：オは，体積比 5：4 と同じになる。つまり，

エ：オ＝5：4

ということである。

エの長さは 15 cm で，エ：オ＝5：4 だから，オの長さは，

15÷5×4＝12（cm）

ウの長さは，

15＋12＝27（cm）

27 cm 答え

おつかれさまでした。
ここまでがんばった
あなたたちなら
きっと大丈夫！
自信をもって
試験にのぞみましょう!!

小杉先生